基于深度学习的通信信号识别理论与方法

许　华　史蕴豪　蒋　磊　齐子森　著

国防工业出版社
·北京·

内 容 简 介

本书系统介绍了基于深度学习的通信信号识别分类技术。首先介绍了一般神经网络及其在通信信号识别中的应用;然后系统阐述了小样本条件下基于深度学习的通信信号分类识别方法;最后讨论了基于深度学习的通信辐射源个体识别技术,包括基于孪生网络的通信信号识别技术、基于深度学习的通信辐射源个体识别技术和基于 GAN 的小样本通信信号辐射源个体识别技术。书中理论与实践相结合,针对实际环境中可能出现的信号识别场景提出相应的技术路线,既有基本概念的阐述,也有深入的仿真分析。

本书可作为信息与通信工程、网络空间安全、电子对抗与工程等军内外专业本科生与研究生的教材或参考书,也可供通信领域的研究人员和工程技术人员学习参考。

图书在版编目(CIP)数据

基于深度学习的通信信号识别理论与方法/许华等著.—北京:国防工业出版社,2024. 2

ISBN 978-7-118-12742-3

Ⅰ.①基… Ⅱ.①许… Ⅲ.①信号识别 Ⅳ.①TN911. 23

中国国家版本馆 CIP 数据核字(2024)第 051132 号

※

国防工业出版社出版发行

(北京市海淀区紫竹院南路 23 号 邮政编码 100048)

雅迪云印(天津)科技有限公司印刷

新华书店经售

*

开本 710×1000 1/16 **插页** 14 **印张** 21¾ **字数** 392 千字

2024 年 2 月第 1 版第 1 次印刷 **印数** 1—1400 册 **定价** 168. 00 元

国防书店:(010)88540777 书店传真:(010)88540776

发行业务:(010)88540717 发行传真:(010)88540762

前　言

对复杂电磁空间中的电磁信号进行快速、准确的分类识别是信息侦察、电子对抗、电磁频谱监测、认知无线电领域的重要研究内容，其中通信信号自动分类识别的常用方法是通过对目标信号进行特征分析与提取，将此作为分类识别的依据，并利用特定设计的分类器给出处理结果。随着各类通信技术的快速发展，无线通信设备的数量和通信信号的种类急速增加，电磁频谱中通信信号密度不断提高，造成现有的通信信号自动分类识别技术已经无法应对日益复杂的电磁环境，研究性能更为优越的通信信号自动分类识别方法显得越来越迫切。

随着深度学习技术的崛起，目前已有不少团队将各种不同的深度学习算法和模型应用到通信信号识别领域。其中针对通信信号的不同输入形式，采用各类特征提取网络和不同分类器所进行的各种尝试中，部分已得出了令人激动的结果，成效十分突出，更有一些成果已投入实际应用，解决了多年未曾解决的信号识别难题。本书对现有的基于深度学习的通信信号识别方法进行了总结，并较详细地介绍了作者及研究团队的相关研究工作。本书内容共分为4部分10章：第一部分是本书的介绍，包括第1章绪论；第二部分是一般条件下基于深度学习的通信信号识别，包括第2章～第5章；第三部分是小样本条件下基于深度学习的通信信号识别，包括第6章～第8章；第四部分是基于深度学习的通信辐射源个体识别，包括第9章和第10章。

本书是作者团队近年来在通信信号识别方面相关研究工作的总结，在该书的编撰过程中，研究生白芃远、刘英辉、苟泽中、冯磊、秦博伟、牛伟宇、庞伊琼、王春升等做了大量的工作。

由于作者水平有限，书中难免有理解不够深刻的地方，甚至有疏漏之处，恳请读者们批评指正。

作者
2023年8月

目　　录

第1章 绪 论

针对通信信号识别分类的研究已经持续有30年以上,不断有研究者尝试使用新的技术方法和数学工具来解决这个问题,但是到目前为止依然没有找到完美的解决方案。通信信号调制识别是通信信号识别分类一个重要研究方向,也是研究成果最为丰富的方向;除了信号调制识别以外,通信信号识别分类工作还包括特定信号的识别(如针对特定数据链信号的识别),信号辐射源个体识别等研究内容,这些研究内容均为当前该领域重要的研究热点。

2018年以前的通信信号识别分类研究基本都为模型驱动的研究方法,即人工利用领域知识,设计分类识别的特征,并选择特定的分类器进行识别分类,本书将此类方法统称为常规方法;2018年以后,随着深度学习技术的崛起和广泛应用,基于深度学习的通信信号识别分类方法逐渐受到研究人员的关注,出现了大量的研究论文,利用深度网络来学习分类特征的数据驱动方法,在性能上显著超越了常规方法,已经使得此类方法成为当前的主流方法。本书重点介绍基于深度学习的通信识别分类方法,而本章主要对常规方法的核心内容做概要性分析,并对两者之间的区别,基于深度学习的通信识别分类方法的研究现状、面临的问题和发展趋势做分析。

1.1 常规通信信号识别分类方法

常规通信信号识别分类方法指的是基于人工设计特征的通信信号识别分类方法,其中包含了两个主要处理环节:一个是分类特征的设计和提取;另一个是分类器设计。分类特征的设计和提取是高质量信号识别分类的基础,而分类器的能力也与分类识别的整体效果密切相关。

1.1.1 信号分类特征设计

人对通信信号的认知和区分主要通过在信号的时域和频域“寻找”特征实现,这里的“寻找”特征主要是指利用领域知识进行设计或者利用对时域和频域呈现出的特点进行观察与表征,因此信号特征主要可以划分为时域特征和频域特征。

1.1.1.1 时域特征

时域特征是根据信号波形特点设计的特征,信号波形特点主要体现在信号持续时间和信号幅度变化的特点,代表性的时域特征有信号瞬时特征、包络熵、信号波形 R 参数、信号周期特征、分形维参数等。下面简要介绍信号瞬时特征和分形维参数。

(1) 信号瞬时特征。瞬时特征是最常用的时域特征,包括瞬时包络、瞬时相位和瞬时频率,它们通过信号 I、Q 两路组合形成的解析信号进行运算得到,当只有一路采样序列时,可以通过希尔伯特变换等正交变换方法获得解析信号表达,如图 1.1 所示。

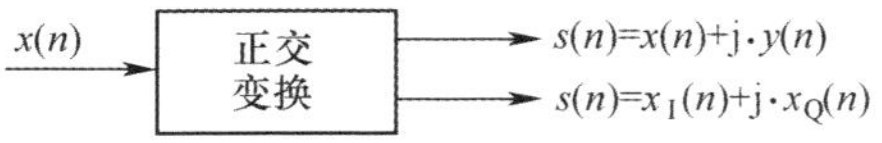

x(n) → 正交变换 → $s(n)=x(n)+\mathrm{j}\cdot y(n)$
→ $s(n)=x_{\mathrm{I}}(n)+\mathrm{j}\cdot x_{\mathrm{Q}}(n)$

图 1.1 信号采样序列经过正交变换获得解析信号

下面用 $s(n)=x(n)+\mathrm{j}\cdot y(n)$ 的解析信号表达式进行分析,则信号的瞬时包络为

$$a(n)=\sqrt{x(n)^2+y(n)^2} \tag{1.1}$$

信号的瞬时相位可表示为

$$\theta(n)=\arctan\left(\frac{y(n)}{x(n)}\right)=\begin{cases}\arctan\left(\frac{y(n)}{x(n)}\right) & ,x(n)>0,y(n)>0\\ \pi+\arctan\left(\frac{y(n)}{x(n)}\right) & ,x(n)<0,y(n)>0\\ \frac{\pi}{2} & ,x(n)=0,y(n)>0\\ \pi+\arctan\left(\frac{y(n)}{x(n)}\right) & ,x(n)<0,y(n)<0\\ \frac{3\pi}{2} & ,x(n)=0,y(n)<0\\ 2\pi+\arctan\left(\frac{y(n)}{x(n)}\right) & ,x(n)>0,y(n)<0\end{cases} \tag{1.2}$$

由于相位的累加作用,式(1.2)求得的相位存在 2π 周期性引起的相位卷叠问题,需要通过相位去卷叠得到信号准确的瞬时相位。

信号的瞬时频率可表示为

$$f(n)=\frac{f_s}{2\pi}\cdot[\phi(n)-\phi(n-1)] \tag{1.3}$$

式中:$\phi(n)$ 为瞬时相位;f_s 为采样速率。

理想情况下,通过瞬时特征就可以区分出多进制幅移键控(MASK)信号、多进制频移键控(MFSK)信号和多进制相移键控(MPSK)信号,但由于瞬时特征很容易受到噪声、干扰和信道衰落的影响,在实际通信信号识别分类场合,很少直接使用上述3种瞬时特征进行识别分类,但是有很多使用的特征是基于瞬时特征进行进一步设计得到的,如基于瞬时包络的包络熵、归一化中心瞬时振幅绝对值的标准差,基于瞬时相位的相位斜率,基于瞬时频率的瞬时频率均值聚合度、瞬时频率 R 参数等,这些特征能在一定程度上克服相关影响,可取得更好的识别分类效果。

(2) 分形维参数。分形维数可对时间序列的复杂程度进行描述,从而区分出简单信号和复杂信号,而分形维数中的盒维数是一种既能表示分形的复杂性又便于计算与直观估计的分形维数,因此可以成为一种用于信号类型识别的特征参数。盒维数 $D_B(f)$ 有如下的简单计算公式:

$$d(\Delta)=\sum_{n=1}^{L/2}|x(n)-x(n+1)| \tag{1.4}$$

$$\begin{aligned}d(2\Delta)=\sum_{n=1}^{L/2}(&\max\{x(2n-1),x(2n),x(2n+1)\}\\&-\min\{x(2n-1),x(2n),x(2n+1)\})\end{aligned} \tag{1.5}$$

$$N(\Delta)=d(\Delta)/\Delta,N(2\Delta)=d(2\Delta)/2\Delta \tag{1.6}$$

则有盒维数为

$$D_B(f)=\frac{\lg N(\Delta)/N(2\Delta)}{\lg\dfrac{1/\Delta}{1/2\Delta}}=\frac{\lg N(\Delta)-\lg N(2\Delta)}{\lg 2} \tag{1.7}$$

为了在低信噪比条件下降低噪声的影响,还可以先对信号进行预处理,如利用信号的自相关序列进行分形维数的计算,从而提升特征抵抗噪声的能力。

1.1.1.2 频域特征

频域特征是根据信号频谱结构特点设计的特征,主要根据信号频谱的图像特点进行设计,代表性的频域特征有频谱对称系数、谱峰系数、载频存在性、功率(能量)谱熵等。下面简要介绍下频谱对称系数和谱峰系数。

(1) 频谱对称系数。频谱对称系数是表征信号频谱对称程度的特征参数,可定义频谱对称系数为

$$P=\frac{|P_{\mathrm{L}}-P_{\mathrm{H}}|}{P_{\mathrm{L}}+P_{\mathrm{H}}} \tag{1.8}$$

式中:P_{L} 为低于信号中频的频率成分的功率之和;P_{H} 为高于信号中频的频率成分的功率之和,即

$$P_{\mathrm{L}}=\sum_{f<\overline{f}_c}|X(f)|^2,P_{\mathrm{H}}=\sum_{f>\overline{f}_c}|X(f)|^2 \tag{1.9}$$

式中:$X(f)$ 表示某一时间窗内的信号的傅里叶变换;$\overline{f}_c$ 为信号的中心频率的估计

值。P 的取值范围为 $0 \leqslant P \leqslant 1$,当 $P=0$ 时表示完全对称,而当 $P=1$ 时则表示完全不对称。频谱对称系数可以用于区分 MPSK 信号和 MFSK 信号,当根据接收信号的 STFT 模值计算得到的 P 值接近于 0 时,我们认为该信号很可能不含有频率调制信息,应该为 MPSK 类信号;反之,若得到的 P 值接近于 1 时,我们认为该信号为 MFSK 类信号。

(2) 谱峰系数。反映信号谱峰多少的参数,用谱峰系数表示,记为

$$M_f = (N_{m1} + N_{m2})/N_{m1} \tag{1.10}$$

式中:N_{m1} 为第一个谱峰对应的频率位置序号;N_{m2} 为第二个谱峰对应的频率位置序号,且 $N_{m2}>N_{m1}$。若信号频谱存在两个谱峰,则 $M_f>2$,如果只有一个谱峰,则只有 N_{m1} 值,此时,$M_f=1$。

1.1.1.3 其他特征

还有一些特征不能完全划分为时域特征或者频域特征,这些特征主要是利用一些特定数学工具计算得到的信号特征,如高阶累计量特征。高阶累计量能够在较低信噪比条件下,获得 MPSK 信号的阶数 M,高阶累计量特征很难直接划分到时域特征或频域特征中,因此将其称为其他特征。

使用观测样本 $r(n)$ 的统计特征来估计信号的各阶累积量的表示式如下:

$$\hat{C}_{20} = \frac{1}{N}\sum_{n=1}^{L} r^2(n) \tag{1.11}$$

$$\hat{C}_{21} = \frac{1}{N}\sum_{n=1}^{N} |r(k)|^2 \tag{1.12}$$

$$\hat{C}_{40} = \frac{1}{N}\sum_{n=1}^{L} r^4(n) - 3\hat{C}_{20}^2 \tag{1.13}$$

$$\hat{C}_{41} = \frac{1}{N}\sum_{n=1}^{L} r^3(n) r^*(n) - 3\hat{C}_{20}\hat{C}_{21} \tag{1.14}$$

$$\hat{C}_{42} = \frac{1}{N}\sum_{n=1}^{L} |r(n)|^4 - |\hat{C}_{20}|^2 - 2\hat{C}_{21}^2 \tag{1.15}$$

理想情况下,MPSK 信号的 3 个四阶累积量 C_{40}、C_{41} 和 C_{42} 的取值如表 1.1 所列。

表 1.1 MPSK 信号的四阶累积量取值情况

累积量 / 信号	C_{40}	C_{41}	C_{42}
BPSK	$-2A^2$	$-2A^2$	$-2A^2$
QPSK	A^2	0	$-A^2$
8PSK	0	0	$-A^2$

我们选择由它们组成的特征向量 $\boldsymbol{F}$ 作为确定 MPSK 信号调制阶数 M 的依据:

$$\boldsymbol{F} = [f_1, f_2] = [\,|C_{40}|/|C_{42}|, |C_{41}|/|C_{42}|\,] \tag{1.16}$$

由表 1.1 和式(1.16)容易得到,在理想情况下,MPSK 信号的特征向量 $\boldsymbol{F}$ 的取值情况为

$$\boldsymbol{F}=\begin{cases}[1,1], & \text{BPSK}\\ [1,0], & \text{QPSK}\\ [0,0], & \text{MPSK}(M\geqslant 8)\end{cases}\tag{1.17}$$

1.1.2 基于判决树的分类方法

在信号特征设计和选择后,就需要进行分类器设计,判决树是一种广泛使用的分类器,设计好的判决树分类器就像一株倒立的"树",每一个分叉的地方都有一个特征参数并通过设置阈值判断决策过程走哪个分枝,最后到达的顶点即为信号类别。判决树的形式如图 1.2 所示。

判决树方法形式简单,处理速度快,在信道条件较好时性能稳定;判决树属于纯粹的模型驱动方法,其信号识别方法均基于领域知识进行针对性设计,完全不需要训练过程,操作起来十分简便。但是基于判决树的信号识别方法,其缺点也十分明显:判决树结构固化且与选择的特征参数和识别过程密切相关,若需要适应新的信号类型,必须重新设计判决树;判决树中判决分枝的选择属于典型的硬判决,并且人工设定的判决阈值通常做不到最优,降低了整体识别性能。

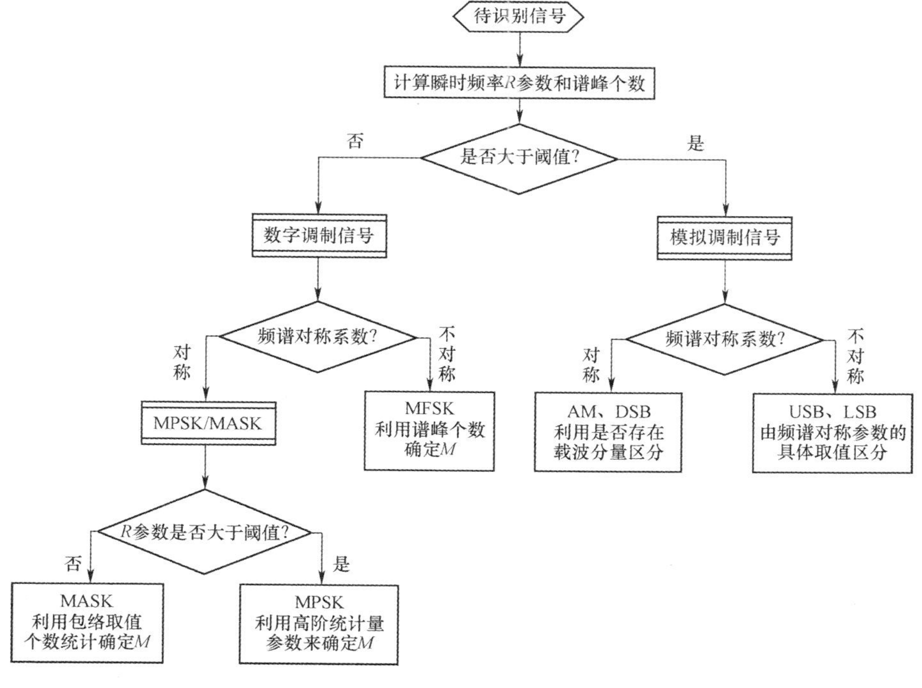

图 1.2 基于判决树的方法示意图

1.1.3 基于模式识别的分类方法

在通信信号分类识别的常规处理方法中，另外一种常用的分类器是基于浅层机器学习的模式识别方法；模式识别的概念是利用计算方法，并根据样本的特征将样本划分到一定的类别，模式识别的使用领域非常广泛，特别是在图像处理领域；深度学习本身也属于模式识别的范畴，但是深度学习方法具有全新的特点，是本书的研究重点，这里介绍的内容特指基于浅层机器学习（如浅层人工神经网络、支持向量机等）的信号识别方法。基于模式识别方法的信号识别分类基本处理框图如图 1.3 所示。

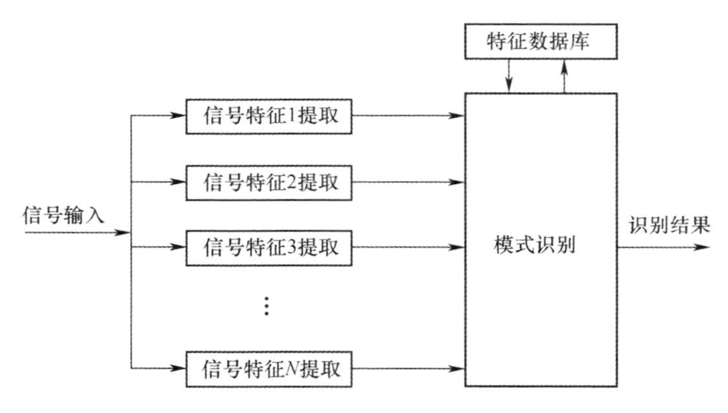

图 1.3 基于模式识别的号识别分类处理框图

基于模式识别的信号识别分类方法属于模型驱动和数据驱动结合的方法，其中设计和选择利于识别的信号特征集合需要利用领域知识完成，属于模型驱动的范畴，而作为分类器的浅层机器学习方法需要一定量的标签数据进行训练，可以归到数据驱动的范畴。与判决树方法相比，基于模式识别的信号识别分类方法的分类器需要进行训练，比判决树方法操作略显繁琐，但是该方法也具有明显的优势：首先是不需要根据信号类别和选择的信号特征设计固化的判决树，不用设定判决分枝处的判决阈值，如果出现新的信号类型，只需要对分类器重新训练即可。总体来讲，基于模式识别的信号识别分类方法具有更强的灵活性，在合理选择信号特征和训练充分的条件下，其性能整体上优于判决树方法。

1.1.4 常规方法面临的主要问题

（1）具有广泛适用性的优质信号特征设计难度大。信号特征是进行识别分类的基础，特征的设计和提取是常规识别方法处理过程的核心环节。但是因受限于当前对通信相关领域知识的认知深度不足，很多特征只能在特定场合发挥作用，普适性较差。特别是对于在时频域区分度小的信号,需要通过特征设计有效增加区分度,在缺乏科学的理论指导时,操作起来难度很大。例如,在针对通信辐射源个体识别的应用场合,用于个体识别的细微特征提取就非常困难,由于信号个体差异通常由发射机的模拟射频电路引入,目前还没有理论体系支撑个体细微特征的设计,因此辐射源个体识别目前依然是通信信号识别分类中的难点。

(2) 在深衰落信道中的识别性能不足。当设计出用于识别分类的信号特征后,就需要从信号样本中计算提取信号特征,常规信号识别分类方法通常采用对照不同种类信号的特征取值范围(人工设定或机器学习),按照设定的规则对信号类型进行判断,因此能够准确地提取信号特征是常规通信信号识别分类的前提。

假设接收的通信信号为

$$x(t) = s(t) * h(t) + n(t) \tag{1.18}$$

式中:$s(t)$ 为真实信号;$h(t)$ 为信道冲激响应;$n(t)$ 为噪声。再假设对信号 $s(t)$ 进行某种变换,可以得到其特征矩阵 $\boldsymbol{A}$,可将这种变换定义为 $R(s(t))$ 。

直接特征提取是直接将这种变换施加到接收信号 $x(t)$ 上,那么有

$$R(x(t)) = R(s(t) * h(t) + n(t)) \tag{1.19}$$

从式(1.19)可得,由于噪声 $n(t)$ 和信道冲激响应 $h(t)$ 的影响,特别是当 $h(t)$ 是典型的多径信道时,直接将变换施加到接收信号 $x(t)$ 上得到信号 $s(t)$ 的特征矩阵 $\boldsymbol{A}$ 存在很大的困难,因为信道造成信号的变化大,信号特征已经被模糊甚至被改变,这就造成了常规的信号分类识别方法在深衰落信道中的性能通常较差,难以满足实际应用需求。

1.2 基于深度学习的通信信号识别分类方法

1.2.1 与常规方法的差别

常规方法均需要人工设计和提取信号特征,但是正如 1.1.4 节所描述,在高质量信号特征设计和深衰落信道中的特征提取过程中均存在难以克服的困难。基于深度学习的通信信号识别分类将信号特征的设计和提取过程交由计算机采用数据驱动的方式完成。由于深度学习是一种高效的特征提取方法,它能够提取数据中更加抽象的特征,实现对数据更本质的刻画,同时深层模型具有更强的建模和推广能力。因此,在足够的标签数据支持下,深度学习方法能够提取更有效的信号特征,提升各种条件下通信信号分类识别的正确率。

通信信号的识别分类主要包括优选特征参数、设计判决结构以及设置判决阈值 3 个重要环节,特征参数值判别法的这 3 个环节均由人工设计;基于模式识别的方法其优选特征参数由人工完成,其余两个环节由机器学习完成;深度神经网络具

有特征学习和提取能力,因此基于深度学习的通信信号识别分类方法在所有的环节上均由机器学习完成,如图 1.4 所示。

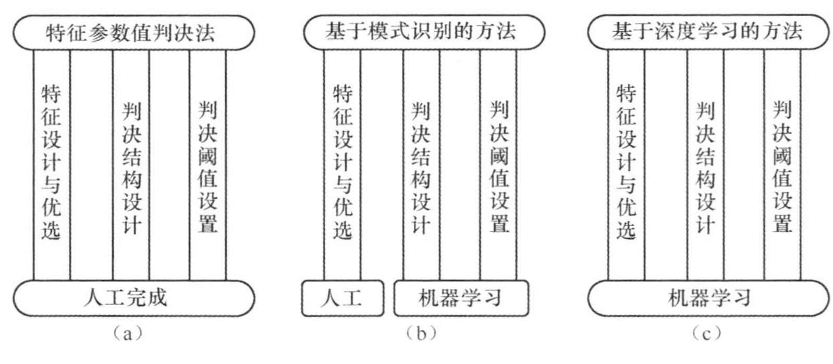

图 1.4　3 种方法的区别

1.2.2　研究和发展现状

近年来,基于深度学习的通信信号识别分类技术取得了丰硕成果,与基于传统人工设计特征的常规通信信号识别算法相比,基于深度学习的通信信号识别算法通过深度学习强大的拟合能力自动提取信号特征,已经在很多场合实现了更优的识别分类效果。根据特征提取网络的结构差异,可将基于深度学习的通信信号识别技术分为 3 类。

(1) 基于卷积神经网络(Convolutional Neural Network,CNN)的通信信号识别技术。CNN 应用于通信信号识别领域最早出现于 2016 年,美国弗吉尼亚理工大学研究员 Timothy[1] 等直接使用 CNN 构建端到端的学习模型,用于识别 11 种通信信号调制方式。研究结果表明,利用 CNN 进行通信信号识别是可实现的,特别是适合在低信噪比条件下的应用。2018 年,该团队又针对性改进了视觉几何群网络[2](Visual Geometvy Croup Network,VGG-Net)和残差网络[3](Residual Network,Resvet),将待识别调制样式数目提升到了 24 种[4];此外,该团队使用 GNU Radio 生成的 RadioML 数据集也已成为现阶段应用最为广泛的调制识别数据集。韩国釜山国立大学 Jeong[5] 等则首先利用短时傅里叶变换得到通信信号时频域信息;然后通过 CNN 提取时频域图像特征;最后完成了 7 种调制样式的识别,其在-4dB 的信噪比下仍有 90%以上的识别正确率。重庆邮电大学张祖凡等利用 CNN 分别提取信号平滑伪魏格纳变换和伯恩乔丹变换的时频图特征,并使用多模态融合算法(Multimodality Fusion, MMF)将时频图像特征与大量人工设计工特征进行深度融合,利用融合特征对信号进行分类识别,论文实验对 8 类信号调制样式进行识别,仿真结果显示,该融合特征识别算法在信噪比为-4dB 时仍有 92.5%的识别准确率[6]。东南大学吴乐南团队[7]将噪声估计和通信信号调制分类结合,能够自动地从长序列符号中提取特征并估计信号信噪比,而后将原始信号数据和信噪比同时作为 CNN 的输入进行训练,算法在不同信噪比下、不同频偏下可取得接近于最优似然算法的性能。针对类间差异较小的信号难区分问题,南京邮电大学团队[8]提出级联两个 CNN 的思想解决 16QAM(正交振幅调制)和 64QAM 易发生混淆的问题,前置网络学习 I/Q(同相/正交)数据,后置网络使用 QAM 信号的星座图进行并行训练,仿真结果显示并行训练相较单一模式的输入具有一定性能优势。

(2)基于循环神经网络(Reaurrent Neural Network,RNN)的通信信号识别技术。CNN 虽然在提取空间特征上有其独特的优势,但其网络结构中存在的明显局限就是其中全连接层的各个神经元所携带的信息只能传递到下一层,并且各个神经元处理信息都是独立的,无法提取各样本点前后相互关联携带的可用于分类的有用信息[9]。RNN 在前一时刻的输出可直接作用于下一时刻,因此可充分挖掘通信信号时间序列前后间的联系。2017 年,中国科学技术大学团队[10]率先提出了一种基于 RNN 模型的改进型网络结构,该网络结构中包含两个门控递归单元层和两个全连接层,在对通信信号的时序序列直接进行处理时,该模型相较 CNN 结构展现出了一定的性能优势。之后,美国普渡大学团队[11]则将残差机制融入 LSTM 网络并对时序 I/Q 序列进行直接处理,在 RadioML 数据集中实现了对 11 类模拟、数字信号调制样式的平均识别准确率可达 88.5%。2020 年,中国工程物理研究院团队[12]首先将时域采样信号转换为两个归一化矩阵,然后使用四层双通道 LSTM 对其训练拟合,并在训练过程中使用中心损失函数和韦伯分布的方法,从而对复杂信道环境下不同调制样式做出有效识别,该算法在公开数据集 RadioML 2016.10A 中针对 11 类调制样式的平均识别率可达 90.2%。

(3)基于组合网络的通信信号识别技术。随着 CNN 与长短期记忆网络(Long Short Term Memory,LSTM)在通信信号识别领域的应用逐渐深入,近年来,很多的研究都尝试将不同类别的深度网络组合起来使用,利用异构模型融合思想提升通信信号识别性能,通过利用不同网络对不同类型特征的学习能力差异,构建更强大的特征学习网络,其组合方法包括串联、并联等不同形式。弗吉尼亚理工大学 Timothy 团队[13]将 CNN、LSTM、深度神经网络(Deep Neural Network,DNN)进行并联组合,分别利用三类网络对信号进行特征提取和融合处理,通过与多类通信信号识别算法(含采用深度学习网络的算法)对比,取得了最优的识别效果;其他一些团队[14-15]则采用串行结构进行通信信号调制样式分类识别,其实验结果也表明融合模型相较各个独立网络具有更好的性能。

此外,图神经网络(Graph Neural Network,GNN)、生成对抗网络(Generative Adversarial Network,GAN)等方法也已在通信信号识别分类中得到应用。近年来得到广泛关注的 Transformer 网络在自然语言处理领域取得了巨大的突破[16-17],随后在计算机视觉领域各项任务中得到广泛应用[18-21]。Transformer 网络中的自注意力机制在序列建模,特别是长序列中,可以学习到序列元素间更长距离的依赖关系。由于 Transformer 训练需要的数据量和运算能力巨大,当前还未见到 Transformer 网络在通信信号识别任务上使用,但可作为下一步关注的网络改进方向之一。

1.2.3 面临的主要问题

(1) 特征认知不深入难以指导网络的优化设计与识别性能的科学分析。深度学习网络结构的设计与外部输入信号的特征相匹配,才能得到最优的特征提取效果。目前,通信信号数据在深度学习领域缺乏数据特征分析、数学空间表征、特征解释性等方面的理论成果,没有将通信信号数据集合上升到数据空间的认知程度,在实际操作与度量中,通信信号数据集合与图像、语音信号和文本数据空间没有进行有效区分,无法对特征提取网络优化设计和缩减标签样本需求的方法形成有效指导。如何实现对通信信号数据数学空间的有效表征,增强通信信号特征的可解释性,构建通信信号完备数据集,显著提升对通信信号特征的认知水平仍有待取得突破。

(2) 实际环境中能获取的少量标签样本难以支撑深度网络对通信信号特征的学习与提取。目前已有的研究成果大都基于标签样本充足的条件假设展开研究,大量标签样本数据可使深度学习网络得到充分训练,可学习提取目标信号的更多维特征,实现对通信信号的精准识别。然而,在实际非合作环境中,能够获取的标签样本量通常较少,易造成深度学习网络无法收敛或过拟合问题,导致无法实现对通信信号特征的充分学习与有效提取,最终制约了深度学习网络的识别性能。如何实现在小样本条件下对通信信号特征的学习与提取仍是当前深度学习信号识别领域的一个难题。

1.3 发展趋势

1.3.1 基于深度学习的通信信号识别机理深化研究

基于深度学习的通信信号识别方法已经表现出了优异的识别性能,但是由于深度学习的“黑盒”特性,特别是所学习提取的特征难以给出其本质的物理意义,要在现有研究的基础上,进一步提高通信信号识别能力,就必须对其机理进行深化研究,如在通信信号数学空间表征、特征的可解释性、神经网络性能与样本量关系等方面做进一步深入研究。

1. 通信信号数据数学空间描述

数据空间是算法最基本的认知对象,只有对数据空间有基本、准确的认识才能为后续的算法研究提供科学指南。通常,每一类数据都有自己特有的数据空间,如彩色图像通常以 R-G-B 三元像素表征,而通信信号则常以采样序列进行存储。因此,研究通信信号数据空间特有的特征、结构、运算、特性以及在相应数据空间下通信信号的有效表达具有重要意义。具体研究包括通信信号与雷达、水声等信号的典型区别;运用何种数学空间可以最优的规范化分析通信信号,是赋范空间、内积空间或是拓扑空间等;运用何种度量方式更有利于信号分析,如欧几里得距离、K-L 散度(Kullback-Leibler divergence)、Wasserstein 距离等;可否将不同采样率的信号放在一起构成一个类似函数空间的无限维空间。通过对通信信号最优数据空间的探究,促进掌握通信信号本质属性,对后续构造新的、更高效的、专属通信信号的人工智能技术具有重大意义。

2. 通信信号数据特征可解释性分析

对神经网络训练过程中各个神经元输出值进行分析,研究特征提取网络各层输出的可视化展示方法,结合通信信号的领域知识对网络输出特征的物理意义进行探究,尝试进行解释性研究,促进深刻充分理解神经网络所提取特征的物理本质。可采用 Grad-CAM 方法对神经网络特征学习过程中的"重点特征"进行增强标记。Grad-CAM 方法流程如图 1.5 所示,利用神经网络的最后一个特征提取模块的梯度值为输入的每个神经元分配重要值,通过输入图像与梯度热力图像的叠加,以此关注对结果影响大的部分。

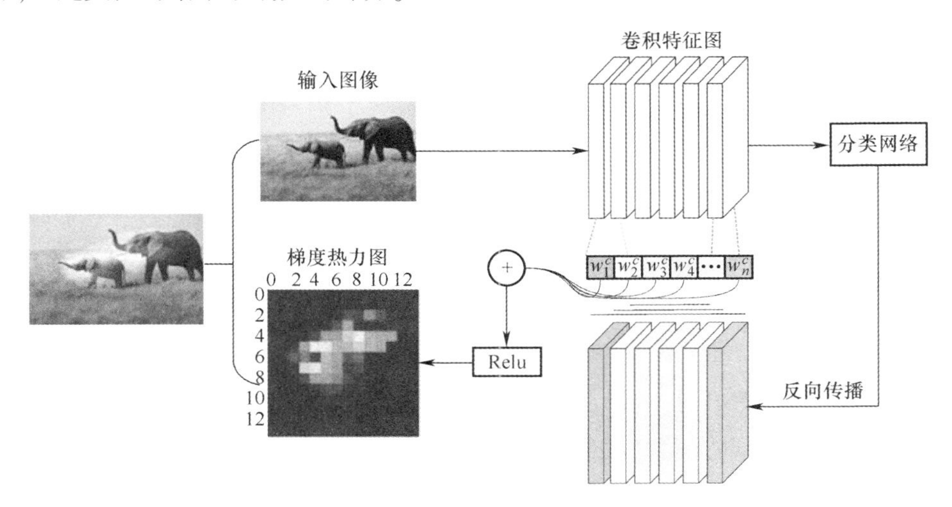

图 1.5 Grad-CAM 方法流程示意图

利用 CNN 提取通信信号短时傅里叶变换后的时频图纹理特征并进行分类识别的过程中,进行了可视化方面的初步尝试,结果如图 1.6 所示。在神经网络训练过程中,通过观察网络卷积层、池化层等的输出并对其成像,判断输出图像中边缘曲线是否平滑规律、噪点数量是否过多等,掌握神经网络收敛进程,对下一步参数调整进行指导,但对网络各层所提不同维度特征的解释性仍有待深入研究。

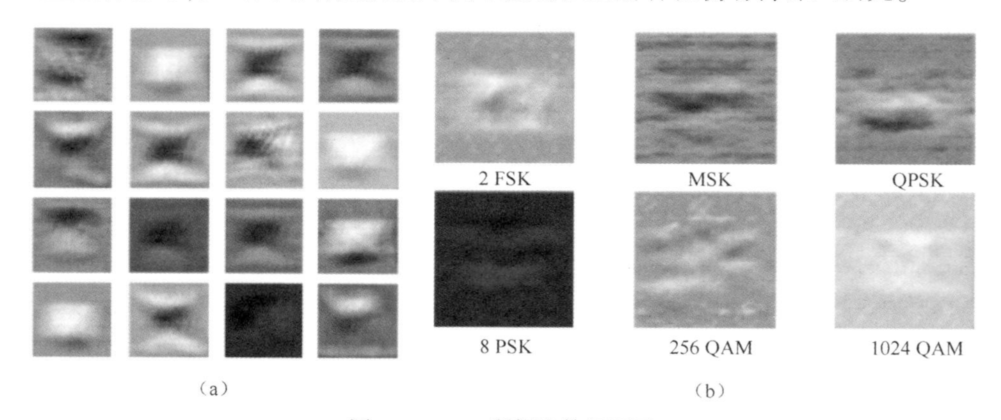

图 1.6 CNN 所提取特征图示

(a) 第三层卷积层生成梯度图像;(b) 全连接层生成梯度图像。

3. 通信信号数据集构建与网络优选

如何构建高质量的完备通信信号数据集、何种网络更适用通信信号特征提取、常用的网络结构对样本的需求到底多大等问题是指导通信信号识别研究的基础理论之一,项目拟完成以下研究工作。

(1) 完备训练数据集构建。通过采集存储软件仿真信号、实验室向量信号源(或电台)采集信号、实地采集信号、网上公开数据集信号与其他实验室共享获取的信号,构建数量丰富的数据仓库,对其中重要、质量高、代表性强的部分数据进行标注;构建实验室实采信号、仿真信号与实地实采信号多种配比所得的训练集,通过尺度变换、加噪等方法变换扩充训练集,增加训练集规模以及多样性。

(2) 适合于通信信号的特征提取网络研究。在完备数据集合的支撑下,选取各类代表性网络模型(CNN、LSTM、ResNet、Transformer、MLP 以及各类集成网络模型等),典型网络优化技术(Attention、BN、Dropout、L2 正则化等),在当前训练方法的支撑下,进行大量充分实验,对比不同网络深度(网络参数量)、激活函数、优化器、损失函数等对识别性能的影响,并确定在通信信号识别领域最具性能优势的神经网络结构模型。

(3) 特征提取网络选型与样本需求和识别率之间的关系研究。在优选网络结构和构建完备数据集的基础上,探究不同样本量条件网络识别准确率变化情况,统计不同网络在各种预设条件下达到最优性能所需最少样本量,确定神经网络识别性能限;深入研究网络类型与收敛所需样本的关系、网络参数量级与收敛所需样本的关系、网络类型与识别率之间的关系、测试集信号在不同信噪比条件下网络识别性能表现、测试信号在不同信道环境条件下网络识别率表现等内容。样本需求研究过程如图 1.7 所示。

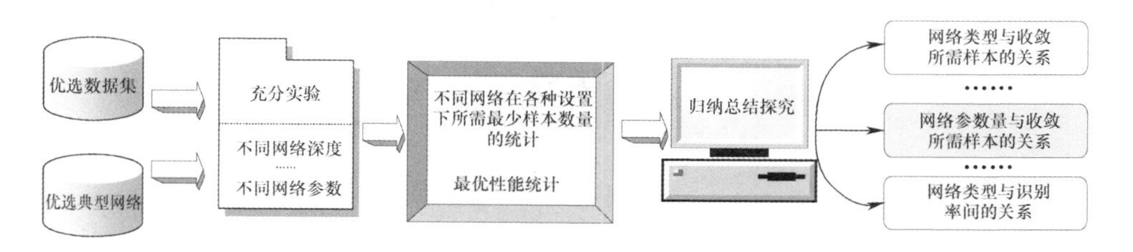

图 1.7　通信信号识别样本需求研究过程框图

1.3.2　小样本条件下的通信信号识别技术研究

通信信号识别的本质仍是统计理论下的多元假设问题，当前越来越复杂的电磁环境和越来越多变的信号类型给建模方法和分类器设计带来许多新的挑战。深度学习技术的引入，为通信信号识别的研究打开了一片新的空间，其在识别性能和信号适应性上的优势十分明显，但是对训练数据的庞大需求也限制了其在通信信号识别中的实际应用，因此也推动了小样本条件下基于深度学习的通信信号识别研究需求。目前，比较有代表性的小样本条件下通信信号识别方法主要分为以下 5 类，如图 1.8 所示。

（1）基于模型驱动的特征提取网络参数缩减方法研究。针对深层神经网络参数规模庞大收敛慢且易过拟合的问题，可采用模型驱动技术，利用领域知识对特征提取深度神经网络进行改造，大幅缩减网络参数，减少训练所需信号样本量，主要研究利用通信信号处理领域先验知识将端到端的特征提取网络分解为若干个轻量化小网络的组合结构，减小网络搜索空间，从而大幅缩减网络拟合过程，最终实现利用少量样本快速训练网络。

（2）基于有标签样本的度量学习方法研究。在训练样本一定的条件下，如何高效地利用现有训练样本也是实现网络的收敛技术途径之一，编者们采用度量学习技术结合深度学习算法，通过对通信样本数据按照类内、类间组合训练样本数据集，以此充分利用少量训练样本，实现在小样本条件下对敌通信信号进行快速准确识别。

（3）基于训练样本有效扩增方法研究。针对通信信号识别领域特点，研究更有效的常规数据增强方法，增加标签数据数量并提高泛化能力；研究利用生成式对抗网技术在已有标签数据的基础上，生成可以训练特征提取和分类网络的“虚数据”，实现训练样本的有效扩增；研究对无标签数据进行快速、准确标注的“伪”标签标注器，大量增加标签样本数量等有效技术方法。

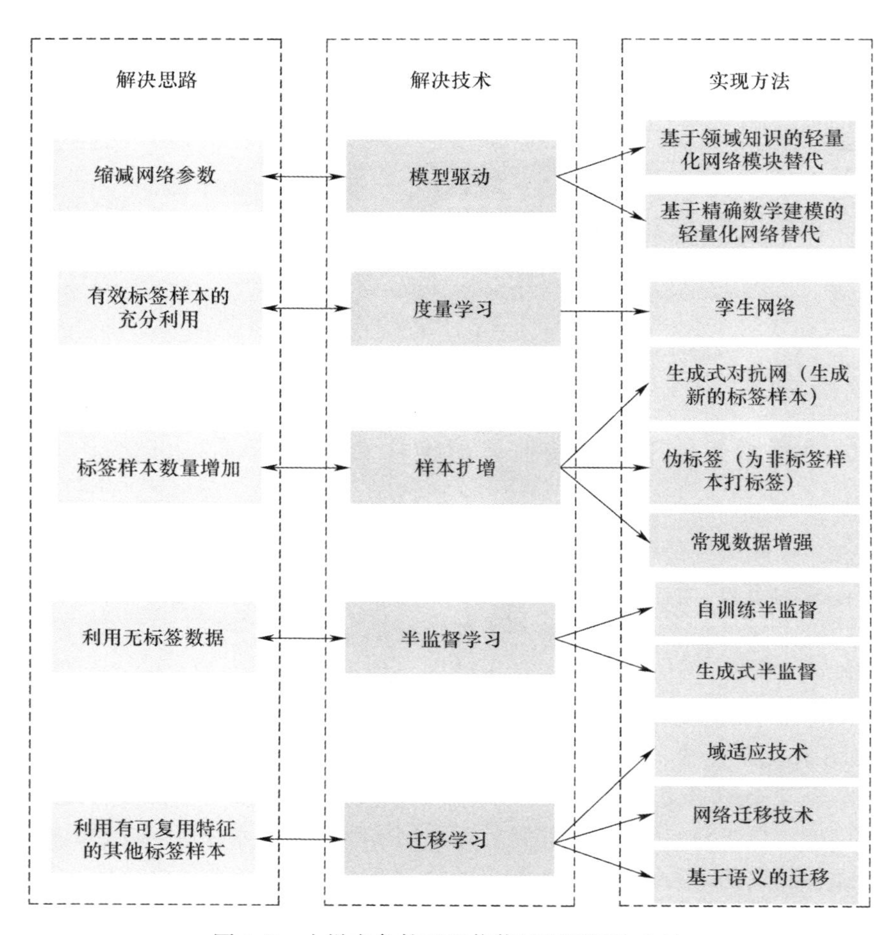

图 1.8　小样本条件下通信信号识别解决方法

（4）基于无标签数据的半监督学习方法研究。半监督学习的基本思路是利用无监督学习网络（如自编码器等）对无标签样本进行特征学习和提取（预训练过程），并将上述结果作为后续分类的依据，然后利用有监督学习和少量标签数据对网络和分类器进行最终的适应性调整。该类方法通过预训练过程能够充分利用无标签样本将神经网络先大致收敛在目标域的数据分布上使其适应目标任务的特点，半监督学习技术可有效融入到其他的方法中，成为其他方法的组成部分。

（5）基于其他标签样本的迁移学习方法研究。针对实际环境中待识别信号与训练所用信号存在分布差异的问题，编者们研究迁移学习作用机理、有效条件，设计特征域适应神经网络、对抗域适应神经网络解决识别过程中泛化能力弱的问题，通过最小化训练集源域信号与测试集目标域信号的类间差异，实现提高目标域测试信号识别准确率的目的。

参 考 文 献

[1] O'Shea T J, Corgan J, Clancy T C. Convolutional Radio Modulation Recognition Networks[C]// International Conference on Engineering Applications of Neural Networks. Springer. Cham, 2016.

[2] Simonyan, Karen, Andrew Zisserman. Very Deep Convolutional Networks for Large-scale Image Recognition. arXiv Preprint arXiv,1409,1556.

[3] He K, Zhang X, Ren S, et al. Deep Residual Learning for Image Recognition[C]//Proceedings of the IEEE Conference on Computer Vision and Pattern Recognition,2016: 770-778.

[4] O'Shea T J, Roy T, Clancy T C. Over-the-air Deep Learning Based Radio Signal Classification [J]. IEEE Journal of Selected Topics in Signal Processing, 2018, 12(1): 168-179.

[5] Jeong S, Lee U, Kim S C. Spectrogram-based Automatic Modulation Recognition Using Convolution Neural Network [C]//2018 Tenth International Conference on Ubiquitous and Future Networks(ICUFN). IEEE, 2018.

[6] Fan M, Peng C, Lenan W, et al. Automatic Modulation Classification: A Deep Learning Enabled Approach[J]. IEEE Transactions on Vehicular Technology, 2018,67(11):10760-10772.

[7] Zhang Z, Wang C, Gan C, et al. Automatic Modulation Classification Using Convolutional Neural Network with Features Fusion of SPWVD and BJD[J]. IEEE Transactions on Signal & Information Processing Over Networks, 2019, 5(3): 469-478.

[8] Wang Y, Liu M, Yang J, et al. Data-driven Deep Learning for Automatic Modulation Recognition in Cognitive Radios[J]. IEEE Transactions on Vehicular Technology, 2019, 68(4): 4074-4077.

[9] Zhou R, Liu F,Gravelle C W. Deep Learning for Modulation Recognition: A Survey With a Demonstration[J]. IEEE Access, 2020, 8(1): 67366-67376.

[10] Hong D, Zhang Z, Xu X. Automatic Modulation Classification Using Recurrent Neural Networks [C]// 2017 3rd IEEE International Conference on Computer and Communications (ICCC). IEEE, 2017.

[11] Liu X, Yang D, Gamal A E. Deep Neural Network Architectures for Modulation Classification [C]// in Proc. 51st Asilomar Conf. Signals, Syst. , Comput. , 2017.

[12] Guo Y, Jiang H, Wu J, et al. Open Set Modulation Recognition Based on Dual-Channel LSTM Model[J]. arXiv preprint arXiv,2002:12037.

[13] West N E,O'Shea T J. Deep architectures for modulation recognition.arXiv,2017:1703. 09197. [Online]. Available:http://arxiv. org/abs/1703. 09197.

[14] Liu X, Yang D, Gamal A E. Deep Neural Network Architectures for Modulation Classification [C]// in Proc. 51st Asilomar Conf. Signals, Syst. , Comput. , 2017.

[15] Zhang D, Ding W, Zhang B, et al. Automatic Modulation Classification Based on Deep Learning for Unmanned Aerial Vehicles[J]. Sensors, 2018, 18(3):924.

[16] Vaswani A, Shazeer N, Parmar N, et al. Attention Is All You Need [J]. arXiv, 2017: 1706. 03762v5.
[17] Devlin J, Chang M W, Lee K, et al. BERT: Pre-training of Deep Bidirectional Transformers for Language Understanding [J]. arXiv, 2018: 1810. 04805v1.
[18] Khan S, Naseer M, Hayat M, et al. Transformers in Vision: A Survey[J]. arXiv, 2021: 2101. 01169.
[19] Zhang W, Ying Y, Lu P, et al. Learning Long-and Short-Term User Literal-Preference with Multimodal Hierarchical Transformer Network for Personalized Image Caption[C]//Proceedings of the AAAI Conference on Artificial Intelligence 2020, 34(05): 9571-9578.
[20] Jing L, Tian Y. Self-supervised Visual Feature Learning with Deep Neural Network: A Survey [J]. IEEE Transactions on Pattern Analysis and Machine Intelligence, 2020.
[21] Liu J, Shahroudy A, Perez M, et al. NTU RGB+D 120: A Large-scale Benchmark for 3d Human Activity Understanding[J]. IEEE Transactions on Pattern Analysis and Machine Intelligence, 2019, 42(10): 2684-2701.

第 2 章　基于卷积神经网络的通信信号识别分类

卷积神经网络(Convolutional Neural Networks, CNN)是最具代表性的深度学习神经网络之一,在处理高维数据时拥有非常明显的优势,CNN 广泛应用于图像处理领域,已取得了比人更高的目标识别能力。近年来,CNN 也被应用到通信信号识别分类领域,已经表现出了杰出的性能。本章主要阐述现阶段基于 CNN 的通信信号识别方法的普遍范式,并给出基于 CNN 的通信信号识别的具体方法和实验验证结果。

2.1　基于卷积神经网络的通信信号识别基础

CNN 可追溯到 20 世纪 80 年代末的 LeNet, 其是第一个成功应用于手写体识别任务的神经网络,主要包含卷积层、池化层和全连接层。与传统的全连接神经网络相同,CNN 也采用相同的反向传播算法、损失函数等,其最大的区别在于引入了卷积层与池化层,用于信号的特征提取与采样。图 2.1 展示了 LeNet 对手写体数字图像识别的流程,可以看出,CNN 通过不断的卷积、池化对图像特征进行重构,再通过全连接层将特征映射到不同类别,从而实现目标的识别分类。

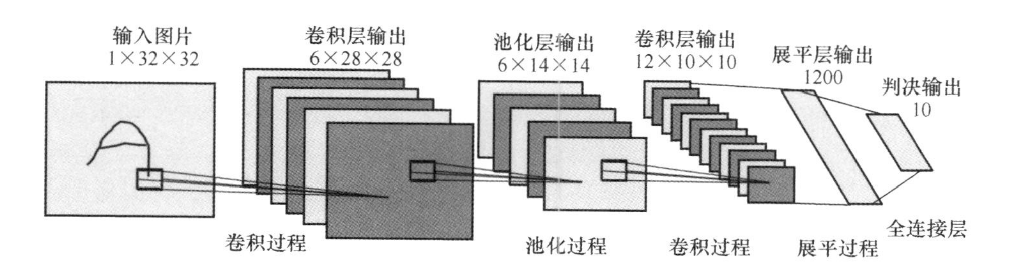

图 2.1　CNN 作用过程

2.1.1　神经网络优化理论

要理解一个完整的 CNN 结构,首先需要了解基础神经网络的更新、优化规则。下面将从数据角度解释最基本的全连接神经网络对数据的处理流程。假设输入向

量 $\boldsymbol{x}$ 维度为 N, $\boldsymbol{x}=[x_1,x_2,\cdots,x_{N-1},x_N]^{\mathrm{T}}$，神经元偏置项 $\boldsymbol{b}=[b_1,b_2,\cdots,b_{N-1},b_N]^{\mathrm{T}}$，全连接神经网络各层间的权重矩阵为 $\boldsymbol{W}$, f 表示激活函数，网络输出向量 $\boldsymbol{y}=[y_1,y_2,\cdots,y_{M-1},y_M]^{\mathrm{T}}$，假设网络共计 L 层，则神经网络输出与输入间的关系可表示为

$$\boldsymbol{y}=f^{(L-1)}(\cdots f^{(2)}(\boldsymbol{W}^2 f^{(1)}(\boldsymbol{W}^1\boldsymbol{x}+b^{(1)})+b^{(2)})\cdots+b^{(L-1)}) \tag{2.1}$$

在神经网络拟合过程中，选择合适的激活函数能够提高网络性能，选择不当就有可能造成梯度爆炸或梯度消失等问题。常用的激活函数如表 2.1 所列。

表 2.1　不同激活函数数学表达式

激活函数	数学表示
sigmoid	$f(x)=\dfrac{1}{1+\mathrm{e}^{-x}}$
tanh	$f(x)=\dfrac{1-\mathrm{e}^{2x}}{1+\mathrm{e}^{2x}}$
relu	$f(x)=\max(0,x)$
softplus	$f(x)=\log(1+\mathrm{e}^{x})$

各激活函数的图像如图 2.2 所示。

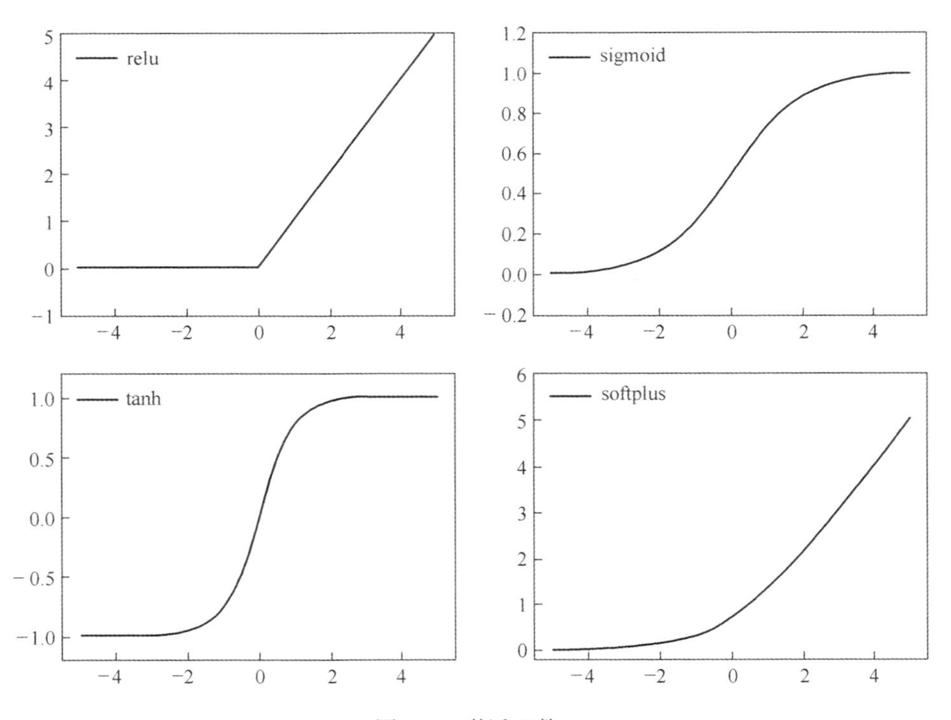

图 2.2　激活函数

由图 2.2 可以看出,激活函数均为非线性函数,这可以确保输入值与输出值之间不是简单的线性关系,从而充分发挥堆叠的隐藏层带来的优势。sigmoid 函数将神经元的输出值非线性压缩至[0,1]区间内,但是输入值过大或过小会导致梯度消失的问题;relu 函数克服了 sigmoid 函数的上述问题,其直接将小于零的输入值映射为 0,这可减少网络训练过程中一些不必要的运算,因而能在一定程度上提升网络收敛速度,但非线性拟合能力较差是 relu 函数的一个主要缺点。

神经网络中的输出层一般选择 softmax 函数作为激活函数,softmax 函数的表达式为

$$\boldsymbol{\sigma}_{\text{softmax}}(x_j) = \frac{e^{x_j}}{\sum_j e^{x_j}} \tag{2.2}$$

式中:x_j 表示输出层第 j 个神经元的输出值,可以看出输入向量被 softmax 函数压缩到另一向量空间 $\boldsymbol{\sigma}(z)$ 中,使得网络每一个神经元的输出都归一化在(0,1)之间,这也和分类问题中的输出概率相对应,因此 softmax 函数常用于分类问题中。

假设网络输入样本的真实标签为 $\boldsymbol{L} = [l_1, l_2, \cdots, l_{N-1}, l_N]^{\mathrm{T}}$,神经网络的本质思想就是通过不断调整优化网络权重矩阵 $\boldsymbol{W}$,从而使预测输出 y 与真实标签 L 之间的误差损失最小化。为使得误差损失最小,神经网络中最常用的就是通过反向传播算法(Back Propagation, BP)[1]进行迭代更新优化参数矩阵 $\boldsymbol{W}$。神经网络的损失函数定义为

$$L = \frac{1}{N}\sum_{i=1}^{N} L_i \tag{2.3}$$

式中:N 表示训练样本总量;L_i 表示各个样本产生的分类损失。常用的衡量分类损失的分类损失函数如表 2.2 所列,表中 y_i 表示输入数据 x_i 的真实标签,$\hat{y}_i$ 表示输入数据 x_i 通过网络运算后的预测标签。

表 2.2　不同分类损失函数表示式

交叉熵损失函数	$L_i = \frac{1}{2}\sum_{k=1}^{M}(y_i(k) - \hat{y}_i(k))^2$
均方误差损失函数	$L_i = -\sum_{k=1}^{M} y_i(k)\lg\hat{y}_i(k)$

归根结底,神经网络的训练拟合过程实际上就是一个网络参数最优化的过程。在参数寻优的过程中,最常采用的就是梯度下降(Gradient Decent, GD)算法,其流程如图 2.3 所示。在 GD 算法中:首先对神经网络参数进行初始化;然后计算输入所对应的损失值,再计算网络梯度更新值;最后更新网络参数。当参数更新完毕后,判断网络所处状态是否满足迭代终止条件。如果满足迭代终止条件,则停止训练;否则,这个循环将继续下去。

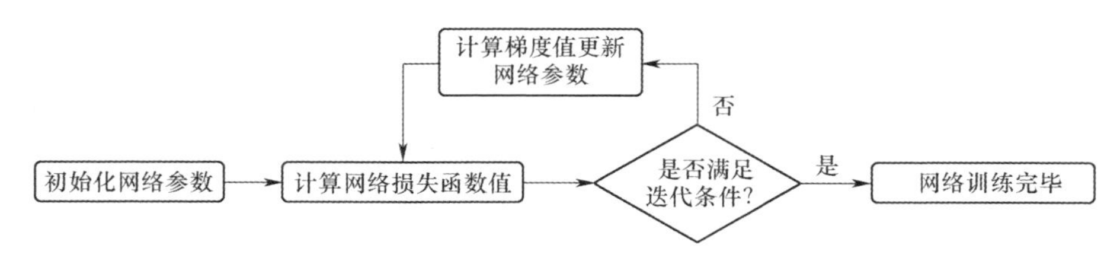

图 2.3 神经网络优化过程

在梯度值更新过程中,最常用的梯度下降算法主要包括批梯度下降(Batch Gradient Decent, BGD)、随机梯度下降(Stochastic Gradient Decent, SGD)、部分批梯度下降(Mini-Batch Gradient Decent, Mini-BGD)等。其中 BGD 利用每批输入网络的所有样本计算梯度值以更新网络参数,Mini-BGD 则是使用部分样本计算梯度值更新参数,SGD 使用单个样本计算梯度值更新参数。

当一个网络包含的层数和参数过多时,要计算每个参数的梯度值并同时更新它们是非常困难的。BP 算法适合用于解决上述问题,因为它从输出层向后计算网络各层之间的梯度表达式,以获得网络各层的梯度值。BP 算法根据链式求导法则,利用反向递归计算网络各层梯度值。BP 算法的学习过程分为数据的前向传播和误差的后向传播两个过程。在前向传播中,数据在每个隐藏层中被逐层处理,最后传送到输出层。如果输出层的实际输出与理想输出不一致,就会触发误差反向传播。误差反向传播使用输出层的误差来估计前一层的误差,直到第一个隐藏层,这样误差信号就一步步地通过每一层的所有单元,这个误差信号被用作优化权重的基础。在进行正向和反向传播的同时,权值不断更新调整,直到网络输出的误差减少到理想状态,或者进行预定次数的学习后停止[2]。

假设有 m 个训练样本 $\{(x^1,y^1),(x^2,y^2),\cdots,(x^m,y^m)\}$,其中 y 表示样本的标签,则神经网络的总误差为

$$E = \frac{1}{2m}\sum_i (y^i - o^i)^2 \tag{2.4}$$

我们希望调整参数使得 E 值最小化,因此按如下方式进行所有层的更新,其中 α 为学习率。目前,主流的损失函数更新方法包含 Momentum、Nesterov Momentum、Adagrad、Adam 等,但均可表示为

$$\theta^l = \theta^l - \alpha\frac{\partial E(\theta)}{\partial \theta^l} \tag{2.5}$$

式中:θ 表示网络参数。

BP 的优点如下。

(1) 非线性映射能力。BP 神经网络体现了复杂的输入输出映射关系,一般来说,三层神经网络可以满足大多数非线性函数,这在解决复杂问题上具备很大

优势。

（2）学习能力。BP 神经网络像大脑学习新事物一样学习训练,可以自动提取特征和学习输入和输出之间的规律性,以及适应性地调整网络权重。

（3）泛化能力。所谓泛化能力,是指网络训练完毕时,需确保网络正确地对训练样本中的目标进行分类,它也必须正确地对未训练的测试样本或有噪声污染的样本进行分类。这意味着 BP 神经网络可以使用训练好的网络模型来检测新的样本。

（4）容错能力。如果 BP 神经网络神经元的局部或部分信息丢失,整个网络模型的性能通常不会受到明显影响,即使系统的局部信息丢失,它仍然可以正常运行。换句话说,BP 神经网络具有一定的容错性。

BP 算法也有以下缺点和局限性。

（1）学习速度慢。BP 神经网络权重的更新是基于梯度下降的,输入输出关系非常复杂,导致目标函数很难收敛,经常会出现凹凸不平现象,使得 BP 算法效果不佳。由于在反向传播过程中,神经元状态幅度变化不大,造成权重误差变化不大,使得训练过程非常缓慢;在 BP 神经网络模型中,为了有效地更新权重,替换传统的一步迭代准则,需要提前定义步长更新规则,这也导致了算法低效。

（2）过度拟合现象。一般来说,网络模型中的参数越少,预测性能就越差,随着参数数量的增加,预测性能会明显提高。然而,这个值并不是恒定的,当它达到一定的阈值时,随着模型参数的增加,预测能力急剧下降,这种现象称为“过拟合”。造成这种现象的原因是网络完全适合训练实例,但学到的模型已经不能很好地泛化到测试实例中,所以 BP 神经网络研究的一个重要内容是如何确定网络参数的数量来解决网络的适应性和泛化问题。

（3）局部最优问题。BP 神经网络要优化的理想网络函数是一个凹函数,但现实中通常是一个复杂的锯齿函数,而网络权重是按照梯度最小化算法逐步调整的,所以容易达到局部最小值,而权重又收敛于局部最小点,所以网络达不到最优结构。同时,网络的初始权重不同往往会导致网络收敛到不同的局部极小值,这在 BP 神经网络的研究中需要解决。

上述过程仅简单介绍了一个最基本的神经网络在工作过程中的要素,在将神经网络应用于实际工程时,还有很多其他的因素需要综合考虑,如是否使用 Batch-Normalization 层来对神经元输入进行批量归一化,是否使用 Dropout 技术、Early-Stopping 技术以及正则化技术防止网络过拟合,训练集与验证集的划分规则以及正则化参数的设置等,这都是在实际解决问题过程中需要考虑的变量因素。

2.1.2 卷积神经网络独特结构

在了解基本的神经网络后,下面将对 CNN 中的一些独特结构进行介绍。

(1) 卷积层。在 CNN 中,每个卷积层中均包含许多特征平面,特征平面的个数由预设的卷积核数目决定。同一特征平面的神经元间共享卷积核参数,卷积核的参数一般采用生成随机数矩阵的形式进行初始化,在网络的训练过程中,通过反向传播等算法不断优化核参数,从而学习得到合理的权值。共享权值这一设计的优点是:可直接减少网络中各层神经元间的连接量,在缩减参数规模的同时还可降低过拟合的风险。卷积层的目的就是为了提取数据高维抽象特征,随着网络层数的堆叠,其提取的特征也越来越抽象复杂。图 2.4 所示为一个简单的卷积过程。

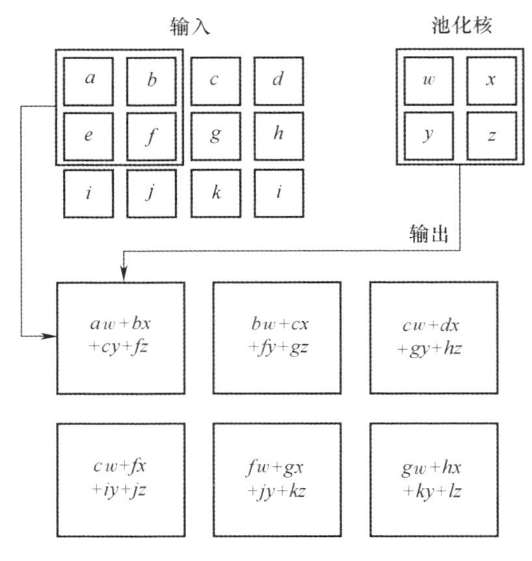

图 2.4 卷积过程示意图

在 CNN 进行卷积的过程中,卷积层需要设置的参数包括卷积核的数量、大小以及卷积步长等。卷积核的大小决定了该卷积核的感受野,当卷积核对当前区域卷积完成后,卷积核需要移动到下一区域进行下一步卷积操作,这个移动的距离就称为卷积步长。但是,当卷积核移动至输入数据边缘时,此时卷积核的覆盖区域超出了输入数据的范围,则会出现无法计算的问题,这时就需要通过补全输入以适应卷积核的大小,一般情况下,采用的是补 0 的方式。

(2) 池化层。池化操作可以极大地简化网络模型的复杂度,减少网络模型参数,并降低过拟合风险。现阶段流行的池化过程主要包括平均池化和最大池化两类,其原理如图 2.5 所示。

卷积和池化操作是 CNN 最常见的两种运算,通过堆叠不同尺寸的卷积层和池化层,神经网络便能达到提取信号特征的目的。

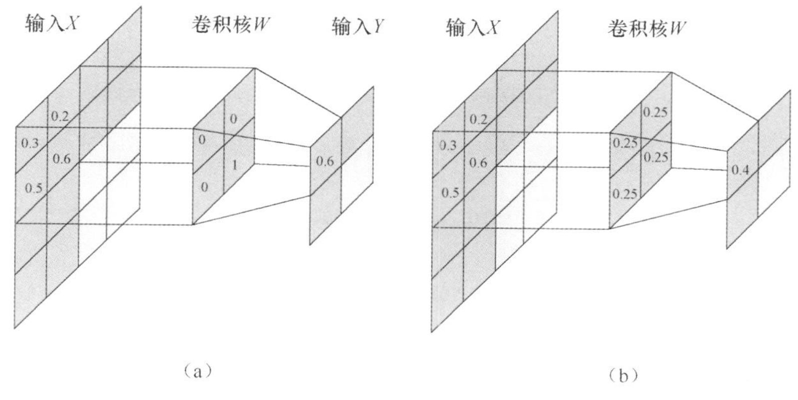

图 2.5 池化过程原理示意图

(a) 最大池化;(b) 平均池化。

具有这些独特结构的 CNN 具有良好的特征提取能力,为了提取更深层次的特征或适应更复杂的输入,可通过构建大深度的 CNN,从而提取最优特征。但是,如果大量增加神经网络层数,会导致神经网络出现梯度消失问题,即网络末端获得的梯度传导至首端时逐层衰减,导致无法有效调整首端参数。为了解决这一问题,2015 年微软研究院提出了残差神经网络(Residual Network, ResNet),ResNet 调整了网络学习目标,由直接学习目标函数转换为学习目标函数和上一层函数输出的残差,提高了训练效率。下面对 ResNet 学习目标的调整方法进行描述。

神经网络在训练过程中,由样本输出和标签的误差导出梯度,并向前传播以调整参数。在深度较大时,网络产生梯度消失现象,造成性能下降。现考虑简单神经网络,其学习目标为输入 x 到目标函数 $H(x)$ 的映射。学习过程中,通过网络输出 $H'(x)$ 和目标函数 $H(x)$ 的误差计算梯度 $\Delta(x)$,从而调整权重学习层的参数 ω。由于梯度只能向上一权重学习层方向逐层传导,梯度会不断减小,使得网络难以调整上层的权重,如图 2.6 所示。

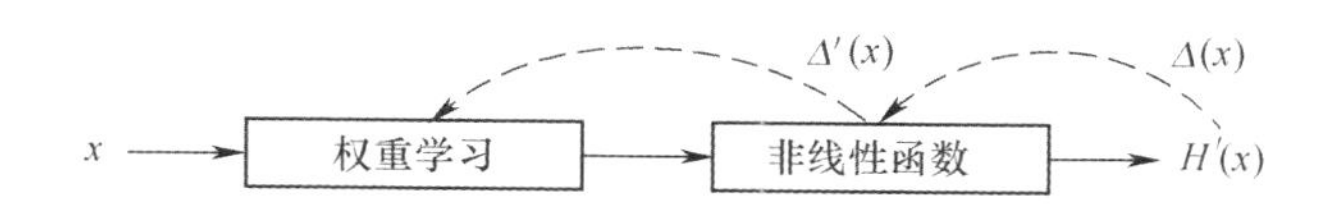

图 2.6 逐层调整参数的简单神经网络

为了有效实现梯度传导,调整网络学习目标为中间变量 $F(x)$,由 $H(x) - x = F(x)$ 改写为 $H(x) = F(x) + x$,同时网络修改为图 2.7 中形式。

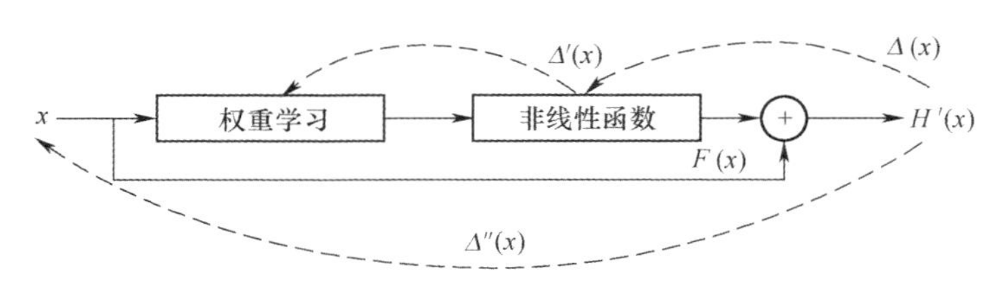

图 2.7　使用中间变量的简单神经网络

此时,网络的学习目标 $F(x)$ 不再是全新的目标函数 $H(x)$,而是一个目标函数和已知函数恒等映射的残差 $H'(x)$,从而将目标函数 $F(x)$ 的求解转化为对残差函数 $H'(x)$ 的拟合,使得网络更容易训练;同时,由于创建了新的残差支路,梯度 $\Delta''(x)$ 可以传递到上层,有利于增加了网络深度,使得网络能够按不同的卷积核大小组织成块,提高提取抽象特征的能力。

2.1.3　卷积神经网络新型结构

一般来说,CNN 的主要功能层几十年来没有明显变化,即使是目前广泛使用的 ResNet 仍然包含这些功能层,但增加了跳层连接,这是一种创新的信息交互方式。卷积层是深度 CNN 的主要功能层,目标任务所需信息在这里被提取出来,卷积核本质上是一个滤波器。不同大小的卷积核在特征图中会有不同大小的感知野,这决定了网络模型从中提取信息的区域组合,对网络的最终性能有很大影响。在 2012 年 ImageNet[3] 大规模视觉识别竞赛中获胜的 AlexNet[4],有 3 个不同大小的卷积核:(11×11)、(5×5)和(3×3)。后来,研究人员发现,使用尺寸较小的卷积核和增加网络的深度可以改善网络性能。美国纽约大学的 Zeiler[5] 等通过减少 AlexNet 上相应的卷积核的大小实现了性能的小幅提升,而 VGGNet[6] 则放弃了卷积核的大尺寸,全部采用小尺寸的卷积核(3×3),并大大增加了网络深度。LIN[7] 提出了一个创新的(1×1)卷积核,可以灵活地管理网络中特征图通道数量的增减,以及属性图中同一位置的不同通道的信息聚合。为了解决卷积核的大小问题,谷歌公司还指出[8],2 个连续的(3×3)卷积层可以取代一个(5×5)卷积层,如图 2.8(a)所示。这不仅没有改变卷积核的感受野,而且还减少了网络参数的数量,并且由于激活函数的数量较多,使网络具有更多的非线性表示能力,它还启发了研究学者们尝试将几种不同大小的卷积核结合起来创建网络。GoogLeNet[9] 在同一个卷积层中使用 3 种不同大小的(5×5)、(3×3)和(1×1)卷积核,将多种尺度的卷积核结合起来,如图 2.8(b)所示。

除了对卷积核大小的研究外,研究人员还提出了各种优化方案来改进卷积操作,如组卷积、深度可分离卷积、空洞卷积和可变形卷积。组卷积首次出现在

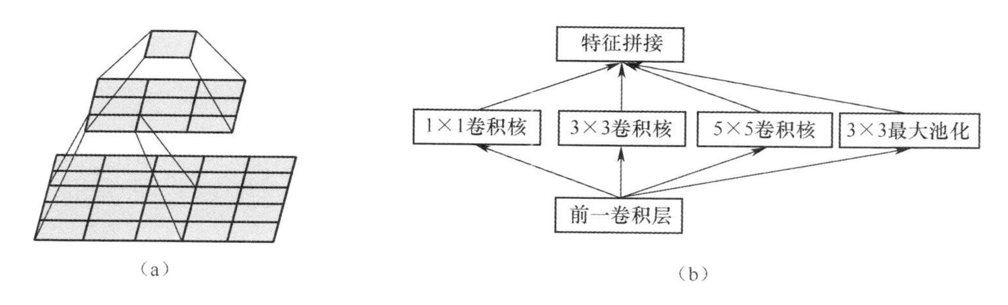

图 2.8 两种重要卷积核形式

(a) 两层连续的(3×3)卷积层代替单层(5×5)卷积层;(b) GoogleNet 中的多尺度卷积核融合。

AlexNet 中,当时作者将网络分成两部分,以便在两个中央微处理器(GPU)上进行训练和学习,以此满足计算需求。后来,研究人员[10]从卷积的基本计算方式广义线性方程(或多元多项式方程)中发现,卷积核数量的增减会导致卷积冗余现象。为了缓解这个问题,人们试图用"分而治之"的思想将同一卷积层中的卷积核分成不同的组。基于组卷积的思想,人们提出了 ResNeXt[11],与相同规模的 ResNet 相比,它不仅有更好的性能,而且有更高的效率。之后,在组卷积基础上,提出了深度可分离卷积[12-13],它对卷积核的操作进行了更详细彻底的分解。作为组卷积的特例,深度可分离卷积被广泛应用于轻量级神经网络中,它可以大大降低卷积神经网络的计算成本,使卷积神经网络在计算资源有限的环境下得到应用。传统的卷积核操作本质上可以看作是一种三维卷积操作,用于特征提取和特征图维度转换。深度分离卷积将特征提取和维度转换两个功能分开,首先使用深度分离通道卷积进行特征提取,然后使用(1×1)卷积进行特征图维度转换。从某种意义上说,这也揭示了在传统的卷积层中,特征提取和维度转换一起进行的紧密耦合的功能并不是最佳的,将这两个功能分开可以提高网络性能。与卷积操作中通道数的优化研究不同,关于空洞卷积和可变形卷积的研究集中在二维图像中卷积操作的位置或卷积核感知野的位置。空洞卷积[14]是常规池化操作一种替代方法,主要应用于图像分割相关的任务。具体操作是按照一定的规则在卷积层的特征图中插入空洞。与原来的常规卷积相比,空洞卷积增加了一个调节空洞的插入间隔的超参数,从而使卷积操作覆盖更大的感受野,提高了图像分割任务的性能。如果进一步泛化空洞卷积,将空洞卷积的插入间隔从规律插入改变为可学习的自由插入,就形成了可变形卷积[15-16]。可变形卷积变化了卷积核固定位置的卷积操作,并且可以根据任务检测对象的尺寸、姿态、视野或者部件变形中的几何变化改变卷积操作像素点的位置。

目前,CNN 技术的发展不仅体现在卷积核等细节层面,而且在网络结构方面也取得了重大进展,如图 2.9~图 2.11 所示的四类 CNN。纵观近年来最常用的

CNN,可以发现,研究人员对深度 CNN 性能的痴迷,使得网络结构在深度和宽度方向上都有所提升。理论上,一个具有单一隐藏层的神经网络可以描述任何连续函数。然而,随着被表示函数的复杂性增加,一个具有单一隐藏层的神经网络需要一个指数级的神经元数量。因此,有可能通过加深或扩大神经网络(增加网络的规模)来提高网络的表征能力。

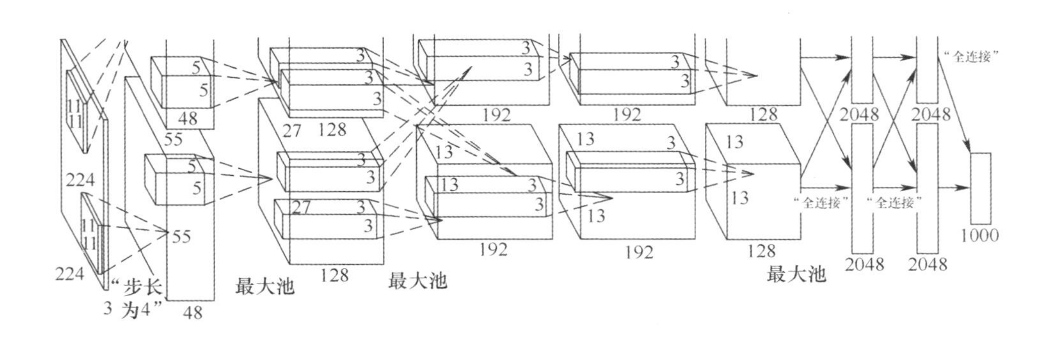

图 2.9　AlexNet 网络结构

经典的 LeNet 网络在 MNIST 数据集上取得了令人满意的结果,它只包括两个卷积层。随后,更深层次的 AlexNet 的开发,也重新激发了学术界对深度神经网络的兴趣。在随后的几年里,出现了更深的网络,如 VGGNet 和 GoogleNet,但在传统卷积神经网络的结构中,堆叠卷积层,即加深网络,并不总是产生性能的提高。为了解决这个问题,Highway Network 试图通过增加网络通路来改善网络不同层之间的信息互动,以便对更深的网络进行训练和学习。在 Highway Network 的启发下,创新性地提出跳层连接,通过使用残差学习来缓解超深网络所面临的性能下降问题,从而大幅提高网络深度。研究人员通过对残差网络进行有针对性的更新和优化,为残差网络的性能提升提供了新的思路,如图 2.12 的 DenseNet[17]。与 ResNet 相比,DenseNet 丰富了跳层连接的密度,促使不同卷积层之间的信息互动更加多样化。为了避免由于层数太多而导致的收敛问题,Wide ResNet[18] 并没有加深网络,而是在 ResNet 网络结构的基础上扩展了每个卷积层。Wide ResNet 减少了 ResNet 的深度,但扩展了卷积层,以达到与 ResNet 相同的优秀性能。网络深度与宽度的交汇融合,引发人们思考二者在网络性能方面是否存在特定的关系,这也是神经网络发展更进一步的方向。

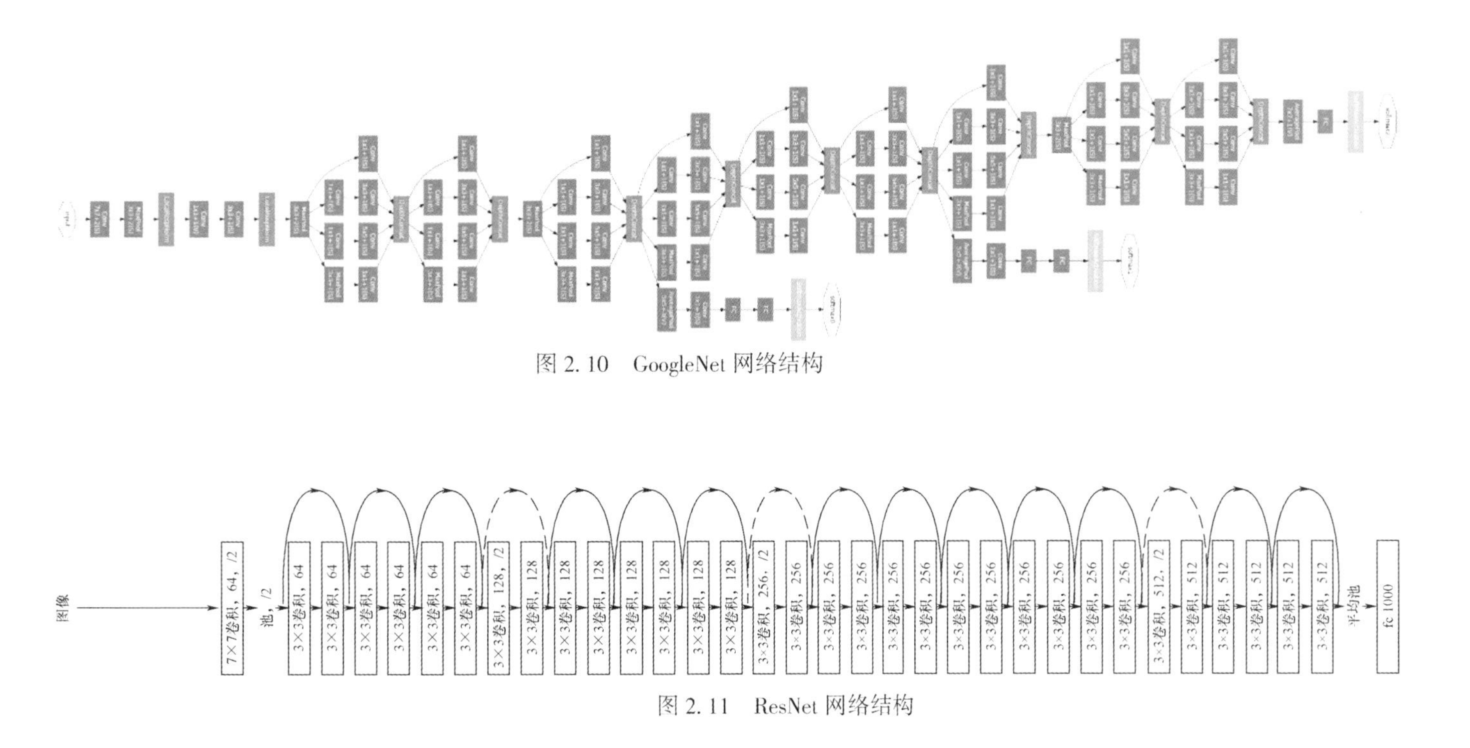

图 2.10 GoogleNet 网络结构

图 2.11 ResNet 网络结构

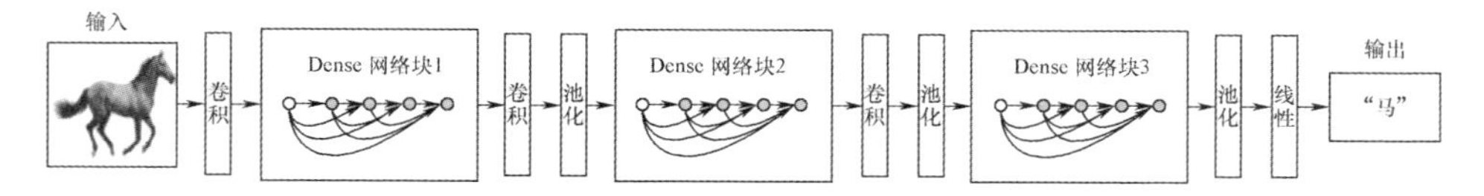

图 2.12　DenseNet 网络结构

2.2　基于图像特征提取的通信信号识别分类方法

本节将从图像输入形式角度介绍通信信号识别方法。CNN 自提出之始即用于处理图像数据,因此利用图像表示信号从而将信号识别问题转换为图像识别问题是基于图像的通信信号识别方法的大体思路。常见的图像表示模型包括时频图、星座图、循环谱图及等高图等。

2.2.1　通信信号的图像转化

2.2.1.1　时频图

时频分析是分析非平稳信号的常用方法,包含了多种联合时域、频域的变换函数,可有效地对复杂时变信号进行局部处理,便于分析出信号间的细微差异。在时频分析的变换函数中,短时傅里叶变换是基础形式,即

$$\mathrm{STFT}_Z(t,f)=\int_{-\infty}^{\infty}[z(t')\gamma^*(t'-t)]\mathrm{e}^{-\mathrm{j}2\pi ft'}\mathrm{d}t' \tag{2.6}$$

式中:$\gamma(t)$ 表示短时窗函数,其在信号 $z(t)$ 上进行时间和频率的移动分段计算信号的局部频谱,短时傅里叶的时频精度很大程度取决于如何选取 $\gamma(t)$ 。为了用时频方法分析时间-瞬时功率密度的谱图表示,以二次型形式进行时频表示。信号的瞬时功率需要得到非平稳信号 z 的局部相关函数 $R(t,\tau)$:

$$R(t,\tau)=\int_{-\infty}^{\infty}\varphi(u-t,\tau)z\left(u+\frac{T}{2}\right)z^*\left(u-\frac{T}{2}\right)\mathrm{d}u \tag{2.7}$$

式中:$\varphi(t,\tau)$ 为窗函数,对 $R(t,\tau)$ 进行傅里叶变换即得到信号时变功率谱:

$$P(t,f)=\int_{-\infty}^{\infty}R(t,\tau)\mathrm{e}^{-2\pi\tau f}\mathrm{d}\tau \tag{2.8}$$

式中:$P(t,f)$ 为时频分布。

从式(2.8)可知,时频分布取决于局部相关函数 $R(t,\tau)$,当窗函数 $\varphi(u-t,\tau)=\delta(u-t)$ 时,得到的时频分布称为 Wigner-Ville 分布:

$$P(t,f)=W_Z(t,f)=\int_{-\infty}^{\infty}z\left(t+\frac{T}{2}\right)z^*\left(t-\frac{T}{2}\right)\mathrm{e}^{-\mathrm{j}2\pi\tau f}\mathrm{d}\tau \tag{2.9}$$

通过上述各种不同的窗函数,便可得到不同形式的时频图。此外,图像的纹理

特征提取也是信号识别过程的关键一环。图像的纹理是指图像中反复出现的局部模式与排列规则,是一种重要的视觉特征,在图像中广泛存在但没有严格的数学定义。由于对时频图样本纹理特征进行参数化描述时,必然首先确定参数集,而预期目标是系统能够根据样本自动确定最优特征,因此特征提取过程不能对样本进行参数化的描述。一种合理的替代方案是将时频图视为不同尺度特征在空间上的组合,通过利用特征提取手段可以对这一组合进行描述,从而将具有相似描述的样本视为一类。

研究表明,图像可以分为由不同方向 Gabor 函数所描述的边缘[19],将这些二维线性函数组成的矩阵称为图胞,如图 2.13 所示。

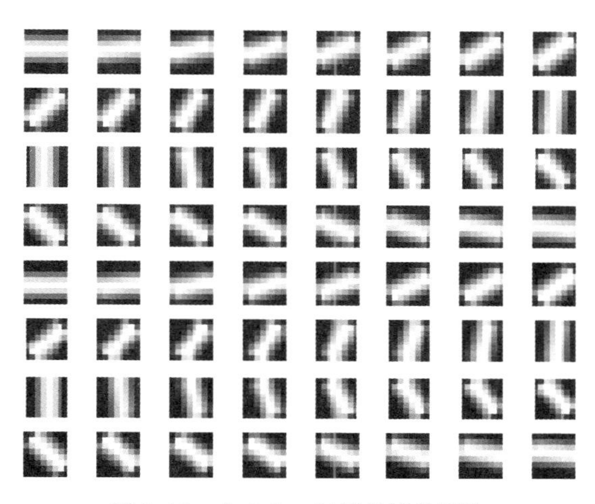

图 2.13　由 Gabor 权值描述的图胞

对任意一个图胞 P,将其视为坐标 (x,y) 的函数,记为 $P(x,y)$,则任意一个复杂二维图像 I 可表示为各图胞的加权和,记权重为 $w(x,y)$,则

$$I = \sum_{x} \sum_{y} w(x,y)P(x,y) \tag{2.10}$$

一般情况下,$w(x,y)$ 具有 Gabor 函数的性质,此时,$w(x,y)$ 可表示为

$$\begin{aligned} & w(x,y;\alpha,\beta_x,\beta_y,f,\varphi,x_0,y_0,\tau) \\ & = \alpha\exp(-\beta_x x'^2 - \beta_y y'^2)\cos(fx + \varphi) \end{aligned} \tag{2.11}$$

其中

$$x' = (x - x_0)\cos\tau + (y - y_0)\sin\tau \tag{2.12}$$

$$y' = -(x - x_0)\sin\tau - (y - y_0)\cos\tau \tag{2.13}$$

式中:α、β_x、β_y、φ 为常参数;f 为所选用的仿射函数;x_0、y_0 为原点所在位置。这些图胞是图像在不同尺寸上的切分的组成元素,即小尺度特征的加权和构成大尺度特征,如图 2.14 所示。

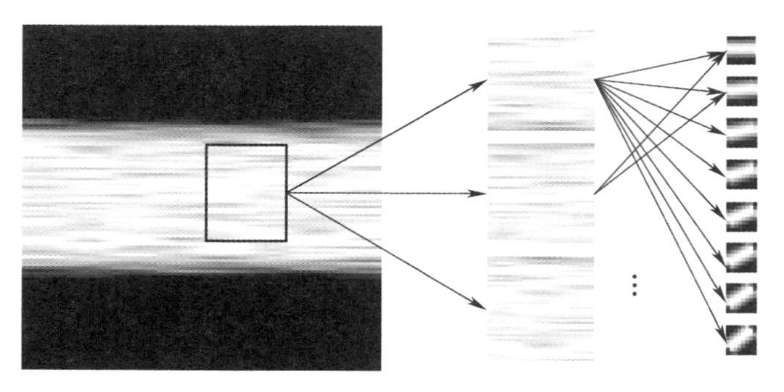

图 2.14　图像分层切分示意图

2.2.1.2　星座图

星座图是广泛使用的二维图像,它将信号样本映射到复平面上的散射点,以直观地表示信号以及信号之间的关系,这种图示就是星座图。图 2.15 所示为几类数字信号的星座图示例。

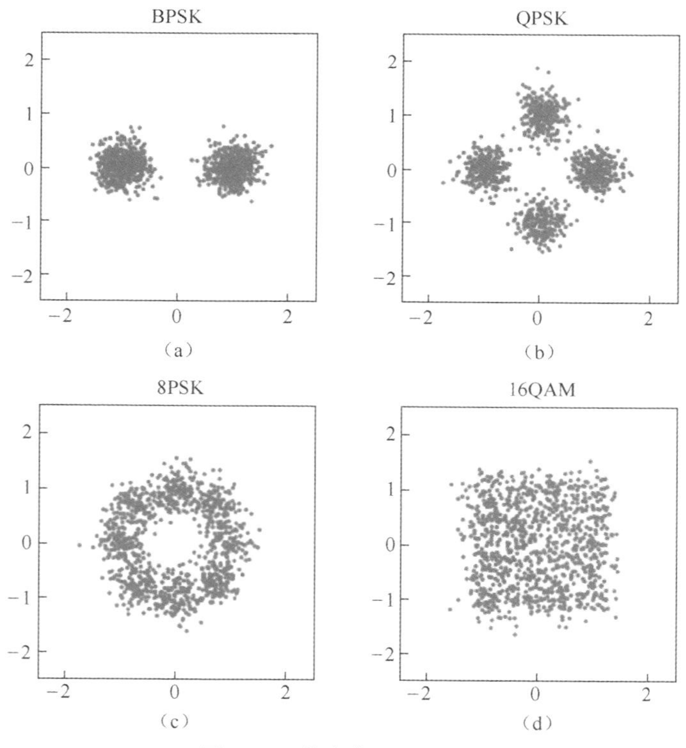

图 2.15　数字信号的星座图

为提升星座图的分类能力，还可通过星座点累积的方法等得出各类变形的星座图。如图 2.16 所示的极化域累积星座图[20]，首先将 I/Q 信号映射到极化域。

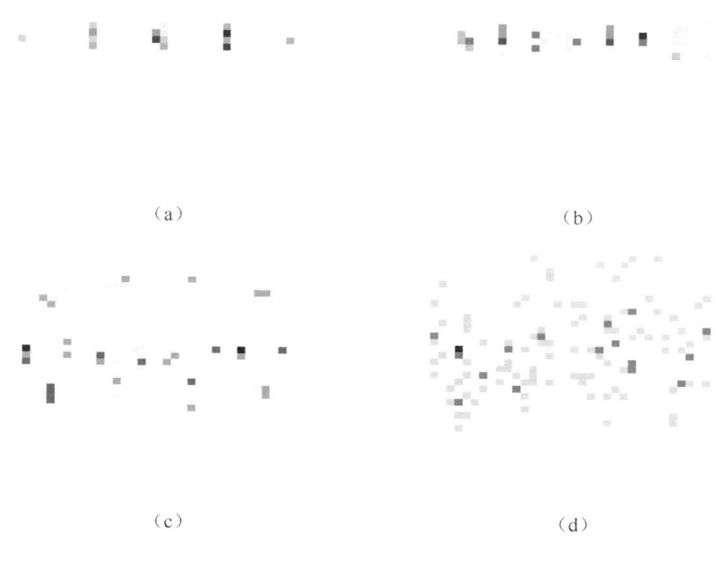

图 2.16　极化域累积星座图（见彩图）

（a）4PSK；（b）8PSK；（c）16QAM；（d）64QAM。

2.2.1.3　循环谱图及等高图

谱相关理论是分析循环平稳信号的常用方法，通信信号的调制过程是用待传输信号控制载波信号（如正弦信号，脉冲信号）的各项参数进行信息装载，调制信号通常具有循环平稳特性。周期性的时域信号在频谱上的表现是离散的谱图形式，同样循环平稳信号表现在其二阶或高阶的统计特性上。

循环平稳分析利用循环平稳信号不同频带之间的相关性，循环谱密度函数在循环频率不为零处有显著峰值。但对于高斯噪声循环谱集中于零循环频率位置，所以循环谱方法可以有效抑制噪声和干扰。

非平稳信号 $x(t)$ 的一阶矩和自相关函数是关于时间的周期函数，则 $x(t)$ 也称为广义周期性平稳过程，其均值和相关函数表示为

$$m_x = m_x(t + T) \tag{2.14}$$

$$R_x(t,\tau) = R_x(t + T,\tau) \tag{2.15}$$

实际情况是，随机信号测得的观测值通常是单次的所以无法根据统计学方法

计算平均值。如果 $x(t)$ ，$x^*(t-\tau)$ 满足随机过程的遍历性,则相关函数可用时间平均表示为

$$R_x(t,\tau)=\lim_{N\to\infty}\frac{1}{2N+1}\sum_{n=-N}^{N}x(t+nT)x^*(t+nT-\tau) \tag{2.16}$$

式中:T 为循环周期; τ 为时间间隔。

由于 $R_x(t,\tau)$ 是以 T 为周期的周期函数,对其做傅里叶级数展开可得

$$R_x(t,\tau)=\sum_{m=-\infty}^{\infty}R(t,\tau)\mathrm{e}^{\mathrm{j}mt\frac{2\pi}{T}}=\sum_{m=-\infty}^{\infty}R_x^{\alpha}(\tau)\mathrm{e}^{\mathrm{j}2\pi\alpha t} \tag{2.17}$$

式中: $\alpha=\dfrac{m}{T}$ 表示循环频率,傅里叶系数为

$$R_x^{\alpha}(\tau)=\frac{1}{T}\int_{-\frac{T}{2}}^{\frac{T}{2}}R(t,\tau)\mathrm{e}^{-\mathrm{j}2\pi\alpha t}\mathrm{d}t=\lim_{T\to\infty}\frac{1}{T}\int_{-\frac{T}{2}}^{\frac{T}{2}}x(t)x^*(t-\tau)\mathrm{e}^{-\mathrm{j}2\pi\alpha t}\mathrm{d}t=\langle x(t)x^*(t-\tau)\mathrm{e}^{-\mathrm{j}2\pi\alpha t}\rangle \tag{2.18}$$

式中: $R_x^{\alpha}(\tau)$ 为循环平稳过程 $x(t)$ 的循环自相关函数。$R_x^{\alpha}(\tau)$ 的傅里叶变换可以得到循环谱密度（Cyclic Spectrum Density, CSD)函数,是描述信号二阶统计量的数字特征,即

$$S_x^{\alpha}(f)=\int_{-\infty}^{\infty}R_x^{\alpha}(\tau)^{-\mathrm{j}2\pi f t}\mathrm{d}\tau=\lim_{\hat{T}\to\infty}\frac{1}{\hat{T}}X_{\hat{T}}\left(f+\frac{\alpha}{2}\right)X_{\hat{T}}^*\left(f-\frac{\alpha}{2}\right) \tag{2.19}$$

$$X_{\hat{T}}(f)=\int_{-\frac{T}{2}}^{\frac{T}{2}}x(t)\mathrm{e}^{-\mathrm{j}2\pi f t}\mathrm{d}t \tag{2.20}$$

工程计算时,平均时长 T 是有限长的,其中 $S_x^{\alpha}(f)$ 为循环谱密度函数, $X_{\hat{T}}(f)$ 为信号 $x(t)$ 以窗宽为 T 做傅里叶变换得到的频谱。

循环谱分析算法通过计算信号频谱分量间的相关函数,构造信号的循环平稳特征,时域平滑法包括快速傅里叶变换[FFI]累加算法[21]和分段谱相关函数算法。频域平滑法计算精度更高可以估计循环频率,但计算复杂度高,在实际应用中使用较少。本节使用时域平滑算法选用 Hamming 窗函数对序列长为 1024 的调制信号进行加窗处理,得到对应的循环谱图。进一步通过灰度处理得到循环谱图的二维灰度图称为循环谱的等高图。下面对一些常见的不同调制样式信号进行循环谱分析,并可视化其循环谱图和等高图。

双边带调幅(AM-DSB)信号表示为

$$x_{\mathrm{DSB}}(t)=A(t)\cos(2\pi f_c t+\varphi_c) \tag{2.21}$$

因为 AM-DSB 的频谱存在相关性,其循环谱函数为

$$S_{x_{\mathrm{DSB}}}^{\alpha}(f)=\begin{cases}\frac{1}{4}[S_A^0(f-f_c)+S_A^0(f+f_c)],\alpha=0\\ \frac{1}{4}S_A^0(f_c)\exp(\pm \mathrm{j}2\varphi_c),\alpha=\pm 2f_c\\ 0,其他\end{cases} \tag{2.22}$$

AM-DSB 循环谱图和等高图如图 2.17 所示。

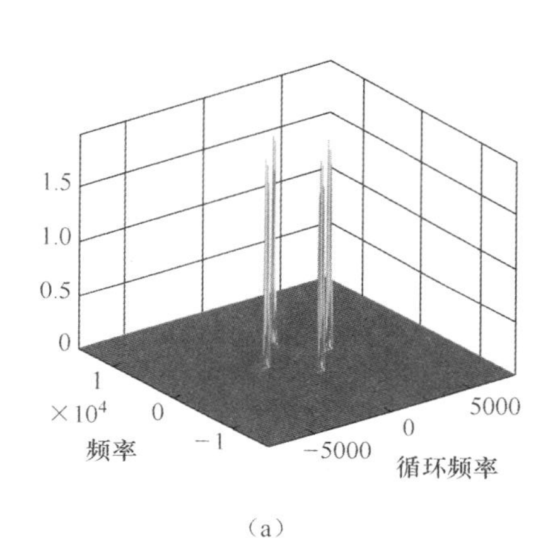

(a)

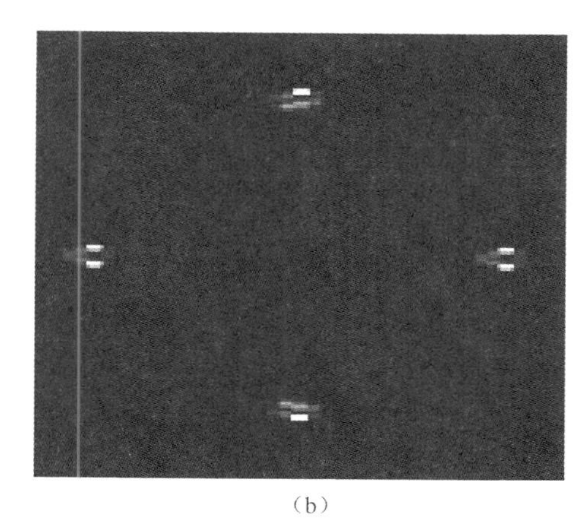

(b)

图 2.17 AM-DSB 循环谱图和 AM-DSB 等高图
(a) 循环谱图;(b) 等高图。

单边带调幅(AM-SSB)信号只有一个边带,其二阶循环平稳为 0,实验采用具有相关性的基带信号来分析 SSB 信号。SSB 信号的表达式为

$$x_{\mathrm{SSB}}(t)=A_c m(t)\cos(2\pi f_c t)\ \pm A_c\hat{m}(t)\sin(2\pi f_c t) \tag{2.23}$$

式中:$\hat{m}$ 为 m 的希尔伯特变换。

根据式(2.23)中正负号的不同,单边带信号可分为上边带(USB)和下边带(LSB)信号。以 USB 为例,对应的循环谱函数为

$$S_{x_{\mathrm{SSB}}}^{\alpha}(f)=H_{\mathrm{USB}}(f+\alpha/2)H_{\mathrm{USB}}^{*}(f-\alpha/2)S_{x_{\mathrm{DSB}}}^{\alpha}(f) \tag{2.24}$$

AM-SSB 循环谱图和等高图如图 2.18 所示。

MPSK 信号表示为

$$x_{\mathrm{MPSK}}(t)=A\cos(\omega_c t+\varphi_k(t)+\varphi_0),k=1,2,\cdots,M \tag{2.25}$$

$$\varphi_k(t)=\frac{2\pi}{M}(k-1),k=1,2,\cdots,M \tag{2.26}$$

式中:A 为振幅;k 为相位的偏移量;φ_0 为初始相位。

当 $M=2$ 时,$\varphi_1(t)$ 和 $\varphi_2(t)$ 相位相差 π 得到 BPSK,对应的循环谱函数为

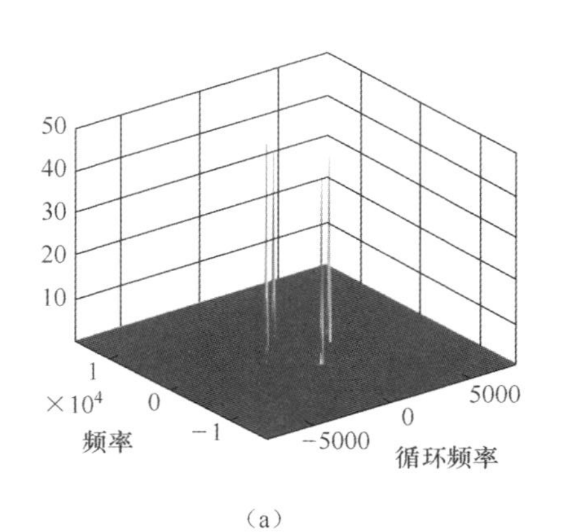

（a）

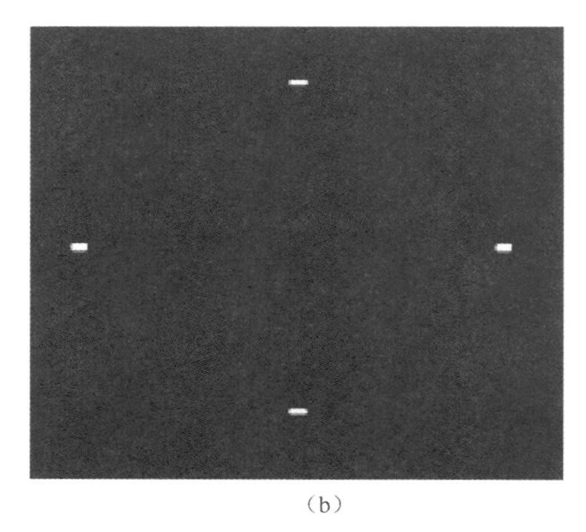
（b）

图 2.18 AM-SSB 循环谱图和 AM-SSB 等高图

$$S_{x_{\mathrm{BPSK}}}^{\alpha}(f)=\begin{cases}\dfrac{1}{4T}\left[Q\left(f+f_0+\dfrac{\alpha}{2}\right)Q\left(f+f_0-\dfrac{\alpha}{2}\right)+Q\left(f-f_0+\dfrac{\alpha}{2}\right)Q\left(f-f_0-\dfrac{\alpha}{2}\right)\right]\mathrm{e}^{-\mathrm{j}2\pi\alpha t_0},\alpha=\dfrac{p}{T}\\ \dfrac{1}{4T}\left[Q\left(f+f_0+\dfrac{\alpha}{2}\right)Q\left(f-f_0-\dfrac{\alpha}{2}\right)\mathrm{e}^{-\mathrm{j}[2\pi(\alpha+2f_0)t_0+2\varphi_0]}\right.\\ \left.+Q\left(f-f_0+\dfrac{\alpha}{2}\right)Q\left(f+f_0-\dfrac{\alpha}{2}\right)\mathrm{e}^{-\mathrm{j}[2\pi(\alpha-2f_0)t_0-2\varphi_0]}\right],\alpha=\pm 2f_0+\dfrac{p}{T}\end{cases}\tag{2.27}$$

其中

$$Q(f)=\frac{\sin(\pi fT)}{\pi f}$$

BPSK 的循环谱图和等高图如图 2.19 所示。

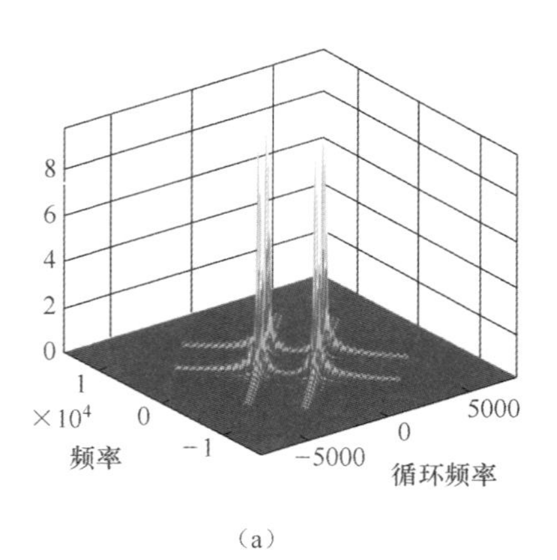

（a）

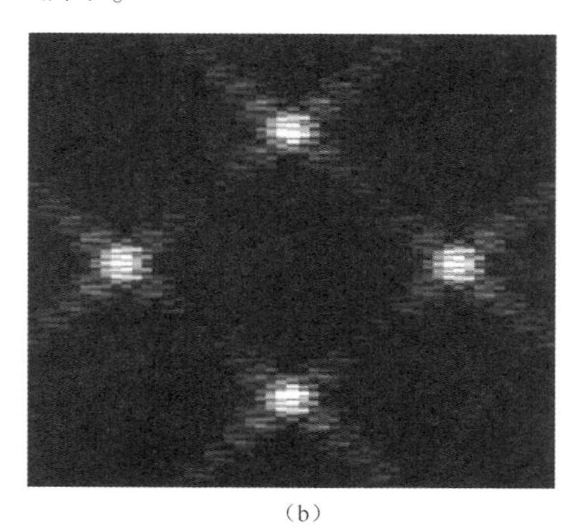
（b）

图 2.19 BPSK 循环谱图和 BPSK 等高图

当 $M>2$ 时，$x_{\mathrm{MPSK}}(t)$ 信号可以表示为

$$x_{\mathrm{MPSK}}(t)=z(t)\cos(2\pi f_0 t+\varphi_0)-w(t)\sin(2\pi f_0 t+\varphi_0) \tag{2.28}$$

当 $M=4$ 时，相位相差 $\frac{\pi}{2}$ 得到 QPSK，令 $z(t)$ 和 $w(t)$ 分别为

$$z(t)=\sum_{-\infty}^{\infty} z_n q(t-nT-t_0) \tag{2.29}$$

$$w(t)=\sum_{-\infty}^{\infty} w_n q(t-nT-t_0) \tag{2.30}$$

序列 $\{z_n\}\{\omega_n\}$ 满足独立同分布，取值范围为±1 并且统计独立，循环谱函数为

$$S_{x_{\mathrm{QPSK}}}^{\alpha}(f)=\frac{1}{2T}\left[Q\left(f+f_0+\frac{\alpha}{2}\right)Q\left(f+f_0-\frac{\alpha}{2}\right)+Q\left(f-f_0+\frac{\alpha}{2}\right)Q\left(f-f_0-\frac{\alpha}{2}\right)\right]\mathrm{e}^{-\mathrm{j}2\pi\alpha t_0},\alpha=\frac{p}{T} \tag{2.31}$$

QPSK 的循环谱图和等高图如图 2.20 所示。

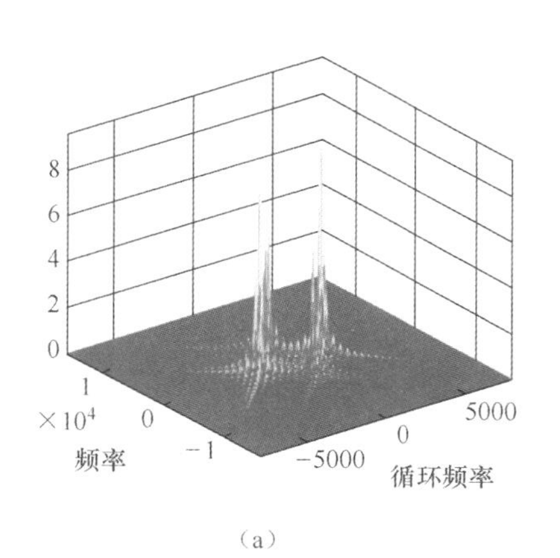

(a)

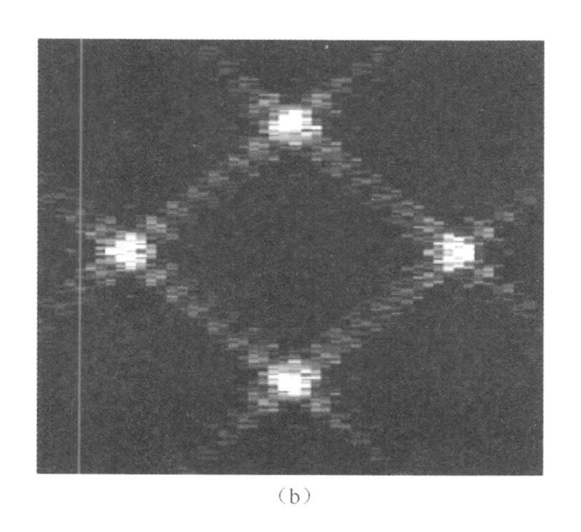
(b)

图 2.20　QPSK 循环谱图和 QPSK 等高图

多进制正交振幅调制(MQAM)用基带信号同时控制载波幅度和相位，是一种高效利用带宽资源的调制方式。其信号表示为

$$x_{\mathrm{QAM}}(t)=\boldsymbol{A}_k\cos(\omega_c t+\boldsymbol{\theta}_k) \tag{2.32}$$

式中：$\boldsymbol{A}_k$ 为振幅向量；$\boldsymbol{\theta}_k$ 为相位向量。循环谱函数为

$$S_{x_{\mathrm{QAM}}}^{\alpha}(f)=\begin{cases}\dfrac{1}{2T_b}Q(f+f_c+\alpha/2)Q^*(f+f_c-\alpha/2)V_n^{\alpha}(f+f_c)+Q(f-f_c-\alpha/2)\\ Q^*(f-f_c+\alpha/2)V_n^{\alpha}(f-f_c)^*,\alpha=m/T_b\\ \dfrac{1}{2T_b}Q(f-f_c+\alpha/2)Q^*(f+f_c-\alpha/2)V_n^{\alpha-2f_c}(f)^*+Q(f-f_c-\alpha/2)\\ Q^*(f+f_c+\alpha/2)V_n^{\alpha+2f_c}(f),\alpha=\pm 2f_c+m/T_b\\ 0,\text{其他}\end{cases} \tag{2.33}$$

16QAM 的循环谱图和等高图如图 2.21 所示。

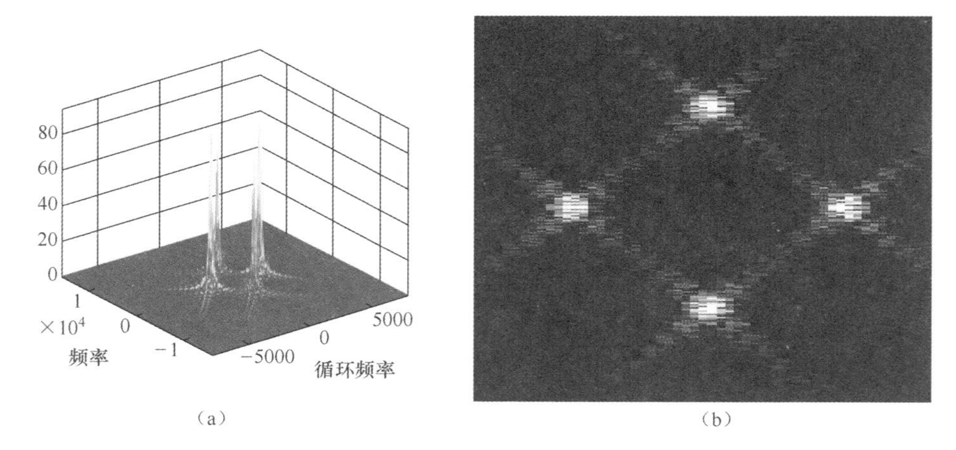

（a）　　（b）

图 2.21　16QAM 循环谱图和 16QAM 等高图

32QAM 的循环谱图和等高图如图 2.22 所示。

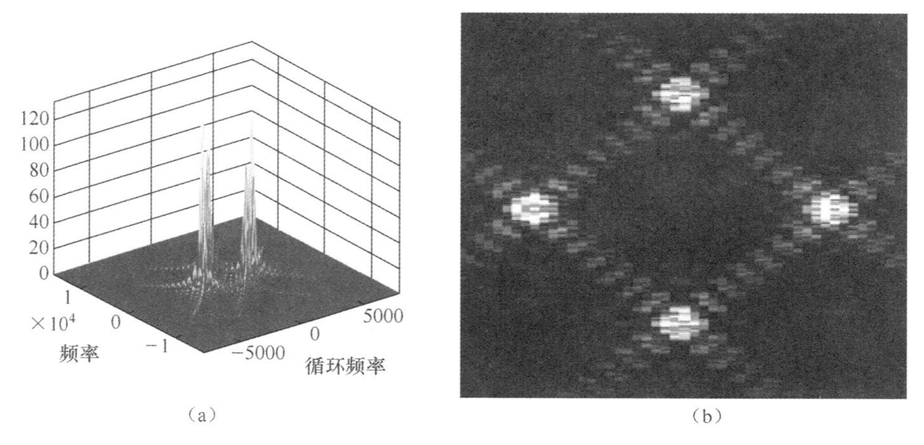

（a）　　（b）

图 2.22　32QAM 循环谱图和 32QAM 信号等高图

MASK 通过基带信号控制载波波形的幅值进行信息装载。MASK 调制的数学表示为

$$x_{\mathrm{MASK}}(t)=\left[\sum_{n=-\infty}^{\infty}A_{n}g(t-nT_{s})\right]\cos\omega_{0}t \tag{2.34}$$

式中：A_n 为数字基带信号幅度值；$g(t-nT_s)$ 为数字符号序列发送周期为 T_s 的成型滤波器冲激响应函数,其循环谱函数为

$$\begin{aligned}S_{x}^{\alpha}(f)=\frac{1}{4T_{b}}[&Q(f+f_{c}+\alpha/2)Q^{*}(f+f_{c}-\alpha/2)\\&\widetilde{S}_{a}^{\alpha}(f+f_{c})+Q(f-f_{c}-\alpha/2)Q^{*}(f-f_{c}+\alpha/2)\widetilde{S}_{a}^{\alpha}(f-f_{c})+\\&Q(f+f_{c}+\alpha/2)Q^{*}(f-f_{c}-\alpha/2)\widetilde{S}_{a}^{\alpha+2f_{c}}(f)\mathrm{e}^{-2\mathrm{j}\varphi_{0}}+\\&Q(f-f_{c}+\alpha/2)Q^{*}(f+f_{c}-\alpha/2)\widetilde{S}_{a}^{\alpha-2f_{c}}(f)\mathrm{e}^{2\mathrm{j}\varphi_{0}}]\end{aligned} \tag{2.35}$$

其中

$$Q(f)=\frac{\sin(\pi fT)}{\pi f}$$

4ASK 循环谱图和等高图如图 2.23 所示。

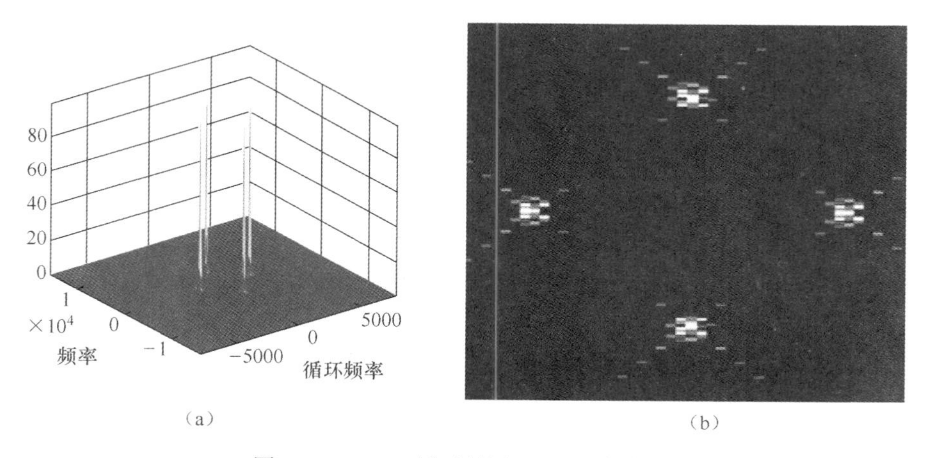

图 2.23　4ASK 循环谱图和 4ASK 等高图

MFSK 通过基带信号控制载波波形的频率进行信息装载。MFSK 调制的数学表示为

$$x_{\mathrm{MFSK}}(t)=\cos\left[2\pi f_{0}t+\sum_{n=-\infty}^{\infty}\sum_{m=1}^{M}\delta_{m}(n)[2\pi f_{m}(t-nT)+\theta_{m}(n)]q(t-nT)\right] \tag{2.36}$$

式中：M 为频率集合 $\{f_0+f_m:m=1,2,\cdots,M\}$ 根据键值选择，其循环谱函数为

$$\hat{S}^{\alpha}_{x_{\mathrm{MFSK}}}(f)=\frac{1}{4T}\sum_{m=1}^{M}P_m\left[Q\left(f+f_0+f_m+\frac{\alpha}{2}\right)Q\left(f+f_0+f_m+\frac{\alpha}{2}\right)\right] \quad (2.37)$$

4FSK 循环谱图和等高图如图 2.24 所示。

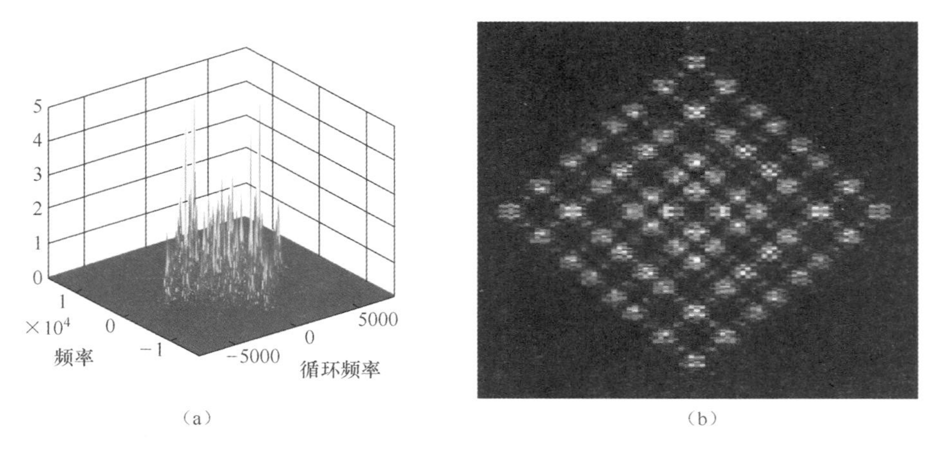

图 2.24　4FSK 循环谱图和 4FSK 等高图

2.2.2　基于时频图卷积神经网络的算法验证

本节主要验证基于时频图的信号识别算法。针对前节信号时频图的特性，可以设计 CNN 的特征学习算法 2.1 如下：

算法 2.1 基于卷积神经网络的调制识别方法

---

1. 随机生成卷积核及各卷积核权值，并使用这些核对图像进行二维卷积操作，可以得到图像某一区域对卷积核的激活值，随后将激活值通过 relu 激活函数处理，以避免传统网络结构可能出现的梯度消失问题。
2. 对激活值进行池化，即降采样，从而赋予卷积核对于微小形变、噪声的不变性，降采样后的激活值作为下一层的输入。
3. 将分类输出误差利用反向传播分摊至各层权值，进行调整，最终完成各个尺度上卷积核权值的训练。

在算法 2.1 明确学习方法之后，就可以开始考虑网络的设计问题了。为了简化问题，重点探讨针对参数优化方法，本节使用了拥有 3 层卷积层的 CNN，输入首先接入第 1 卷积层进行特征提取，并依次送入第 2、3 卷积层处理，实现对不同尺度特征的计算。第 1、2 卷积层之间拥有一个核大小为 2 × 2 的池化层实现降采样，并接入 Relu 函数非线性层使映射函数具有非线性特征。在全部卷积层后设置两个全连接层，全连接层根据卷积层的输出，计算当前样本对各个类别的似然函数，

并将全连接层输出接入一个 softmax 分类器。softmax 分类器根据似然函数输出，选择最大值以实现分类。为了避免出现过拟合，网络在全连接层设计了 DropConnect，即随机断开全连接层和上一层的连接，从而使部分单元失去激活，相当于改变了神经网络的结构，最终的结果是这些神经网络结果的平均，从而提升了神经网络在不同数据上的泛化能力。网络结构如图 2.25 所示。

在总体结构确定之后，现在开始讨论网络的参数设计问题。需要指出的是，CNN 的参数设计问题并没有统一的指导原则，通常根据所需处理的样本特征来进行设计。目前，学术界普遍认为，CNN 卷积核的大小决定了 CNN 的特征提取能力，因而必须确定卷积核的大小使其能够观察到图像在纹理、结构上的区别。这里认为，小尺度卷积核应当能够覆盖时频原子，使得一个小尺度卷积核匹配一个 FFT 单元，下面对其尺寸与 FFT 参数进行分析，试图确定其大小。假设样本信号 $S(t)$ 采样率为 F_s，码元速率为 R_b，时长为 T，则总长度为 $T \cdot F_s$ 点；在进行 n 点长 STFT 后生成时频图长度为 $\dfrac{T \cdot F_s}{n}$ 点，每个时频原子包含 $\dfrac{R_b \cdot n}{F_s}$ 个码元；在奈奎斯特采样下，最高频率为 $\dfrac{F_s}{2}$，频率分辨率为 $\dfrac{F_s}{n}$，则共有 $\dfrac{n}{2}$ 点；最终形成时频图的尺寸为 $\left(\dfrac{T \cdot F_s}{n}, \dfrac{n}{2}\right)$，随后将其缩放至 (L,L)，假设卷积核按层由上到下大小分别为 (x,x)、(y,y) 和 (z,z)。本节中，为限制问题复杂度，确定以 3 个时频原子组成一个卷积核，即 z 取 3，此时，有 $3^{M\frac{Rb \cdot n}{Fs}}$ 种时频原子组合，将其视为 16 个卷积滤波器加权和，即卷积核参数为(3, 3, 16)。其他两层参数确定尚无数学根据，现由多次实验确定 x 取 32、y 取 8。第一层共 4 个过滤器，第二层为 8 个，第三层为 16 个。

为验证方法的有效性，这里设计了包含 2FSK、MSK、MPSK（M=4、8）和 MQAM（M=256、1024）6 种调制方式在内的分类试验，观察分类效果。实验中为去除其他因素的影响，采用随机生成的 0、1 比特，经调制生成采样率 F_s 为 10MHz、符号速率 R 为 1Mb/s 的信号，信号时长为 10000 点，FFT 窗长取 1024。对于 MSK、MPSK、MQAM 信号，其载频 F_c 取 2.5MHz，第一零点带宽 1MHz；2FSK 信号的 F_{c1} 取 2.7MHz，F_{c2} 取 2.3MHz，所有信号均添加 0.5MHz 的随机频偏。每组随机数对应生成对应类别的 6 个时频图样本，保留实、虚两个通道，并全部缩放至 128×128×2，分别验证样本数量为 1×10^5、8×10^4 和 6×10^4 时的性能。另外，随机取 1000 个样本作为测试集，对于 MSK、MPSK、MQAM 信号，其载频 F_c 取 2.6MHz，第一零点带宽 1MHz；2FSK 信号的 F_{c1} 取 2.4MHz，F_{c2} 取 2.0MHz，神经网络的每批次训练样本数为 384 个，采用自适应矩估计算法进行优化（图 2.26）。

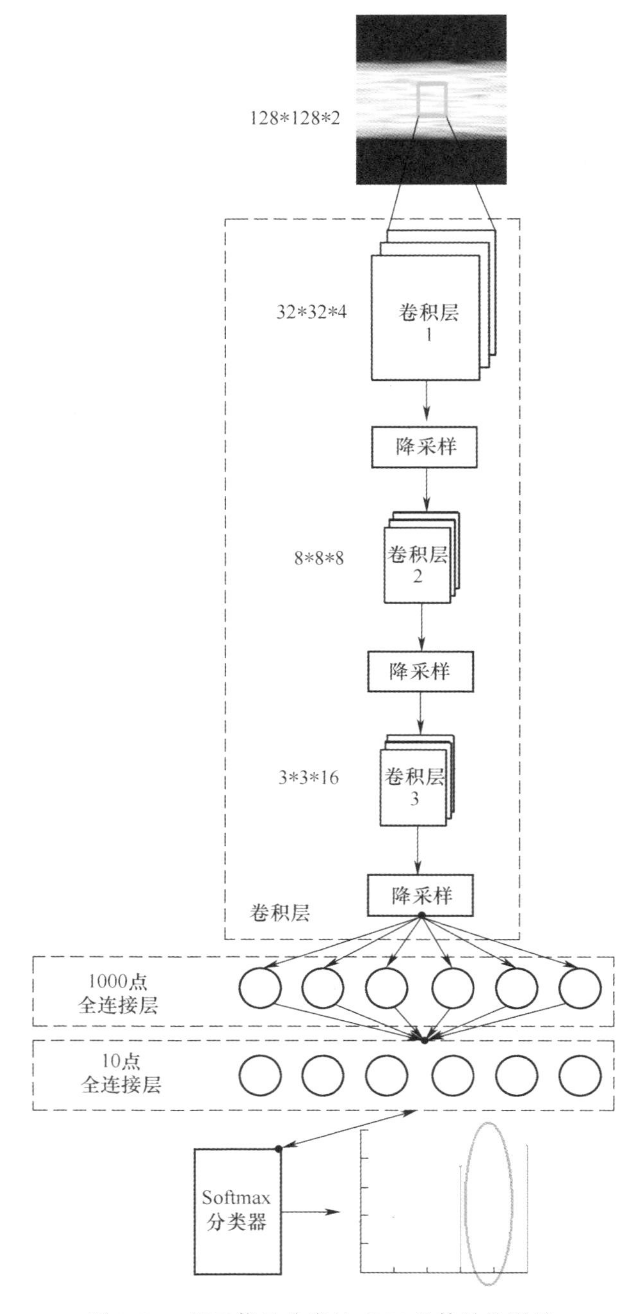

图 2.25　用于信号分类的 CNN 总体结构设计

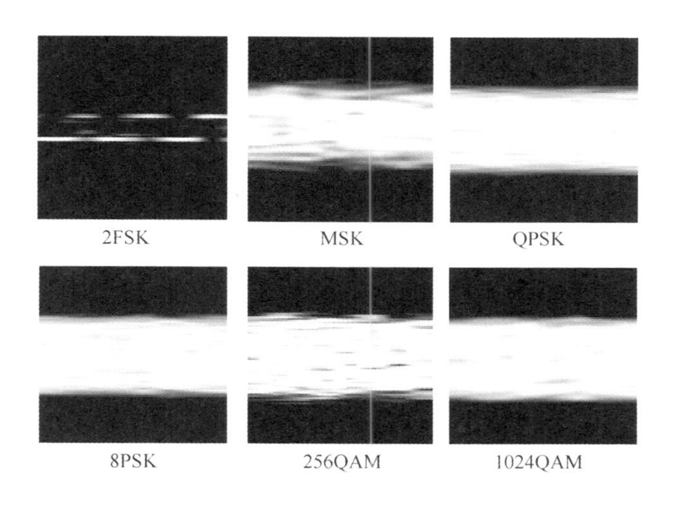

图 2.26 信号时频图样本

在实验中，将训练集信号样本组成尺寸为(128, 128, 2, n)的矩阵导入神经网络(n 为训练集样本数量)，待网络训练完毕后对测试集中的图像进行分类测试，实验结果保留4位有效数字。为体现效果，分别记为高阶统计量-循环谱-BP算法和信号奇异谱特征-SVM算法，即利用信号高阶统计量 $|C_{61}|^2/|C_{42}|^3$ 和平滑后的频谱相关峰值作为特征参数，分别输入3层BP神经网络与SVM分类器进行分类。

由表2.3~表2.5可以看到，本算法取得了良好的分类能力，当样本数量为 1×10^4 时，在信噪比不低于0的情况下能得到约90%的准确率，较基于特征值的方法提升约9%，而在信噪比为6dB以上时准确率可达99%以上，并且该方法使用时仅需根据时频分析参数确定卷积核尺寸，减少了人工设计特征参数的工作量。总体而言，方法性能较预设特征方法有了较大的改进，证明了时频图纹理信息作为信号分类依据的有效性。

表2.3 样本数为 1×10^4 时的分类系统性能

算法	信噪比/dB				
	0	2	4	6	8
本书方法(三层神经网络)/%	90.33	94.29	96.82	99.27	100
高阶统计量-循环谱-BP算法/%	81.56	87.89	91.57	95.64	99.43
信号奇异谱特征-SVM算法/%	80.99	86.24	89.78	92.49	97.84

表 2.4 样本数为 8×10^3 时的分类系统性能

算法	信噪比/dB				
	0	2	4	6	8
本书方法(三层神经网络)/%	85.27	89.22	92.15	96.25	99.74
高阶统计量-循环谱-BP 算法/%	81.02	84.53	87.56	91.25	95.37
信号奇异谱特征-SVM 算法/%	82.10	84.99	87.84	91.11	94.12

表 2.5 样本数为 6×10^3 时的分类系统性能

算法	信噪比/dB				
	0	2	4	6	8
本书方法(三层神经网络)/%	83.85	88.05	91.46	95.53	98.24
高阶统计量-循环谱-BP 算法/%	79.88	82.09	85.19	89.92	93.96
信号奇异谱特征-SVM 算法/%	81.67	83.77	86.72	90.11	94.28

考虑到低信噪比情况下网络性能仍有进一步提升空间,为了进一步提升识别性能,可以设计更多的卷积层,进一步加大网络深度,从而提高网络对特征的抽象能力。但是,由于网络层数增加,使得参数难以调整,加大了网络的训练难度,因此必须使用新的网络结构,以实现有效训练。下面将就基于 ResNet 神经网络的信号分类方法进行验证,通过运用 ResNet 神经网络方法,有效地解决了大深度网络的训练问题,提高了分类性能。

为了验证基于残差神经网络的分类器分类性能,仍基于前文所提出的实验,对网络性能进行验证,并与前面提出的基于改进 AlexNet 的分类器性能进行比较。同时,为了验证残差神经网络对不同尺寸时频原子的适应性,增加了不同时频分辨率下的识别实验,结果如表 2.6~表 2.10 所列。

表 2.6 样本数为 1×10^4 时的分类系统性能

方法	信噪比/dB				
	0	2	4	6	8
本书方法(三层神经网络)/%	90.33	94.29	96.82	99.27	100
本书方法(残差神经网络)/%	95.98	97.44	99.73	100	100

表 2.7 样本数为 8×10^3 时的分类系统性能

方法	信噪比/dB				
	0	2	4	6	8
本书方法(三层神经网络)/%	85.27	89.22	92.15	96.25	99.74
本书方法(残差神经网络)/%	92.59	94.27	98.61	100	100

表 2.8　样本数为 6×10^3 时的分类系统性能

方法	信噪比/dB				
	0	2	4	6	8
本书方法(三层神经网络)/%	83.85	88.05	91.46	95.53	98.24
本书方法(残差神经网络)/%	88.98	92.14	96.34	98.36	98.97

表 2.9　样本数为 4×10^3 时的分类系统性能

方法	信噪比/dB				
	0	2	4	6	8
本书方法(三层神经网络)/%	78.85	81.37	83.63	86.29	88.59
本书方法(残差神经网络)/%	72.92	76.40	80.42	83.91	85.76

表 2.10　样本数为 2×10^3 时的分类系统性能

方法	信噪比/dB				
	0	2	4	6	8
本书方法(三层神经网络)/%	60.07	67.52	71.25	78.37	79.42
本书方法(残差神经网络)/%	51.58	53.31	56.94	61.74	62.85

可以看到,网络在低信噪比条件下较基于三层神经网络的分类器获得了较大的性能改进,在信噪比为 0、样本数量为 1×10^4 时,分类精确度提升不小于 4%。

此外,在样本数为 6×10^3 的情况下,残差神经网络在信噪比 6dB 时开始出现性能瓶颈,信噪比的提升不再带来明显的性能改善,推测其原因为样本数量过小导致。进一步减小训练样本数量,在样本数量为 4×10^3 时,三层神经网络性能较残差神经网络更好,其原因在于网络层数较高,使得残差神经网络需要的样本数较三层神经网络更多。反之,如不能提供足够的样本,其分类能力较三层神经网络更差。因此,如要进一步提升网络性能,就不能仅仅添加更多的卷积层,需要针对小样本条件使用其他方法进行改进。

深度神经网络的使用在提高系统性能的同时,不可避免地会引入更多的参数,使得网络参数调整更为复杂。为了简化网络参数调整过程,下面提出一种网络性能分析工具,用于对网络学习情况进行诊断,判断网络特征提取情况。

最后,本节对基于时频图神经网络的方法所提特征进行分析。对于图像样本而言,在设计网络时需要就设计者感兴趣的部分特征确定卷积核参数,以确保能够提取合适尺度的特征。对于时频图分类而言,由于不可能事先确定信号时频图特征的精确尺度,如何诊断网络特征提取的能力就成为了一个难题,为了方便地诊断网络的特征提取能力,本节尝试对网络学习特征进行可视化,以确定网络学习情况。

CNN 的学习过程，是通过在输入图像上进行卷积获取特征图的过程，以第一个卷积层为例，经过训练后，网络输出的是不同特征在原始输入图像上的激活值。对这个激活值进行分析是没有意义的，因为它仅仅表明了网络对于单个输入样本的激活情况，不能反映对于整个样本集的学习能力，而且这个结果一般是无法理解的。一种更为合理的思路是单独选出一组神经元，导出网络中这些神经元对于输入图像的梯度并将其缩放，使其与输入大小保持一致并与输入图像叠加，再次作为神经网络的输入，并观察网络输出。如此反复迭代多次，使得最终输出反映该核的特性。下面尝试对本节中的改进 AlexNet 分类器进行实验。在网络训练完成后，可获得梯度图像输出如图 2.27 所示。

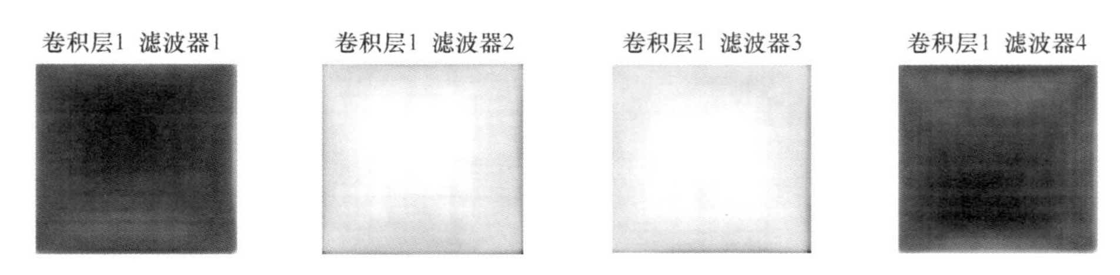

图 2.27 卷积层 1 输出梯度图像

由于卷积层 1 的核尺寸较大，因而卷积运算对图像形成平滑，弱化了纹理的影响，主要关注信号在频谱图中的位置。可以看到，卷积层 1 获取了信号高能量部分（图像中心）。对于卷积层 2，其梯度输出如图 2.28 所示。

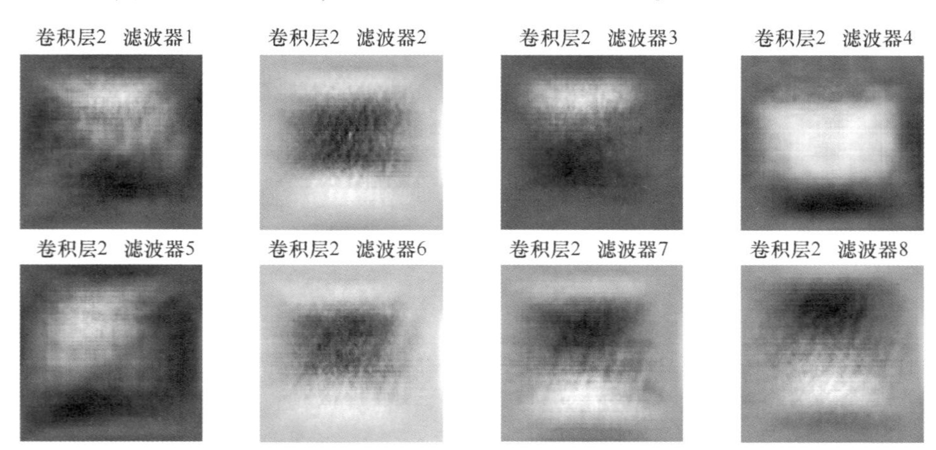

图 2.28 卷积层 2 输出梯度图像

卷积层 2 尺寸减小，使得各滤波器进一步反映了信号结构信息。从图 2.28 中可以看到，该层提取了时频图的上下边缘，由于时频图不是恒包络的，因而边缘不平整。另外,由于卷积核较大,该层仍然不能提取纹理信息。进一步缩小卷积核尺寸后,卷积层 3 输出梯度图像如图 2.29 所示。

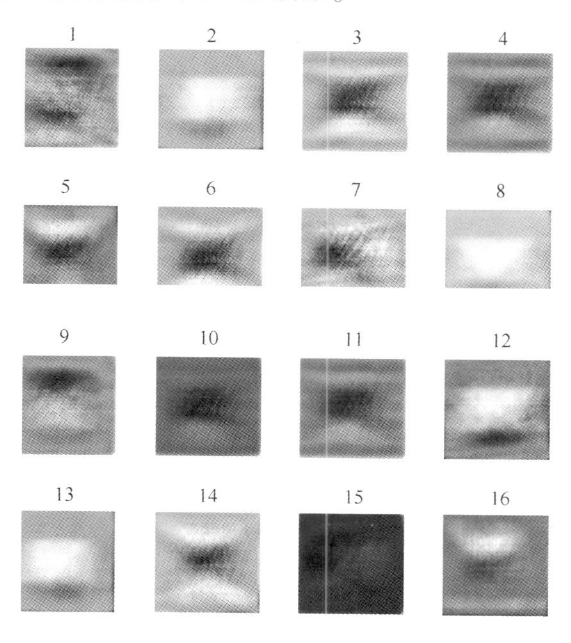

图 2.29　卷积层 3 输出梯度图像

图 2.30 中,从上到下、从左到右分别对应了 2FSK、MSK、QPSK、8PSK、256QAM、1024QAM 信号的梯度图像,全连接层获取与其匹配的纹理,并将其放大,可以观察到图像中低能量部分存在简单图案的重复,这是由卷积核激活值最大的部分生成图像叠加在输入的低能量区上形成的图案,因而消除了输入信号能量的影响。换言之,即神经网络认为各类时频图是由这些简单图案构成的,可以认为神经网络成功提取了纹理特征,并成功区分了这些从时频图结构特征上无法区分的信号类型。

2.2.3　基于循环谱图卷积神经网络的算法验证

本节使用循环平稳分析预处理技术得到多种调制信号循环谱的等高图作为 CNN 的训练样本。本节采用有监督学习训练的方式,针对识别调制信号的等高图,构建 CNN 自动拟合能够区分不同调制样式的特征。算法流程如图 2.31 所示。

图 2.31 中接收天线的功能是:截获目标信号输入到侦察接收机信号处理单元。信号采集处理单元的功能是:将高速射频信号降频并数字化。数据预处理单元的功能是:采用时域滑动算法计算循环谱并得到其二维灰度等高图;图像预处理

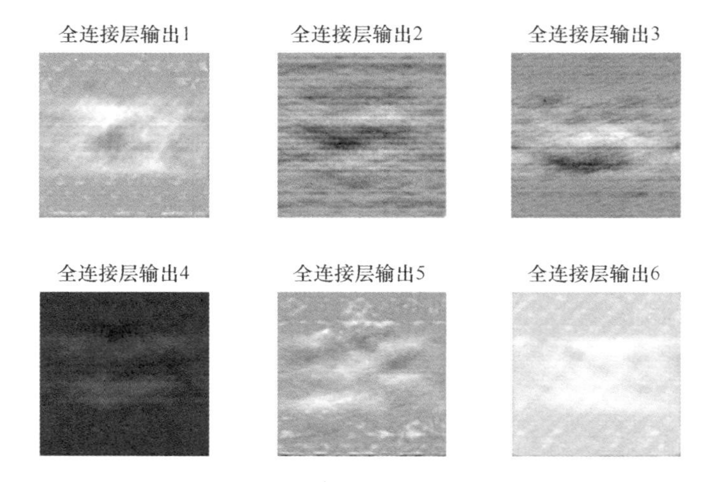

图 2.30 全连接层输出梯度图像

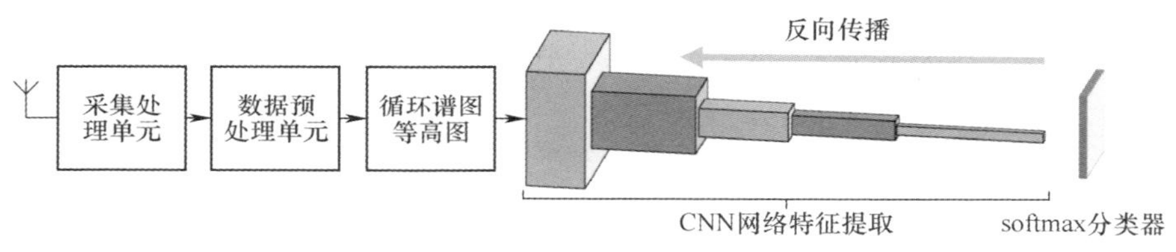

图 2.31 基于 CNN 的调制信号自动识别框架

主要包含图像裁剪和图像增强以降低样本冗余提高训练效率。特征提取单元的功能是:通过构建 CNN 拟合样本数据,通过有监督学习方式约束分类器损失函数使网络收敛,从而实现调制信号的自动特征提取和识别。实验中所使用网络为第 2 章中介绍的 CNN 结构,损失函数使用交叉熵损失函数。

实验平台为 Windows 7,32GB 内存,NVDIA P4000 显卡,实验使用 Python 和 Pytorch 框架实现卷积神经网络,实验根据 2.2.1.3 节中的理论介绍,使用 MATLAB 2018b 生成循环谱等高图,信号参数如表 2.11 所列。

表 2.11 调制信号数据集参数

调制样式	AM-DSB、AM-SSB、BPSK、QPSK、4ASK 4FSK、16QAM、32QAM			
生成样本数	AM-DSB	500	4ASK	500
	AM-SSB	500	4FSK	500
	BPSK	500	16QAM	500
	QPSK	500	32QAM	500

续表

样本维度	64×64×3
载频	2000Hz
码速率	500B
信噪比	−8~18dB

实验对比了 AlexNet、VGG、GoogLeNet、ResNet 4 种深层网络对调制信号的拟合能力。神经网络使用的主要参数如表 2.12 所列。

表 2.12　网络参数对比

CNN 结构	网络层数	激活函数	卷积核参数
AlexNet	8	relu	(11×11)、(3×3)、(5×5)
VGG	16	relu	(3×3)
GoogLeNet	22	relu	(1×1)、(3×3)
ResNet	18	relu	(1×1)、(3×3)、(7×7)

整个训练样本集按照 60%训练样本、20%测试样本、20%验证样本进行划分，使用交叉熵损失函数、SGD 优化函数，学习率保持在 0.1±0.05 的范围。由图 2.32 可以看出，基于有监督学习的 CNN 能够迭代收敛，未出现过拟合现象。

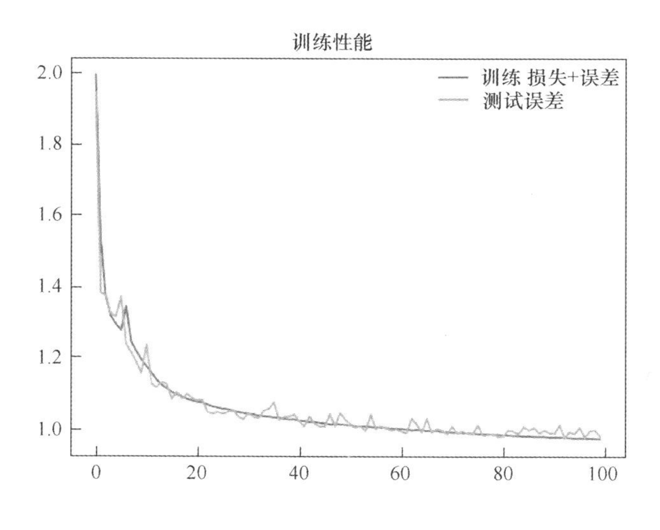

图 2.32　训练过程损失曲线(见彩图)

不同信噪比(SNR)条件下，实验测试 4 种 CNN 的识别率如表 2.13 所列。

表 2.13　对比 4 种 CNN 的平均识别率

SNR / 平均准确率 / CNN 结构	−4	−2	0	2	4	6	8	10	18
AlexNet	0.52	0.64	0.73	0.79	0.82	0.86	0.87	0.87	0.89
VGG	0.64	0.66	0.75	0.81	0.89	0.90	0.91	0.94	0.96
GoogLeNet	0.75	0.75	0.81	0.86	0.90	0.93	0.95	0.95	0.98
ResNet	0.73	0.78	0.82	0.84	0.89	0.93	0.94	0.97	1.00

从实验结果可以看出,使用循环谱等高图作为 CNN 的训练样本相比层数较少的网络识别性能也越差。进一步对 4 种 CNN 模型的大小和训练一个迭代周期的时长进行对比,结果如表 2.14 所列。

表 2.14　对比 4 种 CNN 训练资源消耗

CNN 结构	网络参数/百万	训练时长/s
AlexNet	60	480
VGG	138	420
GoogLeNet	6.9	300
ResNet	3.3	360

综合以上实验结果,从网络设计复杂度,网络训练效率和准确率方面对比,ResNet 的综合性能更好。

2.3　基于序列输入卷积神经网络的通信信号识别分类方法

现阶段基于 CNN 的通信信号识别算法大都将信号转换到图像域进行训练,如 2.2.1 节所述。但不论做何种时频变换,在一定程度上都会造成信息的损失,而且图像域问题处理数据量太大往往会导致网络训练所需样本数量过多。实践表明,也可直接设计输入为原始时间序列的序列卷积神经网络,充分提取信号最原始的特征。

2.3.1　序列信号

假设序列 X 的长度为 L ,则输入神经网络的信号格式为[2,L],分别为 I、Q 两路数据。首先通过设计适应于序列维度的卷积层对 I/Q 信号进行特征提取,而后将提取的特征送入全连接层,最终使用分类器输出判决结果,再利用反向传播算法对网络参数不断优化。

此外,还可以通过变换将 I/Q 序列转换为 A/ϕ 序列,这也是一种常用的神经

网络输入序列。转换公式为

$$A_i = \sqrt{I_i^2 + Q_i^2} \tag{2.38}$$

$$\phi_i = \arctan(Q_i/\phi_i) \tag{2.39}$$

图 2.33 和图 2.34 所示为常见的信号 I/Q 序列与 A/ϕ 序列。

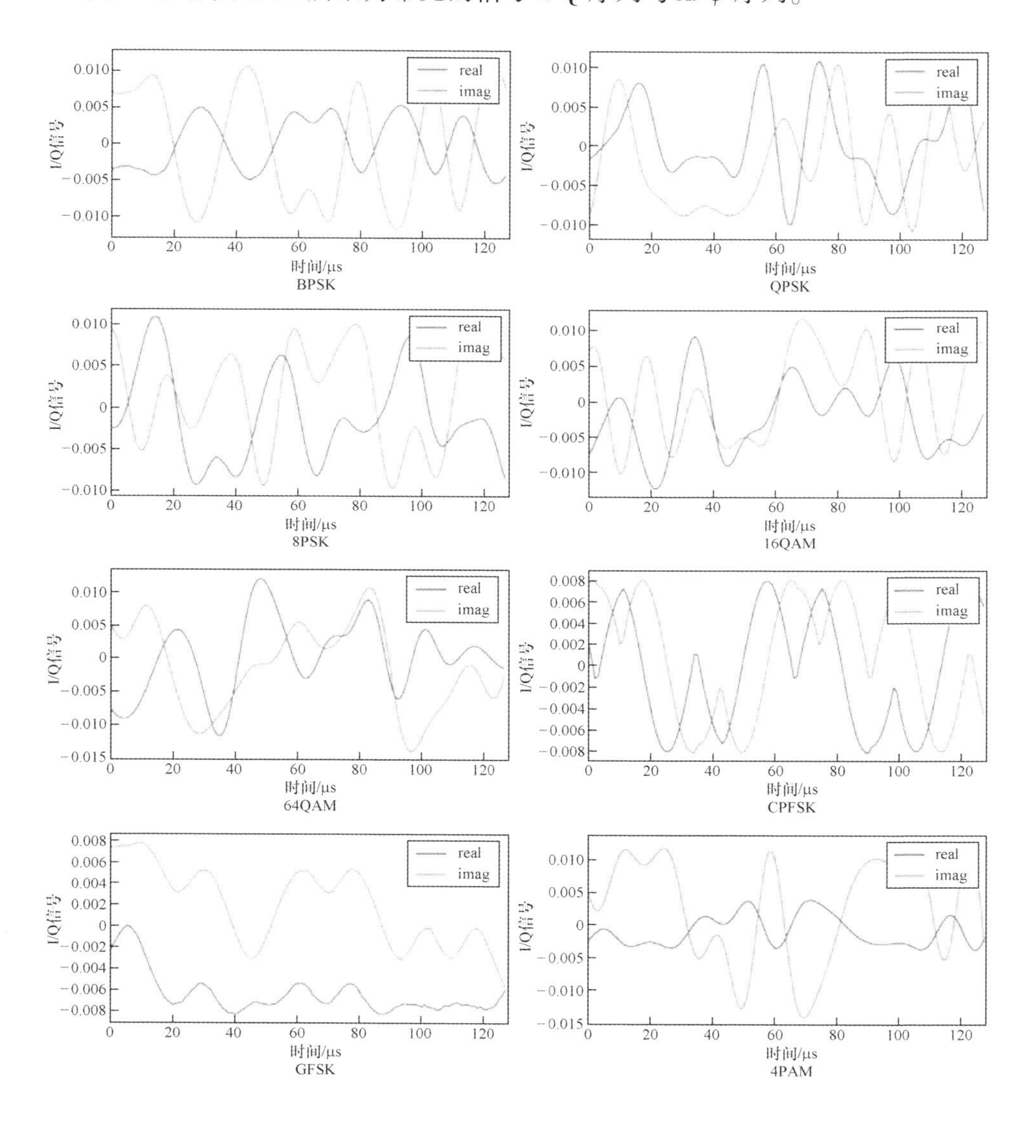

图 2.33　不同数字调制样式 I/Q 序列(见彩图)

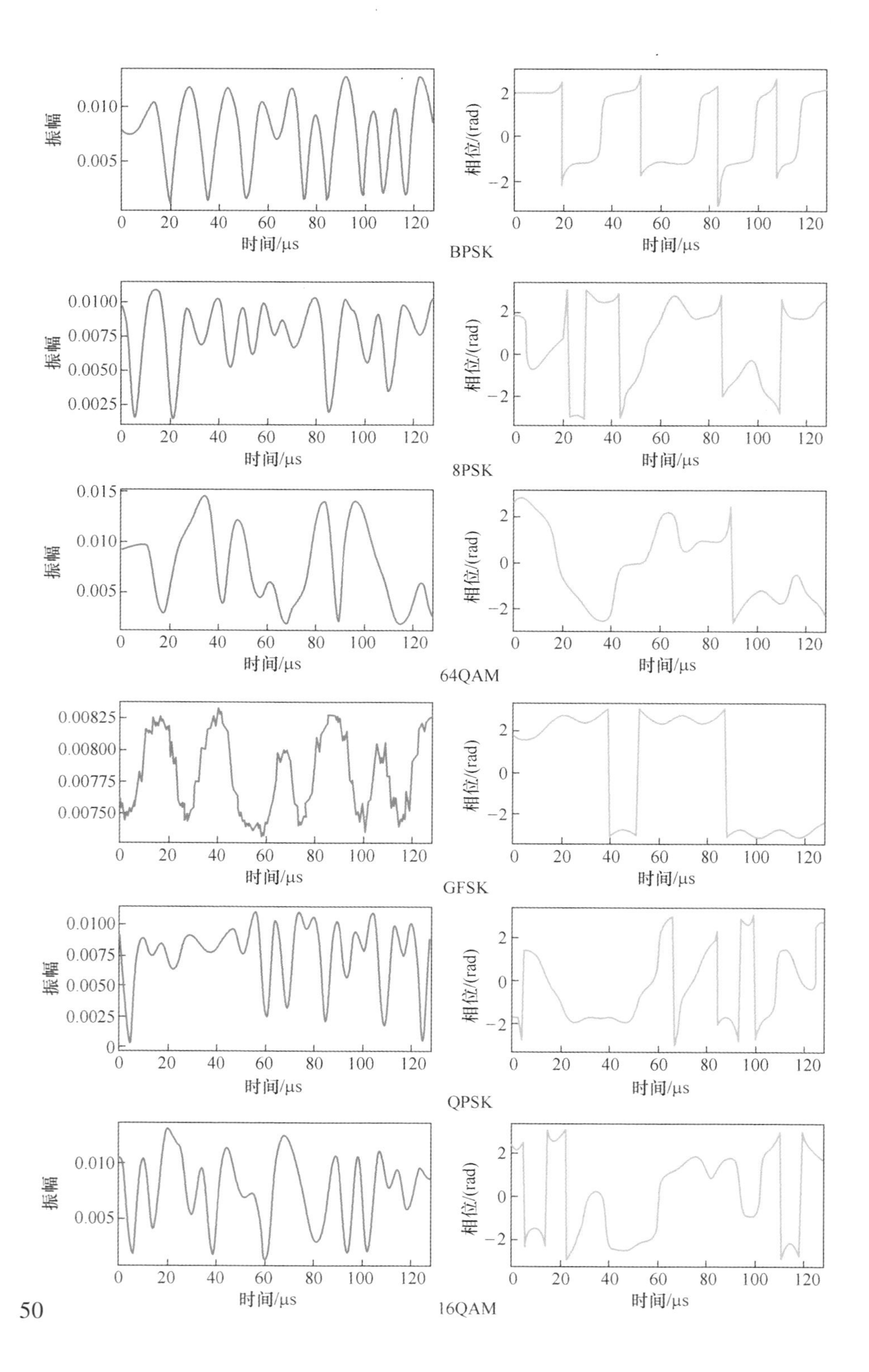
振幅
相位/(rad)
时间/μs
BPSK
8PSK
64QAM
GFSK
QPSK
16QAM

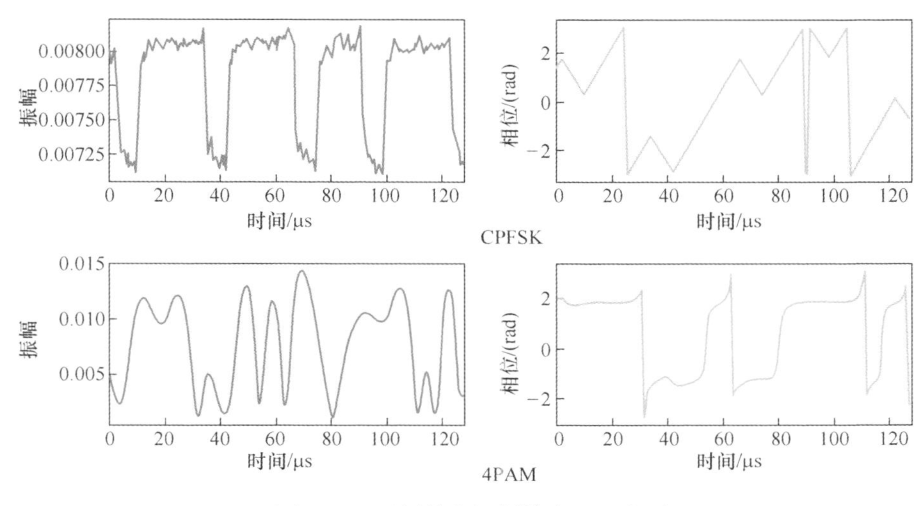

图 2.34　不同数字调制样式 A/ϕ 序列

2.3.2　基于序列输入卷积神经网络的算法验证

一个简单的适用于序列输入 CNN 结构如图 2.35 所示，该 CNN 结构共包含 3 层卷积层、3 层全连接层以及 1 层输出层。3 层卷积层的卷积核个数分别为 256、128、64，卷积核大小均为(1×9)，经过卷积层提取信号特征后使用展平层将特征转换为一维序列，在展平层后紧接着的是 3 层全连接层，全连接层的神经元个数分别为 256、128、64。为防止网络过拟合，增加网络的泛化能力，本卷积神经网络在第 1、2 个全连接层后使用 Dropout 技术，并且对全连接层输出采用了 L2 正则化进行优化。经过 3 层全连接层后，将最终提取的特征送入 softmax 函数中进行分类识别，输入预测类别结果。在得到网络的预测结果后，构造预测输出与真实标签之间的误差，而后通过反向传播算法对网络参数进行迭代更新，经过多次迭代满足停止条件后，网络训练结束。本节网络选用交叉熵损失作为网络的损失函数，使用 Adam 优化器优化网络参数。

本节对 8 类不同数字信号调制样式进行分类识别，分别为{BPSK、4PSK、8PSK、8QAM、16QAM、64QAM、4PAM、8PAM}，各个信号序列长度 $L=128$，各信号点 $r_i(n)=s_i(n)+g_i(n)$，其中 $n=1,2,\cdots,L$，$g_i(n)\sim CN(0,1)$。训练集每类调制样式产生 20000 个，信噪比在[−10dB,20dB]之间每间隔 2dB 随机生成，并且服从均匀分布，共计 160000 个样本。测试集在[−10dB,20dB]之间每 2dB 生成 100 个样本，共计 12800 个样本。

在对神经网络进行训练过程中，每次输入网络的信号数量为 500，网络共计迭

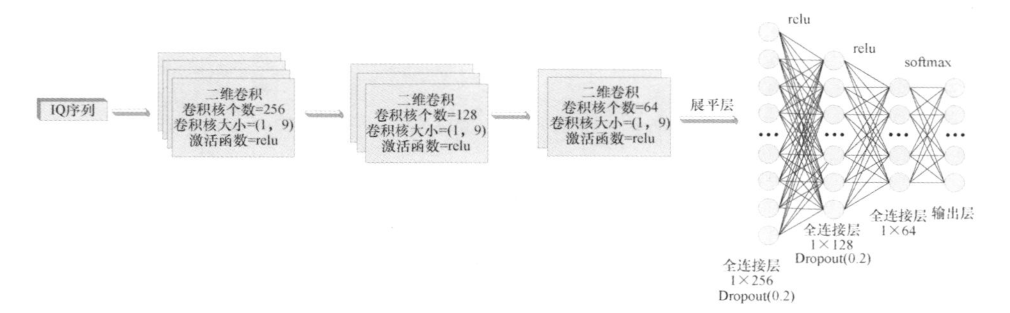

图 2. 35　序列输入 CNN 结构

代 100 次，验证集比例设置为 0. 01。CNN 训练过程中训练集与验证集的迭代变化情况如图 2. 36 和图 2. 37 所示。

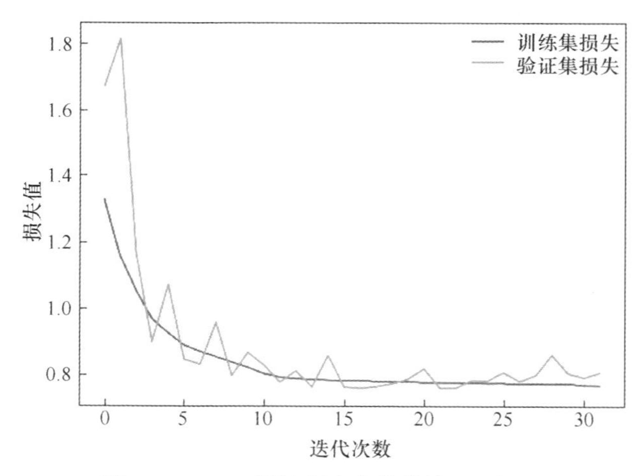

图 2. 36　CNN 训练损失变化曲线（见彩图）

从序列输入 CNN 的训练情况可以看到，随着训练迭代次数的增加，训练集和验证集的损失值都在减小，两集合的识别准确率也在不断提高。但由于设置了提前终止条件，因此网络并未迭代预先设定的 100 个周期，而是仅迭代了 32 个周期便终止了训练。

为探究本节设计 CNN 性能的优劣性，实验还将对比不同激活函数、卷积核尺寸条件下 CNN 在测试集上的性能表现。首先是网络中各个神经元采用不同激活函数情况下的识别率曲线，当网络中所有神经元分别采用 sigmoid 函数、relu 函数与 tanh 函数作为激活函数时，CNN 的识别性能如图 2. 38 所示。

通过采用不同激活函数时 CNN 在不同信噪比下的识别性能对比可以看出，三

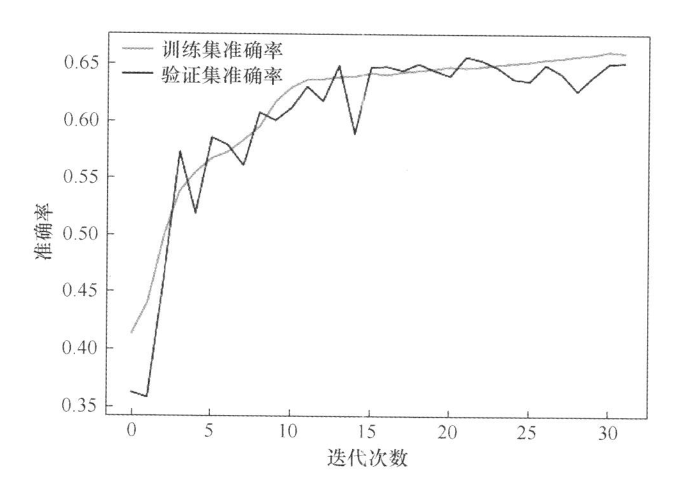

图 2.37　CNN 训练准确率变化曲线(见彩图)

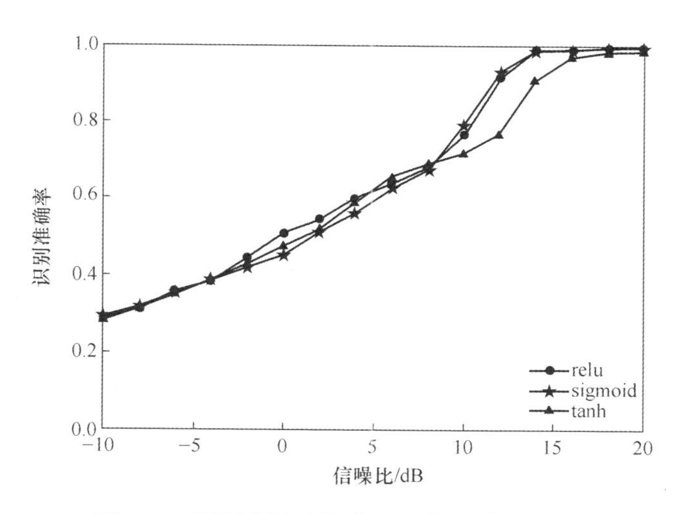

图 2.38　不同激活函数下 CNN 的识别性能对比

类激活函数性能差异不大,relu 函数相较 sigmoid 函数与 tanh 函数在识别准确率上有一定优势。

下面对比不同卷积核尺寸条件下 CNN 的识别性能表现。

如图 2.39 所示,通过仿真结果可以看出本节网络选用的卷积核大小(1×9)的识别性能稍强,当信噪比大于 15dB 时,对 8 类数字信号的识别率可达 98.5%以上,基本可以达到精确识别。

图 2.40 所示为本节所设计的 CNN 在各个信噪比点的识别性能。

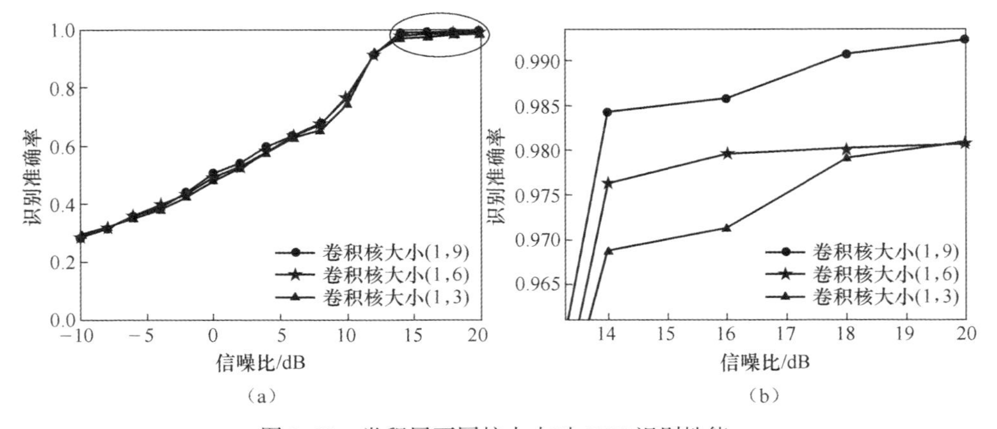

图 2.39　卷积层不同核大小时 CNN 识别性能

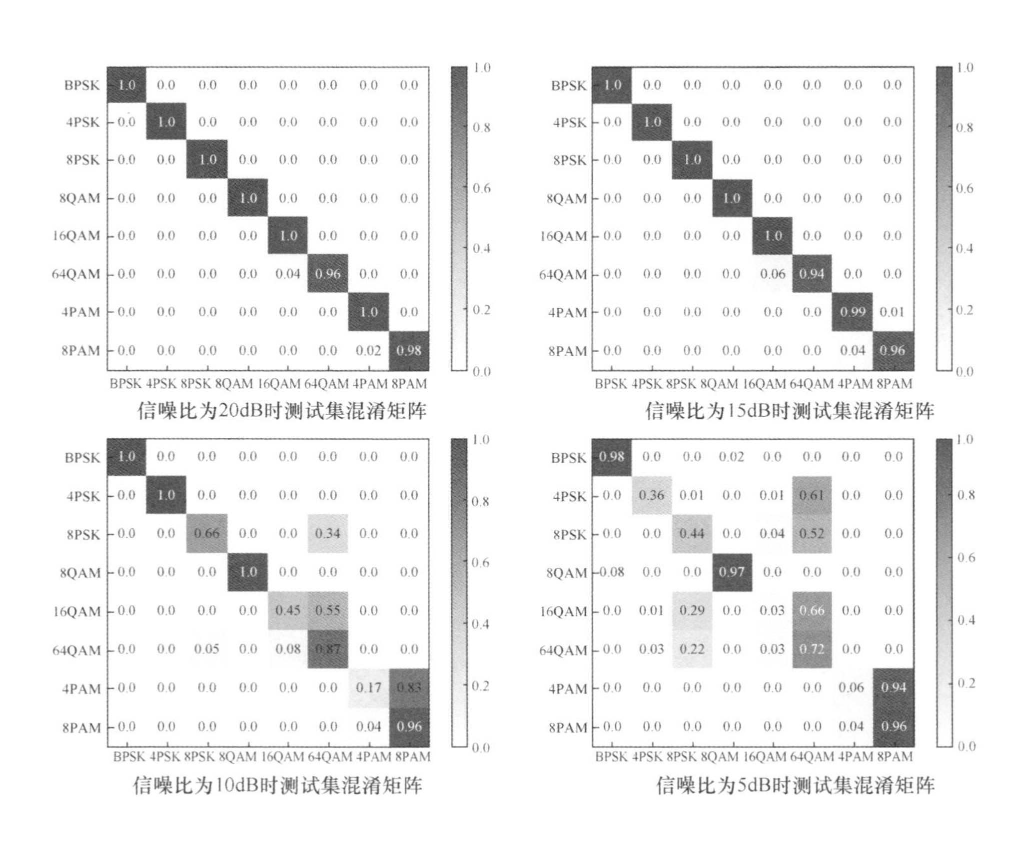

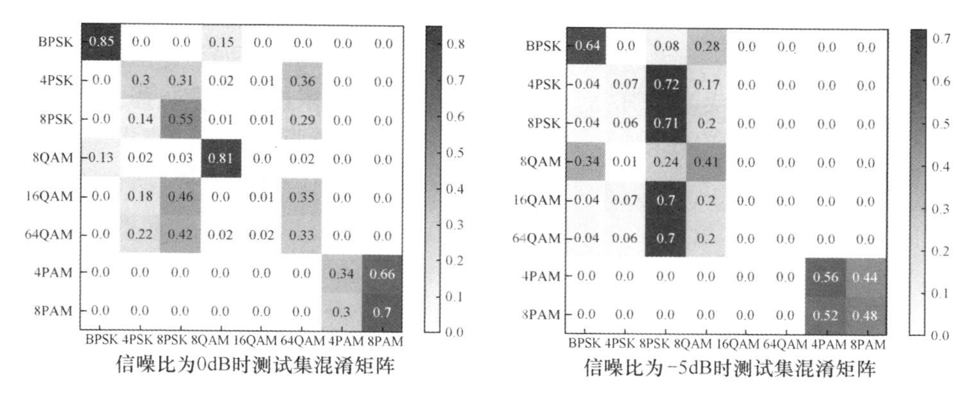

图 2.40　不同信噪比时 CNN 识别性能

通过各信噪比点混淆矩阵可得,实验所选 8 类调制样式中不易区分的信号对主要为(16QAM,64QAM)、(4PAM,8PAM)这两组。当信噪比较低时,这两对信号容易产生识别错误;当信噪比较高时,卷积神经网络对各类信号几乎都可以做到无错识别。

2.4 本章小结

2.1 节针对一般性的信号分类任务,给出了基于 CNN 的通信信号识别方法的基本模型,并介绍了 CNN 的基本原理;2.2 节针对基于图像输入的信号识别方法进行阐述与仿真验证,并给出了针对时频图的 CNN 网络;2.3 节则针对基于序列输入的信号识别方法进行阐述与仿真验证,设计了专门针对信号时序序列的 CNN。本章通过大量的仿真实验,验证了将 CNN 运用于通信信号识别领域的可行性,并探究了不同输入形式下 CNN 结构的可能性。

参考文献

[1] Pradhan B, Lee S. Regional Landslide Susceptibility Analysis Using Back Propagation Neural Network Model at Cameron Highland, Malaysia[J]. Landslides, 2010, 7(1):13,30.

[2] 陈城. 基于深度学习的人脸识别问题研究[D]. 杭州:杭州电子科技大学,2017.

[3] 廖理心. 深度卷积神经网络的增强研究[D]. 北京:北京交通大学,2021.

[4] Krizhevsky A, Sutskever I, Hinton G E. Imagenet Classification with Deep Convolutional Neural Networks[J]. Advances in Neural Information Processing Systems, 2012, 25:1097-1105.

[5] Zeiler M D, Fergus R. Visualizing and Understanding Convolutional Networks[C]// European

Conference on Computer Vision,2014:818-833.
[6] Karen Simonyan A Z. Very Deep Convolutional Networks for Large. Scale Image Recognition [C]//International Conference on Learning Representations,2015.
[7] Lin M, Chen Q, Yan S. Network In Network[C]//International Conference on Learning Representations, 2014.
[8] Szegedy C, Vanhoucke V, Ioffe S, et al. Rethinking the Inception Architecture for Computer Vision[C] // IEEE Conference on Computer Vision and Pattern Recognition,2016:2818-2826.
[9] Szegedy C, Liu W, Jia Y, et al. Going Deeper with Convolutions[C] // IEEE Conference on Computer Vision and Pattern Recognition,2015:1-9.
[10] Zhang T, Qi G J, Xiao B, et al. Interleaved Group Convolutions[C] // IEEE International Conference on Computer Vision,2017: 4373-4382.
[11] Xie S, Girshick R, Doll'ar P, et al. Aggregated Residual Transformations for Deep Neural Networks[C] // IEEE Conference on Computer Vision and Pattern Recognition,2017:1492-1500.
[12] Chollet F. Xception: Deep Learning with Depthwise Separable Convolutions[C] // IEEE Conference on Computer Vision and Pattern Recognition,2017: 1251-1258.
[13] Howard A G, Zhu M, Chen B, et al. Mobilenets: Efficient Convolutional Neural Networks for Mobile Vision Applications[J]. arXiv Preprint arXiv,2017:1704. 04861.
[14] Yu F, Koltun V. Multi-Scale Context Aggregation by Dilated Convolutions[J]. arXiv Preprint arXiv,2015:1511. 07122.
[15] Dai J, Qi H, Xiong Y, et al. Deformable Convolutional Networks[C] // IEEE International Conference on Computer Vision,2017:764-773.
[16] Zhu X, Hu H, Lin S, et al. Deformable ConvNets V2: More Deformable, Better Results[C]// IEEE Conference on Computer Vision and Pattern Recognition,2019.
[17] Huang G, Liu Z, Van der Maaten L, et al. Densely Connected Convolutional Networks[C] // IEEE Conference on Computer Vision and Pattern Recognition,2017: 4700-4708.
[18] Zagoruyko S, Komodakis N. Wide Residual Networks [J]. arXiv Preprint arXiv, 2016:1605. 07146.
[19] Lin Tsung Yu, Maji S. Improved Bilinear Pooling with CNNs [J]. arXiv. org, 2017:1707. 06772.
[20] Teng C F, Chou C Y, Chen C H,et al.Accumulated Polar Feature. Based Deep Learning for Efficient and Lightweight Automatic Modulation Classification With Channel Compensation Mechanism. IEEE Transactions on Vehicular Technology,2020,69(12):15472,15485.
[21] 何继爱,裴承全,郑玉峰.稳定分布下基于 FAM 的低阶循环谱算法研究[J].电子学报, 2013,41(7):1297,1304.

第3章　基于循环神经网络与集成网络的通信信号分类

在以往的研究和实践中,与时间序列无关的机器学习模型已经成功地应用于各种实际场景。在实现语音的上下文识别中,将每个数据单元与相邻的多个前驱和后继数据单元拼接起来作为模型输入,从而为模型添加一个滑动的时间窗口,使其具有每个数据单元的时间序列特征。这种时间窗口方法有一个很大的缺点:模型时间序列的可训练长度总是受到窗口长度的限制。然而,在现实世界中,有更多的数据具有序列相关性。以通信信号为例,某一个时间点的信号波形信息对于理解后一个时间点的信号也可能非常重要。受此启发,研究人员改进了传统神经网络的结构,在同一层的神经单元中自身时序上增加了一个递归连接,以记忆和传递历史信息,这就是最初的循环神经网络(Recurrent Neural Network, RNN)。RNN是一种使用序列信号作为输入的神经网络,可以深入探索数据的时序和语义信息,在语音识别、语言建模、机器翻译和时间分析等领域展示了它的强大能力。

CNN、RNN等经典模型问世后,如何将各类型网络进行组合以发挥各自的性能优势也逐渐成为一个重点的研究领域。由于各个网络均是从不同维度提取特征信息,因此,在理论分析上,这样的组合一定是可行的。

本章将重点讨论基于RNN的信号识别分类方法,从RNN的基本概念以及典型RNN出发,设计针对通信信号序列的循环网络。此外,本章还对集成网络的基本概念以及集成方式进行说明,也设计了多个用于信号识别的集成网络。

3.1　循环神经网络基本概念

RNN是一类用来处理序列数据的神经网络,它是根据“人的认知是基于过往的经验和记忆”这一观点提出的。与CNN不同的是,它不仅考虑前一时刻的输入,而且还赋予网络对前面的内容进行“记忆”的功能。具体的表现形式为网络会记忆前面的信息并应用于当前输入的计算中,即隐藏层之间的节点是有连接的,并且隐藏层的输入不仅包括输入层的输出,还包括上一时刻隐藏层的输出,因此RNN特别适合于处理序列输入数据。RNN由循环神经元组成,结构具有反向连接和前馈连接。其结构如图3.1所示,在t时刻,循环神经元接收输入$x(t)$和其$t-1$时

刻的输出 $y(t-1)$,其数学模型为

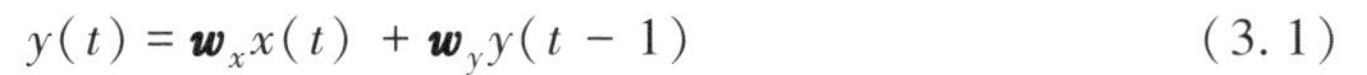

$$y(t) = \boldsymbol{w}_x x(t) + \boldsymbol{w}_y y(t-1) \tag{3.1}$$

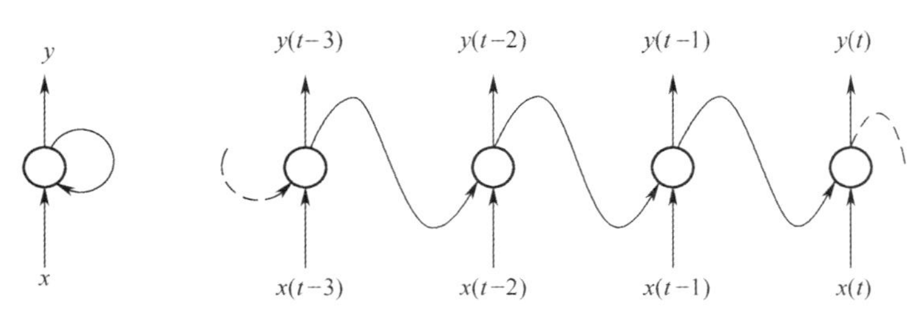

图 3.1　RNN 结构

图 3.1 左侧表示只有一个循环神经元的 RNN,其按时间展开表示为图的右侧,这种网络结构显示了 RNN 独特的性质,上一时刻的网络信息将会作用于下一个时刻的网络状态。单层 RNN 的数学模型矩阵表示为

$$\boldsymbol{Y}_{(t)} = \phi\left(\boldsymbol{X}_{(t)} \cdot \boldsymbol{w}_x + \boldsymbol{Y}_{(t-1)} \cdot \boldsymbol{w}_y + b\right) = \phi\left(\left[\boldsymbol{X}_{(t)}\boldsymbol{Y}_{(t-1)}\right] \cdot \begin{bmatrix} \boldsymbol{w}_x \\ \hline \boldsymbol{w}_y \end{bmatrix} + b\right) \tag{3.2}$$

式中:$\boldsymbol{Y}_{(t)}$ 的维度为 $m \times n$;$\boldsymbol{X}_{(t)}$ 的维度为 $m \times k$;$\boldsymbol{w}_x$ 的维度为 $k \times n$;$\boldsymbol{w}_y$ 的维度为 $n \times n$ 。其中 m 表示一批次包含的实例个数,n 表示每个实例包含神经元的个数,k 表示输入特征的数量。

3.1.1　常见的循环神经网络结构

3.1.1.1　长短时记忆网络

标准的 RNN 只能记住部分序列,一旦序列太长,就会导致准确性下降,产生梯度下降问题。为解决上述问题,产生了 RNN 的一种变体,长短期记忆(Long Short-Term Memory, LSTM)网络。LSTM 网络是由 Hochreiter 和 Schmidhuber 于 1997 年提出的[1],并在随后的几年中得到了进一步完善,它能使网络学习长期依赖特征且并不会在训练过程产生梯度消失和梯度爆炸,目前已在许多方面取得了巨大的成功和突破,包括语音识别、文本分类、语言建模、自动对话、机器翻译、图像注释和其他领域。其原理是通过添加门控单元使自循环的权重可以在时间尺度上动态变化,将前期状态传导至网络后端。LSTM 网络框架如图 3.2 所示,单元内部数学模型如下。

在 LSTM 单元结构中共有 3 个“门”:遗忘门、输入门和输出门。在 LSTM 中,通过输入门、遗忘门、输出门以及一个记忆单元来实现长期记忆或遗忘信息。设当前时刻为 t,则 $c^{<t-1>}$ 为前一时刻的记忆单元状态,$\tilde{c}^{<t>}$ 为当前输入状态信息:

$$\tilde{c}^{<t>} = \tanh(\boldsymbol{w}_c[a^{<t-1>}, x^{<t>}]) \tag{3.3}$$

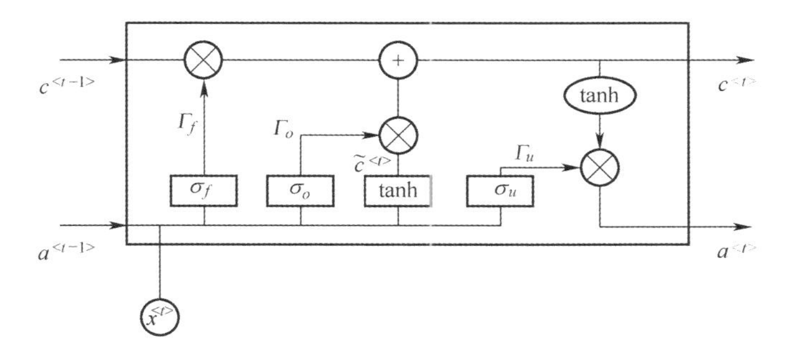

图 3.2　LSTM 网络内部循环单元框图

图 3.2 中，Γ_f 是遗忘门，遗忘门可以控制遗忘速度，即决定了记忆单元上一时刻的值有多少会被传到当前时刻。遗忘门的计算公式为

$$\Gamma_f = \sigma_f(\boldsymbol{w}_f[a^{<t-1>}, x^{<t>}] + \boldsymbol{b}_f) \tag{3.4}$$

图 3.2 中，Γ_o 是输入门，控制着当前时刻的输入有多少可以进入记忆单元，也能实现信息量的输入比例，其计算公式为

$$\Gamma_o = \sigma_o(\boldsymbol{w}_o[a^{<t-1>}, x^{<t>}] + \boldsymbol{b}_o) \tag{3.5}$$

图 3.2 中，Γ_u 为输出门，按照如下公式计算：

$$\Gamma_u = \sigma_u(\boldsymbol{w}_u[a^{<t-1>}, x^{<t>}] + \boldsymbol{b}_u) \tag{3.6}$$

式中：$\boldsymbol{w}$ 为各个门的权重向量；$\boldsymbol{b}$ 为偏置向量；σ 为 sigmoid 激活函数；

图 3.2 中，$a^{<t>}$ 和 $c^{<t>}$ 为当前 LSTM 的输出值，在循环神经网络中会随着时间进行加权更新，更新的计算公式如下：

$$c^{<t>} = \Gamma_o \times \tilde{c}^{<t>} + \Gamma_f \times c^{<t-1>} \tag{3.7}$$

$$a^{<t>} = \Gamma_u \times \tanh c^{<t>} \tag{3.8}$$

式中：tanh 为非线性激活函数。LSTM 内部通过门控机制实现，t 时刻状态量 $c^{<t>}$ 由 3 个阈值 Γ_f、Γ_u、Γ_o 控制，根据 $t-1$ 时刻输出 $a^{<t-1>}$ 和输入数据 $x^{<t>}$，网络可以学习各个门上的权重。门控机制帮助 LSTM 单元可以在多种时间尺度上学习序列的稳定特征。

3.1.1.2　双向 LSTM 网络

传统的 LSTM 网络模型为单向的，由于单向的神经网络在“记忆”上下文的能力上有很大的限制，故而构造了双向 LSTM 网络(Bi- LSTM)[2]。Bi-LSTM 在输入序列中是两个方向完全相反的 LSTM：一个为原本的输入序列；另一个为原来数据的反转序列。这样可以提供额外的上下文信息，导致网络模型可以更充分、更有效的学习。

Bi-LSTM 模型同时从一维数据的开始和结尾接收数据，能够同时利用数据中的当前信息与未来信息,增加了模型可利用的信息,具体结构如图 3.3 所示。

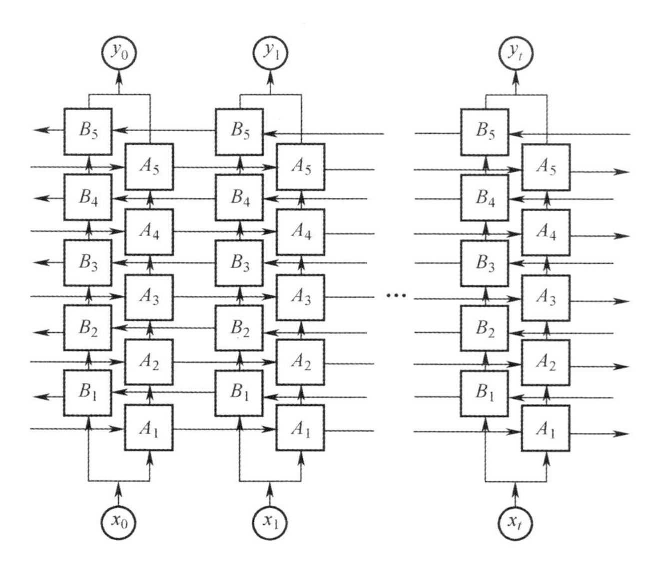

图 3.3　3 层 LSTM 细胞单元堆叠的 Bi-LSTM

3.1.1.3　门控循环单元网络

门控循环单元(Gate Recurrent Unit, GRU)和 LSTM 都是基于 RNN 框架, 同样是为了解决长期记忆和反向传播中的梯度等问题而提出来的[3]。GRU 对 LSTM 的门控单元进行简化,但是保留了 LSTM 模型的长期记忆能力,其主要变动是将 LSTM 中的输入门、遗忘门、输出门替换为更新门和重置门,并将细胞状态和输出两个向量合二为一,使 GRU 实现和 LSTM 性能相当的情况下使用的参数更少,训练速度更快。其结构如图 3.4 所示,对 LSTM 的主要改进如下:

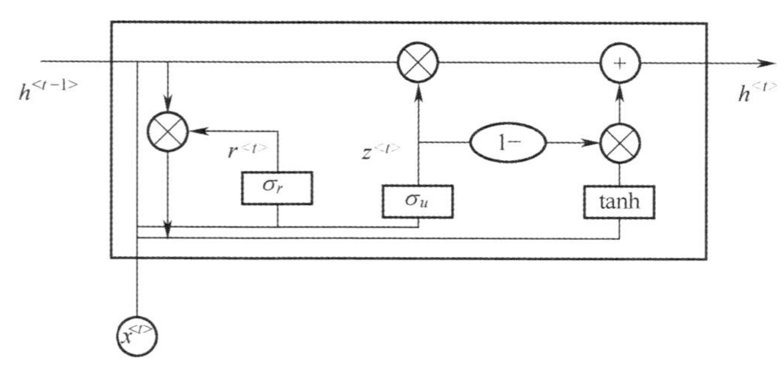

图 3.4　GRU 内部循环单元框图

(1) 将 LSTM 的状态量 $c^{<t>}$ 、$a^{<t>}$ 合并为 $h^{<t>}$;

(2) 将遗忘阈值和输入阈值由一个重置阈值控制器控制,重置阈值控制器输

出 1 时,输入阈值打开而遗忘阈值关闭。输出 0 时,则相反;

(3) 将输出阈值省略,输出向量的状态被直接输出。

$r^{\langle t \rangle}$、$z^{\langle t \rangle}$、$g^{\langle t \rangle}$、$h^{\langle t \rangle}$ 可分别表示为

$$\text{重置门}: r^{<t>} = \sigma(\boldsymbol{w}_{xr}^{\mathrm{T}} \cdot x^{<t>} + \boldsymbol{w}_{hr}^{\mathrm{T}} \cdot h^{<t-1>}) \tag{3.9}$$

$$\text{更新门}: z^{<t>} = \sigma(\boldsymbol{w}_{xz}^{\mathrm{T}} \cdot x^{<t>} + \boldsymbol{w}_{hz}^{\mathrm{T}} \cdot h^{<t-1>}) \tag{3.10}$$

$$\text{记忆细胞}: g^{<t>} = \tanh(\boldsymbol{w}_{xg}^{\mathrm{T}} \cdot x^{<t>} + \boldsymbol{w}_{hg}^{\mathrm{T}} \cdot (r^{<t>} \otimes h^{<t-1>})) \tag{3.11}$$

$$\text{状态更新}: h^{<t>} = (1 - z^{<t>}) \otimes \tanh(\boldsymbol{w}_{xg}^{\mathrm{T}} \cdot h^{<t-1>} + z^{<t>} \otimes g^{<t>}) \tag{3.12}$$

图 3.4 中的 $z^{<t>}$ 和 $r^{<t>}$ 分别表示更新门和重置门。更新门用于控制前一时刻的状态信息被带入到当前状态中的程度,更新门的值越大,说明前一时刻的状态信息带入越多。重置门控制前一状态有多少信息被写入到当前的候选集 $h^{<t>}$ 上,重置门越小,前一状态的信息被写入得减少。

LSTM 和 GRU 等算法的演进过程展示了研究人员对 RNN 的优化改进。伴随着深度学习的发展,在自然语言处理、机器翻译、语音识别等领域出现了越来越多基于循环神经网络框架的算法,均有着相当出色的性能表现。

3.1.1.4 Highway 网络

Highway 网络结构源于 LSTM 门结构的想法[4],其目的是在深度神经网络的各层之间直接传递部分信息,即不通过神经网络的当前层,这样就可以使用传统的梯度下降训练方法快速训练数百层深度网络。Highway 网络的基本结构如图 3.5 所示。

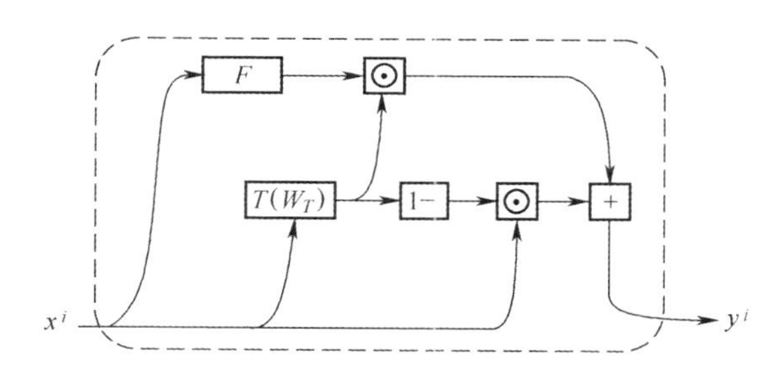

图 3.5 Highway 网络结构

Highway 网络可由下述公式表述,即

$$h_{\text{Highway}} = y^i = T \circ F(x^i) + (1 - T) \circ x^i \tag{3.13}$$

式中:y^i 为第 i 层的输出;T 为 Highway 网络门结构;x^i 为上一层的输出(当前层的输入);F 为每层神经网络对输入的一个非线性变换。

Highway 网络解决了传统神经网络和 CNN 等结构进行深度学习困难的问题,可以呈指数级增长神经网络的层数。随后,有研究人员提出将 Highway 网络在 RNN 和 LSTM 结构中进行移植,并通过实验证明 Highway 网络的思路在循环神经

网络可以得到应用。其中基于 Highway 网络的 RNN 结构如下:

$$\begin{cases}\bar{h}_t = \tanh(Uh_{t-1} + \boldsymbol{w}x + \boldsymbol{b}_t) \\ t_t = \sigma(U_t h_{t-1} + \boldsymbol{w}_t x_t + \boldsymbol{b}) \\ c_t = \sigma(U_c h_{t-1} + \boldsymbol{w}_c x_t + \boldsymbol{b}_c) \\ h_t = \bar{h}_t \circ t_t + x_t \circ c_t \end{cases} \tag{3.14}$$

相较于传统 LSTM 结构,基于 Highway 的 LSTM 结构增加了基于内部状态的 Highway 门结构,改进后的基于 Highway 的 LSTM 结构如下:

$$\begin{cases}\bar{c}_t = \tanh(U_c h_{t-1} + \boldsymbol{w}_c x_t + \boldsymbol{b}_c) \\ i_t = \sigma(U_t h_{t-1} + \boldsymbol{w}_i x_t + \boldsymbol{b}_i) \\ f_t = \sigma(U_f h_{t-1} + \boldsymbol{w}_f x_t + \boldsymbol{b}_f) \\ d_t = \sigma(U_d h_{t-1} + \boldsymbol{w}_d x_t + \boldsymbol{b}_d) \\ c_t = i_t \circ \bar{c}_t + f_t \circ c_{t-1} + d_t \circ c_{t-1}^{i-1} \\ o_t = \sigma(U_o h_{t-1} + \boldsymbol{w}_o x_t + \boldsymbol{b}_o) \\ h_t = o_t \circ \tanh(c_t) \end{cases} \tag{3.15}$$

相比传统 LSTM 增加了一个控制门结构 d_t ,用于控制上一层 $i-1$ 层的内部状态 c_{t-1}^{i-1} 。由式(3.14)、式(3.15)可以看出,基于 Highway 的 LSTM 结构其输出为同一个通过 Highway 结构的状态 h_t ,因此可能存在冗余的门结构,导致学习过程中收敛速度降低。

3.1.2 循环神经网络的反向传播

RNN 的学习过程与传统的神经网络相似,都是基于梯度下降的原理来寻找最优解。由于 RNN 是基于时序数据的神经网络模型,因此 RNN 不使用传统的反向传播算法,而是使用空间的反向传播和时间的反向传播,通常称为随时间的反向传播算法(Backpropagation Through Time, BPTT)。由于 RNN 是一种基于时序数据的神经网络模型,因此传统的反向传播算法并不适用于 RNN,而是在空间上反向传播的同时还需要随时间进行反向传播,也就是常用的随时间反向传播算法。传统的 LSTM、GRU 门结构和 Highway 网络、ResNet 等门结构可以在深度学习中发挥特殊作用,其根本原因是这些门结构可以帮助信息在反向梯度下降过程中进行适当的传递[5]。

传统的 RNN 模型反向梯度下降中关于任意时刻 k 的误差项 δ_k 可以写成

$$\delta_k = \frac{\partial E}{\partial s_k} = \frac{\partial E}{\partial s_t}\frac{\partial s_t}{\partial s_{t-1}}\cdots\frac{\partial s_{k+1}}{\partial s_k} = \delta_t \prod_{i=k}^{t-1} V\mathrm{diag}[f'(s_i)] \tag{3.16}$$

式中:E 为损失函数; s_t 为 RNN 在 i 时刻的加权输入;V 为 h_t 的权重系数。由此我

们可以利用权重系数 V 关于损失函数的梯度关系优化梯度下降算法,即

$$\frac{\partial E}{\partial u_{ji}} = \frac{\partial E}{\partial s_j^t}\frac{\partial s_j^t}{\partial u_{ji}} = \delta_j^t s_i^{t-1} \tag{3.17}$$

式(3.18)可以解释传统的 RNN 模型在记忆较长时间的信息时效果很差的原因,因为在 RNN 训练过程可能发生梯度爆炸和梯度消失。误差项 δ_k 可进行如下表达:

$$\| \delta_k \| \leqslant \| \delta_k \| (\beta)^{t-k} \tag{3.18}$$

因此,传统的 RNN 在对时间跨度过长的信息进行训练时,即 $t-k$ 的值很大时,当 β 大于 1 或小于 1 时,就会导致误差项的指数爆炸或消失,对模型的学习和训练是不利的。梯度爆炸的问题可以通过梯度剪裁优化来解决,而梯度消失的问题则可以通过 LSTM/GRU 这样的门结构来解决。

3.2 基于长短期记忆神经网络的通信信号识别方法

3.2.1 长短时记忆网络的输入序列

本节根据 RNN 能对序列数据建模的特点,首先通过希尔伯特变换计算出各调制信号的瞬时幅度、相位、频率参数。然后利用希尔伯特变换构建解析信号可以得到实信号在复空间的映射,是研究信号包络、瞬时相位和瞬时频率的重要方法,也是实现信号正交变换的主要途径。对接收的实信号进行正交变换得到 I/Q 通道输出是数字接收机的主要手段,而且幅度、相位、频率是任何信号调制时直接作用的对象,蕴藏着不同类别调制样式的细微差别。

时间信号 $u(t)$ 的希尔伯特变换对数学表达式为

$$v(t) = -\frac{1}{\pi}\int_{-\infty}^{\infty}\frac{u(\eta)}{\eta - t}\mathrm{d}\eta = u(t) * \frac{1}{\pi t} \leftrightarrow V(f) = -\mathrm{jsgn}(f)U(f) \tag{3.19}$$

$$v(t) = -\frac{1}{\pi}\int_{-\infty}^{\infty}\frac{v(\eta)}{\eta - t}\mathrm{d}\eta = -v(t) * \frac{1}{\pi t} \leftrightarrow U(f) = -\mathrm{jsgn}(f)V(f) \tag{3.20}$$

从式(3.19)和式(3.20)可知,乘以负虚数单位 j,相当于对信号频域相移 90°。通过希尔伯特变换构造信号的解析函数:

$$z(t) = u(t) + \mathrm{j}v(t) \tag{3.21}$$

式中:复信号 $z(t)$ 称为实信号 $u(t)$ 的解析信号,$v(t)$ 由 $u(t)$ 希尔伯特变换得到。由欧拉定理可将解析信号表示成旋转向量的形式:

$$z(t) = |z(t)| + \exp[\mathrm{j}\varphi(t)] \tag{3.22}$$

$z(t)$ 的瞬时参数:瞬时幅度 $|z(t)|$、瞬时相位 $\phi(t)$、瞬时频率 $f(t)$ 分别为

$$|z(t)| = \sqrt{u(t)^2 + v(t)^2}$$

$$\phi(t) = \arctan\left[\frac{v(t)}{u(t)}\right] \tag{3.23}$$

$$f(t) = \frac{1}{2\pi} \frac{\mathrm{d}\varphi(t)}{\mathrm{d}t}$$

3.2.2 长短时记忆网络结构

当计算出各信号的瞬时幅度、相位、频率后，可构成一个 $3 \times N$ 维矩阵，记为 $\boldsymbol{D}$，作为神经网络的输入，N 为一个训练样本的序列长度，在通信信号识别问题中也就是一个信号的采样点数。

图 3.6 表示时序长度为 N 的样本通过三层 RNN，神经元状态通过参数共享机制在同层和各层之间相互传递。在 LSTM 单元内部，通过门控机制实现 t 时刻状态量 $c^{<t>}$ 由 3 个阈值 Γ_f、Γ_u、Γ_o 控制，根据 $t-1$ 时刻输出 $a^{<t-1>}$ 和输入数据 $x^{<t>}$。门控机制帮助 LSTM 单元可以在多种时间尺度上学习序列的稳定特征。

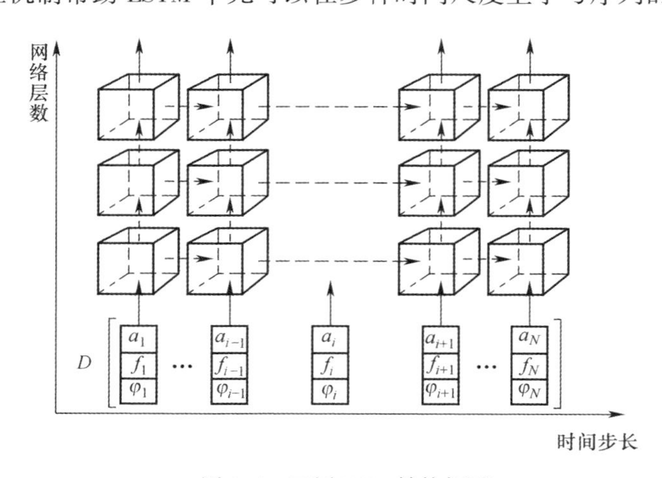

图 3.6 三层 RNN 结构框图

经过 LSTM 网络进行特征提取，再使用 softmax 分类器对信号特征和样本标签进行分类，然后使用交叉熵损失函数进行差值计算：

$$\zeta = -\frac{1}{N} \sum_{1}^{N} \sum_{i=1}^{k} y_i \log p_i \tag{3.24}$$

式中：y_i 为类别 i 的标签；N 为样本总数；k 为类别总数；p_i 为判定为第 i 类的概率值。

3.2.3 实验结果

本节将对基于 LSTM 的通信信号识别方法进行仿真验证，目标是对 8 种不同的调制方式进行分类。首先仿真计算 AM-DSB、AM-SSB、BPSK、QPSK、16QAM、32QAM、4ASK、4FSK 这 8 种不同调制类型信号的瞬时参数的波形变化如图 3.7 所示。

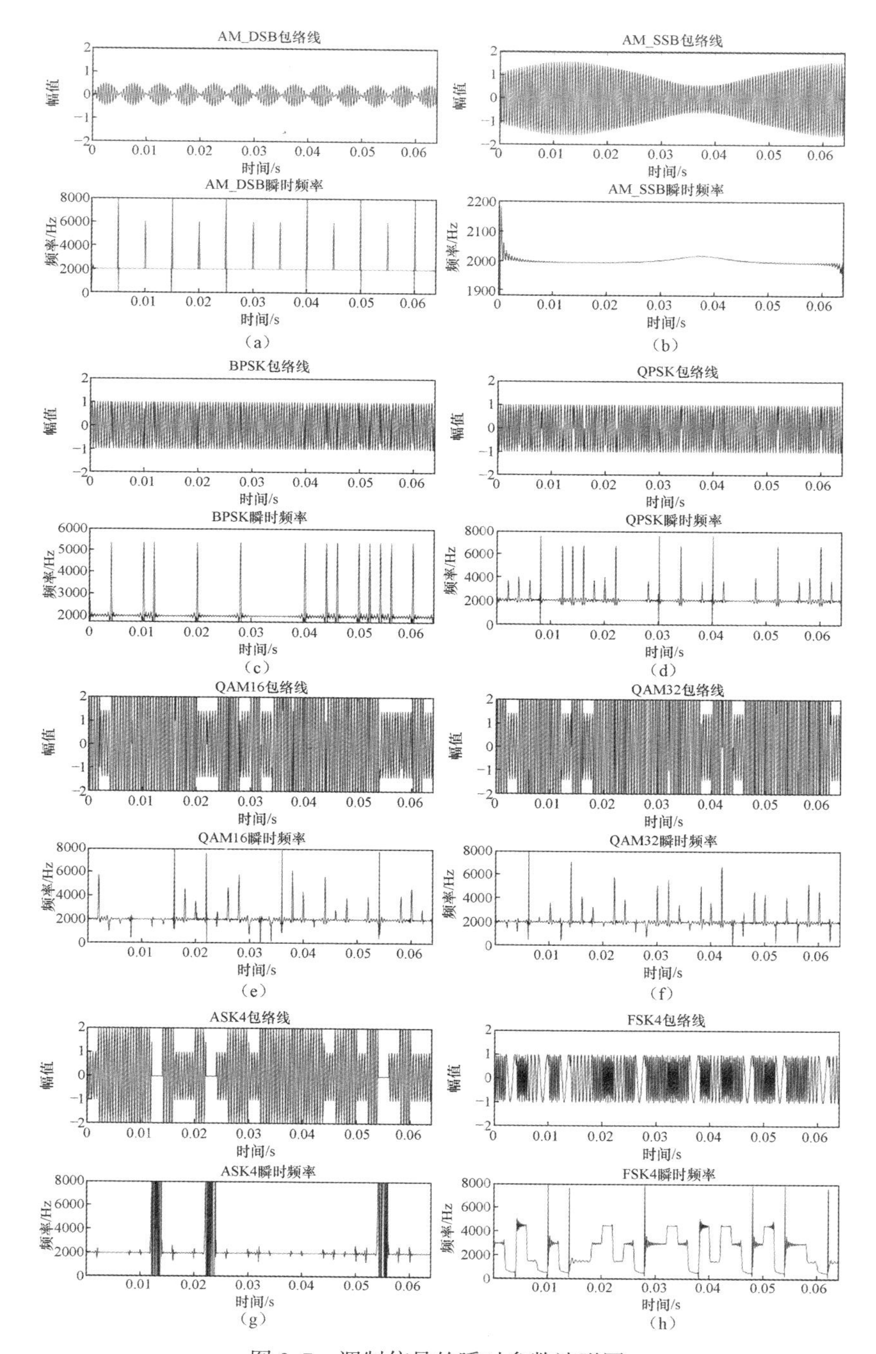

图 3.7　调制信号的瞬时参数波形图

(a) AM-DSB 瞬时参数;(b) AM-SSB 瞬时参数;(c) BPSK 瞬时参数;(d) QPSK 瞬时参数;(e) 16QAM 瞬时参数;(f) 32QAM 瞬时参数;(g) 4ASK 瞬时参数;(h) 4FSK 瞬时参数。

首先计算得到序列长度为 128 和 1024 的调制信号瞬时参数，记瞬时幅度 $A[a_1, a_2, \cdots, a_n]$、瞬时相位 $\phi[\varphi_1, \varphi_2, \cdots, \varphi_n]$ 和瞬时频率 $S[f_1, f_2, \cdots, f_n]$，信号参数如表 3.1 所列。

表 3.1 调制信号数据集参数

<table>
<tr><td>调制样式</td><td colspan="4">AM-DSB、AM-SSB、BPSK、QPSK、4ASK
4FSK、16QAM、32QAM</td></tr>
<tr><td rowspan="4">样本数</td><td>AM-DSB</td><td>1000</td><td>4ASK</td><td>1000</td></tr>
<tr><td>AM-SSB</td><td>1000</td><td>4FSK</td><td>1000</td></tr>
<tr><td>BPSK</td><td>1000</td><td>16QAM</td><td>1000</td></tr>
<tr><td>QPSK</td><td>1000</td><td>32QAM</td><td>1000</td></tr>
<tr><td>样本维度</td><td colspan="4">3×128/3×1024 $[A, \phi, S]$</td></tr>
<tr><td>信号长度</td><td colspan="4">128/1024</td></tr>
<tr><td>载频</td><td colspan="4">2000Hz</td></tr>
<tr><td>码速率</td><td colspan="4">500B</td></tr>
<tr><td>信噪比</td><td colspan="4">-8~18dB</td></tr>
</table>

训练样本集按照 60%训练样本、20%测试样本、20%验证样本进行划分，使用交叉熵损失函数，使用 SGD 优化函数，学习率设定在 0.1±0.05 的范围。由图 3.8 可以看出基于有监督学习的 LSTM 网络能够迭代收敛，未出现过拟合现象。

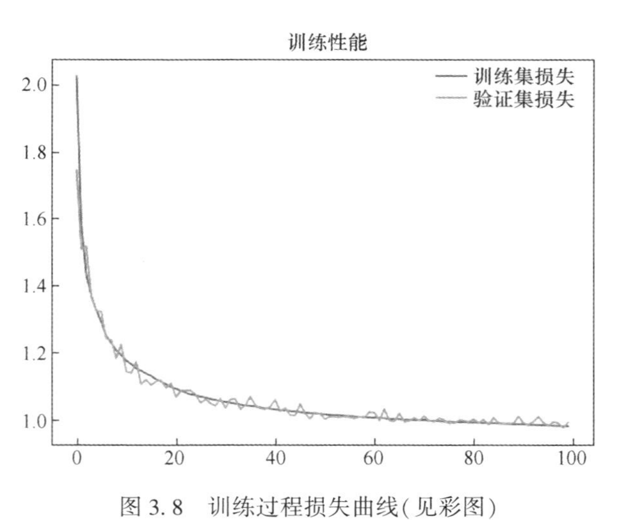

图 3.8 训练过程损失曲线(见彩图)

进一步实验验证信号长度对识别率的影响，实验使用 2 层 LSTM 网络测试信号长度为 128 和 1024 两种信号长度的识别率，如图 3.9 和图 3.10 所示。

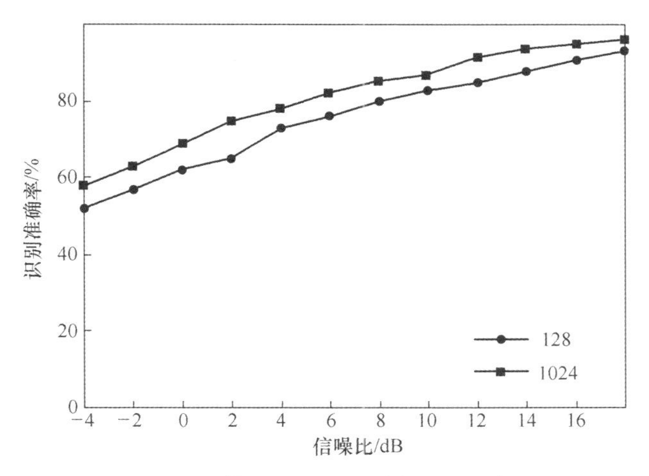

图 3.9　信号长度对识别率影响曲线

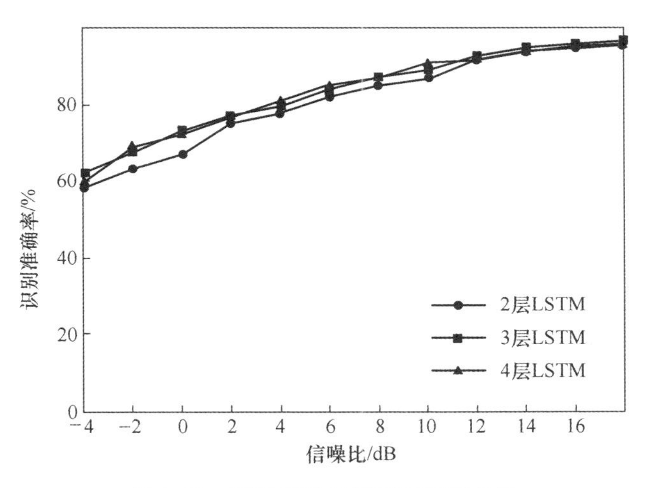

图 3.10　网络层数对识别率影响曲线

从实验结果可知,增加信号的长度可以提高 LSTM 网络识别率。主要原因是信号长度增加可供网络学习的数据相应增加,网络拟合的特征也更加丰富。为分析 LSTM 网络的层数对识别率的影响,实验选用长度 1024 的信号作为训练样本,分别构建 2 层、3 层、4 层 LSTM 网络进行对比,如图 3.10 所示。

从图 3.9、图 3.10 可以看出,使用具有 3 层和 4 层的 LSTM 网络在识别率上基本相当,但都优于 2 层 LSTM 网络。考虑增加网络层数直接增加训练时的计算负担,所以优先使用 3 层 LSTM 网络。

3.3 集成网络构建方法

集成网络是几种经典网络模型的混合以获得更好的性能,指的是由几种网络模型或其他模型组合而成的神经网络。集成网络[6]目前已经发展出了很多具体结构, 第一个集成网络结构在 1994 年,由 Abuelgasim 等提出的一种集成网络模型,它将 Khoonen 自组织网络模型和 BP 模型相结合[7],即在 BP 网络的输入层和单隐层之间加入二维 Kohoenn 自组织网络层,这种集成网络模型可以加速多层前馈网络的收敛速度。目前,随着 CNN 和 LSTM 的发展,大多数集成网络都以它们为骨干网络,所以最常用的集成网络模型包括 CNN 和 LSTM 的组合,DNN 和 LSTM 的组合,CNN、LSTM 和 DNN 的组合等。

3.3.1 串联集成模式

串联集成模式是指将不同的网络结构采用串联的方式进行连接。该模型直接将上一个神经网络的输出作为下一个神经网络的输入。该模型的特点是系统结构明确。但是,在神经网络的建模过程中则较为困难,因为需要不断调整前一对神经网络的输出以匹配后一个神经网络的输入,此外串联网络还会带来网络参数乘数级的提升(图 3.11)。

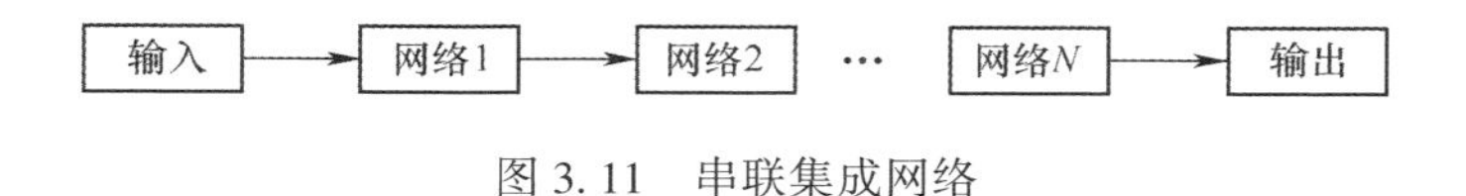

图 3.11 串联集成网络

3.3.2 并联集成模式

并联集成模式是指将输入分别送入不同网络中,再通过综合各网络所提取特征达到分类识别的目的。该模型的工作原理是将输入同时送往多个神经网络模型中,人工神经网络(ANN)模型的输出用于弥补线性模型精度的不足。该模型的优点是人工神经网络模型容易建立,而且可以保证混合模型的学习精度,缺点是有时难以保证不同模型输出特征达到平衡(图 3.12)。

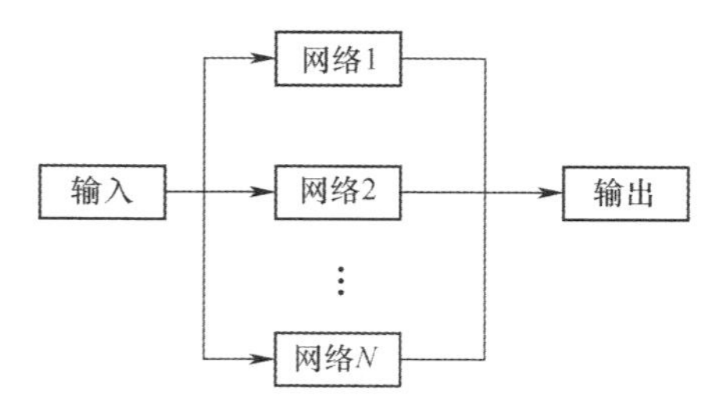

图 3.12 并联集成网络

3.3.3 网络集成方法

在神经网络集成的过程中,发挥各网络的性能优势是其关键问题,尤其对于并联结构的集成网络来说,更要权衡不同网络结果间的权重。通过结合策略将个体学习器结合在一起使用的方法可以有效提高模型性能。对于分类问题,一种有效的结合策略是使用另外一个机器学习算法来将个体学习器的结果结合在一起,这个方法就是 Stacking。Stacking 方法可以提高网络模型的识别准确率且不会造成网络整体的浮点运算量大幅提升。多种模型同时预测可以使模型从不同深度的层次上提取数据特征,能够提高模型预测的稳定性。

在 Stacking 方法中,我们把个体学习器称为初级学习器,用于结合的学习器称为次级学习器或元学习器(Meta-learner)。Stacking 方法是将多个初级学习器的输出集合起来作为下一层分类器输入的一种集成算法[8]。如图 3.13 所示,该方法理论上的分类性能优于组成上一层的初级学习器模型,初级学习器的输出可以认为是分类概率,并且初级学习器中性能较好的模型会被 Stacking 的次级学习器所侧重。

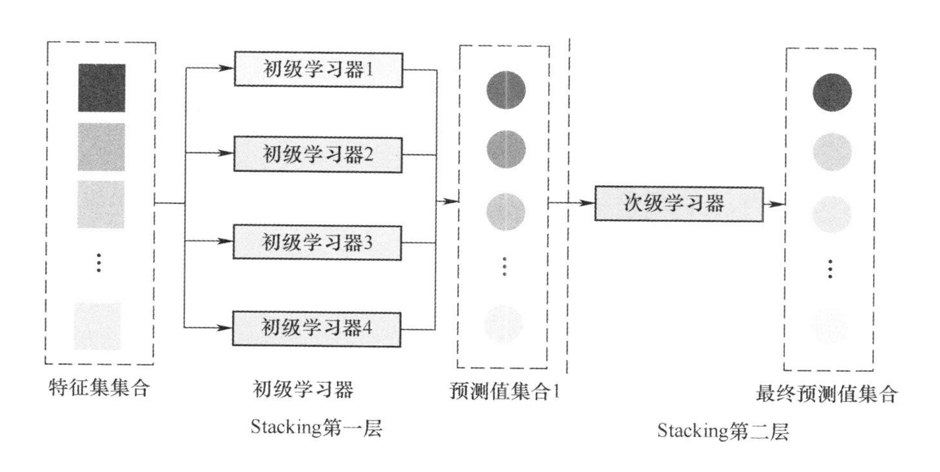

图 3.13 Stacking 算法流程图

Stacking 首先从初始数据集训练出初级学习器,然后“生成”一个新的次级训练集用于训练次级学习器。在这个次级训练集中,初级学习器的输出被当做样例输入特征,而初始样本的标记仍被当作样例标记。本节使用的初级学习器的算法都各不相同,故各模型提取的特征间也有差异,最终由 Stacking 方法集合起来后预测的结果将融合各个初级学习器从数据集中学习的特点,并对最终效果有所提升。Stacking 算法如下:

Stacking 算法流程

输入:训练集 $D = \{(x_1,y_1),(x_2,y_2),\cdots,(x_m,y_m)\}$;

初级学习算法 $\mathcal{S}_1,\mathcal{S}_2,\cdots,\mathcal{S}_T$;

次级学习算法 $\mathcal{S}$。

过程:

1:**for** $t = 1,2,\cdots,T$ **do**

2: $h_t = \mathcal{S}_t(D)$;

3: **end for**

4: $D' = \varnothing$;

5:**for** $i = 1,2,\cdots,m$ **do**

6: **for** $t = 1,2,\cdots,T$ **do**

7: $z_{it} = h_t(x_i)$;

8: **end for**

9: $D' = D' \cup ((z_{i1},z_{i2},\cdots,z_{iT}),y_i)$;

10:**end for**

11: $h' = \mathcal{S}(D')$;

输出: $H(x) = h'(h_1(x),h_2(x),\cdots,h_T(x))$。

在训练阶段,次级训练集是利用初级学习器产生的,若直接用初级学习器的训练器的训练集来产生次级训练集,则过拟合风险会比较大;因此,一般是通过使用交叉验证或留一法,用训练初级学习器未使用的样本来产生次级学习器的训练样本。以 k 折交叉验证为例,初始训练集 D 被随机划分为 k 个大小相似的集合 $D_1,D_2,\cdots,D_k$ 。令 $\overline{D_j} = D/D_j$ 分别表示第 j 折的测试集和训练集。给定 T 个初级学习算法,初级学习器 $h_t^{(j)}$ 通过在 $\overline{D_j}$ 上使用第 t 个学习算法而得。对 D_j 中每个样本 x_i ,令 $z_{it} = h_t^{(j)}(x_i)$,则由 x_i 所产生的次级训练样例的示例部分为 $z_i = (z_{i1};z_{i2};\cdots;z_{iT})$,标记部分为 y_i 。于是,在整个交叉验证过程结束后,从这 T 个初级学习器产生的次级训练集是 $D' = \{(z_i,y_i)\}_{i=1}^{m}$,然后 D' 将用于训练次级学习器。

由于不同网络具有不同深度、宽度和分辨率的网络结构,能够提取到不同的特征信息。根据这一特点可以使用 Stacking 模型将多个网络模型集合为集成网络模型。集成模型在模型参数不变的情况下,借用多层次特征提取的思想,利用不同深度的网络提取数据特征。与单一网络相比,使用 Stacking 模型的集成网络提取的特征更加全面,预测结果更加稳定。

3.4 基于集成网络的通信信号识别分类方法

CLDNN 是最早提出的用于通信信号识别的 CNN 与 LSTM 网络的串联集成网络类算法[9]。如图 3.14 所示,在该算法中,首先通过 3 个卷积层对输入进行特征提取,而后连接的是循环层,最后再通过全连接层对循环层的输出进行加权拟合,在卷积层输出阶段该模型还融入了残差模式,以此提高特征的多样性,该网络可以被看作是一种集成模式。其实 CNN 和 LSTM 网络在拟合能力上是互补的,CNN 擅长提取空间特征,而 LSTM 网络则更擅长时间序列的拟合,当输入为时间序列信号时,CNN 层提取时间维上的隐式信息,向 LSTM 层传输质量更高、浓度较高的特征。

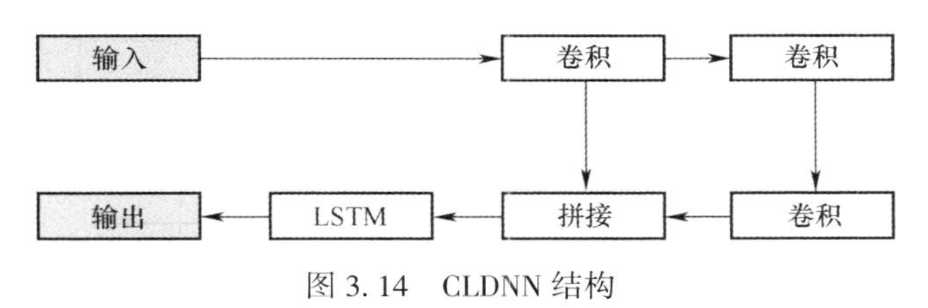

图 3.14　CLDNN 结构

与 CLDNN 相同,GrrNet[10] 也采用串联式的网络结构,GrrNet 网络典型结构如图 3.15 所示。该模型的输入为信号幅度/相位序列,输入序列通过一维卷积处理后送入两个连续堆叠的残差块,该残差块也是由卷积块组成,后一个残差块的输出则作为 GRU 网络的输入,最后通过全连接层对 GRU 网络的输出进行拟合实现信

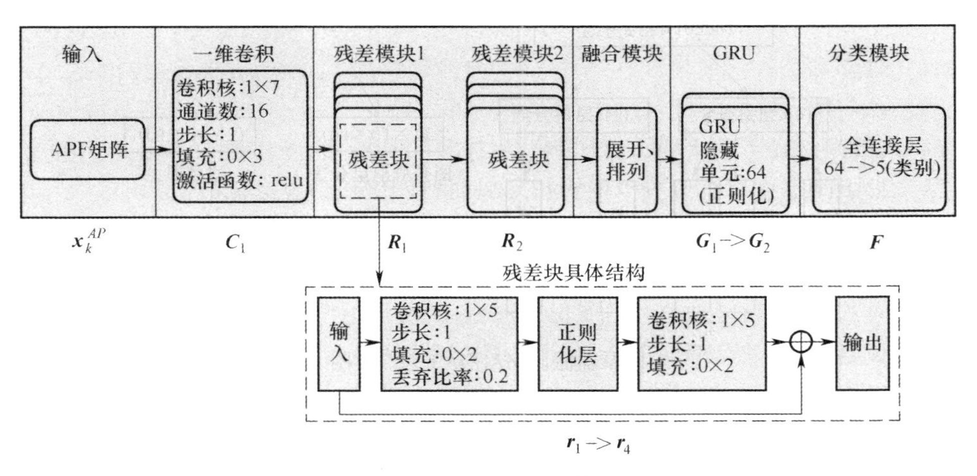

图 3.15　GrrNet 结构

号分类。就目前研究成果来看,融合模型比独立网络具有更好的性能,但随之而来的是计算复杂度的提升。

CGDNet[11]是一种由浅层 CNN、GRU 单元组成的混合深度神经网络通信信号调制识别模型。该模型采用池化层、小卷积核、高斯 Dropout 层和跳跃连接层等网络结构来增加网络容量。作为一种混合神经网络,CGDNet 以互补的方式利用各组成网络的高性能:CNN 对信号频率做平滑处理;GRU 解决消失梯度问题,并在低计算复杂度下学习信号的时间和序列信息;DNN 进行充分的特征提取。同时,CGDNet 采用高斯 Dropout 层来减少 GRU 单元的数量和 DNN 的密集程度,从而使整个网络正则化;CNN 中限制池化过程的单元数量、卷积核的数量和大小,提高识别速度;跳跃连接保留更多的初始信号信息,并防止梯度消失问题。CGDNet 适合多种信噪比下进行调制识别分类,能在较低的计算复杂度下获得较高的分类精度,其网络架构如图 3.16 所示。

多线索融合网络[12](Multi-cue Fusion Network,MCF-net)由一个多信号线索流(Signal Cue Multi-stream, SCMS)模块和一个视觉线索识别(Visual Cue Discrimination, VCD)模块组成。SCMS 模块基于 CNN 和独立递归神经网络(IndRNN),从两个信号线索——同相/正交(I/Q)和振幅相位(A/Φ)进行关联建模,探索信号在“时空”特征上的差异,并充分利用不同形式的信号特征;在 VCD 模块中,将原始的 I/Q 数据转换为星座图作为视觉线索,利用 CNN 充分提取信号在空间结构的特征。通过信号线索和视觉线索的完美融合,MCF-net 在实际信噪比区域达到目前最先进的识别效果,其网络架构如图 3.17 所示。

多通道 CNN-LSTM 混合深度神经网络[13](Multi-channel Convolutional Long Short-term Deep Neural Network, MCLDNN)是一种三线并列的深度神经网络调制识别模型,分别从调制信号的 I 路、Q 路和 I/Q 两路数据中提取特征。MCLDNN 将 CNN、LSTM 和全连接层集成在一个深度神经网络结构中,其中一维卷积层、二维卷积层和 LSTM 层,可以更有效地提取信号的“时空”特征,充分利用各组成模块之间的互补性和协同功能。MCLDNN 能在有限的时效内,达到较高的识别性能,在通信信号识别领域具有巨大的潜力,其网络架构如图 3.18 所示。

双通道混合神经网络[14](Convolutional Long Short-term Deep Neural and Residual Network,CLDR)网络是一个多网络结构组成的通信信号调制识别模型。CLDR 网络由 CLDNN 和 ResNet 组成,因 CLDNN 集成了 CNN 和 LSTM 网络结构,可以有效提取信号时空特征,ResNet 模块改进了 CLDNN 中跳跃连接层,有效地避免了梯度消失或爆炸问题。此外,CLDR 网络设计了一种指数曲线衰减自适应循环学习率方法,以降低神经网络模型的训练时间代价。该方法消除了与固定学习率策略通过实验搜索最优学习率的需要,避免了三角学习率策略由于衰减振幅过大而导致模型收敛速度较慢的问题。CLDR 网络提高了不同调制类型在高信噪比

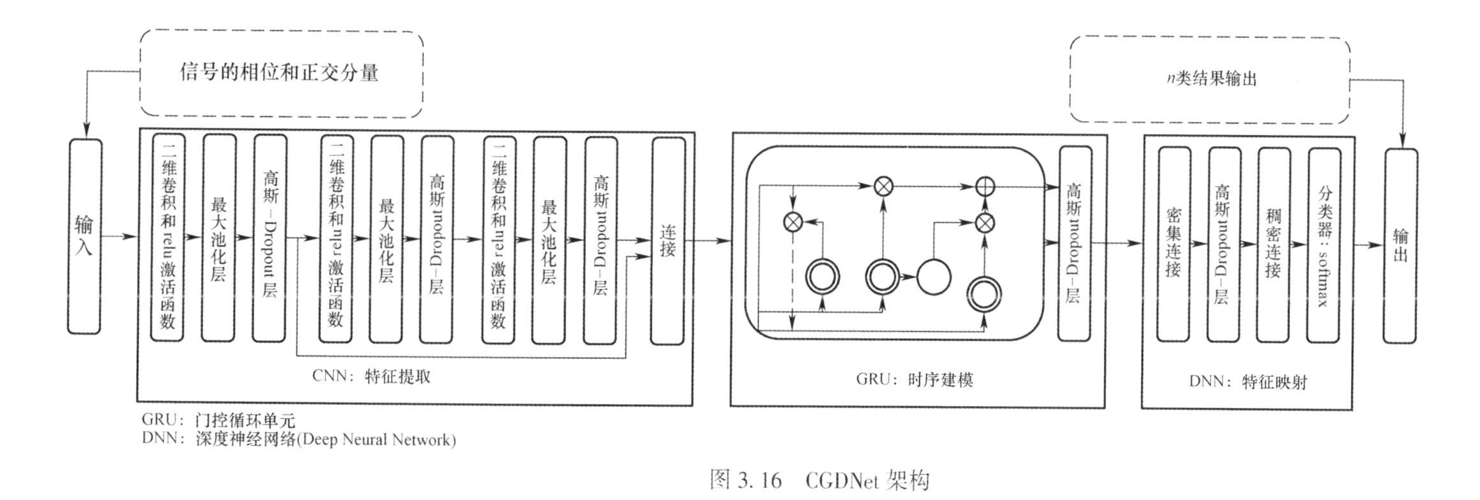

图 3.16 CGDNet 架构

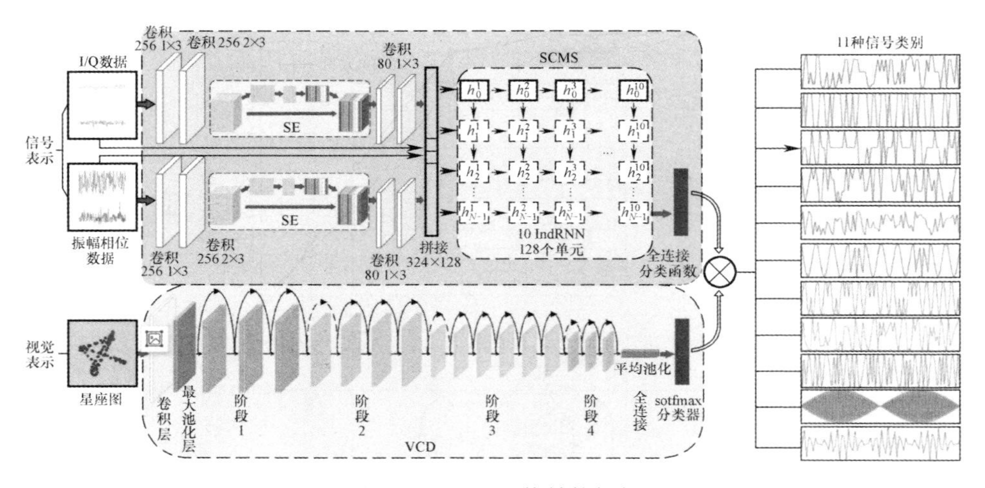

图 3.17　MCF 网络结构框架

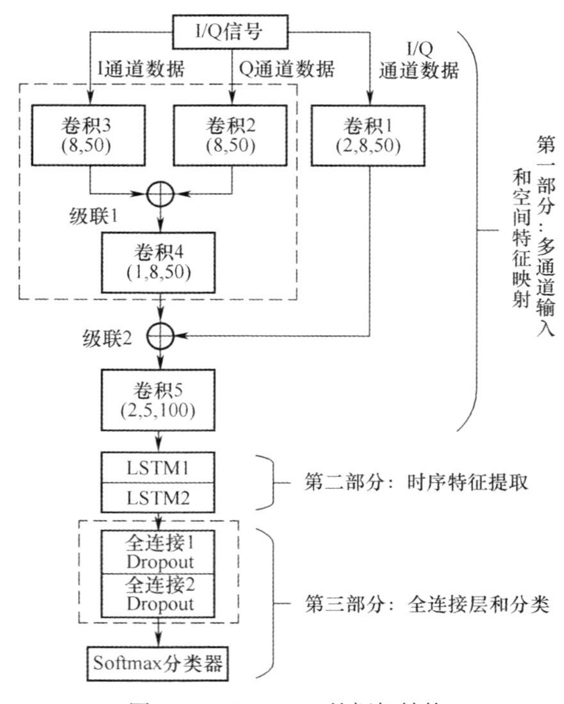

图 3.18　MCLDNN 的框架结构

下的识别精度，并且指数循环学习速率策略加速了模型的收敛速度，降低了模型的训练时间成本，其网络架构如图 3.19 所示。

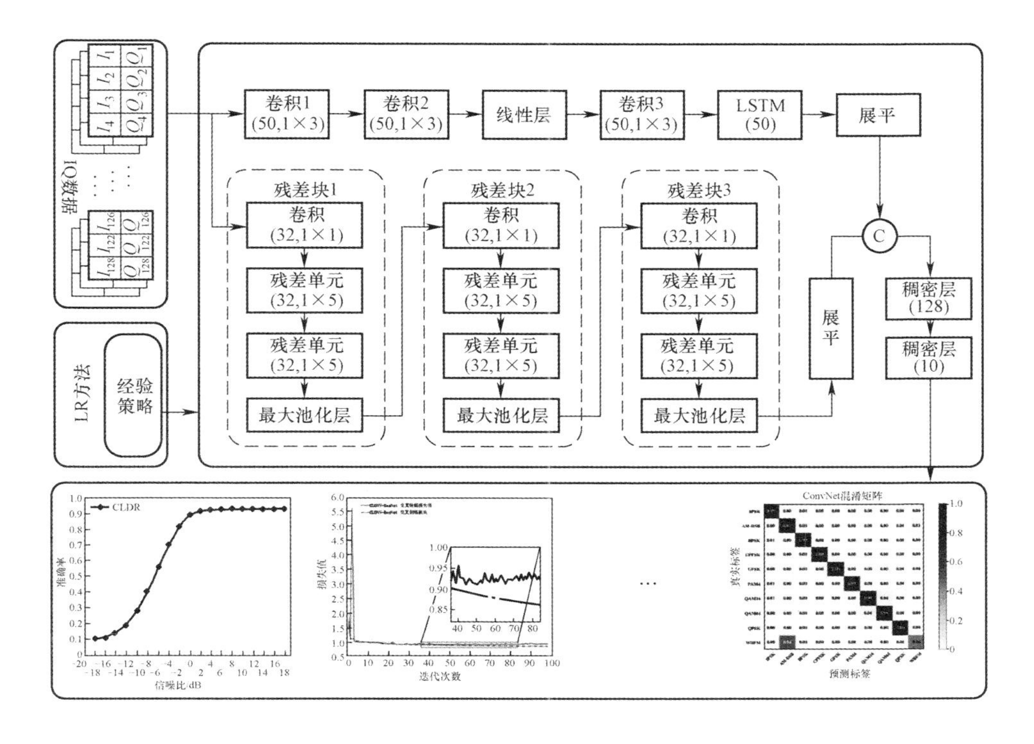

图 3.19　CLDR 集成网络架构

3.4.1　基于并行时空自编码器网络的信号识别技术

现今以集成网络为思路进行调制识别确实已有不少学者进行研究，通过 CNN 与 LSTM 的并联、串联等操作堆叠网络的层数，但设计并行自编码器解决调制识别问题的思路却未曾有人研究过。本节设计并行自编码器进行信号识别的原因主要有以下两点。

（1）自编码器的抗损能力。由于自编码器属于压缩重构的算法，因此其抗噪声能力是很强的，这可解决低信噪比条件下识别性能差的问题。

（2）自编码器实际上属于无监督学习算法范畴，因此基于自编码器的模型还可以应用在标签样本量不足的场景，这与实际场景也是相吻合的。

本节提出了基于 CNN-LSTM 的多线输入的联合自编码器算法的结构，如图 3.20所示。其流程如下。

（1）对于输入数据，将原始的 I/Q 数据转换成 A/ϕ 表示，并转换为极化域累积星座图。

（2）预处理后的输入序列被分别送入基于 CNN 和 LSTM 网络的并行去噪自

编码器中进行信号重构，同时将这两种不同的自编码器的中间层输出串联在一起作为信号所提特征。

(3) 将中间层输出特征送入到全连接神经网络进行分类识别。

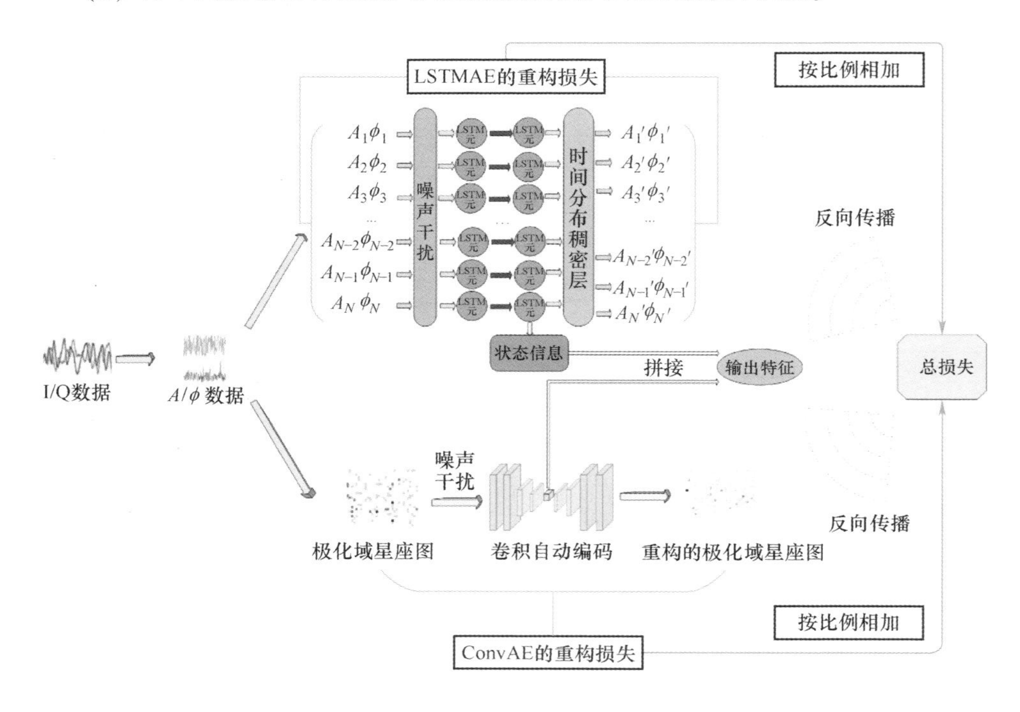

图 3.20　并行时空自编码器结构图(见彩图)

3.4.1.1　信号处理方法

假设有一个长度为 N 的采样序列信号，则该序列可表示为

$$x(n)=s(n)+w(n), n=1,2,\cdots,N \tag{3.25}$$

式中：$s(n)$ 表示信号序列的第 n 个符号；$w(n)$ 为均值为0、方差为 δ_ω^2 的加性高斯白噪声。

与传统的直接处理信号采样序列不同，我们将信号的同相路 I 和正交相路 Q 序列作为输入，通过以下公式将 I/Q 样本转换为振幅(A)和相位(ϕ)样本，我们使用 A/ϕ 序列作为基于 LSTM 的自编码器的输入：

$$A_i=\sqrt{I_i^2+Q_i^2} \tag{3.26}$$

$$\phi_i=\arctan(Q_i/\phi_i) \tag{3.27}$$

此外，我们将 A/ϕ 序列转换为累积极星座图，用于基于卷积神经网络的自编码器输入。首先，确定了半径轴的范围 r_0、r_1，相位轴的范围 θ_0、θ_1 以及两轴的图

像分辨率 p_r 、p_θ 。其次,将每个信号符号映射成坐标为(i, j)的网格状图像 P,映射方法如下:

$$\Delta g_r = (r_1 - r_0)/p_r \tag{3.28}$$

$$\Delta g_\theta = (\theta_1 - \theta_0)/p_r \tag{3.29}$$

$$i = \lfloor (r[n] - r_0)/\Delta g_r \rfloor \tag{3.30}$$

$$j = \lfloor (\theta[n] - \theta_0)/\Delta g_\theta \rfloor \tag{3.31}$$

如果任何符号被映射到该点,则像素值设置为 1。最后,我们通过以下公式积累历史信息:

$$P(i,j) = p(i,j) + 1 \tag{3.32}$$

之所以使用这种方式的转换作为输入,原因可以从调制的原理来理解,调制的过程实质就是将信息加载到信号波形的幅度或者相位上,而进行 I/Q 到 A/ϕ 的转换恰恰能将这种内在的特征表现出来,增加不同调制类型间的区分能力。此外,极化域的星座图相较于传统星座图也有更强的分类能力,这在视觉上都是直观的,相较于传统的星座图,极化域星座图的类间差异更大。

3.4.1.2　并行自编码器模型

在本节中,我们设计了一种基于自编码器的信号识别模型,它通过结合两个并联的自编码器来提高信号分类精度。自编码器是一种无监督学习算法,通过将输出近似为输入,从而学习数据的稀疏表示。自编码器一般由编码器和解码器组成。编码器将输入投影到低维隐层,解码器恢复高维输入。下面详细介绍本节所提出网络的具体架构。

(1) 基于 LSTM 网络的自编码器。根据前面的介绍我们知道 LSTM 网络的结构包括 3 个门,分别是输入门、输出门和遗忘门,其中 c_t 为 LSTM 网络的神经元状态。在更新神经元状态时,输入门决定哪些新的信息可以存储在神经元状态中,输出门根据神经元状态来决定哪些信息可以输出,选用状态信息作为基于 LSTM 网络自编码器的隐层低维输出。

在本节中,利用 LSTM-AE 网络实现时间符号的重构。LSTM-AE 的输入为 A/ϕ 序列。将最后一个隐藏状态向量作为低维编码器输出向量。此外,由于自编码器的最终目的是经过压缩后重建自身,因此,利用时间分布稠密层(Time Distributed Density Layer, TDL)来保持输出维数与输入维数一致。TDL 可以看作是一个共享的全连接层,它可对三维张量的每个时间步都应用相同的全连接操作。

(2) 基于 CNN 的自编码器。我们不仅使用 LSTM 网络自编码器提取时间维度特征,还使用卷积自编码器提取空间特征。卷积自编码器的网络结构如表 3.2 所列。对于输入,首先将幅度/相位转换为一个方阵;然后引入卷积层和最大池化层提取图像特征,将特征压缩到较低维度;最后将低维特征扁平化为一维向量,称为“编码器输出”。将低维特征输入卷积层和上采样层,重构原始输入维数,计算输入/输出之间的损失值并最小化该损失值，最终达到特征提取的目的。

表 3.2 卷积自编码器网络参数

层	输出维度	描述
Input	1, 24, 24	与输入图像相似
Conv2D-1	16, 24, 24	卷积核个数 16 卷积核尺寸(2×2) 激活函数：relu
Pool	16,12,12	池化核尺寸：(2×2)
Conv2D-2	32,12,12	Number of filters：32 Kernel Size：(2×2) Activation：relu
Pool	32, 6, 6	Maxpooling2D：(2×2)
Conv2D-3	1,6,6	Number of filters：1 Kernel Size：(1×1) Activation：relu
Conv2D-4	8, 6, 6	Number of filters：8 Kernel Size：(2×2) Activation：relu
Up-Sampling	8, 12, 12	上采样尺寸：(2×2)
Conv2D-5	16, 12, 12	Number of filters：16 Kernel Size：(2×2) Activation：relu
Up-Sampling	16, 24, 24	UpSampling2D(2×2)
Conv2D-6	32, 24, 24	Number of filters：32 Kernel Size：(2×2) Activation：relu
Conv2D-7	1, 24, 24	Number of filters：1 Kernel Size：(1×1) Activation：relu
Output	1, 24, 24	与输入尺寸一致

(3) 损失函数。由于该模型由多个网络模块组成，因此该模型的损失函数也应由多个部分构成。本节的损耗函数由 LSTM 网络自编码器的重构损失 L_{LSTMAE}、卷积自编码器的重构损失 L_{ConvAE} 和分类损失 $L_{\text{classfication}}$ 三部分组成。模块的总损耗是这三项的加权组合：

$$L_{\text{total}} = L_{\text{classfication}} + \mu_1 L_{\text{LSTMAE}} + \mu_2 L_{\text{ConvAE}} \tag{3.33}$$

式中：μ_1 和 μ_2 是控制不同损失权重的超参数。具体来说，我们选择均方误差

(Mean - Squared Error, MSE)来计算重构损失,分类交叉熵(Category Cross - Entropy, CCE)来计算分类损失。

3.4.1.3 仿真实验

本节使用 RadioML2016.10a 数据集来验证我们提出的模块的性能。RadioML2016.10a 包含 11 种调制类型,是长度 128 的复值 I/Q 样本。采样范围为-20~18dB,信噪比为 20 种,步长为 2dB。

根据本节的算法,A/ϕ 序列是基本的处理数据。因此首先将 I/Q 数据转换为 A/ϕ。对于卷积自编码器的输入,将生成的 A/ϕ 投影成大小为的极星座图。在将输入送入网络之前,A/ϕ 样本图和星座图都受到高斯噪声的破坏,以此提高网络的鲁棒性。

在本节的实验中,2 层 LSTM 自编码器的隐藏状态的各个维度都被设置为 32。因此,LSTM 自编码器和卷积自编码器的编码器输出尺寸分别为 32 和 36。首先将编码器输出组成一个一维向量;然后再连接到一个全连接网络,该网络由 3 层组成,分别含有为 64 个、32 个和 11 个神经元。全连接网络各层的 Dropout 率设置为 0.1。超参数 μ_1 和 μ_2 都设置为 0.1。

训练迭代回合数为 500,学习速率为 0.001。此外,验证率和测试率都设置为 0.2,使用 Adam 优化器优化神经网络。

在第一个实验中,训练总损失、LSTM 网络自编码器的训练损失、重构损失和卷积自编码器的重构损失如图 3.21、图 3.22 所示。从训练损耗曲线可以看出,当网络完全收敛后,验证集上的 softmax 分类精度可达到 63%。LSTM 网络自编码器在 10 个迭代回合内迅速收敛,而卷积自编码器在 300 个迭代回合后趋于稳定。另外,卷积自编码器的验证集精度和损失都有轻微的振动,我们分析造成这种现象的原因是最大池化和上采样运算过于粗犷,但这也能在一定程度上增加模型的泛化能力。

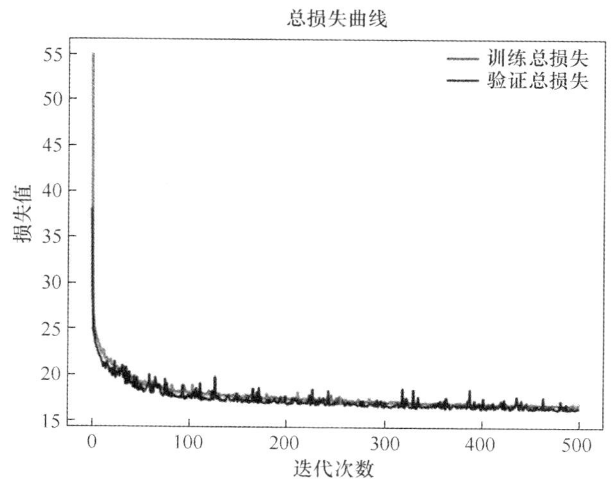

图 3.21 总损失曲线(见彩图)

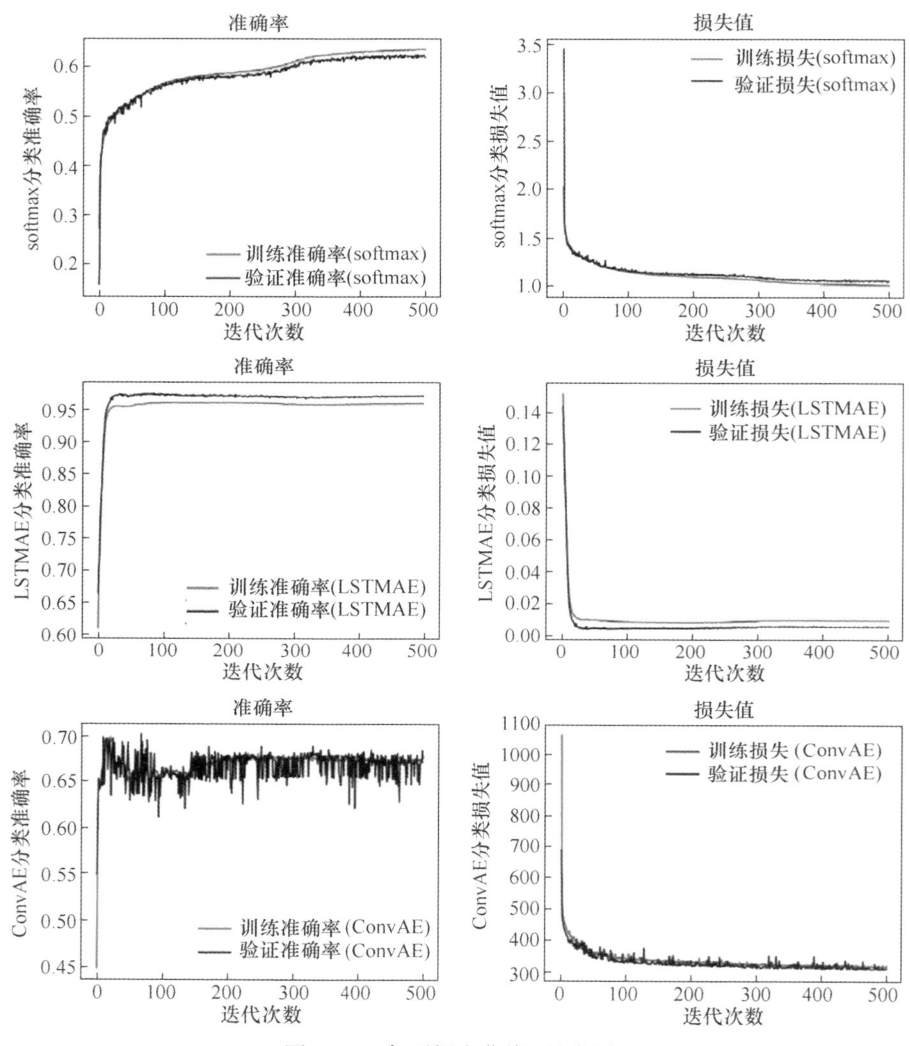

图 3.22　各项损失曲线(见彩图)

在第二个实验中,探讨了自编码器的效果。我们分别使用单个自编码器进行信号分类识别,仿真结果如图 3.23 所示。从实验中可以看出,两个并行自编码器的分类精度比两个单独自编码器都要高,说明我们的模块充分发挥了不同自编码器在提取不同维度特征上的优势。图 3.24 为本节提出的模块在不同信噪比(18dB 和 0dB)下的混淆矩阵,从图中可以看出,除 AM-DSB 和 WBFM 两种误码率下的调制方式外,几乎每种调制方式都能准确分类。

第三个实验是关于我们提出的自编码器的重构能力。我们将自编码器的输出和输入可视化,观察其相似性来确定其重构能力。从图 3.25 可以看出,无论是幅度/相位序列还是极化域星座图都可以很好地重构,这也从侧面证明了低维特征很好地呈现了原始信号。

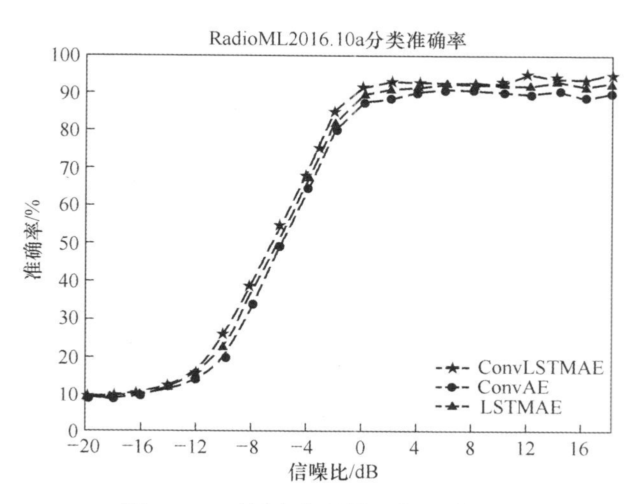

图 3.23　不同自编码器组合识别性能

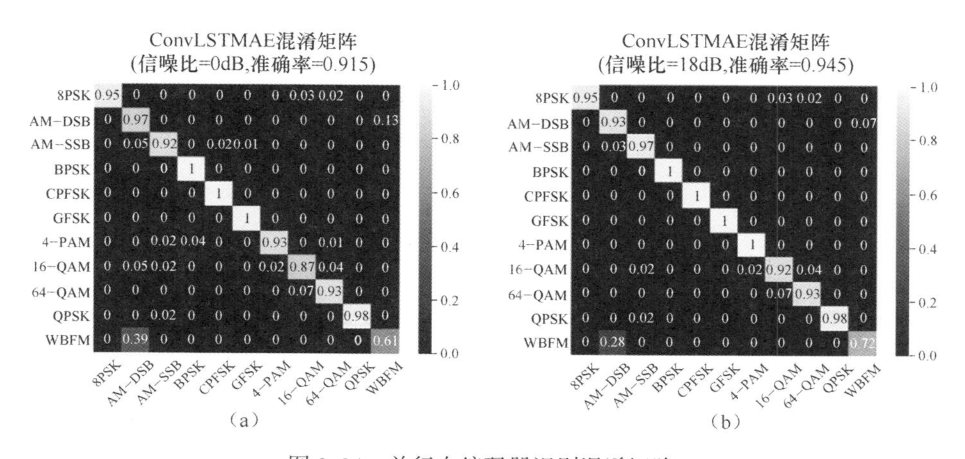

图 3.24　并行自编码器识别混淆矩阵

本节我们提出了一种新的基于自编码器的信号识别方法,该方法通过去噪 LSTM 网络自编码器和卷积自编码器来实现。我们的网络连接了两个并行的自编码器分别提取时间和空间特征。一般情况下,该模型在高信噪比下可以达到较高的精度,在低信噪比下也具有较强的鲁棒性。

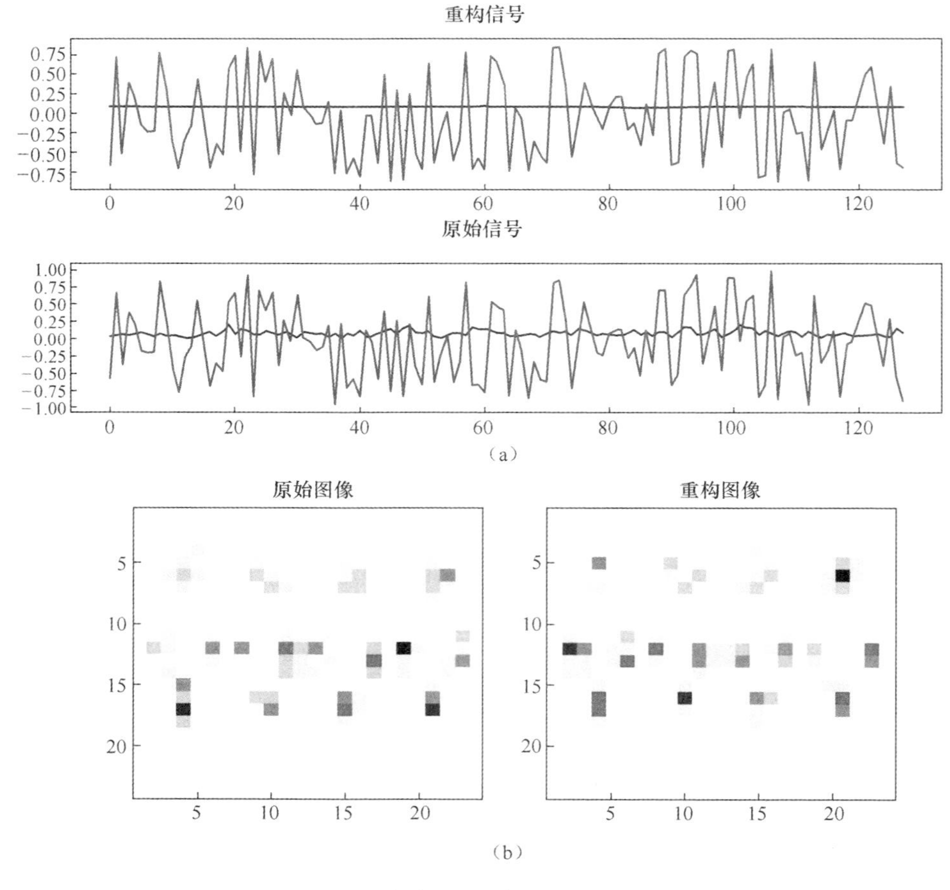

图 3.25 自编码器重构能力(见彩图)

(a) 重构 A/ϕ 序列;(b) 重构星座图。

3.5 本 章 小 结

本章探究了序列神经网络应用于通信信号识别领域的可能性,对 LSTM、GRU 等经典循环神经网络结构进行了深入解析,并通过实验验证了 LSTM 网络应用于调制识别不仅是可行的更是有效的。此外,针对集成网络在通信信号识别领域应用的前景,本章从序列、图像多个角度输入出发,提出了一种结合 TCN 和 Bi-LSTM 网络的新颖辐射源个体识别方法以及基于并行时空自编码器的通信信号调制识别的算法,并在不同的公开数据集上验证了算法的可行性。

参 考 文 献

[1] Hochreiter S. The Vanishing Gradient Problem During Learning Recurrent Neural Nets and Problem Solutions[J]. International Journal of Uncertainty, Fuzziness and Knowledge Based Systems, 1998, 6(2):107-116.

[2] Graves A, Jaitly N, Mohamed A. Hybrid Speech Recognition with Deep Bidirectional LSTM [C]// IEEE Workshop on Automatic Speech Recognition and Understanding, 2013: 273-278.

[3] Gers F A, Schmidhuber J. Recurrent Nets that Time and Count[C] // Proceedings of the IEEE. INNS.ENNS International Joint Conference on Neural Networks, 2000, 3: 189-194.

[4] Zhang Y, Chen G, Yu D, et al. Highway Long Short-term Memory RNNS for Distant Speech Recognition[C]//IEEE International Conference on Acoustics, Speech and Signal Processing (ICASSP), 2016:5755-5759.

[5] Chang S, Huang S, Zhang R, et al. Multitask-Learning-Based Deep Neural Network for Automatic Modulation Classification[J]. IEEE Internet of Things Journal, 2022, 9(3): 2192-2206.

[6] Oh S, Pedrycz W, Park B.Multilayer Hybrid Fuzzy Neural Networks: Synthesis Via Technologies of Advanced Computational Intelligence[J]. IEEE Transactions on Circuits and Systems I: Regular Papers, 2006, 53(3): 688-703.

[7] Abuelgasim A, Gopal S, Irons J, et al. Classification of ASAS Multi-angle and Multi-spectral measurements using artificial neural networks[J]. Remote Sensing of Environment, 1996, 57 (2):79-87.

[8] Khamparia A, Gupta D, Nguyen N, et al. Sound Classification Using Convolutional Neural Network and Tensor Deep Stacking Network[J]. IEEE Access, 2019, 7(99):7717-7727.

[9] West N E, O'Shea T J. Deep Architectures for Modulation Recognition[C] // IEEE International Symposium on Dynamic Spectrum Access Network, 2017:1-6.

[10] Huang S, Dai R, Huang J, et al. Automatic Modulation Classification Using Gated Recurrent Residual Network[J]. IEEE Internet of Things Journal, 2020, 7(8):7795-7807.

[11] Njoku J, Morocho-Cayamcela M, Lim W. CGDNet: Efficient Hybrid Deep Learning Model for Robust Automatic Modulation Recognition[J]. IEEE Networking Letters, 2021, 3(2): 47-51.

[12] Wang T, Hou Y, Zhang H, et al. Deep Learning Based Modulation Recognition With Multi-Cue Fusion[J]. IEEE Wireless Communications Letters, 2021, 10(8):1757-1760.

[13] Xu J, Luo C, Parr G, Luo Y. A Spatiotemporal Multi-Channel Learning Framework for Automatic Modulation Recognition[J]. IEEE Wireless Communications Letters, 2020, 9(10): 1629-1632.

[14] Lu M, Peng T, Yue G, et al. Dual-Channel Hybrid Neural Network for Modulation Recognition [J]. IEEE Access, 2021, 9:76260-76269.

第 4 章　基于生成对抗网络的通信信号识别分类方法

生成对抗网络(Generative Adversail Net work, GAN)也是一种新型的深度学习网络模型,是复杂分布上最具前景的无监督学习方法之一,近年来也开始被应用于调制识别领域。

4.1 生成对抗网络的基本原理及其在调制识别中的处理流程

4.1.1 模型架构及网络结构

受博弈论中二元零和博弈的启发,GAN 的框架包含一对相互对抗的网络模型,即生成器和判别器[1]。生成器的作用是最大化拟合真实数据的潜在分布并生成虚假数据;判别器则是为了准确辨别生成的虚假数据和真实数据。为了在博弈中胜出,两者需要持续调整并提升自身能力(生成能力或判别能力),模型优化的目标是寻找两者间的纳什均衡点[2]。GAN 的结构如图 4.1 所示。

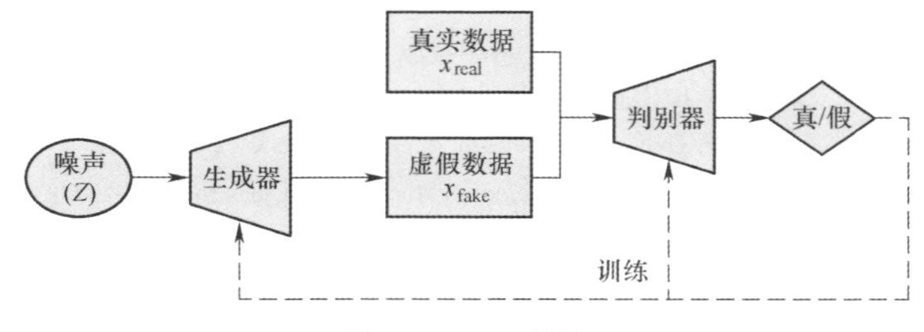

图 4.1　GAN 结构

其中生成器的输入是服从同一个分布的随机噪声向量 z,输出为生成的虚假数据 x_{fake},判别器的输入是生成的虚假数据 x_{fake} 和真实数据 x_{real},输出为一个标量 y(也称为概率),当生成的虚假数据被判别器判定为虚假数据时,y 接近于 0,反之则接近于 1。生成器和判别器的网络结构通常为人工神经网络[1],GAN 的模型优化过程遵循前向计算和反向传播算法,它的本质是两个神经网络之间的相互博弈训练,模型收敛的状态是达到一个纳什均衡点,体现在网络层面为生成器生成的虚假数据已经不能被判别器识别出来,即 y 等于 0.5。

GAN 的独特之处在于网络运行机理遵循交替对抗和博弈训练的原则。生成器和判别器均采用人工神经网络,但两者任务不同。模型优化过程均通过判别器的输出来约束,两者形成了一种动态的"竞争状态",当一方进行网络训练时,另一方的网络参数和权重需要固定不变;当两者的网络输出都满足设定的终止条件时,网络训练停止并分别保存两者的网络模型和权重[3-4]。

4.1.2 激活函数和损失函数

GAN 模型隐藏层中每上一层神经元的输出值将作为下一层神经元的输入值,并将自身的输出值继续传递给下一层神经元[5]。多层神经网络中,下层神经元的输入与上层神经元的输出之间存在一个函数关系,这个函数称为激活函数或激励函数[6]。激活函数通常为非线性函数,如果使用线性函数,无论神经网络有多少层,输入和输出均为线性组合关系,与没有隐藏层时网络的作用相同,会直接导致网络的拟合能力非常有限。正因为如此,非线性函数才被当做网络隐藏层激活函数,这样深层神经网络的表达能力就十分强大。常用的激活函数主要有 sigmoid 函数、relu 函数、Leakyrelu 函数和 tanh 函数[7]。

神经网络的损失函数定义为网络每次迭代的前向计算结果与真实值之间的差距,进而指导模型下一步训练的方向[8],具体步骤如下。

(1) 用随机数值将前向计算公式中的参数初始化。

(2) 输入样本数据并输出网络计算后的数值(预测值)。

(3) 选择一个损失函数并计算网络输出值和真实值之间的差距。

(4) 计算损失函数的导数,选择一个梯度下降算法将误差反向传播,修正前向计算公式中的各个权重值。

(5) 重复步骤(2)、(3)、(4),直到损失函数数值达到停止迭代条件。

4.1.3 目标函数和梯度下降算法

GAN 的目标函数与其他神经网络的目标函数不同,它是在损失函数的基础上添加正则化项[9]得到的。生成器的优化目标是最小化生成数据与真实数据之间的差异,判别器的优化目标是最大化生成数据与真实数据之间的差异[1],GAN 的总体目标函数为一个极小极大博弈函数:

$$\min_{G} \max_{D} V(D,G) = E_{x \sim p_{\text{data}}(x)}[\log D'(\boldsymbol{x})] + E_{z \sim p_z(z)}[\log(1 - D'(G'(\boldsymbol{z})))] \tag{4.1}$$

式中:E 代表求期望;G' 和 D' 分别代表生成器和判别器映射的可微函数;$\boldsymbol{x}$ 是真实数据样本;$\boldsymbol{z}$ 是随机噪声向量;$G'(\boldsymbol{z})$ 是生成数据。目标函数中第一项表示判别

器判断 $\boldsymbol{x}$ 的真伪,第二项则表示判别器判断生成器将 z 映射成 $G'(z)$ 的质量。

GAN 的模型训练采用梯度下降算法,梯度下降算法的原理为目标函数关于网络参数的梯度是目标函数上升最快的方向。对于极值优化问题,只需将参数沿着与梯度相反的方向前进一个步长就可以实现目标函数的梯度下降[4],前进的步长被定义为学习速率 η 。参数更新如下:

$$\theta \leftarrow \theta - \eta \cdot \nabla_\theta J(\theta) \tag{4.2}$$

式中:$\nabla_\theta J(\theta)$ 代表参数梯度;$J(\theta)$ 代表目标函数。根据计算 $J(\theta)$ 使用数据量的大小可以将梯度下降算法分为随机梯度下降(Stochastic Gradient Descent,SGD)算法[10]、批量梯度下降(Batch Gradient Descent, BGD)算法[11]和小批量梯度下降(Mini-batch Gradient Descent,MGD)算法[12]。

神经网络模型可以借助反向传播算法来高效地计算梯度,进而完成梯度下降过程[8]。但实行梯度下降算法的一个难点在于不能保证全局收敛,原则上梯度下降算法可以做到全局收敛(针对凸优化问题),此时,存在唯一的局部最优点也是全局最优点。但深度学习算法模型大多为非线性的复杂结构,一般属于非凸优化问题,这就意味着存在多个局部最优点(参考鞍点),当使用梯度下降算法时可能会陷入局部最优[13],从而无法保证模型最终收敛到全局最优点,因此需要不断对模型进行调参。另外,需要对梯度下降算法中涉及的一个重要参数“学习率”设置一个合理的数值,“学习率”过小会导致收敛速度较慢,过大时会导致训练震荡,甚至出现模型发散的问题。理想的梯度下降算法需要满足收敛速度快和全局收敛两个要求。为了达到上述要求,众多的研究学者提出了经典的梯度下降算法变种,目前适用于 GAN 领域的梯度下降算法有 Adam 和 RMSProp 等。

4.1.4 调制信号识别流程

典型的调制信号识别的流程如图 4.2 所示,首先需要获取不同调制方式的信号,这些信号可以是采集设备采集到的真实环境下的信号,也可以是软件仿真的信号;然后选择一种调制识别算法(传统的调制识别方法或是深度学习模型算法);最后输出信号分类结果。

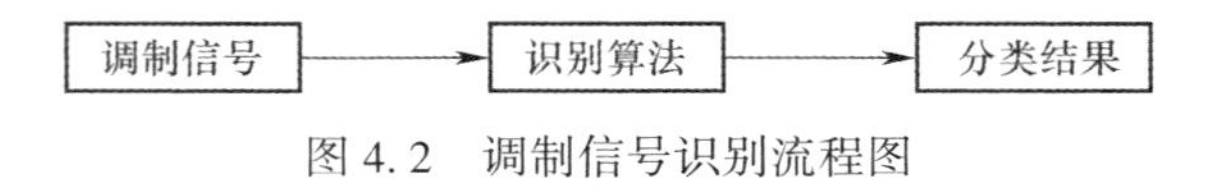

图 4.2　调制信号识别流程图

实际应用中,识别算法的选择至关重要,它不仅直接决定了信号最终的分类结果,还会间接影响算法的工程性实现。与一般的深度学习模型相比,GAN 侧重于数据的生成环节,它可以快速地实现对数据的表征学习并生成相似度较高的虚假数据,另外,通过对生成器和判别器的改进,可以实现信号的多维度处理。

原始 GAN 的主要作用为生成数据,因此判别器只需要输出数据的真实程度即可,若要实现信号的调制识别分类,则需要修改判别器的结构,添加一个信号分类结果输出,通过两个输出来共同指导模型优化过程,其具体步骤如下。

(1) 设置网络停止训练条件。

(2) 将调制信号送入判别器,并输出对应结果。

(3) 将噪声送入生成器,输出生成的虚假数据。

(4) 利用判别器输出结果分别指导生成器和判别器的网络优化训练过程。

(5) 输出信号分类结果。

GAN 的模型优化过程遵循神经网络的优化过程,生成器和判别器分别根据任务的不同选择对应的损失函数,经过前向计算后判断是否满足网络收敛条件。如果满足,网络训练结束并保存模型和权重;如果不满足,则需要继续选择一个梯度下降算法计算梯度并反向传播至前置网络,由此完成一个闭环的模型优化过程,具体流程如图 4.3 所示。GAN 的模型优化过程实际上就是找到网络的最佳权重和参数。与普通的神经网络不同之处在于,它采用对抗训练的方法来优化两个网络的参数,训练过程中这两个网络之间互相影响、相互提高。

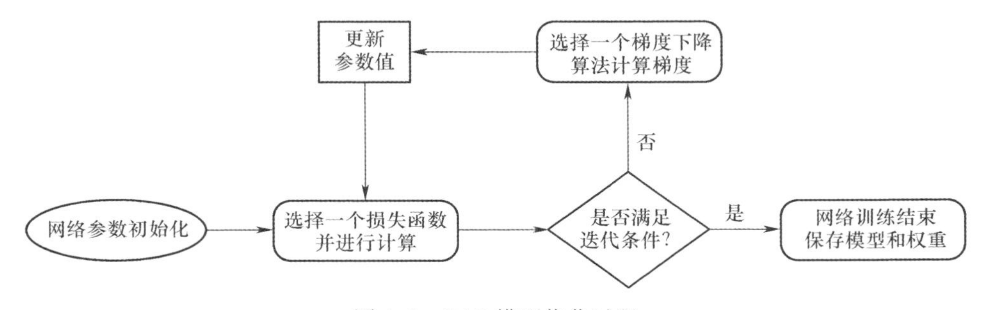

图 4.3 GAN 模型优化过程

利用 GAN 实现信号的调制识别同样遵循上述模型优化过程,不同之处在于需要设计不同的损失函数和网络训练停止的条件,分类任务下的 GAN 模型不仅要满足生成数据的目的,还要实现信号分类的目的,这就要求网络结构设计和参数设置适应于调制信号识别领域。损失函数通常选择多元交叉熵分类损失函数。网络训练停止条件一般有两种:第一种是设置固定的训练次数,当网络完成训练之后直接保存模型和权重;另一种是采用提前终止迭代算法[14],当损失值趋近于一个稳定的数值时,可以结束网络训练。在仿真验证环节中,采用的是将两者结合的方式,先设置固定的训练次数,如果在训练次数内损失值已经趋于稳定,就直接保存状态最优时的参数,否则就保存模型最后一次训练时的参数。

GAN 通过两个网络来分别学习信号特征:一方面可以丰富特征类别;另一方

面可以生成相似信号,这为小样本条件下的相关研究提供了新方法,尤其是在信号调制识别领域。然而,实际的应用中还存在着一些问题:首先,模型优化本身就需要足够的真实样本来确保模型可以充分学习到数据信息;其次,生成器没有严格约束,带来的直接后果为网络会肆意地生成杂乱无章的数据,这些冗余的数据对网络训练没有帮助;最后,模型优化是对两个相互对抗网络的整体优化,因此对参数的赋值特别敏感。上述问题决定了在应用过程中需要对 GAN 的模型添加约束条件来确保它可以更好地解决小样本条件下的调制信号识别问题。

4.2 基于 Res-GAN 的调制信号闭集识别

针对调制信号识别的现实应用场景,分别设计两种网络结构用来解决调制信号闭集识别问题和调制信号开集识别问题。闭集识别问题即训练阶段和测试阶段使用的数据都包含已有标签数据,不含有未知标签数据。以 MNIST 数据集分类问题为例,模型训练和模型测试均使用 10 类含有标签信息的数据(如字母 A~J 等),并且测试数据中不包含未知类别的数据,闭集识别问题就是将这 10 个类别数据区分开来。开集识别问题训练阶段保持不变,测试时不仅包含已知类别数据,还包含有未知类别数据,并且这些未知类别的数据没有标签信息,分类器无法知道这些未知类别数据的标签信息,测试阶段包含的没有标签信息的数据共同构成了一个新的类别:未知类别。开集分类问题就是识别所有已知标签数据并区分出所有未知类别数据。

开集识别与闭集识别的决策结果如图 4.4 所示,闭集识别的决策边界一定会把未知类别判定为已知类别中确定的一类,而开集识别的决策边界不仅可以将已知类别标签的数据分离开来,还可以将未知标签类别的数据归为一类。

图 4.4 开集识别和闭集识别的决策边界

4.2.1 网络模型设计

GAN 虽然可以一定程度上解决网络训练样本量不足的问题,但是单纯地利用

GAN 还不能实现调制信号分类,为了更好地将 GAN 的优势发挥出来,本节设计一种基于半监督残差生成对抗网络模型(Resnet and GAN,Res-GAN),将半监督学习与 GAN 结合在一起,用残差网络做判别器的特征提取网络。Res-GAN 模型如图 4.5 所示。

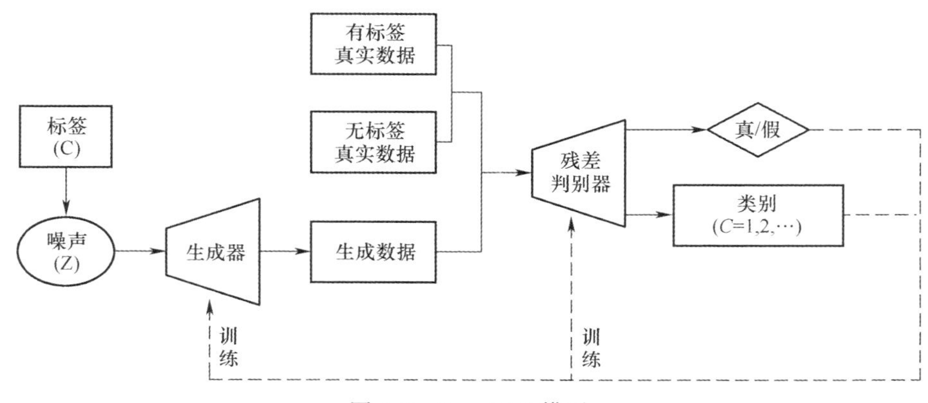

图 4.5 Res-GAN 模型

Res-GAN 模型中生成器的输入为噪声,输出为生成的虚假数据;残差判别器的输入为无标签真实数据、有标签真实数据和生成的虚假数据,输出为两部分:真假分类器判定生成的虚假数据与无标签数据的相似度,类别分类器判定有标签数据的类别属性。通过残差判别器的输出结果分别训练生成器和残差判别器,当训练一方时,固定另一方的参数和网络权值,从而实现两者之间对抗训练、互相提高网络性能的目的。

组成残差判别器的稀疏残差单元结构如图 4.6 所示,利用 Leakyrelu 函数作为隐藏层激活函数并去除池化层,一方面较好地保留了数据初始信息量,另一方面在执行反向传播过程中对输入小于零的部分也可以计算梯度(而不是像 relu 一样值为 0),更好地实现了网络参数和偏置项的最优化更新,Leakyrelu 函数定义为

$$\text{Leakyrelu} = \begin{cases} x, & x \geq 0 \\ -ax, & x < 0 \end{cases} \tag{4.3}$$

式中:a 为(0,1)之间的一个常数;x 代表输入数据。

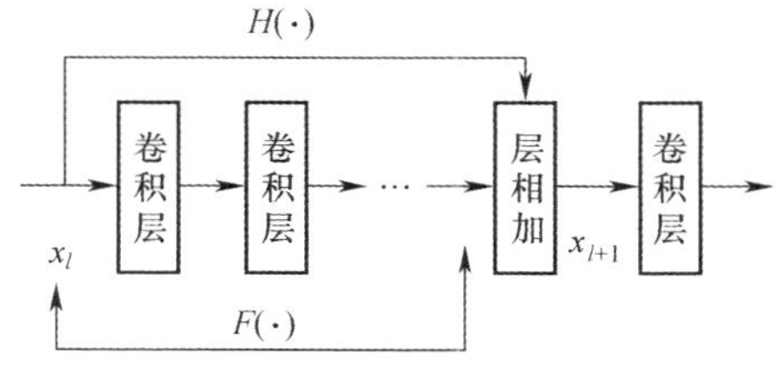

图 4.6 稀疏残差单元的网络结构

另外,稀疏残差单元结构中采用膨胀卷积[15],其与普通卷积方式的对比如图 4.7 所示。

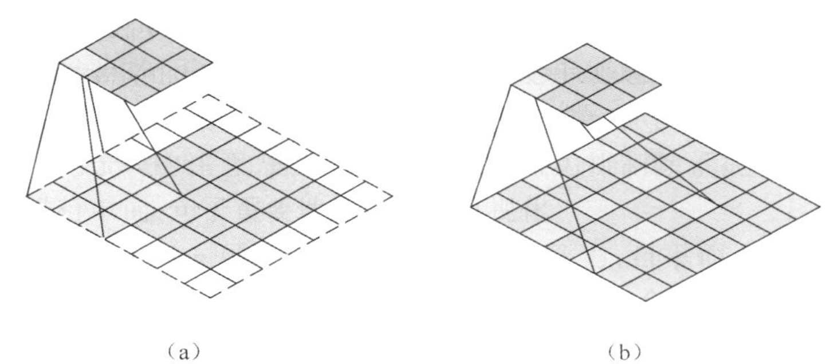

图 4.7　不同卷积方式对比(见彩图)

(a) 普通卷积;(b) 膨胀卷积。

从图 4.7 中可以看出,两种卷积核包含的参数相同,但是膨胀卷积的感受野范围扩大,这样能更好地提取数据的空间层次信息,减少下采样带来的关键信息丢失。

参照文献[16]对于神经网络层数的选择标准,通过大量对比实验得出生成器选择 3 层卷积结构,残差判别器选择 4 个稀疏残差单元,稀疏残差单元选择 3 层卷积结构时网络性能最优。稀疏残差单元的结构参数如图 4.8 所示,生成器和残差判别器的结构参数如图 4.9 所示。

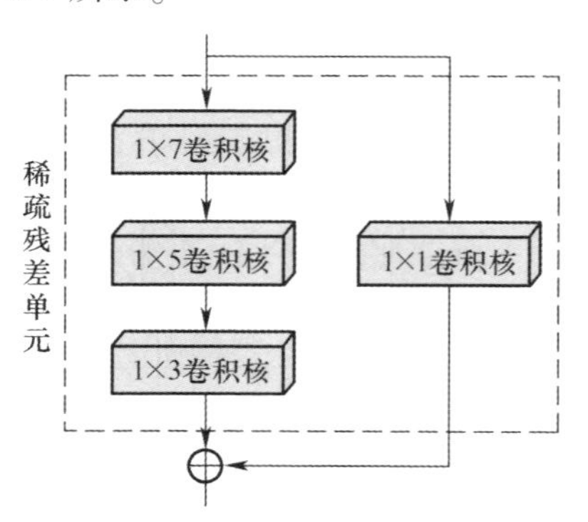

图 4.8　稀疏残差单元的结构参数

Res-GAN 模型采用非对称递减的小卷积核并搭配膨胀卷积相结合的卷积核,这种方法具有以下两个优点:一是算法的复杂度明显降低;二是卷积感受野变大,可以提取到更多的信号特征。为了保留信号的原始信息量和防止网络过拟合,网络去除了批量归一化层和池化层,并使用 Dropout 操作。

4.2.2　联合损失函数

基于 Res-GAN 的调制识别算法使用交替迭代的训练方法,结合网络的输入输

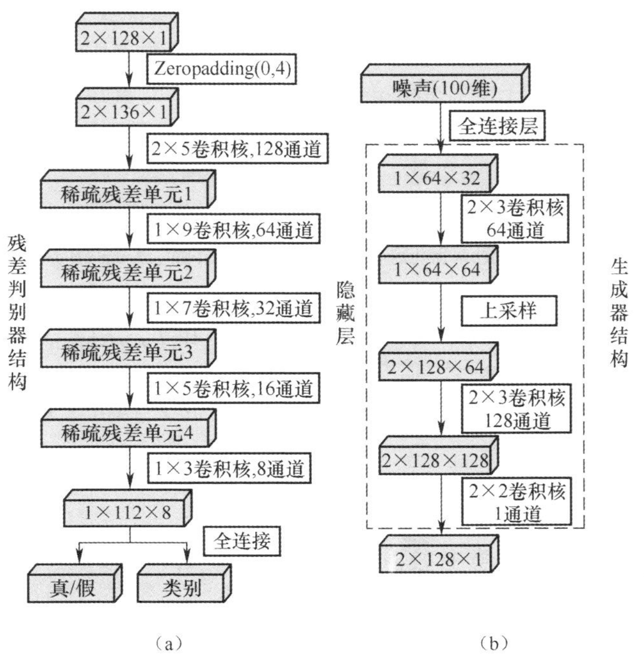

图 4.9　生成器、残差判别器的结构参数

出结构和损失函数,将 Res-GAN 的目标函数修改为有监督学习和无监督学习两部分,有监督学习使用标签数据 (x_i, y_i) 和多元交叉熵损失函数进行计算,无监督学习利用无标签数据 $(x_i', 1)$ 或 $(x_i', 0)$ 以及二元交叉熵损失函数进行计算,其中 0 代表虚假数据,1 代表真实数据。残差判别器的输出层激活函数分别使用 sigmoid 函数和 softmax 函数。

为了简化算法复杂度,将输出向量由 K 维扩展为 $K+1$ 维,前 K 维向量判定数据的类别,第 $K+1$ 维向量用来判定无标签数据的训练情况。由于只需要判定数据的真假性,因此第 $K+1$ 维向量只需要被判定为前 K 个向量中的任意一个类别,这样 Res-GAN 的损失函数可改写为

$$\begin{cases} L_{\text{loss}} = L_{\text{supervised}} + L_{\text{unsupervised}} \\ L_{\text{supervised}} = -E_{x,y \in p_{\text{data}}(x,y)}(l) \\ L_{\text{unsupervised}} = -E_{x \in p_{\text{data}}(x)}(m) - E_{x \in G}(n) \\ l = \log(D'(y \mid x, y < K+1)) \\ m = \log(1 - D'(y = K+1 \mid x)) \\ n = \log(D'(y = K+1 \mid x)) \end{cases} \tag{4.4}$$

式中:$L_{\text{supervised}}$ 和 $L_{\text{unsupervised}}$ 分别代表监督学习下的损失函数与无监督学习下的损

失函数；D' 代表残差判别器映射的可微函数；E 是求期望；l 表示标签数据被判定为第 j 维向量 ($j = 1,2,\cdots,K$)；m 表示无标签数据被判定为第 $K+1$ 维向量；n 表示生成的虚假数据被判定为真实数据。

目标函数为最小化 L_{loss}，假设输入数据 x 服从 $x \sim c(x)$ 分布，则目标函数为

$$\min L_{\text{loss}} = \min \begin{pmatrix} \exp(l_j(x)) + \exp(l_{K+1}(x)) \\ = c(x)p(y=j,x)\ (\forall j < K+1) + c(x)p_G(x) \end{pmatrix} \tag{4.5}$$

基于 Res-GAN 的调制识别算法实现同样分为网络训练和网络测试两个阶段，训练阶段生成器和残差判别器交替训练，最终网络收敛的结果为生成器生成的虚假数据与真实数据相似度最高，残差判别器则可以准确地分辨出信号的调制样式。测试阶段则是为了进一步检验网络的性能。Res-GAN 调制识别算法的具体步骤如表 4.1 所列。

表 4.1 基于 Res-GAN 调制识别算法步骤

输入：噪声、调制信号数据集。 输出：生成数据的真假概率、分成各个类别概率
1. 模型初始化。 2. 设置 Adam、Epoch、Dropout 具体数值。 (1) 利用服从同一分布的噪声信息生成 m 个 100 维的噪声向量 $\{z_1, z_2, \cdots, z_m\}$。 (2) 将噪声向量通过生成器生成 m 个无标签虚假样本 $\{x_1, x_2, \cdots, x_m\}$。 (3) 将步骤(2)中 m 个无标签虚假样本分别送入生成器和残差判别器中执行梯度下降训练。 (4) 设置终止条件。 (5) 保存训练好的生成器和残差判别器网络结构参数和权重。 (6) 读取 m 个带标签真实数据，通过生成器生成等量的虚假样本。 (7) 将 $2m$ 个带标签数据送入生成器和残差判别器中，导入步骤(5)中保存的网络继续执行梯度下降训练。 (8) 设置终止条件。 (9) 保存网络模型和权重。 3. 输出训练分类结果。 4. 读取 q 个带标签数据作为测试数据。 5. 读取步骤 2 中保存的网络模型，进行网络测试，输出测试结果。

4.2.3 实验结果与分析

我们在检验一个算法的性能时，希望可以通过一个公开数据集作为参考，在公开数据集上进行实验、分析和对比。2016 年，T. J. O'Shea 等通过 GNU-Radio 仿真软件制作了调制识别领域的公开数据集[17-18]，在此之后，自动调制识别领域的文章大都参考此数据集。

本章仿真实验选用的调制信号均为 T. J. O'Shea 等在 2016 年第六届 GNU 无线电会议上发布的数据集,会议上一共发布了 4 个数据集,这里我们选择 RadioML 2016. 10b,它是基于 GNU-Radio 仿真软件平台生成的。GNU-Radio 是一个开源的软件开发工具包[19],通过与现成的外部射频硬件共同使用来实现无线电信号的处理,被广泛应用于学术研究和商业领域。

GNU-Radio 平台内置了构建无线通信领域数据集的必备工具,它包含一套多种类型的信道模拟模块和一套完整的调制、编码和解调模块。如果要用来创建不同的调制识别数据集,只需要将已有模块串联起来使用并适当地修改部分参数即可。RadioML 2016. 10b 数据集的详细信息如表 4. 2 所列。

表 4. 2　RadioML 2016. 10b 数据集信号参数

信号类型	数字调制信号(采用 ASCII 编码和白化随机函数) 模拟调制信号(软件产生连续信号)
信号调制	升余弦滤波器(过滤带宽设置为 0. 35) 或软件自带模块实现
噪声模型	加性高斯白噪声
多径衰落信道	莱斯信道(主信号的功率与 多径分量功率的比值为 4)
信号采样频率	1Msamp/s
采样频率偏移	50(±0. 01)Hz
信号中心频率	200kHz
中心频率偏移	500(±0. 01)Hz
信噪比范围	-20~18dB(每 2dB 为一个间隔)
调制方式	AM-DSB、WBFM、BPSK、QPSK、8PSK、 CPFSK、GFSK、PAM4、QAM16 和 QAM64
信号数量	每个信噪比下每种调制信号包含 6000 个信号
存储格式	I/Q 两路
采样点	128 个(I/Q 两路相同)

为了方便后期对数据进行处理,均使用 Python 自带的库函数对数据集信号进行存储。部分调制样式信号在 SNR=18dB 时的幅值如图 4. 10 所示。

Res-GAN 模型训练均使用 Python 的 Keras 环境,配置为 Nvidia GTX 1650 GPU,借助 Tensorflow 后端进行训练,使用的库函数为 model-fit 模块训练网络模型[20]。将 Res-GAN 模型使用的信号对信噪比范围和样本数量同样进行了部分选取,既使得信号符合实际的通信环境,也满足了设定的小样本条件。本节算法采用的数据集信息如表 4. 3 所列。

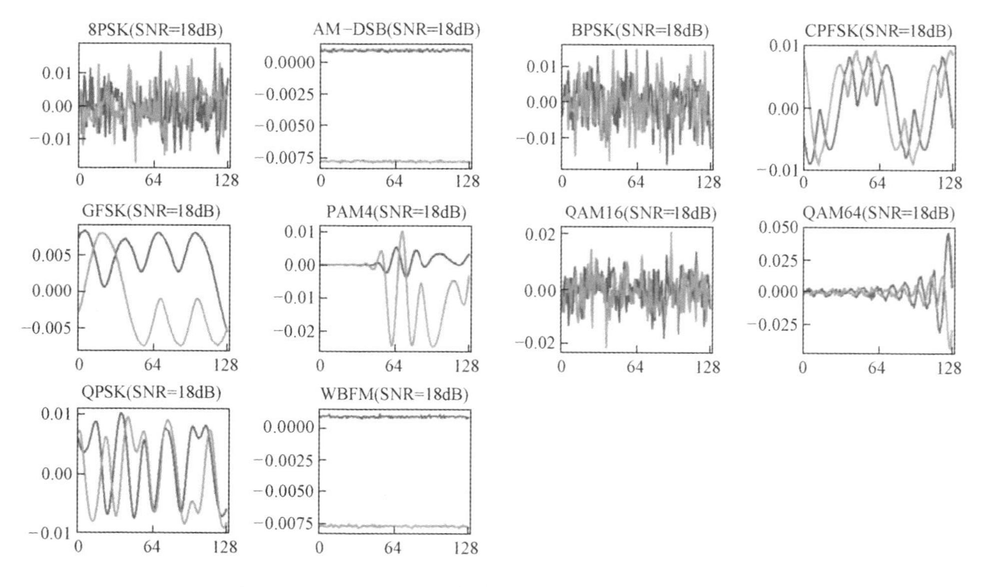

图 4.10 SNR=18dB 部分信号的幅值图(见彩图)

表 4.3 Res-GAN 算法仿真实验数据

调制样式	8PSK、AM-DSB、BPSK、GFSK、CPFSK PAM、QAM16、QAM64、QPSK、WBFM
样本维度	(2,128)
样本数量	86400
信噪比	-4dB~18dB(每 2dB 一个间隔)

实验一:网络初始参数设置

根据模型设置,将通信信号 I/Q 数据的维度由(2,128)调整为(2,128,1),生成器利用服从(0,1)高斯分布的噪声进行数据拟合并生成虚假数据,网络训练迭代次数设置为 90 个 Epoch。

通过大量实验对比了网络层数、不同的梯度优化算法和隐藏层激活函数对网络性能的影响。网络层数方面,用 n 代表稀疏残差单元的卷积层个数,用 N 代表残差判别器含有的稀疏残差单元个数,分别对比 n 和 N 不同取值下的网络性能,实验结果如图 4.11 所示。实验结果表明稀疏残差单元为 3 层卷积结构、残差判别器选取 4 个稀疏残差单元可以最大限度实现网络模型的最优化。

不同梯度优化算法结果对比如图 4.12 所示。Adam 梯度优化算法相比较于其他 3 种算法,低信噪比下收敛速度较快,高信噪比下稳定性强,算法适应性好。具体原因为 Adam 优化算法采用一阶矩和二阶矩分别对加权后的梯度进行误差校

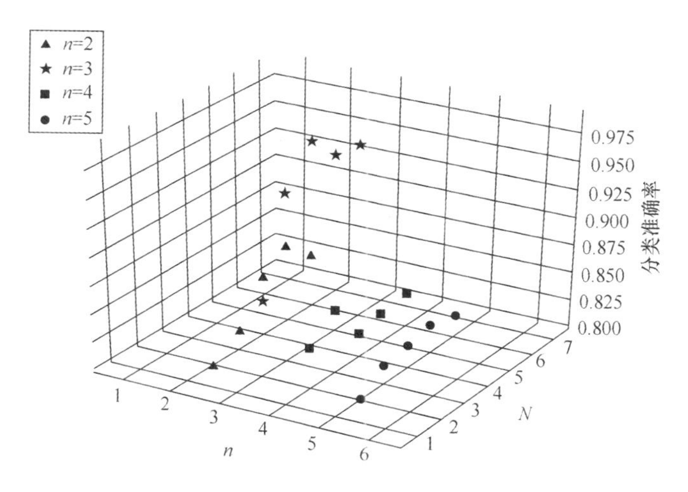

图 4.11　不同网络层数结果对比

正。同时,由于网络测试时使用的样本数量较少,因此曲线会呈现非单调的波动趋势。

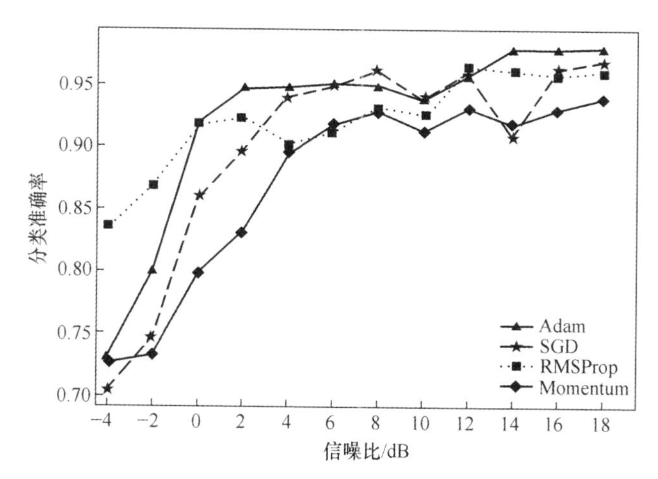

图 4.12　不同梯度优化算法结果对比

Adam 学习率设置为默认值 0.0003。结合 leakyrelu 表达式分别对比 a 取不同数值和不同激活函数下的网络性能,实验结果如图 4.13 和图 4.14 所示。实验结果表明,leakyrelu 的收敛速度比 relu 和 tanh 激活函数快;leakyrelu 激活函数识别准确率比 relu 和 tanh 激活函数高 2%~4%,参数 a 取 0.25 时网络性能最好。

另外,在基于 Adam 优化算法的前提下通过大量实验对比了不同 Batch-size、Dropout 和 Adam 参数设置下的网络性能部分实验结果如表 4.4 所列。

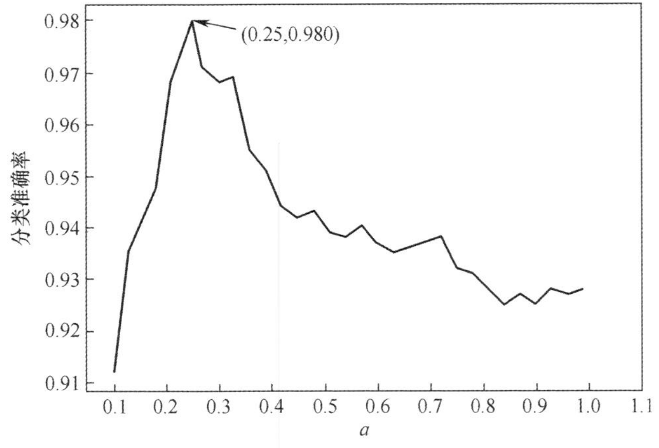

图 4.13　leakyrelu 不同参数下的结果

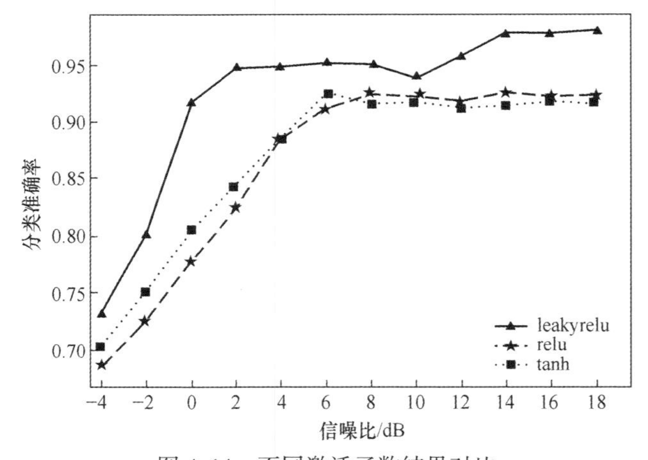

图 4.14　不同激活函数结果对比

表 4.4　不同参数下的网络性能对比

批量大小	32	64	128	256	512
一级指数衰减率	0.4	0.5	0.6	0.5	0.4
丢弃率	0.3	0.05	0.15	0.3	0.2
识别准确率	0.918	0.952	0.980	0.934	0.928

综上所述,Res-GAN 算法选择 Adam 梯度优化算法(学习率设置为 0.0003、第一指数衰减率设置为 0.6),激活函数选择 leakyrelu($a=0.25$),Dropout 设置为 0.15,Batch-size 设置为 128。对比实验结果,发现不同的初始化参数对模型性能还是有一定影响(准确率浮动范围为 3%~5%),由此得出通过大量实验优选网络

模型的初始化参数集合是必要的。

实验二:调制信号分类识别

按照实验一的网络参数初始值设定和表 4. 1 的具体算法步骤,将(-4~18dB)信噪比下的每种信号分别随机选取 540 个、600 个、660 个、720 个、780 个、1800 个、3600 个、7200 个、15000 个、30000 个、60000 个标签数据(m 取值),L 取 86400,q 取 800,将选取后的数据分别按照 8 : 1 : 1 的比例划分为训练集、验证集和测试集。

选取模型最优化的结果,残差判别器和生成器的损失函数曲线如图 4. 15 和图 4. 16 所示。Res-GAN 算法训练阶段先训练残差判别器网络,图 4. 15 显示判别器损失函数曲线总体保持平稳下降趋势,在 85 个 Epoch 以后验证集已达到收敛状态。残差判别器网络训练结束后将参数固定,接着训练生成器网络。图 4. 16 显示生成器的验证集和训练集损失函数曲线均呈现平稳下降趋势,网络训练没有出现过拟合现象。

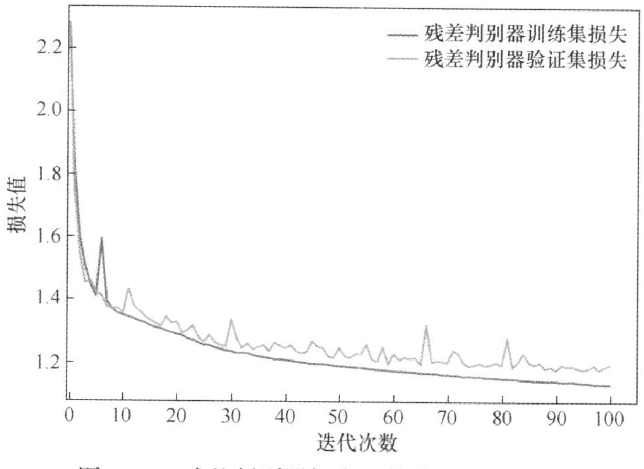

图 4. 15　残差判别器损失函数曲线(见彩图)

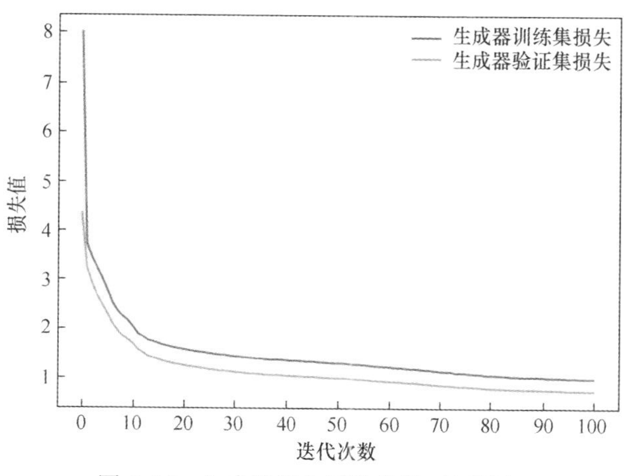

图 4. 16　生成器损失函数曲线(见彩图)

图 4.17～图 4.19 是网络测试结果混淆矩阵。从各个混淆矩阵可以看出，Res-GAN 算法在 SNR＝0dB 时识别准确率可以达到 91%，在 SNR＝18dB 时识别准确率可以达到 98%。

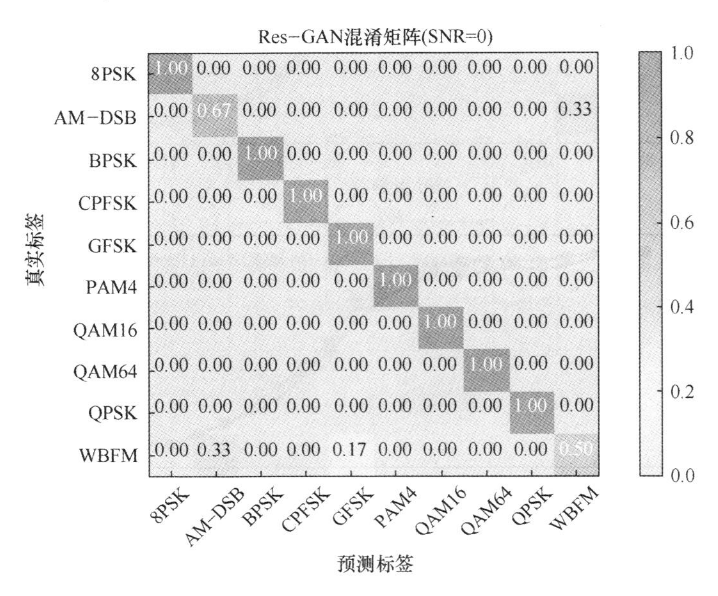

图 4.17　混淆矩阵结果(SNR＝0)

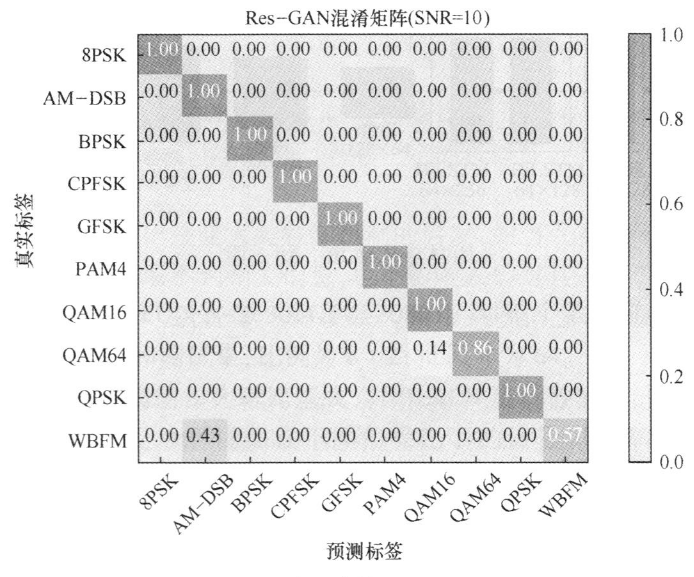

图 4.18　混淆矩阵结果(SNR＝10dB)

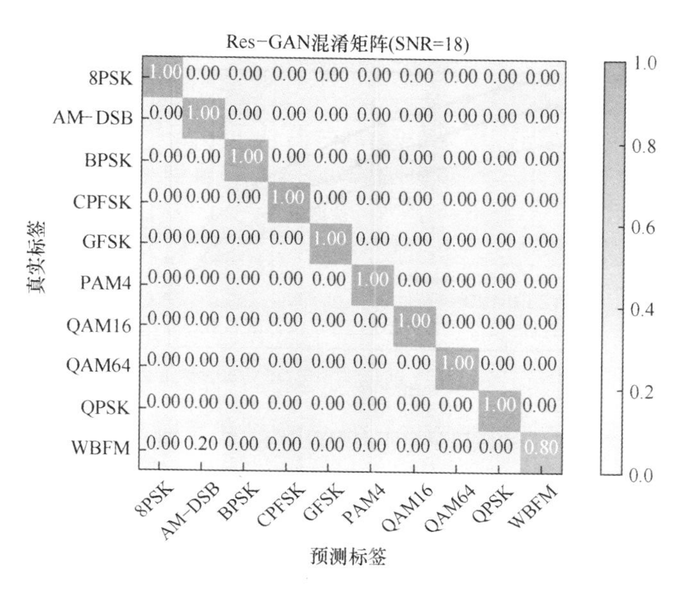

图 4.19　混淆矩阵结果(SNR = 18dB)

实验三:对比实验

为了验证稀疏残差单元和膨胀卷积组合可以更好地提取信号的多层维度信息,有效区分不同调制信号类型,将 Res-GAN 算法分别对比 Resnet-50 算法[21]、ACGAN 模型[22]、Resnet-WSMF 模型[23]、AUCNN 模型[24]和 SACGAN 模型[25],进行对比实验。分别选取 6 种网络模型的最优结果进行对比分析,不同网络的运行参数和识别准确率如表 4.5 所列。其中运行时间代表 1 个 Epoch 时间,单位是 s。结果显示 Resnet-50 的网络参数最多,识别准确率最低;AUCNN 和 ACGAN 两种网络识别性能一般;Resnet-WSMF 和 SACGAN 两种网络性能稳定,识别准确率较高。对比 5 种网络,Res-GAN 算法都取得了最高的识别准确率,而网络参数和时间复杂度仅比 SACGAN 略高,而单独对比 SACGAN 网络,网络复杂度和运行时间均有一定程度增加,但是识别准确率提升明显。

表 4.5　不同网络参数对比

网络 \ 参数	网络参数	运行时间/s	分类准确率
Resnet-50	5516348	94	0.823
AUCNN	2861583	85	0.887
Resnet-WSMF	3522641	89	0.934

续表

网络 \ 参数	网络参数	运行时间/s	分类准确率
ACGAN	D:1043652 G:889746	72	0.867
SACGAN	D:320202 G:268993	57	0.921
Res-GAN	D:778291 G:310721	68	0.980

各网络模型在信噪比(-4dB,18dB)下的识别率曲线如图4.20所示。

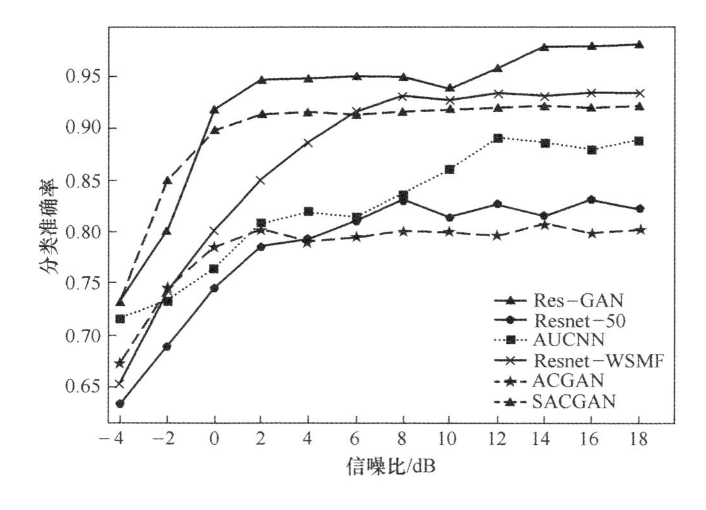

图4.20 分类准确率结果对比

为了验证小样本条件下基于Res-GAN的调制识别算法的性能,分别选取不同数量的标签样本进行对比实验,结果如表4.6所列。结果显示在标签样本量为660左右时,SACGAN模型和Res-GAN模型的识别准确率较高,其他网络的识别准确率均较低,随着标签样本量的增加,对比网络性能均有不同程度的提升,相比较于SACGAN模型,Res-GAN模型算法所需标签样本数量进一步减少,并且实现了混淆信号的分离。表4.5和表4.6显示:基于Res-GAN的调制信号闭集识别算法一方面验证了在小样本条件下的实用性;另一方面在降低算法复杂度上也具有一定优势,较SACGAN模型识别准确率提升4%~6%,较其他深度学习模型算法收敛速度加快,算法复杂度明显降低,网络收敛的最小标签样本量为660左右。

表 4.6 不同标签样本数量结果对比

网络 \ 准确率 \ 标签样本量	540	600	660	720	780	1800	3600	7200	15000	30000	60000
Resnet-50	0.192	0.223	0.261	0.285	0.311	0.355	0.441	0.557	0.632	0.774	0.785
AUCNN	0.221	0.248	0.355	0.374	0.391	0.425	0.504	0.663	0.724	0.827	0.832
Resnet-WSMF	0.191	0.198	0.254	0.284	0.316	0.345	0.397	0.445	0.664	0.832	0.895
ACGAN	0.233	0.243	0.265	0.287	0.328	0.391	0.462	0.683	0.764	0.825	0.863
SACGAN	0.876	0.898	0.915	0.918	0.918	0.921	0.921	0.920	0.922	0.921	0.922
Res-GAN	0.849	0.897	0.980	0.979	0.978	0.979	0.975	0.980	0.979	0.977	0.978

4.3 基于数据重建和数值理论生成对抗网络的调制信号开集识别

4.3.1 网络模型设计

调制信号识别一个更现实场景的设定是开放式环境下，训练分类器所利用到的信号类型和信息量是不完整的，即算法测试阶段不仅包含训练阶段的信号类型，而且包含其他的信号类型，这就要求分类器不仅可以准确分类已知调制类型的信号，还能区分出未知调制类型的信号。本节设计了一种基于数据重建和极值理论生成对抗网络模型（Reconstructed Data and Extreme Value Theroy GAN，RE-GAN）来解决开放式环境下的信号开集识别问题。

RE-GAN 的网络模型设计同样参考 GAN 的模型架构，重建网络和判别网络遵循交替对抗训练原则，重建网络选择加噪自编码器结构，判别网络选择 CNN 结构。重建网络对真实数据进行压缩重建，将高维信息压缩为低维表示并输出压缩向量（真实数据）和重建数据（虚假数据），判别网络用来准确地区分数据的类别属性和真假属性，通过判别网络的输出反馈到前置网络实现模型的训练。

自编码器是一种典型无监督学习模型，利用神经网络对输入数据进行高效表示[26]，输入数据的这一高效表示称为编码，通常自编码的输出维度会远小于输入数据，因此，自编码器可以用来实现数据降维[27]。更重要的一点是，自编码器强大的特征检测能力可以被直接应用于深度神经网络的预训练。一个典型的自编码器网络结构如图 4.21 所示。

根据 RE-GAN 训练网络和测试网络的不同作用分别设计对应的网络结构，具体如图 4.22 和图 4.23 所示。其中 $\boldsymbol{X}$ 代表训练数据，$\boldsymbol{Y}$ 代表训练数据的类别标签，σ 为噪声，τ 代表训练阶段根据极值理论（Extreme Value Theroy，EVT）求出的阈值。X' 为测试数据，Y' 代表测试数据的类别标签，$\mathrm{Rer}_i(i=1,2,\cdots,k)$ 代表判别网

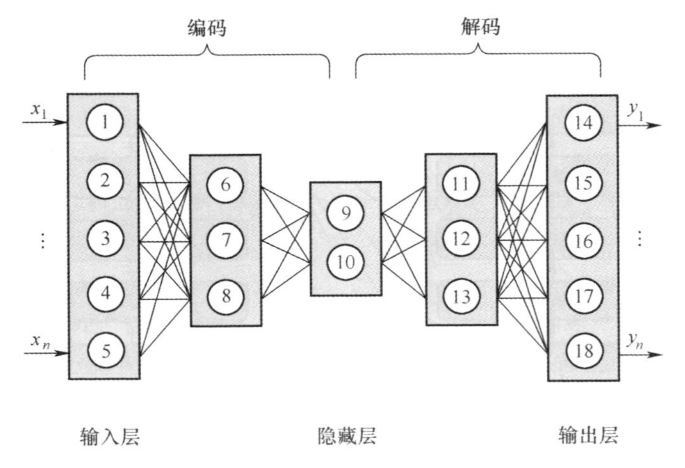

图 4.21　自编码器结构

络倒数第二层输出的每一类数据的平均激活向量(Mean Activation Vector, MAV), y_{pred} 代表已知类别的预测标签, y_{uk} 代表未知类别。

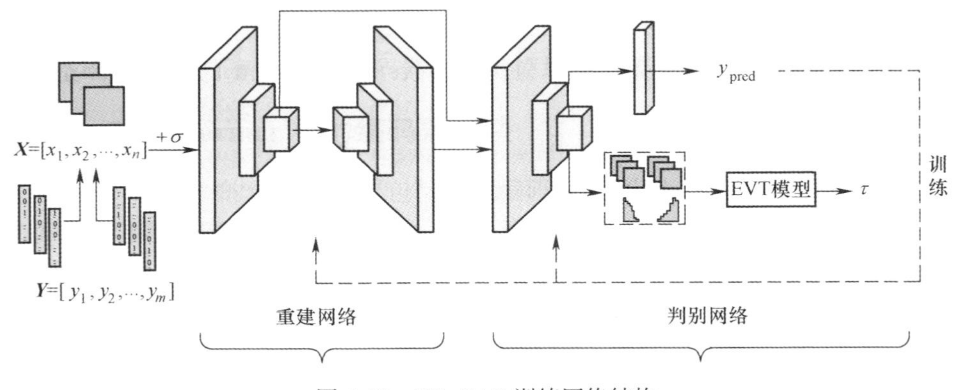

图 4.22　RE-GAN 训练网络结构

RE-GAN 模型对数据添加了预处理模块,主要针对数据的幅值信息和相位信息进行归一化,原始数据为 x 的归一化函数 x' 可表示为

$$\begin{cases} \text{幅值}: A = \sqrt{I^2 + Q^2} \\ \text{相位}: \varphi = \arctan \dfrac{Q}{I} \\ \text{数据归一化}: x' = \dfrac{(x - \min)}{(\max - \min)} \end{cases} \tag{4.6}$$

式中:I、Q 分别表示解调后的同相数据和正交数据; min 、max 分别为 x 所在列的

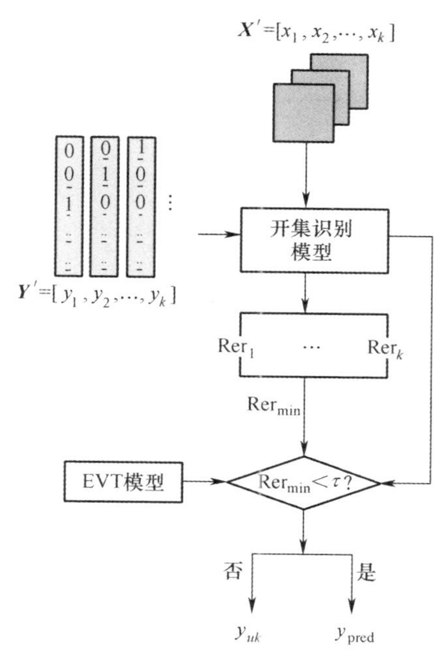

图 4.23　RE-GAN 测试网络结构

最小值和最大值。对数据进行归一化的目的是为了消除数据之间的量纲影响，避免数值相差太大导致神经网络训练困难，方便后续网络进行计算。

由于开集识别应用的环境有所不同，因此，需要修改网络的分类函数。假设有 N 类数据，$K = \{C_1, C_2, \cdots, C_N\}$，输入数据为 $\boldsymbol{x}$，softmax 函数定义为

$$\begin{cases} \boldsymbol{y} = f(x) \\ p(C_i \mid \boldsymbol{x}, \boldsymbol{x} \in K) = \text{softmax}(\boldsymbol{y}) = \dfrac{\exp(\boldsymbol{x}_i)}{\sum\limits_{j=1}^{N} \exp(\boldsymbol{x}_j)} \end{cases} \tag{4.7}$$

式中：f 代表网络层映射的函数；y 代表隐藏层的输出表示。softmax 函数主要应用于闭集识别中，当出现一类数据不属于训练时包含的数据时，就需要改变 softmax 函数的表达式来处理开集识别问题。openmax 是 softmax 的延伸，将倒数第二层的输出转化为激活向量 $\hat{\boldsymbol{y}}_i$，最后对 $\hat{\boldsymbol{y}}_i$ 进行 softmax 计算：

$$\begin{cases} \text{openmax}(\boldsymbol{x}) = \text{softmax}(\hat{\boldsymbol{y}}_i) \\ \hat{y}_i = \begin{cases} y_i w_i & , x < N \\ \sum\limits_{i=1}^{N} y_i (1 - w_i), & x = N + 1 \end{cases} \end{cases} \tag{4.8}$$

式中：w_i 表示 $p(C_i \mid x, x \in K)$，第 $N+1$ 类表示未知类别，具体的训练过程[28]是：在训练阶段，首先训练一个 softmax 函数的神经网络，然后依据最近类平均理论[29]，在倒数第二层输出计算各类样本输出向量的均值并得到各类样本的 MAV，而后选定一个距离度量函数度量训练样本与对应类别 MAV 之间的距离并拟合到威布尔（Weibull）分布[30]（Weibull 分布是连续性的概率分布函数，对于服从统一分布的不同样本数据 X，可以通过拟合 Weibull 分布来建立不同样本间的模型，方便后续利用 EVT 进行概率计算[31]），最后保存 MAV 集合和 Weibull 分布模型。在测试阶段，首先计算各个类别的测试样本在网络倒数第二层的输出向量与各个类别 MAV 的距离；然后依据 Weibull 分布拟合测试样本并更新 MAV；最后根据 EVT 计算得出概率最大值为数据所对应的类别标签。

我们选择平均识别准确率作为开集识别模型的评价标准：

$$\begin{cases} f_{\mathrm{kau}} = \dfrac{1}{m} \sum\limits_{i=1}^{M} H(p(x_i) = y_i) \\ f_{\mathrm{ukau}} = \dfrac{1}{n} \sum\limits_{i}^{N} H(p(x_i) = y_i) \\ f_{\mathrm{au}} = \dfrac{1}{2}(f_{\mathrm{kau}} + f_{\mathrm{ukau}}) \end{cases} \tag{4.9}$$

式中：f_{kau} 和 f_{ukau} 分别代表已知类别和未知类别的分类准确率；m 和 n 分别代表已知类和未知类的样本总数；$p(\boldsymbol{x}_i)$ 和 y_i 分别代表数据的预测标签和真实标签；$H(\cdot)$ 代表一个逻辑函数，当 $p(\boldsymbol{x}_i)$ 和 y_i 相同时取 1，反之为 0，对 f_{kau} 和 f_{ukau} 取加权平均得到开集识别模型的分类准确率 f_{au}。

4.3.2 损失函数及网络参数设置

RE-GAN 模型的损失函数分为以下两个部分：

$$\begin{cases} L_R = \dfrac{1}{N} \sum\limits_{i}^{N} (\hat{y}_i - y_i)^2 \\ L_D = \dfrac{1}{N} \sum\limits_{i} L_i = -\dfrac{1}{N} \sum\limits_{i} \sum\limits_{c=1}^{M} y_{ic} \lg(p_{ic}) \end{cases} \tag{4.10}$$

式中：第一项代表重建网络的损失函数；第二项代表判别网络的损失函数。$\hat{y}_i$ 代表重建数据，y_i 代表原始数据，N 代表数据的数量，M 代表数据的类别，y_{ic} 表示符号函数（0 或 1），若样本 i 的真实类别等于 c 取 1，否则取 0，p_{ic} 代表观测样本 i 属于 c 的概率。重建网络的目的为最小化原始数据和重建数据的差值，这里选择 MSE 损失函数（L_R）；判别网络则需要判定数据的类别属性，因此选用多元分类交叉熵函数（L_D）。综上得出 RE-GAN 的优化目标函数为

$$\min_{R}\max_{D}V_{\text{RE-GAN}}(R,D)=\begin{cases}E_{x\sim p_{\text{data}}(x)}[\log D_1(x)]\\+E_{x_1\sim p}[1-\log D_1(R_1(x_1))]\end{cases}\tag{4.11}$$

式中:E 代表期望; R_1 和 D_1 分别为重建网络和判别网络映射的可微函数;x 和 x_1 分别代表加噪前后的原始数据。依据 GAN 的目标优化函数准则[1],对目标函数求一个极大极小值,最终网络会收敛到一个纳什均衡点[2],即重建网络的重建误差达到最小,判别网络准确将数据进行分类。

RE-GAN 的具体网络参数如图 4.24 所示,为了保留信号关键信息,网络隐藏层同样删除池化操作。不同之处在于重建网络选用自编码器对数据进行压缩重建,一方面,降低了运算量并实现了数据的稀疏表达;另一方面,压缩后的特征直接被利用于判别网络,实现了特征的自动选择。同时,判别网络在输出层添加全局平均池化操作,这样做的目的在于保留数据的空间结构信息,相比较于直接使用展平层连接操作,降低了网络参数,提高了模型的泛化性并防止网络训练过拟合。

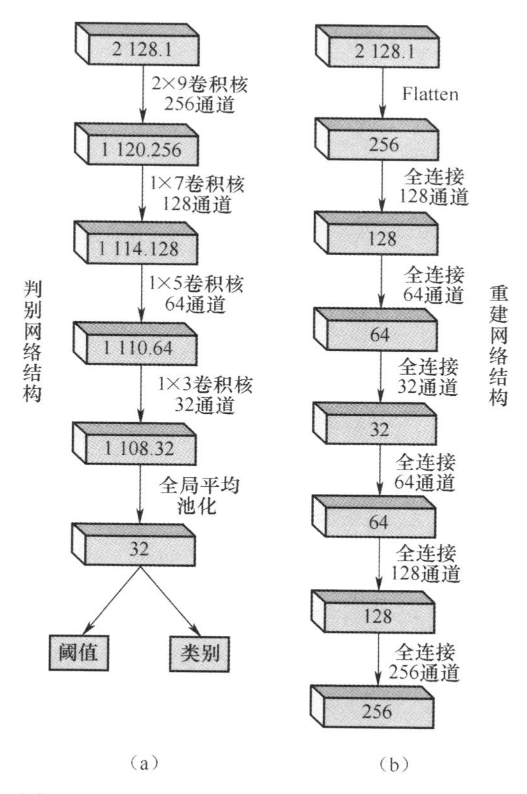

图 4.24　重建网络和判别网络的网络参数设置

4.3.3 算法具体实现

(1) 设置模型初始化参数。

(2) 将 m 个标签数据 $x = \{(x_1, y_1), \cdots, (x_n, y_n)\}$ 送入重建网络中执行梯度下降训练，输出重建数据 $\boldsymbol{x}' = \{(\boldsymbol{x}_1, y_1)', \cdots, (\boldsymbol{x}_n, y_n)'\}$ 和压缩向量 $\boldsymbol{l} = [l_1, \cdots, l_k]$。

(3) 将 l 和 x' 一起送入到判别网络中执行梯度下降，计算判别网络倒数第二层每一类数据对应的 MAV，选择余弦相似度度量函数度量训练数据与 MAV 之间的距离并拟合到 Weibull 分布模型中，并将最大的度量值记为阈值 τ。最后输出数据的预测标签和 τ。

(4) 设置终止条件并保存 MAV、Weibull 分布模型、重建网络和判别网络的网络模型和权重。

(5) 导入保存好的判别网络模型和权重，将 n 个测试数据送入到判别网络中进行测试，计算测试数据的 MAV，更新倒数第二层的每一类数据的 MAV，并将测试数据和 MAV 之间的度量距离拟合到 Weibull 分布并更新 Weibull 分布模型，记录每一类数据的度量值。

(6) 将(5)中输出的每一类度量值与(3)中的 τ 值作对比，若最小值大于 τ，则被划分为未知类别，否则划分为已知类别。被划分为已知类别的数据按照 open-max 函数计算得到每一类数据的标签属性。

(7) 输出最终分类结果。

4.3.4 仿真实验及结果分析

RE-GAN 模型训练使用 Python 的 Keras 环境，配置为 Nvidia GTX 1650 GPU，借助 Tensorflow 后端进行训练，使用的库函数为 train_on_batch 模块训练网络[32]。为了适应开集识别的应用场景，将原始数据集信号分为训练数据和测试数据两部分，信噪比范围设定-4~18dB，选用除 WBFM 和 QAM64 以外的 8 种信号作为模型训练时的数据，选用全部 10 种信号作为模型测试时的数据，同时对网络训练和测试使用的样本数量也进行了部分抽取。本实验采用的数据集信息如表 4.7 所列。

表 4.7 RE-GAN 算法仿真实验数据

调制样式	8PSK、AM-DSB、BPSK、GFSK、CPFSK、PAM4、QAM16、QAM64、QPSK、WBFM
样本维度	(2,128)
样本数量	训练:115200,测试:36000
信噪比	-4~18dB(每 2dB 一个间隔)

实验一:网络初始参数设置

根据 4.2.3 节网络处理数据的原则,同样对数据增加一个维度,训练样本数量为 115200,测试样本数量为 36000。模型训练的 Epoch 设置为 20000;batch-size 设置为 256;梯度优化算法选择 Adam,学习率设为 0.0004,第一衰减率设为 0.4;Dropout 设置为 0.1;隐藏层激活函数选择 leakyrelu 激活函数,参数设置为 0.3。网络采用交替迭代方式训练,先训练判别网络,再训练重建网络。设定网络停止训练的条件参照 4.2.1 节的方法。RE-GAN 的损失函数曲线如图 4.25 和图 4.26 所示。图中损失函数曲线变化趋势显示重建网络和判别网络的训练比较平稳,没有出现过拟合现象。

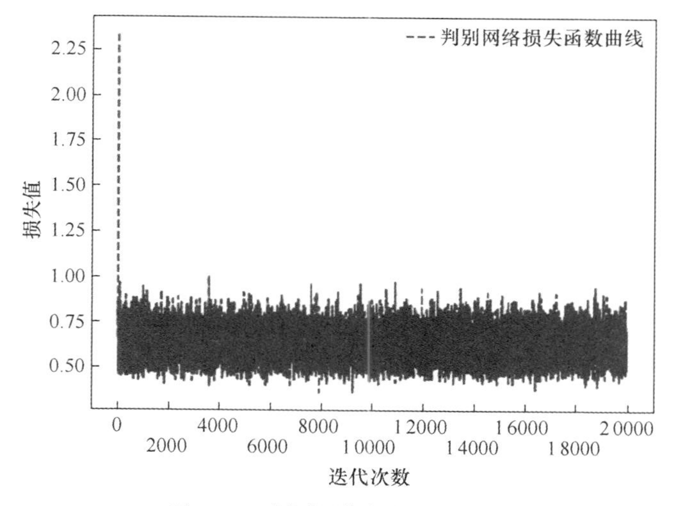

图 4.25 判别网络损失函数曲线

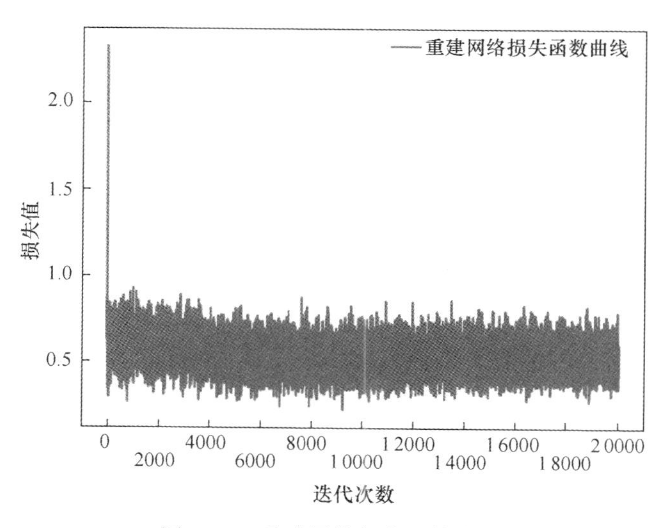

图 4.26 重建网络损失函数曲线

为了验证所提算法的性能，本章还通过大量实验对比了不同激活函数、不同距离度量函数、有无全局平均池化层对模型性能的影响，不同激活函数结果对比如图 4.27 所示，结果显示 leakyrelu 激活函数作用下的网络性能略高于 relu 激活函数。

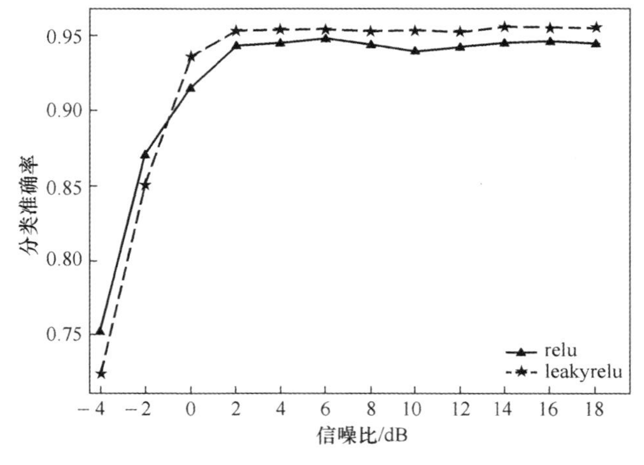

图 4.27　不同激活函数结果对比

不同距离度量函数结果对比如图 4.28 所示，结果显示度量函数选用余弦相似度比欧几里得距离效果更好。

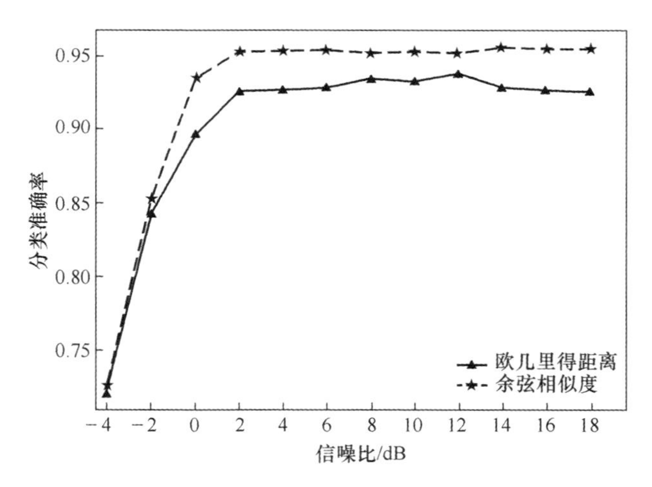

图 4.28　不同距离度量函数结果对比

有无全局平均池化层结果对比如图 4.29 所示，结果显示网络在添加全局平均池化层之后，稳定性更好，识别准确率略有提高。

由于开集识别不仅需要分离出已知调制方式的信号，还需要识别未知类别的

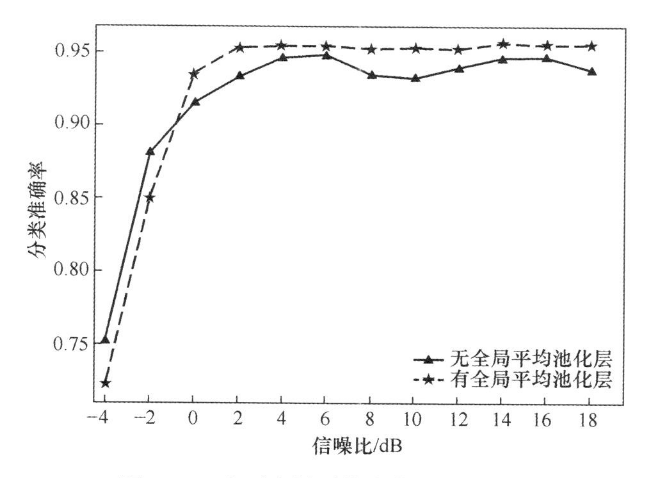

图 4.29　有无全局平均池化层结果对比

信号。网络输出的 MAV 中心点用坐标如图 4.30 所示,各类别调制信号之间的 MAV 中心相差比较明显,显示 RE-GAN 可以很好地分离出未知信号。

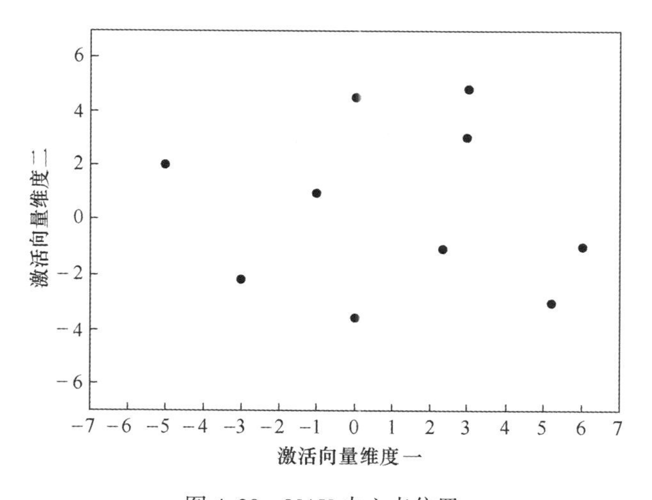

图 4.30　MAV 中心点位置

实验二:调制信号分类识别

按照实验一的网络参数初始值设定,并结合 4.3.2 节和 4.3.3 节的具体算法步骤,m 取 500,n 取 600。模型在不同信噪比条件下的识别结果混淆矩阵如图 4.31~图 4.33 所示,结果显示 RE-GAN 模型在 SNR 大于 0 时对已知信号的识别准确率可以达到 93%,网络可以准确分离出已知调制样式的信号。

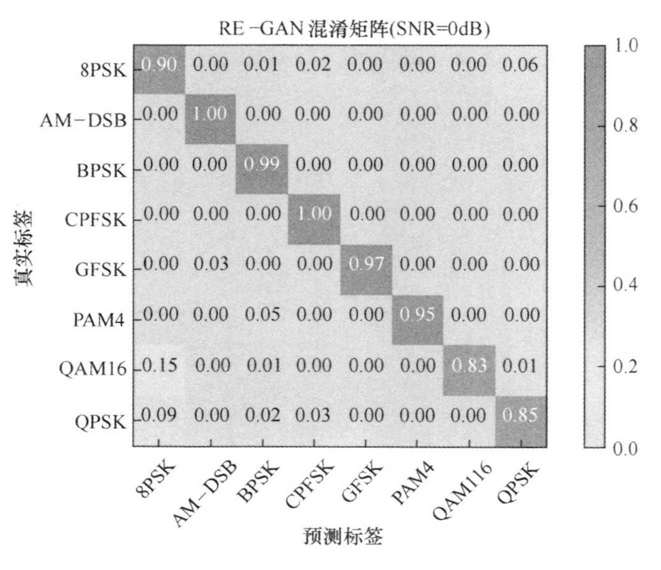

图 4.31　混淆矩阵结果(SNR = 0dB)

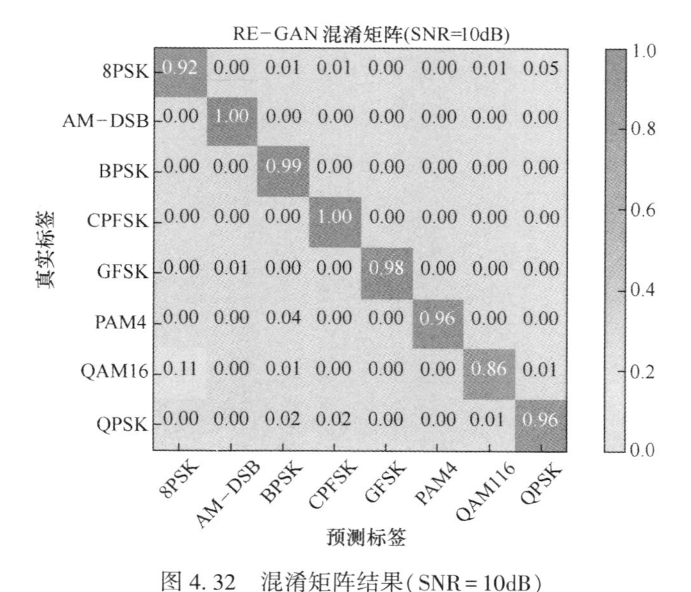

图 4.32　混淆矩阵结果(SNR = 10dB)

将 RE-GAN 算法分别对比 openmax 算法、G-openmax 算法和 OLTR 算法[33]，结果如表 4.8 所列。我们选择网络参数和模型乘加次数作为评判算法复杂度的依据，运行时间的单位是 h。结果显示单独使用 softmax 分类算法不能实现信号的开

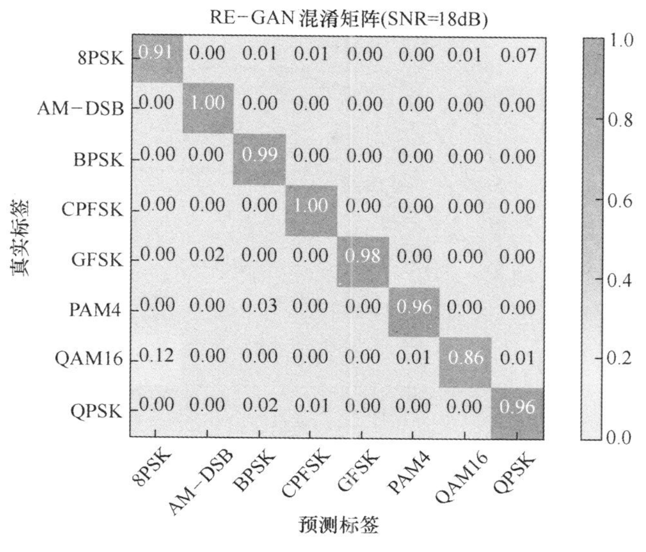

图 4.33　混淆矩阵结果(SNR=18dB)

集识别;RE-GAN 的网络参数比 softmax 分类算法略有增加,但对闭集识别性能没有影响,说明本章所提算法可以有效实现调制信号的闭集识别和开集识别。相比较于另外 3 种开集识别算法,RE-GAN 的开集识别准确率提升 3%~7%,同时网络参数、模型乘加次数和网络运算时间均有所减少,说明网络模型更具轻量化,识别性能更好。

表 4.8　不同算法结果对比

算法	网络参数	模型乘/加次数	运行时间	闭集识别平均分类准确率	开集识别平均分类准确率
softmax	G:86688 D:260837	G:172045 D:530118	训练:1.67h 测试:0.03h	0.941 (±0.63)	
openmax	654527	1276481	训练:1.20h 测试:0.02h	0.803 (±0.92)	0.845 (±0.65)
G-openmax	G:112647 D:334658	G:228724 D:667852	训练:1.93h 测试:0.07h	0.887 (±0.74)	0.896 (±0.37)
OLTR	867439	1674892	训练:2.18h 测试:0.06h	0.894 (±0.43)	0.905 (±0.77)
RE-GAN	G:86688 D:280841	G:172045 D:560722	训练:1.80h 测试:0.04h	0.938 (±0.71)	0.934 (±0.68)

不同算法在信噪比(-4,18)dB 条件下的识别率曲线如图 4.34 所示。

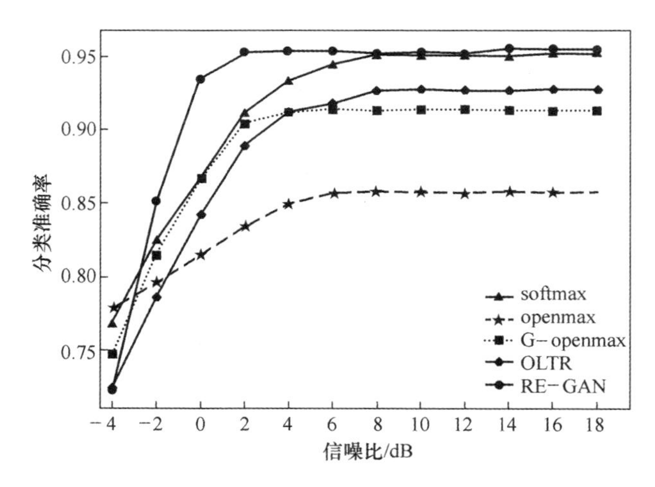

图 4.34 不同算法分类准确率对比

综合上述实验结果,本章提出的 RE-GAN 模型显著降低了算法复杂度,不仅可以实现对已知调制类别信号的充分学习表达,还能拒绝未知调制类型的信号,低信噪比环境下也可以取得良好的效果。

4.4 本章小结

本章主要针对 GAN 的基本原理以及在调制识别领域具体应用进行阐述,围绕着调制识别领域相关问题,设计了两种网络模型分别实现了调制信号的闭集和开集识别,并利用公开数据集进行仿真验证。实验结果表明,GAN 调制识别算法可以适用于小样本条件下网络难以训练的问题,相比现阶段流行的 CNN 和 Resnet 网络结构,本章提出的两种网络结构模型更具轻量化,识别性能更高,闭集识别准确率提升 5%~10%,开集识别准确率提升 3%~8%。

参考文献

[1] Goodfellow I, Pouget-Abadie J, Mirza M, et al. Generative Adversarial Nets[C]// Proc of the 27th International Conference on Neural Information Processing Systems,2014, 2: 2672-2680.

[2] 王万良, 李卓蓉. 生成式对抗网络研究进展[J]. 通信学报, 2018(2):135-148.

[3] Wang K,Gou C,Duan Y, et al. Generative Adversarial Networks: Introduction and Outlook[J]. IEEE/CAA Journal of Automatica Sinica, 2017, 4(4):588-598.

[4] Shi Y, Li Q, Zhu X. Building Footprint Generation Using Improved Generative Adversarial

Networks[J]. IEEE Geoscience and Remote Sensing Letters, 2019, 16(4):603-607.
[5] 张燕平, 张铃. 机器学习理论与算法[M]. 北京:科学出版社, 2012.
[6] 史紫腾. 基于卷积神经网络的图像超分辨率算法研究[D]. 秦皇岛:燕山大学, 2019.
[7] 马方. 基于区域分割的图像标注技术研究[D]. 长沙:国防科学技术大学, 2017.
[8] 余丽燕. 基于机器学习的网络舆情分析技术的研究与实现[D]. 南京:东南大学,2019.
[9] Radford A, Metz L, Chintala S. Unsupervised Representation Learning with Deep Convolutional Generative Adversarial Networks[C]//Proc of the International Conference on Learning Representations (ICLR), 2016.
[10] Manfred M, Fischer, et al. Optimization in an Error Backpropagation Neural Network Environment with a Performance Test on a Spectral Pattern Classification Problem[J]. Geographical Analysis, 2010, 31(2):89-108.
[11] Gardner W A. Learning Characteristics of Stochastic-gradient-descent Algorithms: A General Study, Analysis, and Critique[J]. Signal Processing, 1984, 6(2):113-133.
[12] Ning Q. On the Momentum Term in Gradient Descent Learning Algorithms[J]. Neural Networks, 1999, 12(1):145-151.
[13] Chapelle O, Wu M. Gradient Descent Optimization of Smoothed Information Retrieval Metrics [J]. Information Retrieval, 2010(13):216-235.
[14] Kingma D, Ba J. Adam: A Method for Stochastic Optimization[C]//Proc of the International Conference on Learning Representations (ICLR), 2015.
[15] Wei Y, Xiao H, Shi H, et al. Revisiting Dilated Convolution: A Simple Approach for Weakly- and Semi-Supervised Semantic Segmentation[C]// Proc of the 2018 IEEE Conference on Computer Vision and Pattern Recognition, 2018:7268-7277.
[16] West N E, O'Shea T J. Deep Architectures for Modulation Recognition[C]// Proc of the IEEE International Symposium on Dynamic Spectrum Access Networks, 2017.
[17] O'Shea T J, Corgan J, Clancy T C. Convolutional Radio Modulation Recognition Networks [C]// Proc of the International Conference on Engineering Applications of Neural Networks. Springer, Cham, 2016: 213-226.
[18] O'Shea T J, Roy T, Clancy T C. Over-the-Air Deep Learning Based Radio Signal Classification [J]. IEEE Journal of Selected Topics in Signal Processing, 2018, 12(1):168-179.
[19] Truong N B, Suh Y J, Yu C. Latency Analysis in GNU Radio/USRP-Based Software Radio Platforms[C]// Proc of the MILCOM 2013-2013 IEEE Military Communications Conference, 2013:305-310.
[20] 弗朗索瓦.Python 深度学习[M].张亮,译.北京:人民邮电出版社,2018.
[21] He K, Zhang X, Ren S, et al. Delving Deep into Rectifiers: Surpassing Human-level Performance on ImageNet classification[C]// Proc of the IEEE Conference on Computer Vision and Pattern Recognition (CVPR),2016,1026-1034.
[22] Odena A, Olah C, Shlens J. Conditional Image Synthesis With Auxiliary Classifier GANs[J]. Proc of the 34th International Conference on Machine Learning (ICML). 2017,70:2642-2651.

[23] Qi P, Zhou X, Huang J, Zheng S, et al. Automatic Modulation Classification Based on Deep Residual Networks with Multimodal Information[J]. IEEE Transactions on Cognitive Communications and Networking, 2021,7(1): 21-33.

[24] Wang J, Wang W, Luo F, et al. Modulation Classification Based on Denoising Autoencoder and Convolutional Neural Network with GNU Radio[J]. The Journal of Engineering, 2019, 19: 6188-6191.

[25] 秦博伟,蒋磊,郑万泽,等. 基于半监督生成对抗网络的通信信号调制识别算法[J].空军工程大学学报,2022,22(5):1-8.

[26] Hofmann T. Unsupervised Learning by Probabilistic Latent Semantic Analysis[J]. Machine Learning, 2001, 42(1-2):177-196.

[27] 史蕴豪,许华,刘英辉. 基于集成学习与特征降维的小样本调制识别方法[J]. 系统工程与电子技术,2021, 43 (4): 1099-1109.

[28] Yang H M, Zhang X Y, Yin F, et al. Convolutional Prototype Network for Open Set Recognition [J]. IEEE Transactions on Pattern Analysis and Machine Intelligence, 2020,44(5):2358-2370.

[29] 韩成茂. 基于类内加权平均值的模块 PCA 算法[J]. 计算机工程, 2009, 35(22):194-196.

[30] 王炳兴. Weibull 分布的统计推断[J]. 应用概率统计, 1992(4):23-30.

[31] Haan. Extreme Value Theory[M]. NY:Springer New York, 2006.

[32] 廖茂文,潘志宏. GAN 原理剖析与 TensorFlow 实践[M]. 北京:人民邮电出版社,2020.

[33] Yoshihashi R, Shao W, Kawakami R. et al. Classification-reconstruction Learning for Open-set Recognition[J]. Proc of the IEEE Conference on Computer Vision and Pattern Recognition (CVPR),2019.

第5章　其他新型网络在通信信号识别中的应用

随着数字技术的发展,需要处理的信号越来越复杂,传统的卷积网络和循环网络在对信号进行表征上存在局限性,一些新型网络开始被研究提出,并在特定领域表现出极强的生命力和适应性。本章主要选取其中的注意力机制、Transformer 网络和元学习方法进行介绍,并分别介绍它们在通信信号识别分类中的应用。

5.1　注意力机制

5.1.1　引言

深度学习在人工智能领域一直充当领跑者的身份,在模式识别、计算机视觉、自然语言处理中有着广泛的应用。深度神经网络中的每个神经元都能够接收、处理输入信号并发送输出信号。根据通用近似定理,对于具有线性输出层和至少一个非线性性质的激活函数的隐藏层组成的前馈神经网络,只要其隐藏层神经元的数量足够,它可以以任意的精度来近似任何一个定义在实数空间 R^D 中的有界闭集函数。由于优化算法和计算能力的限制,在实践中很难达到通用近似的能力。特别是在处理复杂任务时,如需要处理大量的输入信息或者复杂的计算流程时,目前计算机的计算能力依然是限制神经网络发展的瓶颈。

神经网络中可以存储的信息量称为网络容量。一般来讲,利用一组神经元来存储信息时,其存储容量和神经元的数量以及网络的复杂度成正比。要存储的信息越多,神经元数量就要越多或者网络就越复杂,进而导致神经网络的参数成倍地增加。我们人脑的生物神经网络同样存在网络容量问题,人脑中的工作记忆大概只有几秒钟的时间,类似于循环神经网络中的隐状态。而人脑每个时刻接收的外界输入信息非常多,包括来自于视觉、听觉、触觉的各种各样的信息。单就视觉来说,眼睛每秒都会发送千万比特的信息给视觉神经系统。人脑在有限的资源下,并不能同时处理这些过载的输入信息。在这种情况下,大脑通过信息选择机制来过滤掉大量的无关信息,解决信息过载问题,这种信息选择机制称为注意力机制。图 5.1 展示了人类在看到一副图像时是如何高效分配有限的注意力资源的,当人们看到一幅图像时,深色阴影表明视觉系统更关注的目标,很明显对于图 5.1 所示的场景,人们会把注意力更多投入到人的脸部,文本的标题以及文章首句等位置,从而实现了资源的高效分配。

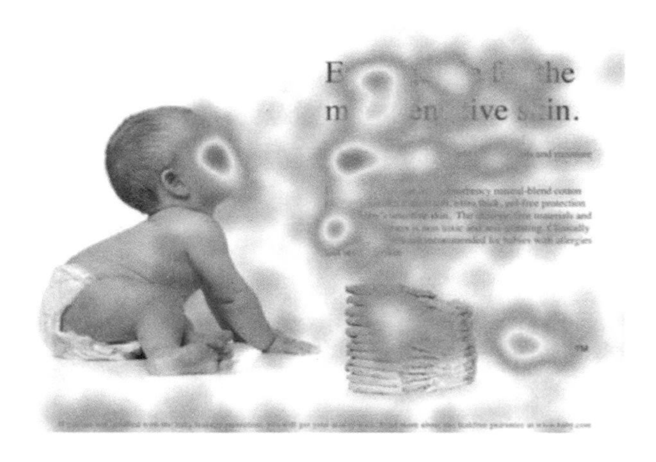

图 5.1　人类的视觉注意力

注意力是人类大脑中一项不可或缺的复杂认知功能，指人可以在关注一些信息的同时忽略另一些信息的选择能力。在日常生活中，人们会接收到大量的信息，但是依然可以有条不紊的处理各种事务，这是因为人脑有意或者无意的从大量的信息中选择小部分有用信息来重点处理，而忽略其他信息，这种能力称为注意力。注意力可以作用在外部的刺激（听觉、视觉、味觉等），也可以作用在内部的意识（思考、回忆等）。

注意力一般分为两种。

（1）自上而下的有意识的注意力，称为聚焦式注意力。聚焦式注意力是指有预定目的、依赖任务的，主动有意识地聚焦于某一对象的注意力。

（2）自下而上的无意识的注意力，称为基于显著性的注意力，基于显著性的注意力是由外界刺激驱动的注意，不需要主动干预，也和任务无关。

一个和注意力有关的例子是鸡尾酒会效应。当一个人在吵闹的鸡尾酒会上和朋友聊天时，尽管周围噪声干扰很多，他还是可以听到朋友的谈话内容，而忽略其他人的声音（聚焦式注意力）。同时，如果背景声中有重要的词（如他的名字），他会马上注意到（显著性注意力）。

深度学习在计算机视觉、自然语言处理等领域快速发展，当深度神经网络需要处理大量的输入信息时，往往面临着效率较低的问题。学者根据对人类注意力的研究，提出了注意力机制，当用神经网络来处理大量的输入信息时，借鉴人脑的注意力机制选择一些关键的输入信息进行处理，提高神经网络的效率。在计算资源有限的情况下，注意力机制将有限的资源用来处理重要的信息，实现处理资源的高效分配，是解决信息过载问题的重要手段。

注意力机制在深度学习中能够迅速发展的原因主要是克服了传统神经网络中

的一些局限，如随着输入长度增加系统的性能下降、输入顺序不合理导致系统的计算效率低下、系统缺乏对特征的提取和强化等，注意力机制能够很好地建模具有可变长度的序列数据，进一步增强了其捕获远程依赖信息的能力，减少层次深度的同时有效提高精度。

5.1.2 注意力机制

用 $\boldsymbol{X}=[x_1,x_2,\cdots,x_N]\in R^{D\times N}$ 表示 N 组输入信息，其中 $x_n\in R^D, n\in[1,N]$ 表示一组输入信息。为了节省计算资源，不需要将所有信息都输入神经网络，只需要从 $\boldsymbol{X}$ 中选取一些与任务相关的信息。注意力机制的计算一般可以分为两步：一是在所有输入信息上计算注意力的分布；二是根据注意力分布来计算加权平均。

（1）注意力分布。为了从 N 组输入向量 $[x_1,x_2,\cdots,x_N]$ 中选择出与某个特定任务相关的信息，我们需要引入一个与任务相关的表示，称为查询向量，并通过一个打分函数来计算每个输入向量和查询向量间的相关性。

给定一个和任务相关的查询向量 $\boldsymbol{q}$，我们使用注意力变量 $z\in[1,N]$ 来表示被选择信息的索引位置，即 $z=n$ 表示选择第 n 个输入向量。与“硬性”的信息选择机制不同，为了方便计算，我们采用一种“软性”的信息选择机制，即计算每个输入向量被选择的概率。首先计算在给定 $\boldsymbol{q}$ 和 $\boldsymbol{X}$ 的条件下，选择第 n 个输入向量的概率 α_n，即

$$\begin{aligned}\alpha_n &= p(z=n\mid \boldsymbol{X},\boldsymbol{q})\\ &= \mathrm{softmax}(s(x_n,\boldsymbol{q}))\\ &= \frac{\exp(s(x_n,\boldsymbol{q}))}{\sum_{j=1}^{N}\exp(s(x_j,\boldsymbol{q}))}\end{aligned} \tag{5.1}$$

式中：α_n 为注意力分布；$s(\boldsymbol{x},\boldsymbol{q})$ 为注意力打分函数，可以使用以下几种方式计算。

加性模型：

$$s(\boldsymbol{x},\boldsymbol{q})=\boldsymbol{v}^{\mathrm{T}}\tanh(\boldsymbol{W}\boldsymbol{x}+\boldsymbol{U}\boldsymbol{q}) \tag{5.2}$$

点积模型：

$$s(\boldsymbol{x},\boldsymbol{q})=\boldsymbol{x}^{\mathrm{T}}\boldsymbol{q} \tag{5.3}$$

缩放点击模型：

$$s(\boldsymbol{x},\boldsymbol{q})=\frac{\boldsymbol{x}^{\mathrm{T}}\boldsymbol{q}}{\sqrt{D}} \tag{5.4}$$

双线性模型：

$$s(\boldsymbol{x},\boldsymbol{q})=\boldsymbol{x}^{\mathrm{T}}\boldsymbol{W}\boldsymbol{q} \tag{5.5}$$

式中：$\boldsymbol{W}$、$\boldsymbol{U}$ 和 $\boldsymbol{v}$ 为学习的参数；D 为输入向量的维度。

理论上,加性模型和点积模型的复杂度差不多,但是点积模型在实现上可以更好地利用矩阵乘积,从而计算效率更高。

因此,缩放点积模型可以较好地解决这个问题。双线性模型是一种泛化的点积模型。假设式(5.5)中 $\boldsymbol{W}=\boldsymbol{U}^{\mathrm{T}}\boldsymbol{V}$, 双线性模型可以写为 $s(\boldsymbol{x},\boldsymbol{q})=\boldsymbol{x}^{\mathrm{T}}\boldsymbol{U}^{\mathrm{T}}\boldsymbol{V}\boldsymbol{q}=(\boldsymbol{U}\boldsymbol{x})^{\mathrm{T}}(\boldsymbol{V}\boldsymbol{q})$, 即分别对 $\boldsymbol{x}$ 和 $\boldsymbol{q}$ 做线性变换后计算点积。相比点积模型,双线性模型在计算相似度时引入了非对称性。

(2) 加权平均。注意力分布 α_n 可以解释为在给定任务相关的查询 q 时,第 n 个输入向量受关注的程度。我们采用一种“软性”的信息选择机制对输入信息进行汇总,即

$$\begin{aligned}\operatorname{att}(\boldsymbol{X},\boldsymbol{q}) &= \sum_{n=1}^{N}\alpha_n x_n \\ &= \boldsymbol{E}_{z\sim p(z\mid X,q)}[x_z]\end{aligned} \tag{5.6}$$

式(5.6)称为软性注意力机制。图5.2给出了软性注意力机制的示例。

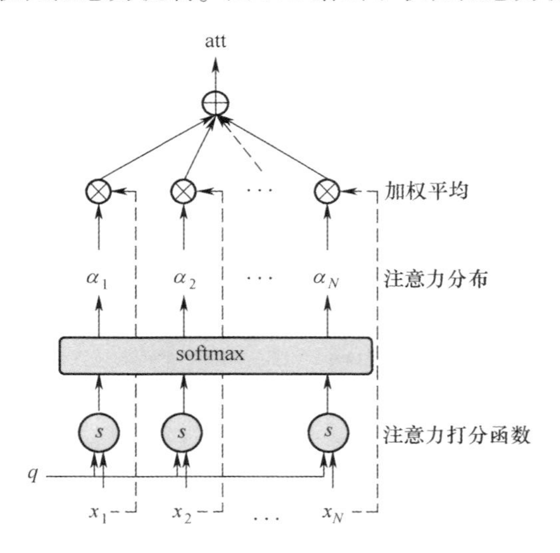

图5.2 软性注意力机制示例

注意力机制可以单独使用,但更多的用作神经网络中的一个组件。如图5.3所示,Bahdanau等[1]将循环网络与注意力机制相结合提出RNNSearch模型,应用在机器翻译任务中。单向循环网络的局限性在于编码每个位置的信息时只能依赖该位置及其之前的信息。为了避免单向循环网络的局限性,RNNSearch首先使用BiRNN对输入序列 $[x_1,x_2,\cdots,x_T]$ 进行编码,得到前向隐状态向量 $[\overrightarrow{h_1},\overrightarrow{h_2},\cdots,\overrightarrow{h_T}]$ 和后向隐状态向量 $[\overleftarrow{h_1},\overleftarrow{h_2},\cdots,\overleftarrow{h_T}]$, 这样每个位置 i 经过编码后可以得到隐状态

向量 $\boldsymbol{h}_i=[\overrightarrow{h_i};\overleftarrow{h_i}]$。传统的机器翻译模型中,往往利用编码器将输入序列 $[x_1,x_2,\cdots,x_T]$ 编码为一个固定长度的语义编码向量 $\boldsymbol{c}$,然后解码器利用语义向量 $\boldsymbol{c}$ 和生成的解码序列 $[y_1,y_2,\cdots,y_{i-1}]$ 生成目标单词 y_i。从解码过程中可以看出,解码器使用固定的语义向量 $\boldsymbol{c}$ 使输入序列中每个位置对解码生成 y_i 的贡献度是一样的,相当于翻译过程中没有焦点,缺乏注意力。此外,如果输入句子比较长,此时所有语义完全通过一个中间语义向量来表示,单词自身的信息已经消失,可想而知,会丢失很多细节信息,这也是为何要引入注意力模型的重要原因。RNNSearch 模型引入注意力机制,在生成每个目标单词 y_i 时,根据输入序列中单词与当前生成单词相关度大小,动态生成不同的语义编码向量 $\boldsymbol{c}_i$,计算方法如下:

$$\boldsymbol{c}_i=\sum_{j=1}^{T}\alpha_{ij}\boldsymbol{h}_j \tag{5.7}$$

其中,注意力分布 α_{ij} 由注意力打分函数利用 s_{t-1} 和 $\boldsymbol{h}_t$ 计算得到,如图 5.3 所示。

RNNSearch 通过引入注意力机制,在生成每个位置单词 y_i 时,使用注意力分布给予输入序列中相关性高的单词更高的权重,忽略不相关信息,从而提升网络效率和翻译质量。

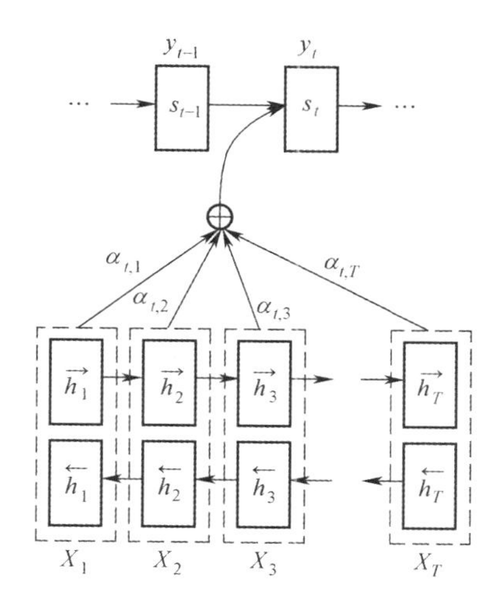

图 5.3 RNNSearch 模型使用注意力机制解码

5.1.3 注意力机制变体

5.1.3.1 硬性注意力

软性注意力选择的信息是所有输入向量在注意力分布下的期望。与软性注意力机制不同,硬性注意力只关注某一个输入向量。

硬性注意力有两种实现方式。

(1) 一种是选取最高概率的一个输入向量,即

$$\operatorname{att}(\boldsymbol{X},\boldsymbol{q}) = \boldsymbol{x}_{\hat{n}} \tag{5.8}$$

式中:$\hat{n}$ 为概率最大的输入向量的下标,即 $\hat{n} = \operatorname*{argmax}_{n=1}^{N} \alpha_n$。

(2) 另一种硬性注意力可以通过在注意力分布式上随机采样的方式实现。

硬性注意力的一个缺点是基于最大采样或随机采样的方式来选择信息,使得最终的损失函数与注意力分布之间的函数关系不可导,无法使用反向传播算法进行训练。因此,硬性注意力通常需要使用强化学习来进行训练。为了使用反向传播算法,一般使用软性注意力来代替硬性注意力。

5.1.3.2　键值对注意力

更一般地,我们可以用键值对格式来表示输入信息,其中“键”用来计算注意力分布 α_n,“值”用来聚合信息。

用 $(\boldsymbol{K},\boldsymbol{V}) = [(k_1,v_1),(k_2,v_2),\cdots,(k_N,v_N)]$ 表示 N 组输入信息,给定任务相关的查询 q 时,注意力分布函数为

$$\operatorname{att}((\boldsymbol{K},\boldsymbol{V}),q) = \sum_{n=1}^{N} \alpha_n v_n = \sum_{n=1}^{N} \frac{\exp(s(k_n,q))}{\sum_j \exp(s(k_j,q))} v_n \tag{5.9}$$

图 5.4 给出键值对注意力机制的示例。当 $\boldsymbol{K} = \boldsymbol{V}$ 时,键值对模式就等价于普通的注意力机制。

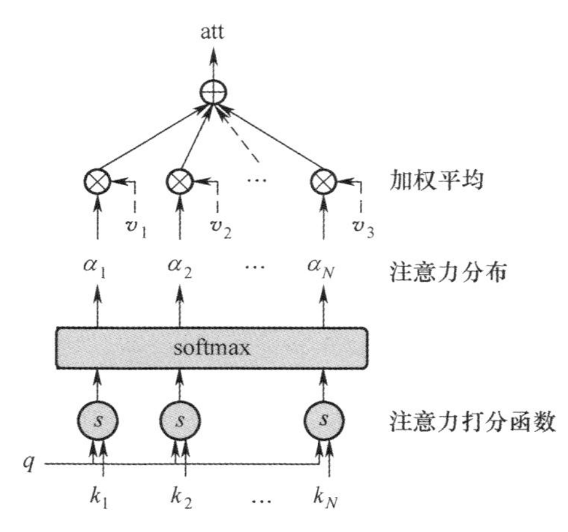

图 5.4　键值对注意力机制

5.1.3.3　多头注意力

利用多个与给定任务相关的查询 $Q = [q_1,q_2,\cdots,q_M]$ 时,可以并行地从输入

信息中选取多组信息,称为多头注意力(Multi-Head Attention)。每个注意力关注输入信息的不同部分,即

$$\mathrm{att}((\boldsymbol{K},\boldsymbol{V}),\boldsymbol{Q})=\mathrm{att}((\boldsymbol{K},\boldsymbol{V}),q_1)\oplus\cdots\oplus\mathrm{att}((\boldsymbol{K},\boldsymbol{V}),q_M) \tag{5.10}$$

式中:⊕表示向量拼接。

5.1.3.4 结构化注意力

在之前介绍中,我们假设所有的输入信息是同等重要的,是一种扁平结构,注意力分布实际上是在所有输入信息上的多项分布。但如果输入信息本身具有层次结构,如文本可以分为词、句子、段落、篇章等不同粒度的层次,我们可以使用层次化的注意力来进行更好的信息选择。Yang 等[2]提出分层注意力网络(Hierarchical Attention Networks,HAN)用于文档分类,选择两层注意力机制分别应用在词和句子上,对其重要性进行建模,网络结构如图 5.5 所示。

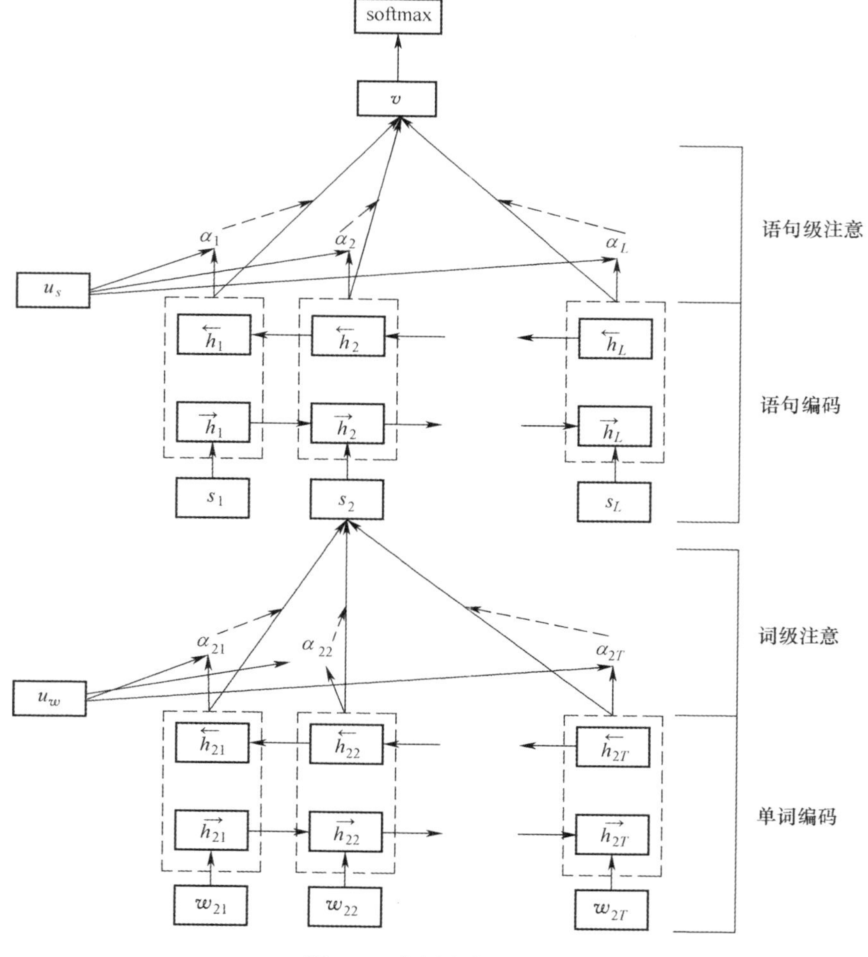

图 5.5 分层注意力网络

传统文档建模首先使用 CNN/LSTM 来建模句子表示,接下来使用 LSTM 或者 GRU 模型对句子表示进行编码,得到文档表示向量。HAN 的主要思想是:首先,考虑文档的分层结构:单词构成句子,句子构成文档,所以建模时也分这两部分进行;其次,不同的单词和句子具有不同的信息量,不能单纯地统一对待引入注意力机制。HAN 网络结构主要分为 4 个部分:词序列编码器、基于词级的注意力层、句子编码器和基于句子级的注意力层。HAN 引入注意力机制除了提高模型的精确度之外还可以进行单词、句子重要性的分析和可视化。

Hierarchical Attention 可以相应地构建分层注意力,自下而上(如词级到句子级)提取重要信息,也自上而下(如词级到字符级)提取全局和局部的重要信息。此外,还可以假设注意力为上下文相关的二项分布,用一种图模型来构建更复杂的结构化注意力分布[3]。

5.1.3.5　全局与局部注意力

全局注意力与软注意力机制类似,在对输入序列进行重要性建模的时候会考虑所有输入序列。然而,在输入序列较长的情况下,其计算成本是非常高昂的。因此,研究人员提出局部注意力机制来缓解全局注意力带来的计算复杂度提升的问题。局部注意力介于软注意力和硬注意力二者之间,既不是对所有输入进行建模,也不是只选取唯一一个输入元素。局部注意力首先引入对齐机制来选择感兴趣的范围,然后,在此范围内,与软注意力类似,对区域内的元素进行重要性建模(图 5.6)。

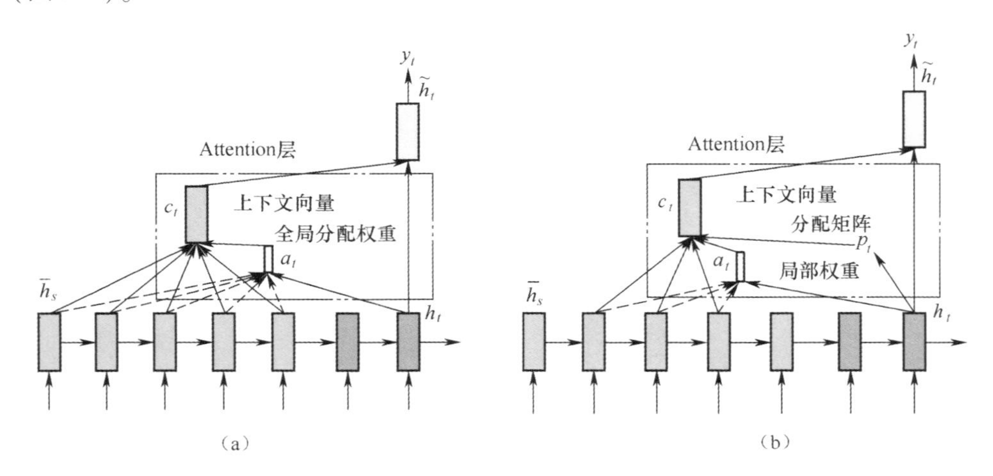

图 5.6　全局注意力与局部注意力

(a) 全局注意力模型;(b) 局部注意力模型。

5.1.3.6　指针网络

注意力机制主要是用来做信息筛选,从输入信息中选取相关的信息。注意力机制可以分为两步:一是计算注意力分布 α; 二是根据 α 来计算输入信息的加权平均。我们可以只利用注意力机制中的第一步,将注意力分布作为一个软性的指针来指出相关信息的位置。

指针网络是一种序列到序列模型,输入是长度为 N 的向量序列 $\boldsymbol{X} = x_1, x_2, \cdots, x_N$, 输出是长度为 M 的下标序列 $c_{1:M} = c_1, c_2, \cdots, c_M, c_m \in [1, N], \forall m$。

和一般的序列到序列任务不同,这里的输出序列是输入序列的下标(索引)。例如,输入一组乱序的数字,输出为按大小排序的输入数字序列的下标,如输入为20、5、10,输出为1、3、2。

条件概率 $p(c_{1:M} \mid x_{1:N})$ 可以写为

$$\begin{aligned} p(c_{1:M} \mid x_{1:N}) &= \prod_{m=1}^{M} p(c_m \mid c_{1:(m-1)}, x_{1:N}) \\ &\approx \prod_{m=1}^{M} p(c_m \mid x_{c_1}, \cdots, x_{c_{m-1}}, x_{1:N}) \end{aligned} \tag{5.11}$$

其中,条件概率 $p(c_m \mid x_{c_1}, \cdots, x_{c_{m-1}}, x_{1:N})$ 可以通过注意力分布来计算。假设用一个循环神经网络对 $x_{c_1}, \cdots, x_{c_{m-1}}, x_{1:N}$ 进行编码得到向量 $\boldsymbol{h}_m$, 则

$$p(c_m \mid c_{1:(m-1)}, x_{1:N}) = \mathrm{softmax}(s_{m,n}) \tag{5.12}$$

式中: $s_{m,n}$ 为在解码过程的第 m 步时, $\boldsymbol{h}_m$ 对 h_n 的未归一化的注意力分布,即

$$s_{m,n} = \boldsymbol{v}^{\mathrm{T}} \tanh(\boldsymbol{W}\boldsymbol{x}_n + \boldsymbol{U}\boldsymbol{h}_m), \forall n \in [1, N] \tag{5.13}$$

式中: $\boldsymbol{v}$ 、W、U 为可学习的参数。

图 5.7 给出了指针网络的示例,其中 h_1、h_2、h_3 为输入数字 20、5、10 经过循环神经网络的隐状态, h_0 对应一个特殊字符“<”,当输入“>”时,网络一步一步输出 3 个输入数字从大到小排列的下标。

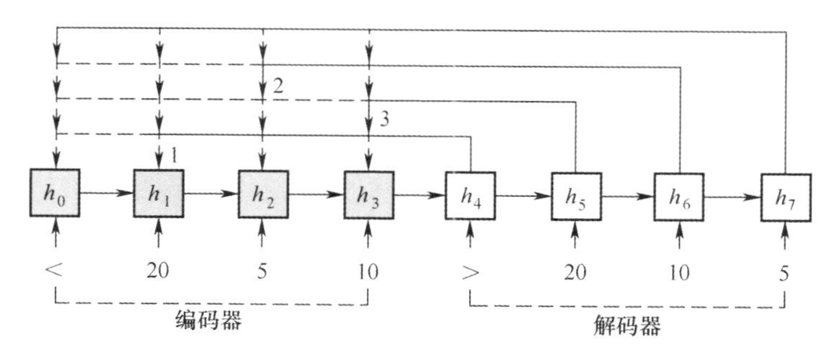

图 5.7　指针网络

5.1.4　自注意力机制

当使用神经网络来处理一个变长的向量序列时,我们通常可以使用 CNN 或

RNN 进行编码来得到一个相同长度的输出向量序列,如图 5.8 所示。

基于 CNN 或 RNN 的序列编码都是一种局部的编码方式,只建模了输入信息的局部依赖关系。虽然循环网络理论上可以建立长距离依赖关系,但是由于信息传递的容量以及梯度消失问题,实际上也只能建立短距离依赖关系。

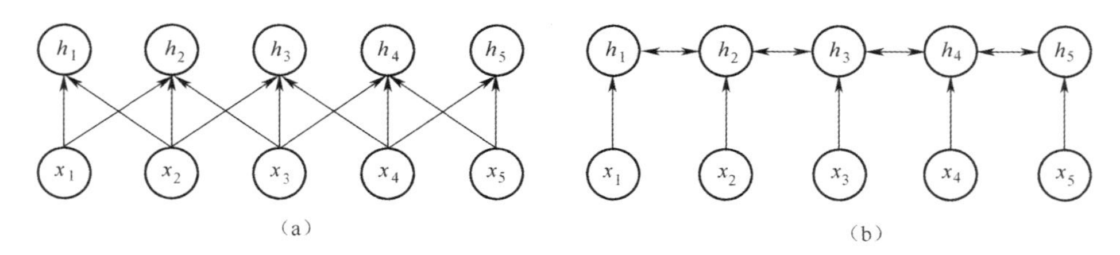

图 5.8 基于 CNN 和 RNN 的变长序列编码

(a) CNN;(b) RNN。

如果要建立输入序列之间的长距离依赖关系,可以使用以下两种方法:一种方法是增加网络的层数,通过一个深层网络来获取远距离的信息交互;另一种方法是使用全连接网络。全连接网络是一种非常直接的建模远距离依赖的模型,但是无法处理变长的输入序列。不同的输入长度,其连接权重的大小也是不同的,这时,我们就可以利用注意力机制来“动态”地生成不同连接的权重,这就是自注意力模型。

为了提高模型的泛化能力,自注意力模型经常采用查询-键-值(Query-Key-Value,QKV)模式,将输入向量利用投影矩阵映射到不同空间,建立全局的依赖关系,其计算过程如图 5.9 所示。

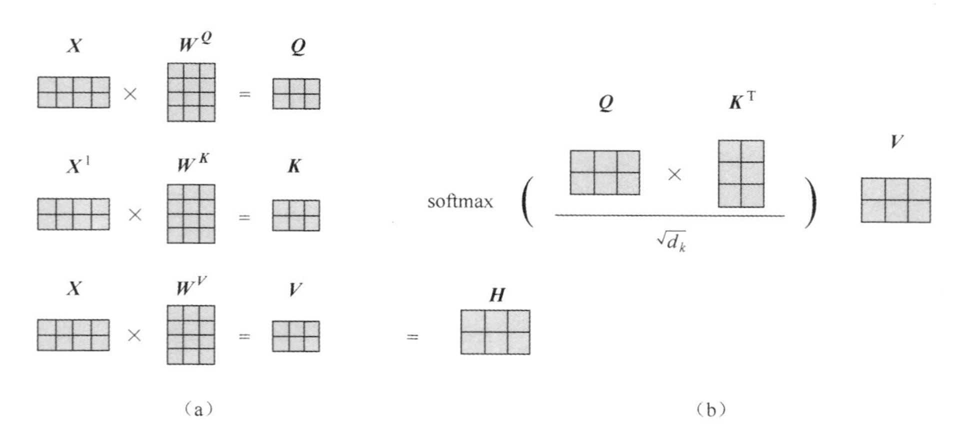

图 5.9 查询-键-值模式自注意力模型计算过程

(a) 将输入序列映射到不同空间;(b) 注意力加权求和。

假设输入序列 $\boldsymbol{X}=[x_1,x_2,\cdots,x_N]\in R^{D_x\times N}$，输出序列 $\boldsymbol{H}=[h_1,h_2,\cdots,h_N]\in R^{D_v\times N}$，自注意力模型的具体计算过程如下。

（1）对于每个输入 x_i，我们首先将其线性映射到 3 个不同的空间，得到查询向量 $\boldsymbol{q}_i\in R^{D_k}$、键向量 $\boldsymbol{k}_i\in R^{D_k}$ 和值向量 $\boldsymbol{v}_i\in R^{D_v}$。

对于整个输入序列 $\boldsymbol{X}$，线性映射过程可以简写为

$$\boldsymbol{Q}=\boldsymbol{W}_q\boldsymbol{X}\in R^{D_k\times N} \tag{5.14}$$

$$\boldsymbol{K}=\boldsymbol{W}_k\boldsymbol{X}\in R^{D_k\times N} \tag{5.15}$$

$$\boldsymbol{V}=\boldsymbol{W}_v\boldsymbol{X}\in R^{D_v\times N} \tag{5.16}$$

式中：$\boldsymbol{W}_q\in R^{D_k\times D_x}$、$\boldsymbol{W}_k\in R^{D_k\times D_x}$ 和 $\boldsymbol{W}_v\in R^{D_v\times D_x}$ 分别为线性映射的参数矩阵；$\boldsymbol{Q}=[q_1,q_2,\cdots,q_N]$、$\boldsymbol{K}=[k_1,k_2,\cdots,k_N]$ 和 $\boldsymbol{V}=[v_1,v_2,\cdots,v_N]$ 分别是由查询向量、键向量和值向量构成的矩阵。

（2）对于每一个查询向量 $\boldsymbol{q}_n\in\boldsymbol{Q}$，利用式(5.9)的键值对注意力机制，可以得到输出向量 $\boldsymbol{h}_n$，即

$$\begin{aligned}\boldsymbol{h}_n&=\mathrm{att}((\boldsymbol{K},\boldsymbol{V}),\boldsymbol{q}_n)\\&=\sum_{j=1}^{N}\alpha_{nj}v_j\\&=\sum_{j=1}^{N}\mathrm{softmax}(s(k_j,q_n))v_j\end{aligned} \tag{5.17}$$

式中：$n,j\in[1,N]$ 为输出和输入向量的位置；α_{nj} 为第 n 个输出关注到第 j 个输入的权重。

如果使用缩放点积作为注意力打分函数，输出向量序列可以简写为

$$\boldsymbol{H}=\mathrm{softmax}\left(\frac{\boldsymbol{Q}\boldsymbol{K}^{\mathrm{T}}}{\sqrt{D_k}}\right)\boldsymbol{V} \tag{5.18}$$

图 5.10 给出全连接模型和自注意力模型的对比，其中实线表示可学习的权重，虚线表示动态生成的权重。由于自注意力模型的权重是动态生成的，因此可以处理变长的信息序列，而全连接模型则无法处理变长或者序列输入发生改变的情况。

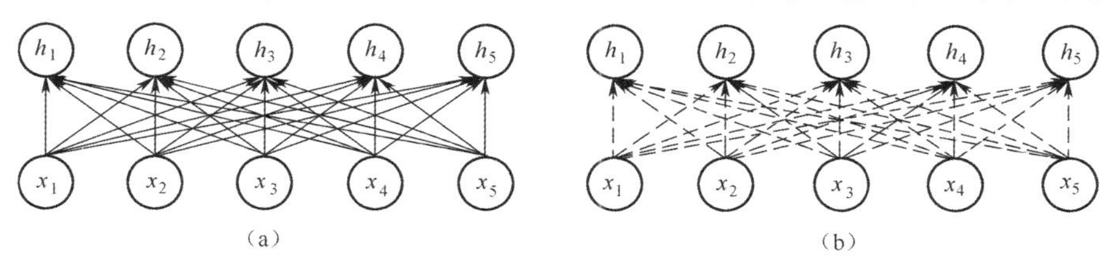

图 5.10　全连接模型和自注意力模型

（a）全连接模型；（b）自注意力模型。

自注意力模型可以看作一个全连接的前馈神经网络，前层的每个位置都接受前一层的所有位置的输出。不同的是，其连接权重是通过注意力机制动态计算得到。由于自注意力模型的权重是动态生成的，因此可以处理变长的信息序列。自注意力模型可以作为神经网络中的一层来使用，既可以用来替换卷积层和循环层[5]，也可以和它们一起交替使用（如 $\boldsymbol{X}$ 可以是卷积层或循环层的输出）。自注意力模型计算的权重 α_{ij} 只依赖于 q_i 和 k_j 的相关性而忽略了输入信息的位置信息。因此，在单独使用时，自注意力模型一般需要加入位置编码信息来进行修正[5]。自注意力模型可以扩展为多头自注意力模型，在多个不同的投影空间中捕捉不同的交互信息。

5.1.5 注意力机制在通信信号识别中的应用

随着计算机硬件以及大数据的发展，基于深度学习的调制方式识别方法被大量研究，典型的神经网络结构如 DNN、CNN、RNN 等均被应用于通信信号调制识别技术。近年来，研究人员将神经网络结合注意力机制改变网络权重，给重要信息分配足够的关注，有效地提高模型的准确率。

5.1.5.1 基于时频注意力机制的信号调制识别

Lin 等[6]提出一种时频注意力机制（Time-Frequency Attention，TFA），从时频图的通道、频率和时间 3 个特征维度上选取有效信息，从而提高模型识别准确率（图 5.11）。通信信号 $s(t)$ 在信道传输过程中可以表示为 $r(t)= \mathcal{F}(s(t)) * h(t) +$

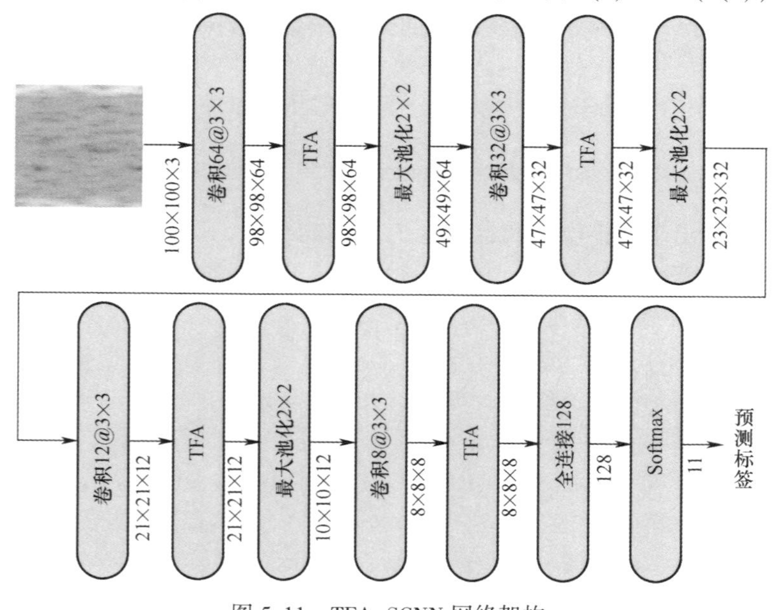

图 5.11 TFA-SCNN 网络架构

$n(t)$，其中，$s(t)$ 是传输的数字信号，$\mathcal{F}$ 是信号的调制函数，$h(t)$ 是信号传输信道的冲激响应，$n(t)$ 是加性高斯白噪声。接收机对 $r(t)$ 进行采样就会得到长度为 N 的接收信号 $r(t)$。通信信号自动调制识别就是要解出 $\mathcal{F}$。信号的时频图可以反映出信号频率随时间变化的情况，是信号区分不同调制方式的一个重要特征。因此，对采样信号 $r(t)$ 进行基于短时傅里叶变换可以得到信号的时频图。时频图通常具有3个维度的特征，分别是高度、宽度和通道，其中高度表示信号的频率，宽度表示信号的时间，通道是图像固有的特征。TFA 在通道、频率、时间3个维度上对重要性进行建模，其模型如图5.12所示。

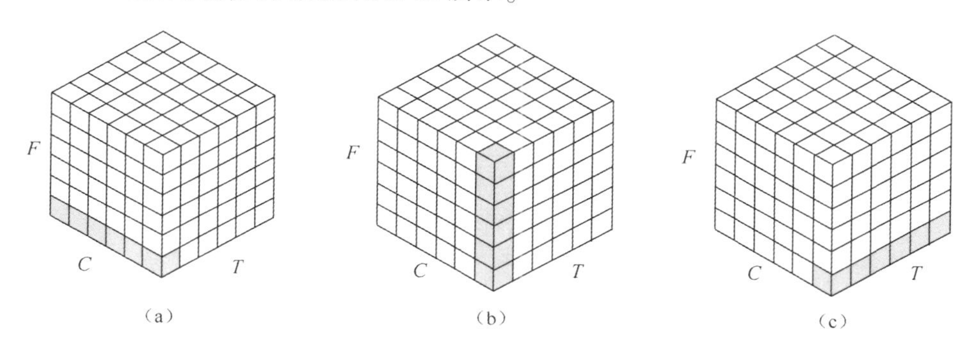

图5.12　频率、时间和通道维度上注意力
(a) 通道注意力机制；(b) 频率注意力机制；(c) 时间注意力机制。

TFA 模型首先利用短时傅里叶变换得到输入信号的时频图特征；然后基于 CNN 架构进行时频特征提取，称为 Spectrum CNN，再加入设计的 TFA 注意力模块，称为 TFA-SCNN，TFA 模块网络架构如图5.13所示。

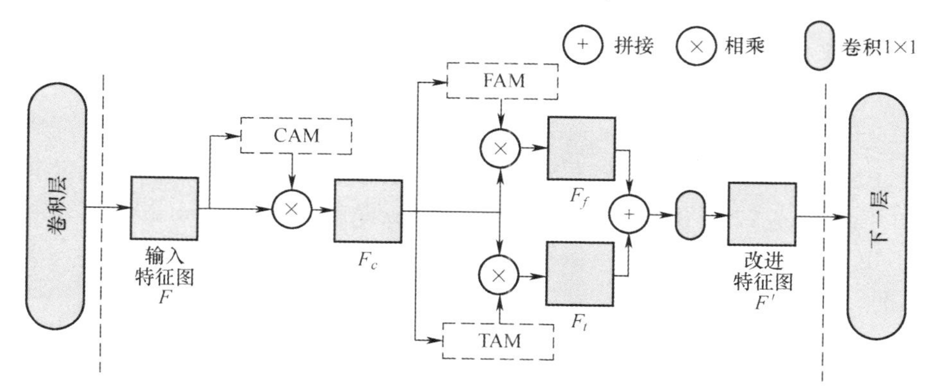

图5.13　TFA 模块网络架构

输入信号的时频图经过 CNN 进行特征提取后得到多通道的特征图 $F \in R^{H\times W\times C}$，作为输入送入 TFA 模块。TFA 模块首先通过通道注意力

(Channel Attention Module, CAM) M_C 得到特征图 $F_C \in R^{H\times W\times C}$。然后,频率注意力(Frequency Attention Module, FAM) M_F 和时间注意力(Time Attention Module, TAM) M_T 两个子模块基于特征图 $F_C \in R^{H\times W\times C}$ 并行的进行重要信息的提取,生成新的特征图 F_f 和 F_t 后,将两个特征图相加,利用 1×1 卷积对其进行维度变换,得到最终特征图 $F' \in R^{H\times W\times C}$, 作为下层网络的输入进行更深层特征的提取,其计算过程如下:

$$\begin{cases} F_C = M_C(F) \otimes F \\ F_F = M_F(F_C) \otimes F \\ F_T = M_T(F_C) \otimes F \\ F' = f^{1\times 1}([F_F; F_t]) \end{cases} \tag{5.19}$$

式中:⊗表示矩阵元素对应位置的乘积。

CAM 利用特征在不同通道间的关系,在输入特征图上基于通道重要性选取特征,生成新的特征图。FAM 和 TAM 则利用 CAM 生成的特征图,分别在频率轴和时间轴方向上进行重要性提取。3 个注意力模块的注意力分布计算如图 5.14 所示。

其计算过程如下:

$$\begin{cases} M_C(F) = \sigma(\mathrm{MLP}(\mathrm{AvgPool}(F)) + \mathrm{MLP}(\mathrm{MaxPool}(F))) \\ M_F(F_C) = \sigma(f_3^{3\times 3}([\mathrm{AvgPool}(F_F); \mathrm{MaxPool}(F_F)])) \\ M_T(F_C) = \sigma(f_3^{3\times 3}[\mathrm{AvgPool}(F_T); \mathrm{MaxPool}(F_T)]) \end{cases} \tag{5.20}$$

式中: $\sigma(\cdot)$ 表示 sigmoid 函数; $f_3^{3\times 3}$ 表示卷积核为 3×3 的卷积层 3 层串联网络。

TFA 模型在公开数据集 RadioML2016. 10a 和 RadioML2016. 10b 数据库上进行了验证。RadioML2016. 10a 包含了 8PSK、AM - DSB、AM - SSB、BPSK、CPFSK、GFSK、PAM4 等 11 种不同调制类型的信号,具有涵盖从-20dB 到 18dB 等不同信噪比的信号样本 22 万条,每种信噪比下有 1000 条样本。RadioML2016. 10b 涵盖了-20dB 到 18dB 等 20 种不同信噪比的信号 120 万条,每种信噪比下信号数为 6000 条。

实验结果显示,在 RadioML2016. 10a 数据集上,TFA-SCNN 相比于 SCNN 有 2%~4%的提升。在 RadioML2016. 10b 数据集上,TFA-SCNN 相比于 SCNN 在 10dB 条件下有 1%~5%的提升,在-8~10dB 条件下有 3%~9%的准确率提升。TFA-SCNN 在引入注意力机制后,在通道、频率和时间维度上进行重要性建模,提高区分性强的特征权重,从而提升了信号识别的准确率(图 5.15)。

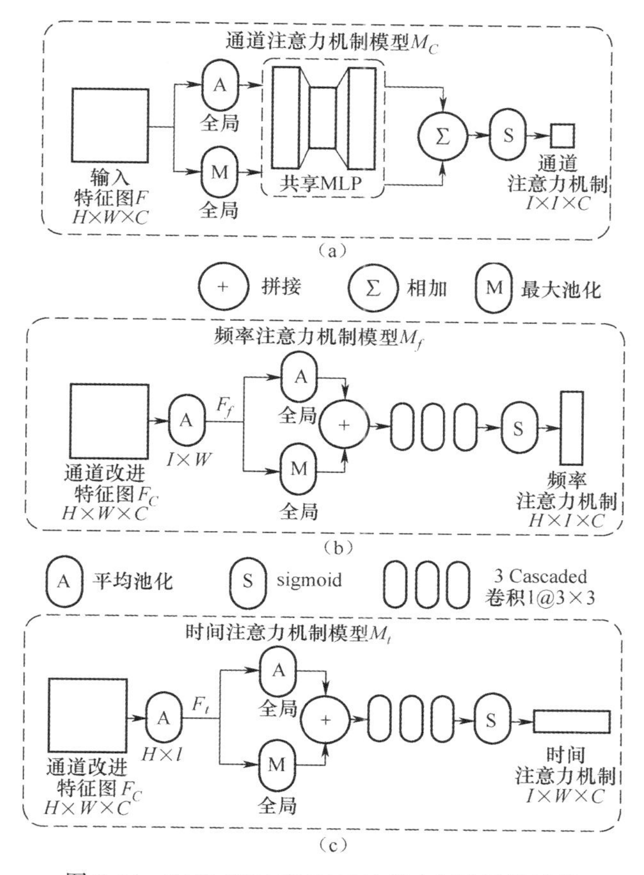

图 5.14 CAM、FAM 和 TAM 注意力权重计算过程

5.1.5.2 基于注意力机制和 Bi-LSTM 网络的调制识别方法

文献[7]针对传统信号调制识别方法对信号复杂调制方式难以识别的问题，提出一种基于注意力机制的双向 LSTM 卷积神经网络(BLACN)，利用 CNN 优秀的特征提取能力，实现对复杂调制方式识别特征的提取。并通过注意力机制和双向 LSTM(Bi-LSTM)关注信号的关键特征与时序信息来提高信号的识别准确率。

BLACN 结构如图 5.16 所示。首先是 4 层 Conv 卷积网络，其中第 1 层卷积至第 4 层卷积皆在卷积后使用了 1×2 最大池化。4 层卷积网络后是两层 Bi-LSTM，来关注信号的时序信息，之后是一层注意力层，来找到信号的关键特征用于调制方式的识别，最后就是经过全连接层输出 11 种信号调制类别的识别结果。网络除输出层采用 softmax 激活函数外，其余各层皆采用 relu 激活函数。网络优化过程中，采用 Adam 算法进行网络参数的最优解求解。

实验过程中，深度学习的环境语言配置为 Python3. 7、TensorFlow 1. 14. 0、Keras

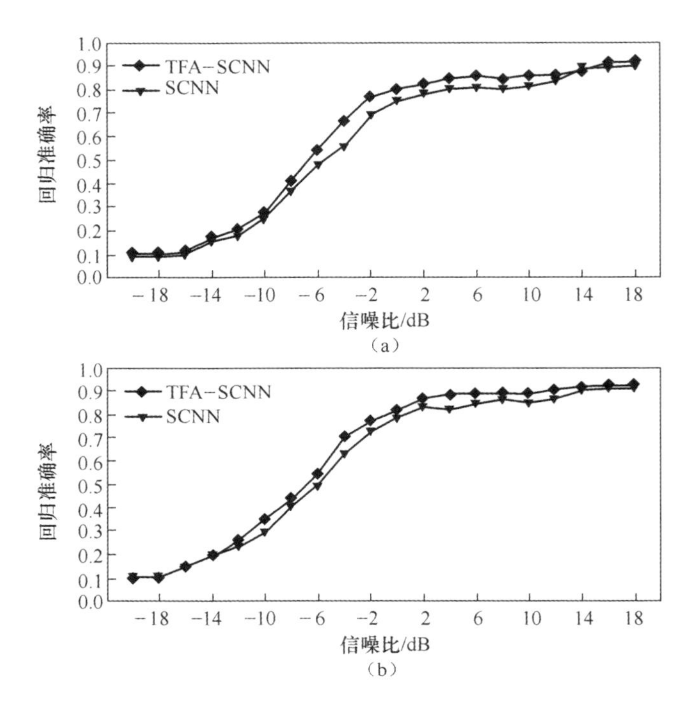

图 5.15　TFA-SCNN 与 SCNN 在不同 SNR 条件下识别准确率

(a) RadioML2016.10a 数据集实验结果;(b) RadioML2016.10b 数据集实验结果

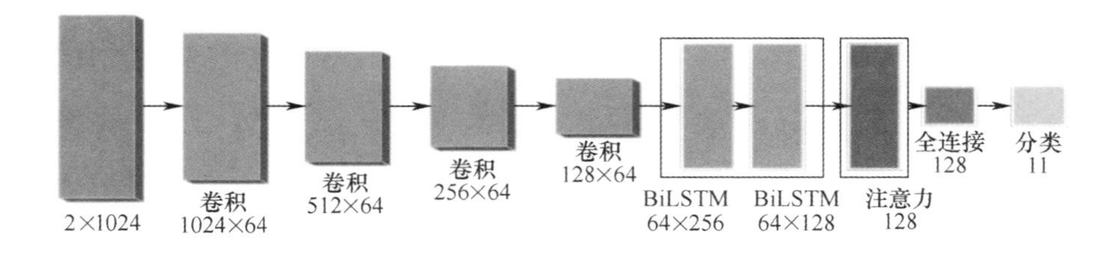

图 5.16　BLACN 结构图

2.3.1,计算机设备为 CPU:E5-2630、GPU:2080T。对整个数据随机(固定随机种子)将其划分为训练集和测试集,比例为 8∶2;批尺寸为 64。

实验以传统 CNN 网络作为对比基线,对 BLACN 进行性能测试。图 5.17 给出仿真测试的结果,首先是 3 种网络在不同信噪比下的信号识别率,从图中可以看出,BLACN 的算法性能在一定程度上优于其他算法。BLACN 算法利用了双向长短期记忆网络和注意力机制关注信号的关键特征与时序信息,提高了信号的识别准确率。传统的 CNN 在信噪比为 10dB 的情况下识别率为 93%左右。对于加入双向长短期记忆网络层的 CNN、Bi-LSTM 网络,在 10dB 的情况下识别率能够提升到

97%左右。BLACN 的识别效果最佳,在 10dB 的情况下能够达到 99%(图 5.17)。

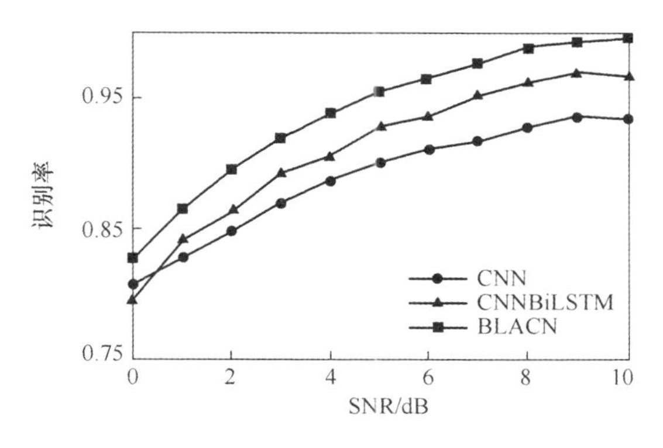

图 5.17 不同信噪比下信号识别率

BLACN 是通过对信号同向正交 I/Q 样本进行训练,利用卷积神经网络优秀的特征提取能力,实现对复杂调制方式识别特征的提取。通过注意力机制和 Bi-LSTM 网络对信号关键特征与时序信息的关注来提高信号的识别准确率。仿真实验表明,相比于传统的卷积神经网络,识别性能有明显的提升并且有着较好的泛化性能,证明注意力机制与双向长短期记忆网络在信号调制识别方面有着较好的效果,具有很好的应用前景和研究价值。

5.2 Transformer 网络

5.2.1 引言

在序列生成任务中,有一类任务是序列到序列生成任务,即输入一个序列,生成另一个序列,如机器翻译、语音识别、文本摘要、对话系统、图像标题生成等。

序列到序列(Sequence-to-Sequence,Seq2Seq)是一种条件的序列生成问题,给定一个序列 $x_{1:S}$,生成另一个序列 $y_{1:T}$。输入序列的长度 S 和输出序列的长度 T 可以不同。例如,在机器翻译中,输入为源语言,输出为目标语言。图 5.18 给出了基于循环神经网络的序列到序列机器翻译示例,其中<EOS>表示输入序列的结束,虚线表示用上一步的输出作为下一步的输入。

序列到序列模型的目标是估计条件概率:

$$p_\theta(y_{1:T} \mid x_{1:S}) = \prod_{t=1}^{T} p_\theta(y_t \mid y_{1:(t-1)}, x_{1:S}) \tag{5.21}$$

给定一组训练数据 $\{(x_{S_n}, y_{T_n})\}_{n=1}^{N}$,可以使用最大似然估计来训练模型参数:

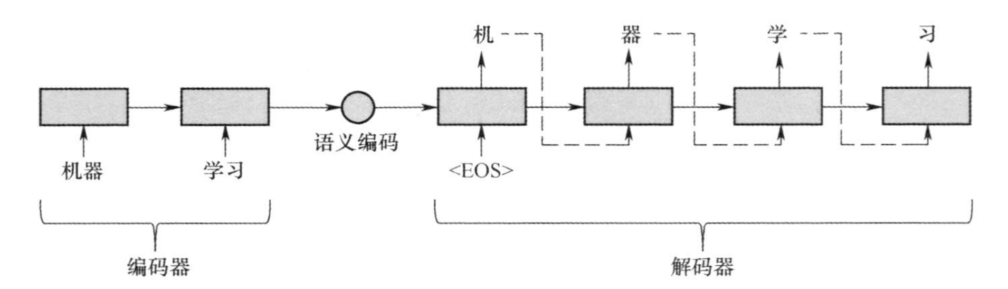

图 5.18　基于循环神经网络的序列到序列机器翻译

$$\theta = \underset{\theta}{\arg\max} \sum_{n=1}^{N} \log p_{\theta}(y_{1:T_n} \mid x_{1:S_n}) \tag{5.22}$$

一旦训练完成,模型就可以根据一个输入序列 $\boldsymbol{x}$ 来生成最可能的目标序列:

$$y = \underset{y}{\arg\max} p_{\theta}(\boldsymbol{y} \mid \boldsymbol{x}) \tag{5.23}$$

实现序列到序列的最直接方法是使用两个 RNN 来分别进行编码和解码,也称为编码器-解码器(Encoder-Decoder)模型。

编码器首先使用一个 RNNf_{enc} 来编码输入序列 $x_{1:S}$ 得到一个固定维数的向量 $\boldsymbol{u}$,$\boldsymbol{u}$ 一般为编码 RNN 最后时刻的隐状态:

$$h_t^{\text{enc}} = f_{\text{enc}}(h_{t-1}^{\text{enc}}, e_{x_{t-1}}, \theta_{\text{enc}}), \forall \mathrm{t} \in [1 : \mathrm{S}] \tag{5.24}$$

$$\boldsymbol{u} = h_S^{\text{enc}} \tag{5.25}$$

式中:$f_{\text{enc}}(\cdot)$ 为 RNN,其参数为 θ_{enc};$e_{x_{t-1}}$ 为输入序列元素 x_{t-1} 的向量表示。

解码器在生成目标序列时,使用另外一个循环神经网络 f_{dec} 利用 u 来进行解码生成目标序列 $y_{1:T}$。在解码过程的第 t 步时,已生成前缀序列为 $y_{1:(t-1)}$。令 h_t^{dec} 表示在网络 f_{dec} 的隐状态,即

$$h_0^{\text{dec}} = \boldsymbol{u} \tag{5.26}$$

$$h_t^{\text{dec}} = f_{\text{dec}}(h_{t-1}^{\text{dec}}, \boldsymbol{e}_{y_{t-1}}, \theta_{\text{dec}}) \tag{5.27}$$

$$o_t = g(h_t^{\text{dec}}, \theta_o) \tag{5.28}$$

式中:$f_{\text{dec}}(\cdot)$ 为解码;$g(\cdot)$ 为最后一层为 softmax 函数的前馈神经网络;θ_{dec} 和 θ_o 为网络参数;$\boldsymbol{e}_{y_{t-1}}$ 为 y_{t-1} 的向量表示;o_t 为 y_t 的所有待选元素的概率。

基于 RNN 的序列到序列模型的缺点是:编码向量 $\boldsymbol{u}$ 的容量问题,输入序列的信息很难全部保存在一个固定维度的向量中;当序列很长时,由于 RNN 的长程依赖问题,容易丢失输入序列的信息。为了获取更丰富的输入序列信息,我们可以在每一步中通过注意力机制来从输入序列中选取有用的信息。

在解码过程的第 t 步时,先用上一步的隐状态 h_{t-1}^{enc} 作为查询向量,利用注意力机制从所有输入序列的隐状态 $H^{\text{enc}} = [h_1^{\text{enc}}, h_2^{\text{enc}}, \cdots, h_S^{\text{enc}}]$ 中选择相关信息,即

$$
\begin{aligned}
c_t &= \mathrm{att}(H^{\mathrm{enc}}, h_{t-1}^{\mathrm{dec}}) = \sum_{i=1}^{S} \alpha_i h_i^{\mathrm{enc}} \\
&= \sum_{i=1}^{S} \mathrm{softmax}(s(h_i^{\mathrm{enc}}, h_{t-1}^{\mathrm{dec}})) h_i^{\mathrm{enc}}
\end{aligned}
\tag{5.29}
$$

式中：$s(\cdot)$ 是注意力打分函数。

然后，将从输入序列中选择的信息 c_t 也作为解码器 $f_{\mathrm{dec}}(\cdot)$ 在第 t 步时的输入，得到第 t 步的隐状态：

$$
h_t^{\mathrm{dec}} = f_{\mathrm{dec}}(h_{t-1}^{\mathrm{dec}}, [e_{y_{t-1}}; c_t], \theta_{\mathrm{dec}}) \tag{5.30}
$$

最后，将 h_t^{dec} 输入到分类器 $g(\cdot)$ 中预测每个候选集元素的概率。

除长程依赖问题外，基于 RNN 的序列到序列模型的另一个缺点是无法并行计算。为了提高并行计算效率以及捕捉长距离的依赖关系，我们可以使用自注意力模型来建立一个全连接的网络结构。Transformer[5] 是其中最具有代表性模型。

5.2.2 Transformer 网络结构

Transformer 模型是一个基于多头自注意力的序列到序列模型，其网络主要由编码器（Encoder）和解码器（Decoder）两部分组成，如图 5.19 所示。编码器和解码器分别由相同的编码器单元和解码器单元重复 N 次堆叠而成，如图 5.20 所示。

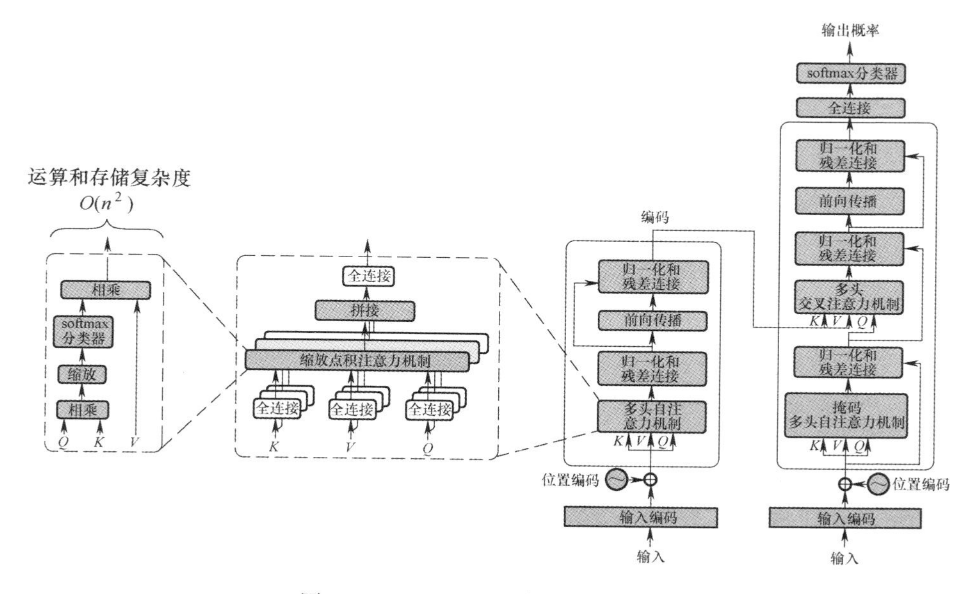

图 5.19　Transformer 模型网络结构

编码器单元主要由多头自注意力（Multi-Head Self-Attention）模块和逐位置的

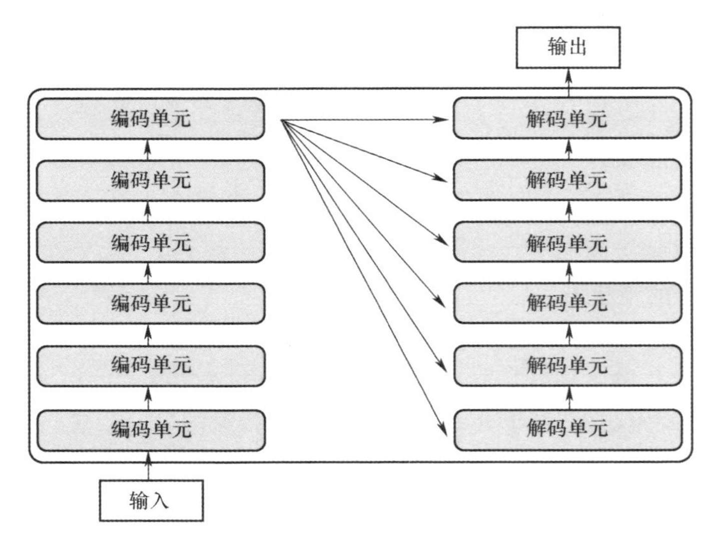

图 5.20 Transformer 中编码器与解码器堆叠结构

前馈神经网络(Position-wise Feed-Forward Network,FFN)组成,同时为了构建更深层的网络,在每个模块后加入残差连接和层归一化模块。解码器单元在编码器单元的基础上,加入了解码器到编码器注意力模块和掩蔽自注意力模块。

5.2.3 Transformer 中的编码器模块

Transformer 中的编码器主要包括位置编码模块、多头自注意力模块、逐位置的前馈神经网络以及残差连接和层归一化模块,最终输出输入序列的编码序列。

(1) 序列编码。Transformer 是基于自注意力模块对输入序列进行编码,由于自注意力模型忽略了序列 $x_{1:T}$ 中每个元素 x_t 的位置信息,因此需要在初始的输入序列中加入位置编码。对于一个输入序列 $x_{1:T} \in R^{D \times T}$, 令

$$\boldsymbol{H} = [\boldsymbol{e}_{x_1} + \boldsymbol{p}_1, \cdots, \boldsymbol{e}_{x_T} + \boldsymbol{p}_T] \tag{5.31}$$

式中:$\boldsymbol{H}$ 为经过序列编码模块后隐状态向量;$\boldsymbol{e}_{x_t} \in R^D$ 为输入序列元素 x_t 的嵌入向量表示;$\boldsymbol{p}_t \in R^D$ 是位置 t 的向量表示,即位置编码。p_t 可以作为可学习的参数,也可以直接预定义位置编码。在文献[1]中,采用如下方式定义位置编码:

$$p_{t,2i} = \sin(t/\ 10000^{2i/D}) \tag{5.32}$$

$$p_{t,2i+1} = \cos(t/\ 10000^{2i/D}) \tag{5.33}$$

式中:$p_{t,2i}$ 表示第 t 个位置编码的第 $2i$ 维;D 为编码的维度。

(2) 自注意力模块。Transformer 采用 QKV 模式的自注意力模型。对于一个向量序列 $\boldsymbol{H} = [h_1, h_2, \cdots, h_T] \in R^{D_h \times T}$, 首先用自注意力模型来对其进行编码,即

$$\text{Attention}(\boldsymbol{Q},\boldsymbol{K},\boldsymbol{V}) = \text{softmax}\left(\frac{\boldsymbol{K}^{\mathrm{T}}\boldsymbol{Q}}{\sqrt{D_k}}\right)\boldsymbol{V} = \boldsymbol{A}\boldsymbol{V} \tag{5.34}$$

$$\boldsymbol{Q} = \boldsymbol{W}_q\boldsymbol{H},\boldsymbol{K} = \boldsymbol{W}_k\boldsymbol{H},\boldsymbol{V} = \boldsymbol{W}_v\boldsymbol{H} \tag{5.35}$$

式中：D_k 为输入矩阵 $\boldsymbol{Q}$ 和 $\boldsymbol{K}$ 中列向量的维度；D_v 为输入矩阵 $\boldsymbol{V}$ 的列向量维度；$\boldsymbol{W}_q \in R^{D_k\times D_h}$、$\boldsymbol{W}_k \in R^{D_k\times D_h}$、$\boldsymbol{W}_v \in R^{D_v\times D_h}$ 为 3 个投影矩阵。矩阵 $\boldsymbol{A}$ 一般称为注意力矩阵，softmax(·)在注意力矩阵的行方向计算注意力分布。注意力分布的计算采用缩放点积形式,即乘以缩放因子 $\frac{1}{\sqrt{D_k}}$，避免输入向量维度增长引起的 softmax(·)梯度消失问题。

Transformer 为了提取更多的交互信息,使用多头自注意力在多个不同的投影空间中捕捉不同的交互信息,如图 5.21 所示。假设在 M 个投影空间中分别应用自注意力模型,有

$$\begin{cases}\text{MultiHeadAttn}(\boldsymbol{Q},\boldsymbol{K},\boldsymbol{V}) = \text{Concat}(\text{head}_1,\cdots,\text{head}_M)\boldsymbol{W}_O \\ \text{where head}_m = \text{Attenion}(\boldsymbol{Q}\boldsymbol{W}_m^Q,\boldsymbol{K}\boldsymbol{W}_m^K,\boldsymbol{V}\boldsymbol{W}_m^V)\end{cases} \tag{5.36}$$

式中：$\boldsymbol{W}_O \in R^{D_h\times MD_v}$ 为输出投影矩阵；$\boldsymbol{W}_q^m \in R^{D_k\times D_h}$、$\boldsymbol{W}_k^m \in R^{D_k\times D_h}$ 和 $\boldsymbol{W}_v^m \in R^{D_v\times D_h}$ 为投影矩阵，$m \in [1,M]$。

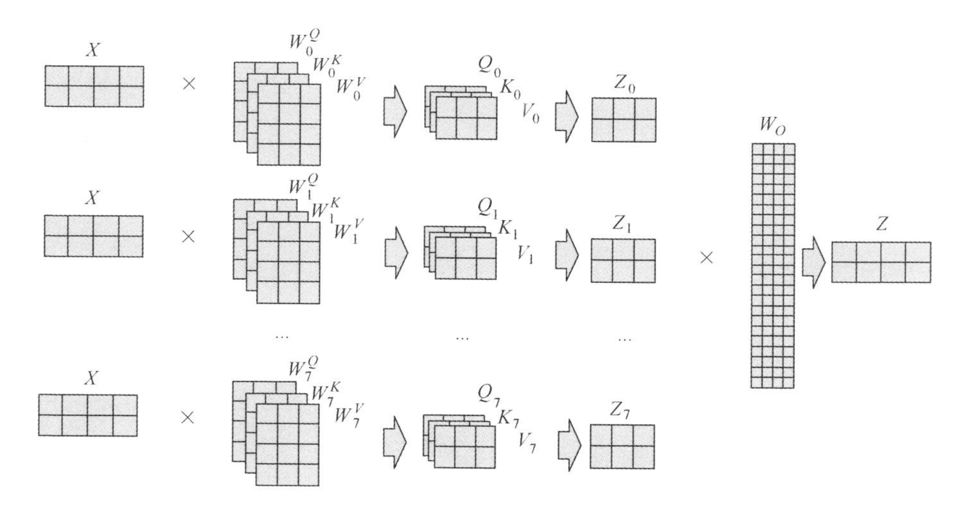

图 5.21　多头自注意力计算过程

在 Transformer 模型编码器中,只包含多层的多头自注意力模块,即每一层都接受前一层的输出作为输入。编码器的输入为序列 $x_{1:S}$，输出为一个向量序列 $\boldsymbol{H}^{\text{enc}} = [h_1^{\text{enc}},h_2^{\text{enc}},\cdots,h_S^{\text{enc}}]$。然后,编码器用两个矩阵将 $\boldsymbol{H}^{\text{enc}}$ 映射到 $\boldsymbol{K}^{\text{enc}}$ 和 $\boldsymbol{V}^{\text{enc}}$ 作为键值对供解码器使用,即

$$K^{enc} = W'_k H^{enc} \tag{5.37}$$

$$V^{enc} = W'_v H^{enc} \tag{5.38}$$

式中：W'_k 和 W'_v 为线性映射的参数矩阵。

（3）逐位置的前馈神经网络。逐位置的前馈神经网络是全连接的前馈神经网络，在每个位置上共享网络参数，计算方法如下：

$$\mathrm{FFN}(\boldsymbol{H}) = \mathrm{relu}(\boldsymbol{H}\boldsymbol{W}^1 + b^1)\boldsymbol{W}^2 + b^2 \tag{5.39}$$

式中：$\boldsymbol{H}$ 是前一层网络的输出；$\boldsymbol{W}^1 \in R^{D_m \times D_f}$、$\boldsymbol{W}^2 \in R^{D_f \times D_m}$、$b^1 \in R^{D_f}$、$b^2 \in R^{D_m}$ 都是参与训练的可学习参数。通常情况下，FFN 的隐藏层参数 D_f 要大于输入和输出层参数 D_m。FFN 将输入向量 $\boldsymbol{H}$ 映射到更高的维度 D_f，利用 relu 做非线性变换，提升了模型的表达能力。

（4）残差连接和层归一化。图 5.20 中的“Add&Norm”表示残差连接和层归一化。Transformer 模型为了构建稳定的深层网络，在每个模块后接入残差连接和层归一化，其计算过程为

$$\begin{cases} H' = \mathrm{LayerNorm}(\mathrm{SelfAttention}(X) + X) \\ H = \mathrm{LayerNorm}(\mathrm{FFN}(H') + H') \end{cases} \tag{5.40}$$

层归一化作用是把神经网络中隐藏层归一为标准正态分布，以起到加快训练速度，加速收敛的作用。令第 l 层神经元的净输入为 $z^{(l)}$，则其均值和方差为

$$\boldsymbol{\mu}^{(1)} = \frac{1}{n^{(l)}} \sum_{i=1}^{n^{(l)}} z_i^{(l)} \tag{5.41}$$

$$\boldsymbol{\sigma}^{(1)^2} = \frac{1}{n^{(1)}} \sum_{k=1}^{n^{(l)}} (z_i^{(l)} - \boldsymbol{\mu}^{(l)})^2 \tag{5.42}$$

式中：$n^{(l)}$ 为第 l 层神经元的数量。

层归一化定义为

$$\mathrm{LayerNorm}(z^{(1)}) = \frac{z^{(1)} - \boldsymbol{\mu}^{(1)}}{\sqrt{\boldsymbol{\sigma}^{(1)} + \varepsilon}} \circ \boldsymbol{\gamma} + \boldsymbol{\beta} \tag{5.43}$$

式中：$\boldsymbol{\gamma}$ 和 $\boldsymbol{\beta}$ 为缩放和平移的参数向量，与 $z^{(1)}$ 维度相同；$\circ$ 表示向量元素相乘。

5.2.4 Transformer 中的解码器模块

Transformer 模型解码器中，在编码器的基础上，解码器包含掩蔽自注意力模块和解码器到编码器注意力模块。

5.2.4.1 掩蔽自注意力模块

在训练时，我们通常将序列起始符号 $<s>$ 和右移的目标序列作为解码器的输入，即在第 t 个位置的输入为 y_{t-1}，在这种情况下，可以通过一个掩码来阻止每个位置选择其后面的输入信息。这种只建立前 t 个位置依赖关系的方式成为掩蔽

自注意力。

如图 5.22(a)所示,自注意力模块对于输入长度为 T 的序列,建模任意两个元素之间的关系,其注意力矩阵中的 T^2 个元素均有对应的注意力值,而掩蔽自注意力只建模当前元素与其之前元素的关系,因此要将注意力矩阵中无需建模的位置遮蔽,如图 5.22(b)中白色区域所示。

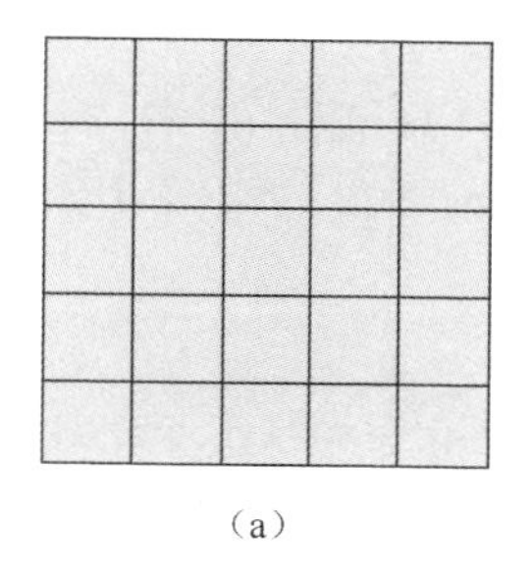

(a)

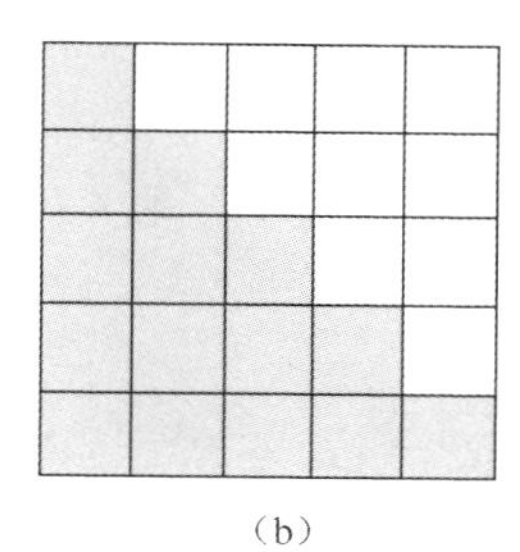

(b)

图 5.22 自注意力与掩蔽自注意力中的注意力矩阵
(a) 自注意力中注意力矩阵;(b) 掩蔽自注意力中的注意力矩阵。

5.2.4.2 解码器到编码器注意力模块

掩蔽自注意力模块使用自注意力模型对已生成的前缀序列 $y_{0:(T-1)}$ 进行编码得到 $\boldsymbol{H}^{\text{dec}} = [h_1^{\text{dec}}, h_2^{\text{dec}}, \cdots, h_{\text{T}}^{\text{dec}}]$,解码器将 $\boldsymbol{H}^{\text{dec}}$ 进行线性映射得到 $\boldsymbol{Q}^{\text{dec}}$ 作为查询矩阵。与其他自注意力模块不同,解码器到编码器注意力模块使用键值对,不是来自于上一层网络输入的映射,而是来自于编码器输出的 $\boldsymbol{K}^{\text{enc}}$ 和 $\boldsymbol{V}^{\text{enc}}$。解码器到编码器注意力模块利用查询矩阵 $\boldsymbol{Q}^{\text{dec}}$ 从编码器利用式(5.37)和式(5.38)得到的 $(\boldsymbol{K}^{\text{enc}}, \boldsymbol{V}^{\text{enc}})$ 中选取有用信息。

5.2.5 Transformer 复杂度分析与比较

自注意力模块是 Transformer 模型的核心模块,可以灵活地处理变长的输入序列。自注意力模块建模输入序列中的任意两个元素关系,可以看作是一个权重动态变化的全连接网络。对输入序列长度为 T,序列中元素向量维度为 D,表 5.1 中总结了自注意力层与卷积层、循环网络层在时间复杂度、序列操作数、最大路径长度上的比较。

表 5.1 不同网络类型的时间复杂度、序列操作数和最大路径长度

网络类型	时间复杂度	序列操作数	最大路径长度
自注意力层	$O(T^2D)$	$O(1)$	$O(1)$
全连接层	$O(T^2D^2)$	$O(1)$	$O(1)$
卷积层	$O(KTD^2)$	$O(1)$	$O(\log_k T)$
循环网络层	$O(TD^2)$	$O(T)$	$O(T)$

(1) 时间复杂度。对于矩阵 $\boldsymbol{A} \in R^{N\times M}$ 和 $\boldsymbol{B} \in R^{M\times P}$ 相乘,其时间复杂度主要来源于乘法操作次数,时间复杂度为 $O(\mathrm{NMP})$。由式(5.29)可知,自注意力层计算涉及3部分计算:① $\boldsymbol{K} \in R^{T\times D}$ 和 $\boldsymbol{Q} \in R^{T\times D}$ 相关性计算 $\boldsymbol{QK}^{\mathrm{T}}$, 复杂度为 $O(T^2D)$;②对注意力矩阵每行计算 softmax(·), 复杂度为 $O(T)$, 计算 T 行则复杂度为 $O(T^2)$;③注意力矩阵 $\boldsymbol{A} \in R^{T\times T}$ 与值矩阵 $\boldsymbol{V} \in R^{T\times D}$ 加权求和,时间复杂度 $O(T^2D)$。因此,自注意力层的时间复杂度为 $O(T^2D)$。

全连接层在输入层和输出层任意两神经元之间均有权重相乘,输入层有神经元 $T\times D$, 输出层同样有 $T\times D$, 故全连接层的时间复杂度为 $O(T^2D^2)$。

循环网络单元的隐状态计算方法如下:

$$h_t = f(\boldsymbol{Ux}_t + \boldsymbol{Wh}_{t-1}) \tag{5.44}$$

式中: $\boldsymbol{U} \in R^{D\times M}$; $\boldsymbol{x}_t \in R^{M\times 1}$; $\boldsymbol{W} \in {}^{D\times D}$; $\boldsymbol{h}_{t-1} \in R^{D\times 1}$; M 是输入 x_t 的向量维度,因此一次操作的时间复杂度为 $O(D^2)$, T 次操作后复杂度为 $O(TD^2)$。

卷积层在输入和输出同为 $T\times D$ 的条件下,使用卷积核尺寸为 $K\times D$ 进行一次运算的复杂度为 $O(KD)$, 为使输出尺寸为 $T\times D$, 需要在第一维进行 T 次卷积操作,在第二维有 D 个卷积核,故卷积层的时间复杂度为 $O(KTD^2)$。

(2) 序列操作数。序列操作数表明模型的并行程度,只有循环网络需要串行的 T 次序列操作,这是因为循环网络单元计算还需要依赖于上一个时间步的隐藏层输出。对于自注意力层、全连接层和卷积层 T 次序列操作可以并行操作,因此复杂度是 $O(1)$。

(3) 最大路径长度。最大路径长度即距离为 n 的两个神经元结点传递信息所经历的路径长度,表征了存在长距离依赖的结点在传递信息时,信息丢失的程度,长度越长,两个节点之间越难交互,信息丢失越严重。

各类型神经网络结构如图5.23所示。自注意力层和全连接层任意两个神经元之间都可以直接相连,即任意两个结点之间的距离为1,因此,最大路径长度为1。

循环网络对长度为 T 输入序列,第一个节点的信息需要经过 T 次迭代才能传到最后一个节点的状态中,很难建立节点间的长距离依赖。

卷积层通过卷积核来捕捉局部依赖,扩大层数来扩大视野。对于卷积核大小为 k 的卷积网络,可以看作一个深度为 h 的 k 叉树,则叶子节点的个数应与输入序列长度 T 一致,即 $k^h = T$, 可得 $h = \log_K(T)$。卷积层的最大路径长度与树的高度 h 一致,即 $O(\log_K(T))$。

5.2.6 Transformer 的变体

自注意力机制在 Transformer 中扮演着重要的角色,但在实际应用中存在两个挑战:一是复杂性,自注意力的时间复杂度是 $O(T^2D)$, 因此在处理长序列时,自注

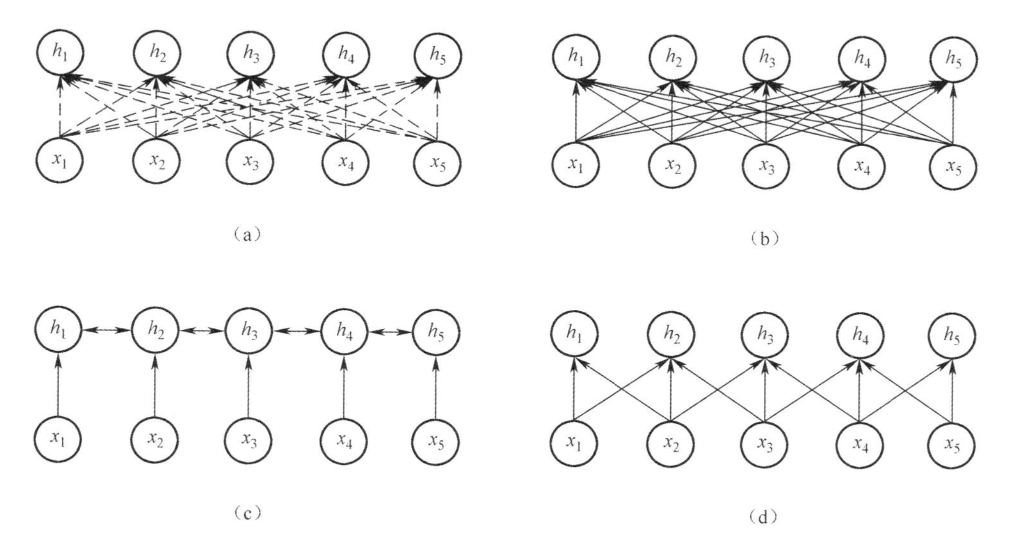

图 5.23 各类型神经网络结构
(a) 自注意力网络;(b) 全连接网络;(c) 循环网络;(d) 卷积网络。

意力模块会成为性能的瓶颈;二是结构先验,Transformer 不假设对输入有任何结构性偏见,甚至顺序信息也需要从训练数据中学习。因此,无预训练的 Transformer 通常很容易在小型或中等规模的数据上过拟合。因此,Transformer 的变体主要在这两个方便对其进行改进。

5.2.6.1 稀疏注意力

在标准的自注意力机制中,每个元素都需要关注所有其他元素。然而,据观察,对于经过训练的 Transformer,学习到的注意力矩阵 $\boldsymbol{A}$ 在大多数数据点上通常非常稀疏。因此,可以通过结合结构偏差来限制每个查询关注的查询键对的数量来降低计算复杂度,从而减少键-值的对数这样计算注意力矩阵 $\boldsymbol{A}$ 时只计算原先的一部分就可以。

从另一个角度来看,标准注意力可以被视为一个完整的二分图,其中每个查询从所有内存节点接收信息并更新其表示。稀疏注意力可以被认为是一个稀疏图,其中删除了节点之间的一些连接。基于确定稀疏连接的指标,我们将这些方法分为两类:基于位置的稀疏注意力和基于内容的稀疏注意力。

(1) 基于位置的稀疏注意力。在基于位置的稀疏注意力中,注意力矩阵根据一些预定义的模式受到限制。虽然这些稀疏模式以不同的形式变化,但我们发现其中一些可以分解为一些原子稀疏模式。可以理解为稀疏连接只计算真正有关系的两个节点,其余在注意力矩阵中都默认赋值为负无穷。常用稀疏注意力有 5 种基础模式:全局注意力、带状注意力、扩张注意力、随机注意力、块局部注意力,其计算方式如图 5. 24 所示,其中阴影部分的方格代表二者之间建立关系。

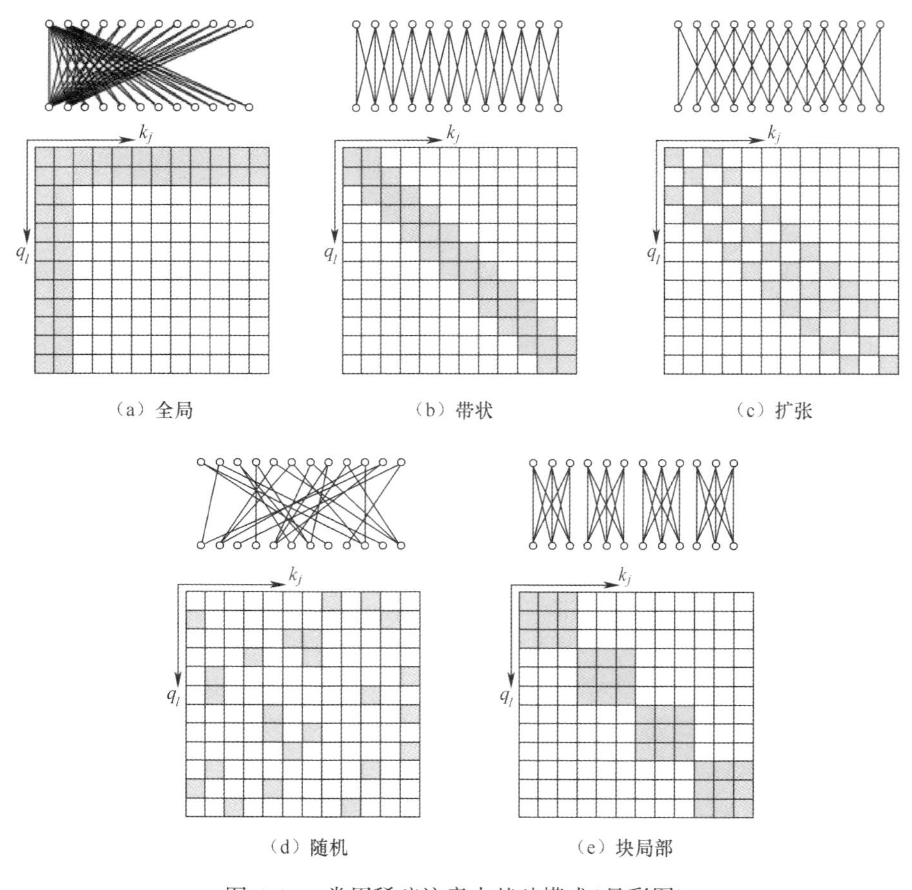

图 5. 24　常用稀疏注意力基础模式(见彩图)

Band 注意力也称为 Sliding Window Attention,或者 Local Attention。因为很多输入到 Transformer 的数据,内部存在一种较强的区域联系,Band Attention 就用来解决这种输入的。Band Attention 的关系图是一个带状矩阵,表明每个元素和相邻的元素之间存在密切的关系,如图 5. 24(b)所示。

Dilated 注意力类比卷积神经网络中的空洞卷积思想,在不增加计算量的同时增加感受野。感受野可以理解为卷积神经网络中最后输出的特征图中,每个元素保留了输入图像中多少个像素的特征,将这种思想迁移过来就是 Dilated Attention,它可以看作是 Band Attention 的拓展,只不过是每个元素现在是和相邻元素的相邻元素有关系,如图 5. 24(c)所示。

随机注意力随机选取两个元素建立关系,如图 5. 24(d)所示。

块局部注意力将序列分组,然后在每组中计算注意力,如图 5. 24(e)所示。

在实际使用过程中,稀疏注意力往往是在现有的原子模式中的使用其中二者或者以上组合而成的常见的注意力变体如图 5.25 所示。

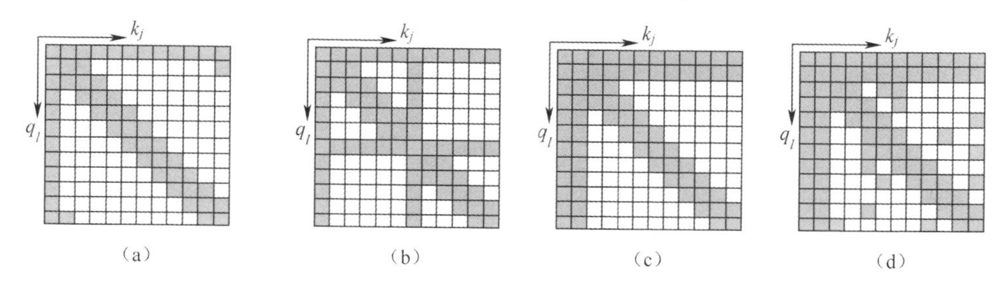

图 5.25　具有代表性的注意力机制变体

(a) Star-Transformer;(b) Longformer;(c) ETC;(d) BigBird。

Star-Transformer 是将 Global Attention 和 Band Attention 进行了组合,在 Star-Transformer 中所有非邻接的元素通过一个全局信息汇总节点进行信息汇总,邻接的节点通过一个窗口大小为 3(相邻 3 个元素之间具有关系)的 Band Attention 进行信息汇总。

Longformer、ETC 和 Bigbird 等变体同样是将基础的原子模式,如全局注意力、带状注意力等进行组合来对注意力矩阵稀疏化。

(2) 基于内容的稀疏注意力。第二种 Transformer 改进工作基于输入内容创建稀疏图,即稀疏连接以输入为条件。基于位置的稀疏注意力可以理解为基于元素之间的空间关系构建,而基于内容的稀疏注意力则元素本身的内容入手进行构造,只让那些在内容上比较相近的键值对参加注意力运算。基于内容的稀疏图的一种直接方法是选择那些可能与给定查询具有较大相似性分数的键。为了有效地构建稀疏图,我们可以递归到最大内积搜索问题,即尝试通过查询找到具有最大点积的键,而无需计算所有点积项。

5.2.6.2　分治策略的 Transformer

序列长度上的自注意力的二次复杂度会显著限制一些下游任务的性能,如语言建模通常需要远程的上下文。一种处理长序列的有效方法是使用分治策略,即将输入序列分解为可以由 Transformer 或 Transformer 模块有效处理的更细段。常见的两类有代表性的方法,循环和分层 Transformer,如图 5.26 所示。这些技术可以被理解为 Transformer 模型的包装器,其中 Transformer 作为一个基本组件,被重用以处理不同的输入段。

在循环 Transformer 中,会维护一个缓存以合并历史信息。在处理一段文本时,网络从缓存中读取作为附加输入。处理完成后,网络通过简单地复制隐藏状态或使用更复杂的机制来写入内存。

分层 Transformer 将输入分层分解为更细粒度的元素,然后对不同粒度的输入

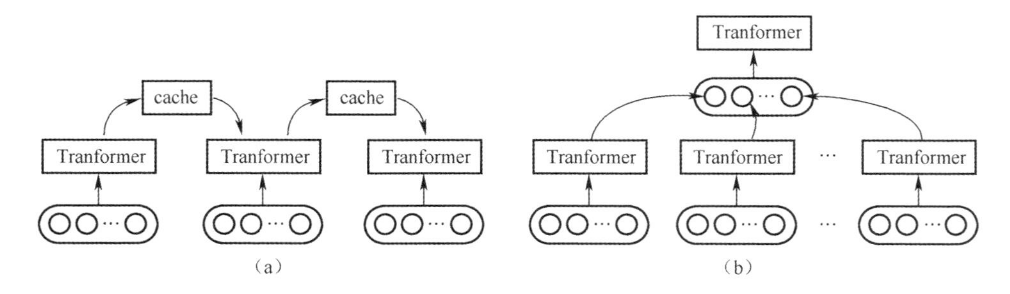

图 5.26 基于循环和分层的 Transformer

(a)循环的 Transformer;(b)分层的 Transformer。

利用 Transformer 进行建模。低级特征首先被送到 Transformer 编码器,产生输出表示,然后聚合(使用池化或其他操作)以形成高级特征,由高级 Transformer 处理,这类方法可以理解为一个层次抽象的过程。这种方法的优点有两个:分层建模允许模型以有限的资源处理长输入;它有可能产生更丰富的对任务有益的表征。

5.2.7 Transformer 在通信信号识别中的应用

Transformer 模型在实际使用中依据使用的模型结构不同可以分为 3 类:①编码器-解码器模式,一般用于输入输出均为序列的任务,如机器翻译等;②编码器模式,只使用编码器建模序列中的依赖关系,增强序列的表达能力,一般用于序列分类等任务中;③解码器模式,只使用解码器,移除解码器到编码器注意力模块,一般用于序列生成式任务中。通信信号识别是典型的序列分类问题,通常使用编码器结构对输入信号进行特征提取。

Transformer 模型在处理变长信号序列,捕获序列长距离依赖上具有一定优势。在信号识别任务中,可以将 Transformer 单独使用作为特征提取器,也可以对 Transformer 网络结构进行改进,与 CNN、RNN 等网络相结合,利用其他类型网络的优点,从而提升神经网络的识别精度。

通信信号识别的关键问题是在接收机接收到的信号中,挖掘出具有区分性的特征从而确定其调制方式。在通信信号传输过程中,基带信号 $s(m)$ 经过信道 $h(m)$ 传输后,受到噪声 $w(m)$ 影响的,在接收机可以接收到长度为 M 的信号 $r(m)$,可以表示为

$$r(m) = s(m) * h(m) + w(m), m = 1,2,\cdots,M \tag{5.45}$$

通常,可以将时域信号直接作为识别网络的输入进行特征提取,也可以将时域信号变换成频域信号作为网络输入,还可以将时域和频域信息结合,通过短时傅里叶变换将一维信号序列变换为时频图特征进行特征提取,但是会带来额外的计算量。

Kong 等[8]提出一种基于 Transformer 的网络结构 CTDNN 来提高信号识别的准确率。Transformer 将输入为离散值的序列通过 Embedding 层映射到一个连续的高维空间向量，对于时域信号，CTDNN 将长度为 M 的 I/Q 信号 $\boldsymbol{r} \in R^{2\times M}$，利用 $\boldsymbol{k}$ 个 $2\times N$ 的卷积核对 I/Q 信号进行卷积操作映射到高维空间，得到输出序列 $c \in R^{k\times 1\times d_c}$，其中 d_c 为卷积核的特征长度。CTDNN 对 $c \in R^{k\times 1\times d_c}$ 进行矩阵变换得到 $\tilde{c} \in R^{k\times d_c}$，加入序列位置向量，作为 Transformer 编码器的输入进行特征提取。最后，通过前馈网络计算每个调制类型的概率来得到识别结果，CTDNN 的网络结构如图 5.27 所示。

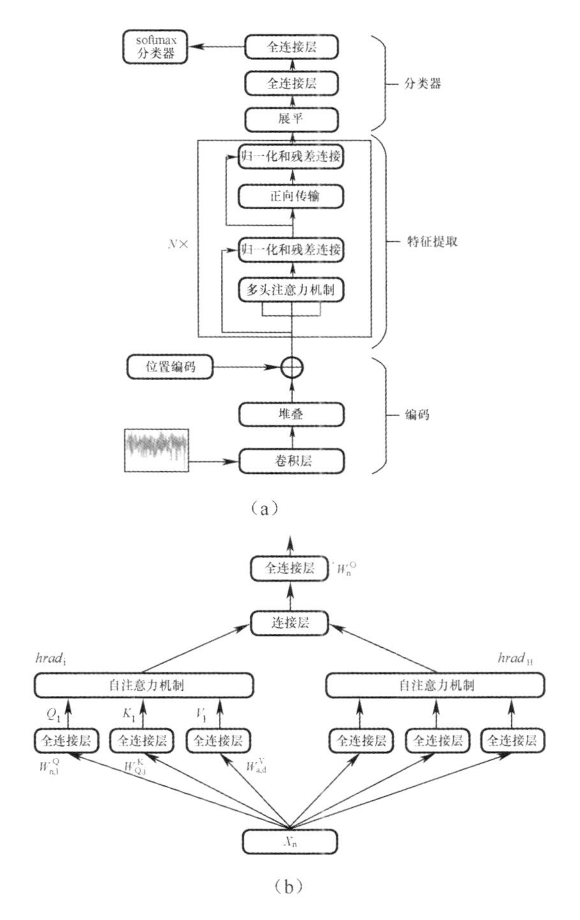

图 5.27 基于 Transformer 的通信信号调制识别示意图
(a) CTDNN 网络结构；(b) CTDNN 中的多头注意力。

CTDNN 使用交叉熵作为分类损失函数，给定训练集 $\{(r_1,y_1),(r_2,y_2),\cdots,(r_N,y_N)\}$，计算方式为

$$L = -\frac{1}{B}\sum_{i=1}^{B} y_i \log(F(r_i)) \tag{5.46}$$

式中：$F(\cdot)$ 为概率分布计算函数；B 为批处理样本的数量。

CTDNN 实验在 RML2016.10b 数据集上进行，数据集包含长度为 128 的 I/Q 信号，信噪比从-10dB 到 18dB。实验设置训练使用 Adam 优化器，训练 100 轮，网络使用两个 Transformer 编码器级联，自注意力特征维度为 256，最终全连接隐藏层的特征维度 512。在不同信噪比下，混淆矩阵如图 5.28 所示。从实验结果中可以看出，低信噪比条件下，基于 Transformer 的 CTDNN 网络相比于传统的 CNN、LSTM，识别准确率有明显提升。

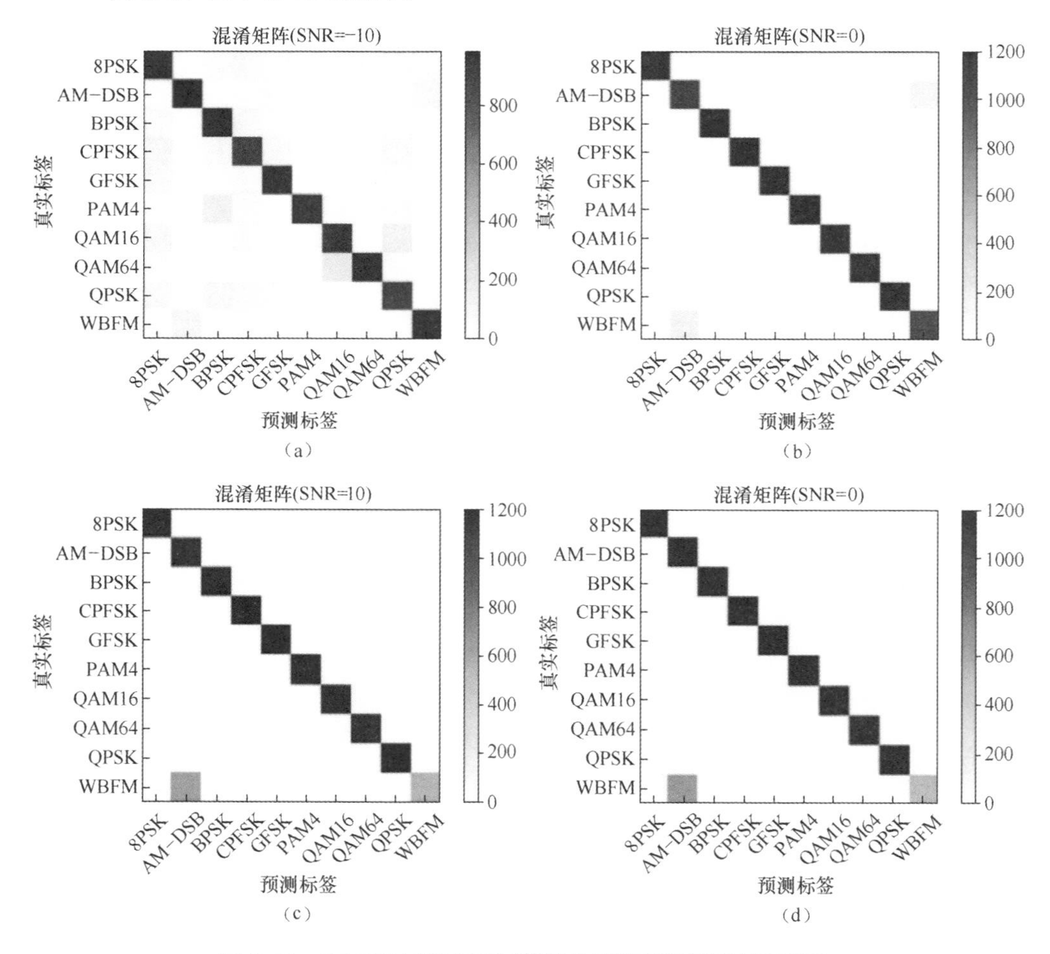

图 5.28　CTDNN 网络在不同信噪比下的混淆矩阵(见彩图)

(a)-10dB；(b)0dB；(c)10dB；(d)18dB。

5.3 基于元学习的通信信号识别

5.3.1 元学习的概念

随着深度学习技术的不断发展,由深度学习引领的人工智能技术在各个领域都取得了重大的突破,然而,这些成功往往都依赖于大量的训练数据和大规模的计算资源,这极大地制约了人工智能技术在相关领域的进一步扩展。基于此,具有自我学习能力以及强泛化性能的元学习应运而生。随着大量研究成果的发表和技术的发展,元学习已经成为了当前人工智能领域最有发展前景和最热门的研究方向之一。

深度学习的成功得益于其深度结构的复杂性,这使得深度神经网络的训练是一个高度非线性、非凸的优化问题,针对不同的优化问题,网络模型都需要从零开始训练,这使得深度学习网络对于不同问题都需要大量的训练数据,然而,人类可以在以往知识经验的基础上,从极少量样本中就学习到新的知识,如第一次见到老虎的儿童可能会将其描述为一只脑袋上有“王”字的“大花猫”,这里的“大花猫”就是他在以前的学习过程中积累的知识,在这个知识的帮助下他可以很快掌握老虎这个新概念。元学习希望可以使模型拥有人类的这种“学习能力”。

元学习(Meta-learning)也称为学会学习(Learning to Learn),即指利用以往的知识经验指导对新任务的学习,使得网络具备学会学习的能力,旨在生成一个通用的人工智能模型去学习执行各种任务。对于一个新任务,元学习模型可以利用之前从相关任务中获取的知识,无须从零开始训练网络。

元学习目前主要针对小样本学习问题,如图 5.29 所示,元学习的训练集与测试集都以小样本学习任务为基本单元,每个任务都有各自的训练数据集和测试数据集,也称支持集和查询集。在训练阶段,元学习通过学习大量任务去获取一种学习的能力,这种能力可以抽象成函数 $F(x)$。当网络在测试过程中执行新任务时,可在 $F(x)$ 的指导下,通过对新任务少量样本的学习就快速适应和掌握新任务。为实现这一目的,元学习模型在训练阶段和测试阶段使用的数据均为只含有少量数据的任务。对于有监督学习,元学习需要训练模型去适应一个任务分布 $p(T)$((元测试集内的任务 T_i^{test} 与元训练集内的任务 T_i^{train} 都抽取自 $p(T)$)),在训练阶段,首先从元训练集内抽取一个任务 T_i^{train},元学习模型通过该训练任务 T_i^{train} 支持集内的少量数据进行优化,然后由优化后的模型测试训练任务 T_i^{train} 查询集内的数据计算损失,并通过优化器最小化损失。训练结束后,对于元测试集内没有参与过训练的新测试任务 T_i^{test},模型首先通过 T_i^{test} 支持集内的少量数据进行几次训练,再通过 T_i^{test} 查询集内的数据检验训练好的模型的性能,如识别准确率、误差损失等。

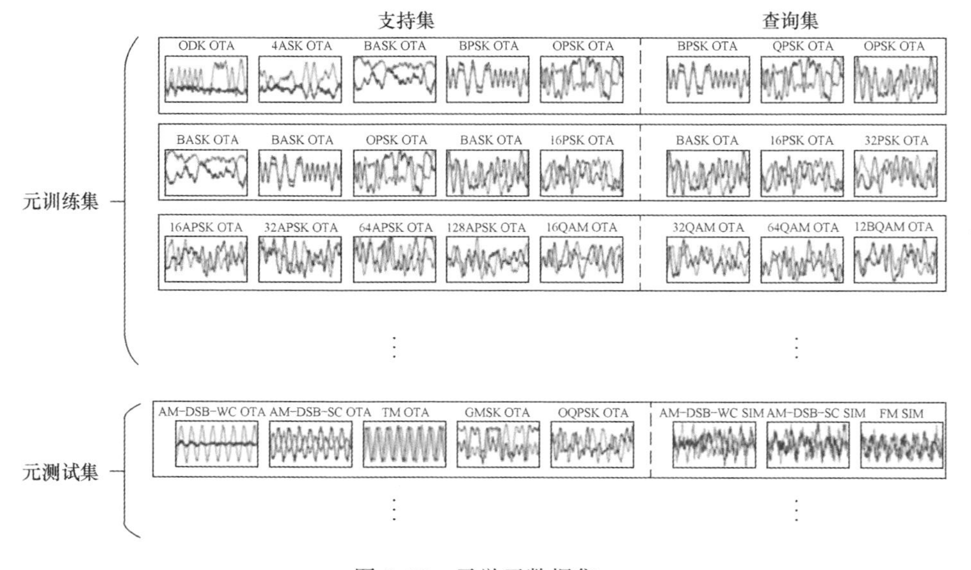

图 5.29　元学习数据集

元学习与深度学习的模型结构类似,一般也分为特征提取和分类两部分,特征提取部分用于从数据样本中提取信息,通常使用主流的深度学习网络架构,如卷积网络、循环神经网络等,带有非线性激活函数的全连接层通常会作为分类部分。在训练过程中部分模型会将先验知识作为特征进行学习。综上所述,一般元学习过程是:在元训练集上学习得到一个泛化性能较强的初始网络模型,测试时,该模型对新任务的少量数据进行学习,然后检验学习后的效果。

5.3.2　元学习的处理方法

当前实现元学习的方法有很多种,根据所采用的元知识的形式不同,本节将元学习方法分为 3 种:基于度量的元学习方法、基于学习初始化的元学习方法、基于优化器的元学习方法。

(1) 基于度量的元学习方法。采用基于度量的元学习方法是希望可以确定一个高效率学习的度量空间。在度量的场景中通过某种距离函数计算两个样本之间的距离,从而确定它们之间的相似度,在深度学习中通常采用欧几里得距离、余弦相似度等作为距离函数。基于度量学习的元学习通用算法框架如图 5.30 所示,该框架可分为两个模块:特征提取模块和度量模块。将支持集和查询集样本通过特征提取模块映射到特征度量空间,然后通过度量模块计算样本间相似性得分。特征提取模块通过对元训练集中的大量任务进行训练学习后可以更合适地表示数据,将样本数据映射至一个高效的特征度量空间,使分类问题变得更容易。在测试过程中，只需借助支持集中少量样本就可以快速对查询集中的样本进行正确识别。目前，基于度量学习的元学习方法包括孪生网络、匹配网络、原型网络、关系网络。

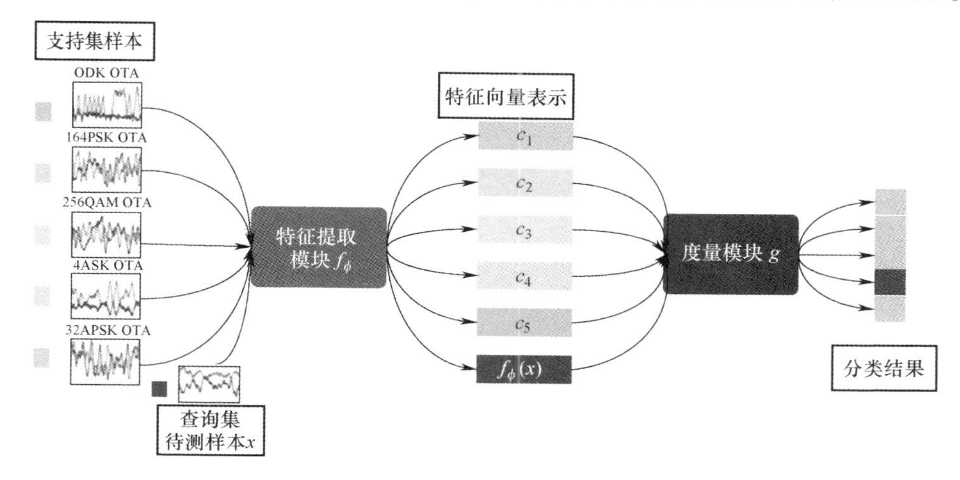

图 5.30　基于度量的元学习方法通用算法框架

（2）基于学习初始化的元学习方法。深度学习训练网络一般采用随机初始化的方法，基于初始化的元学习希望可以使用最优值或者接近最优值的值来初始化网络参数，这样就可以更快地收敛，并可以实现从少量新数据中快速学习新任务的目的。模型无关元学习（Model Agnostic Meta Learning，MAML）是近年来应用最广泛的基于学习初始化的元学习算法之一。MAML 的基本思想是寻找一个更好的初始化参数，让模型可以在较少的梯度步骤下快速学习新任务。在 MAML 中，需要从任务分布 $p(T)$ 中抽取一批任务，对于这批任务中的每个任务 T_i，抽取 k 个数据点训练模型，使用梯度下降最小化损失得到最优参数 θ'_i，即

$$\theta'_i = \theta - \alpha\nabla_\theta L_{T_i}(f_\theta) \tag{5.47}$$

式中：θ'_i 表示任务 T_i 的最优参数；θ 表示初始参数；α 表示超参数；$\nabla_\theta L_{T_i}(f_\theta)$ 表示任务 T_i 的梯度。

在抽样另一批任务前通过计算每个任务 T_i 中相对于最优参数 θ'_i 的梯度，更新随机初始化模型参数 θ，即

$$\theta = \theta - \beta\nabla_\theta \sum_{T_i \sim p(T)} L_{T_i}(f_{\theta'_i}) \tag{5.48}$$

式中：$\nabla_\theta \sum_{T_i \sim p(T)} L_{T_i}(f_{\theta'_i})$ 表示每个新任务 T_i 相对于参数 θ'_i 的梯度。

（3）基于优化器的元学习方法。神经网络一般是通过大量训练数据来优化的，并采用梯度下降法最小化损失，然而，梯度下降法并不适用在小样本的场景，基于优化器的元学习方法尝试学习优化器本身，不采用梯度下降法优化网络。这里

存在两个网络:尝试学习的基网络和优化基网络的元网络,通常采用 RNN 作为元网络。如图 5.31 所示,在训练过程中,由 RNN(元网络)寻找最优参数,并将该参数用于优化基网络,然后将基网络学习损失返回给 RNN(元网络),RNN(元网络)再由梯度下降法优化本身,更新模型参数 θ。元网络通过对以往任务的学习得到一个高效的优化器,进而快速学习新任务。

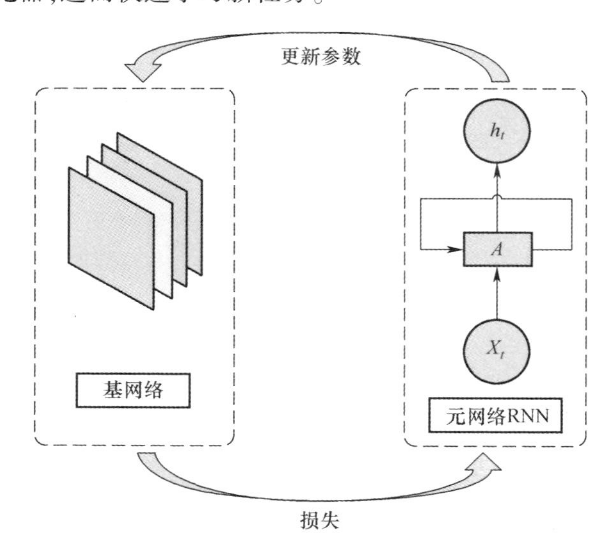

图 5.31 基于优化器的元学习网络

5.3.3 元学习在通信信号识别中的应用

随着深度学习技术的发展,越来越多的研究成果被应用在通信信号识别领域,2016 年,O'Shea 等首次将深度 CNN 用于解决调制识别问题,通过与传统特征提取方法对比,证明了利用深度 CNN 对大量密集编码的时序信号直接进行学习是可行的。然而,基于深度学习的调制识别算法通常都需要通过大量的带标签样本训练网络参数。否则,会造成严重的过拟合问题,但是在实际侦察环境中,面对新出现的调制类型,往往无法获得足够的带标签样本,这很大程度上限制了深度学习在调制识别中的应用,因此,需要对小样本条件下的调制识别方法进行深入研究。

针对极少量带标签样本条件下的调制识别问题,提出一种基于混合注意力原型网络的调制识别算法。该算法采用基于度量的元学习方法,在原型网络框架下设计了由 CNN 与 LSTM 网络级联作为特征提取网络,同时为进一步提高网络性能,在特征提取网络中引入了卷积自注意力模块(Convolutional Block Attention Module,CBAM)。该原型网络通过特征提取网络将带标签信号样本和待识别信号样本映射至统一的特征度量空间,在该空间内将同类信号的均值作为类原型代表该类信号，并通过比较待识别信号与不同类原型之间的欧式距离来确定最终识别结果。为实现元学习目的，算法采用一种基于 Episode 的训练策略优化模型参数，即通过从训练集中随机抽样出小样本的学习任务来模拟测试场景的识别任务。模型通过训练将学习到一个合适的特征度量空间，进而在面对新类型的调制信号时只需要极少量样本就可以实现快速分类。

5.3.3.1　原型网络

原型网络的基本思想是创建每个类的原型表示，并根据类原型点与测试点之间的欧几里得距离进行分类。具体地，给定支持集 $\boldsymbol{D}^S$ 和查询集 $\boldsymbol{D}^Q$，则类原型为 $\boldsymbol{D}^S$ 中每类信号样本的平均特征向量，其中第 k 类信号的类原型可表示为

$$c_k = \frac{1}{K} \sum_{x_{kn} \in D^S} f_\varphi(x_{kn}) \tag{5.49}$$

式中：f_φ 表示特征提取网络；φ 为网络参数；x_{kn} 表示第 k 类的第 n 个样本；K 表示 $\boldsymbol{D}^S$ 中第 k 类样本的样本量。

假设 $\boldsymbol{x}$ 为来自 $\boldsymbol{D}^Q$ 的待识别样本，通过计算样本 $\boldsymbol{x}$ 的特征向量与各类原型间的欧几里得距离，并将所得距离利用 softmax 函数进行归一化处理，从而预测样本 $\boldsymbol{x}$ 属于第 k 类样本的概率为

$$p_\varphi(y = k \mid x) = \frac{\exp(-d(f_\varphi(x), c_k))}{\sum_{k'} \exp(-d(f_\varphi(x), c_{k'}))} \tag{5.50}$$

式中：d 表示一种距离度量函数，一般为欧几里得距离。训练过程中利用负对数概率损失函数 $J(\varphi) = -\ln p_\varphi(y = k \mid x)$ 计算损失，并使用随机梯度下降法最小化训练损失更新网络参数。

5.3.3.2　训练策略

该算法针对极少量带标签样本下的调制识别问题，给定训练集 $\boldsymbol{D}^{\text{base}}$ 和测试集 $\boldsymbol{D}^{\text{novel}}$，其中 $\boldsymbol{D}^{\text{base}}$ 内包含多种类型的调制信号，且每类调制信号都拥有大量带标签信号样本；$\boldsymbol{D}^{\text{novel}}$ 由支持集 $\boldsymbol{D}^S$ 和查询集 $\boldsymbol{D}^Q$ 组成，即 $\boldsymbol{D}^{\text{novel}} = \{\boldsymbol{D}^S, \boldsymbol{D}^Q\}$，$\boldsymbol{D}^S$ 中每类调制信号含有少量带标签样本，$\boldsymbol{D}^Q$ 中为未知的待识别信号样本。如图 5.32 所示，测试集中查询集 $\boldsymbol{D}^Q$ 和支持集 $\boldsymbol{D}^S$ 的样本标签空间相同且与训练集 $\boldsymbol{D}^{\text{base}}$ 的样本标签空间不相交。在测试时网络模型需要在只有 $\boldsymbol{D}^S$ 中少量带标签样本的条件下识别出 $\boldsymbol{D}^Q$ 中未知信号的调制样式，即 $\boldsymbol{D}^S$ 和 $\boldsymbol{D}^Q$ 组成一个识别任务，若 $\boldsymbol{D}^S$ 中包含 C 个类别的调制信号，且每类信号都拥有 K 个样本时，将此类任务称为 C-way K-shot 任务。

为充分利用训练集内的大量带标签样本，采用一种基于 Episode 的训练策略，即在训练时模拟测试过程中的小样本设置，通过从训练集中采样多个小样本的任务对网络进行优化，使训练好的模型可以泛化到测试环境中。具体地，针对 C-way

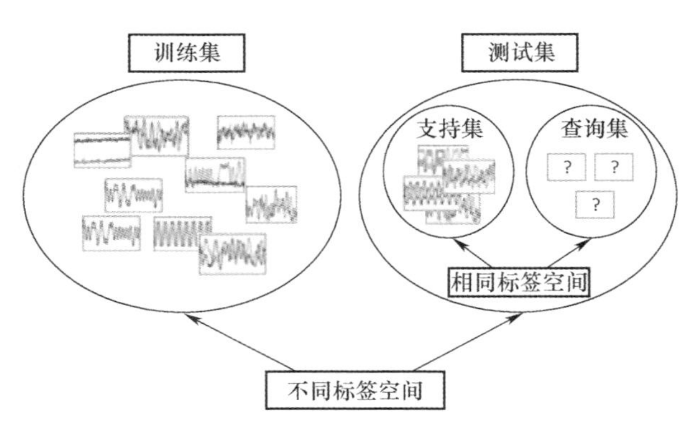

图 5.32　样本数据集

K-shot 任务,在每次训练迭代过程中,网络模型都从 $\boldsymbol{D}^{\text{base}}$ 中随机地选择的 C 种类别信号组成样本集 $\boldsymbol{D}^V$,然后从 $\boldsymbol{D}^V$ 的每类信号中随机抽取 K 个样本组成元支持集 $\boldsymbol{D}^{TS}$,$\boldsymbol{D}^{TS}$ 模拟测试阶段的支持集 $\boldsymbol{D}^S$,最后再从集合 $\boldsymbol{D}^V - \boldsymbol{D}^{TS}$($\boldsymbol{D}^V$ 中不属于 $\boldsymbol{D}^{TS}$ 的样本)中的每类信号中随机抽取 N_Q 个样本组成元查询集 $\boldsymbol{D}^{TQ}$,$\boldsymbol{D}^{TQ}$ 用于模拟测试阶段的查询集 $\boldsymbol{D}^Q$。通过这种训练策略优化得到的模型对测试阶段新类型的信号样本具有良好的泛化性能。训练过程中损失函数 $J(\varphi)$ 的迭代计算伪代码如表 5.2 所列。

表 5.2　训练伪代码

输入:训练集 $\boldsymbol{D}^{\text{base}} = \{(x_i, y_i)\}_{i=1}^n, y_i \in \{1,2,\cdots,N\}$ 其中 x_i 表示信号样本,y_i 表示样本标签过程:
1:从含有 N 个类别的 $\boldsymbol{D}^{\text{base}}$ 中随机选取 N_C 类样本组成样本集 $\boldsymbol{D}^V$ 用于构建 $\boldsymbol{D}^{TS}$ 和 $\boldsymbol{D}^{TQ}$
2:for k in $\{1,2,\cdots,N_C\}$ do
3:　　从 $\boldsymbol{D}^V$ 中的第 k 类样本中随机抽取 K 个样本组成 $\boldsymbol{D}^{TSk}$
4:　　从 $\boldsymbol{D}^V - \boldsymbol{D}^{TSk}$ 中的第 k 类样本中随机抽取 N_Q 个样本组成 $\boldsymbol{D}^{TQk}$
5:　　$\boldsymbol{D}^{TS} \leftarrow \boldsymbol{D}^{TSk}$
6:　　$\boldsymbol{D}^{TQ} \leftarrow \boldsymbol{D}^{TQk}$
7:　　$c_k \leftarrow \frac{1}{K} \sum_{(x_i, y_i) \in \boldsymbol{D}^{TSk}} f_\varphi(x_i)$
8:End for
9:$J(\varphi) = 0$
10:for k in $\{1,2,\cdots,N_C\}$ do
11:　　for (x, y) in $\boldsymbol{D}^{TQk}$ do
12:　　　$J(\varphi) \leftarrow J(\varphi) + \frac{1}{N_C N_Q}[d(f_\varphi(x), c_k) + \ln \sum_{k'} \exp(-d(f_\varphi(x), c_{k'}))]$
13:　　End for
14:End for
输出:训练损失 $J(\varphi)$

5.3.3.3 基于混合注意力原型网络的调制识别算法

（1）算法模型。算法的实现可分为训练和测试两个过程；其中根据元学习思想，算法在训练过程中采用一种基于 Episode 的训练策略，该策略不针对特定信号的识别进行训练，而是利用在每次训练迭代过程中随机选取的几类信号组成识别任务去训练网络，使网络学习如何将原始信号转化为更易于分类的表示，即在训练过程中学习分类的经验，通过大量不同识别任务优化得到的模型对新类信号具有良好的泛化性能，根据以往的经验可在测试过程中只有极少量带标签样本条件下实现对新类信号的识别。

算法模型可分为两个模块：特征提取模块和类原型度量模块。为提取到信号样本更具代表性的特征，其中特征提取模块设计为由 CNN 和 LSTM 级联的特征提取网络（CLN），CLN 可充分提取信号不同维度的特征；同时通过在 CLN 中引入 CBAM 使得网络在特征提取过程中更加关注对分类有益的特征。模型通过特征提取模块将信号样本映射至统一的特征度量空间，由类原型模块进行距离度量并确定待识别信号的调制样式。算法整体框图如图 5.33 所示。

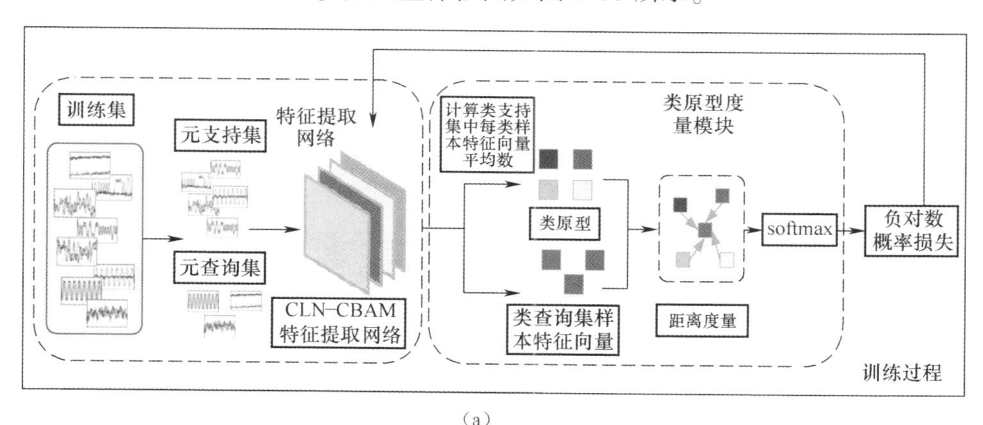

（a）

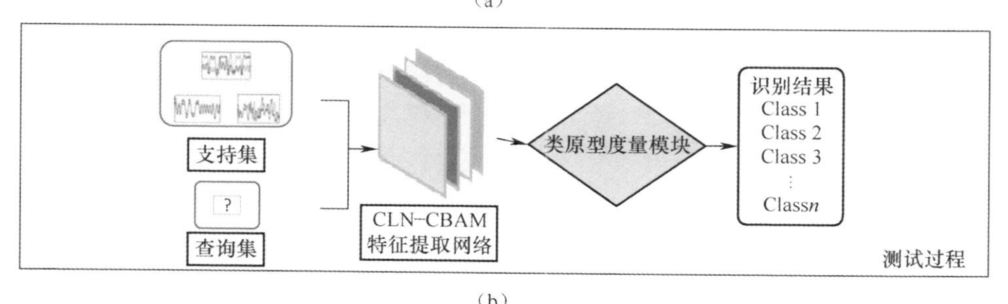

（b）

图 5.33 混合注意力原型网络算法整体框图

（2）CLN-CBAM 特征提取模块。CNN 善于提取信号的空间特征，LSTM 可用来检测信号序列内的时序特征,该算法设计由 CNN 和 LSTM 搭建的特征提取模块 CLN,可充分提取信号不同维度的特征,同时在 CLN 网络中引入 CBAM 模块,CBAM 模块可以从通道域和空间域两个维度建立特征权重向量,使网络更加关注对分类有益的特征,组成 CLN-CBAM 特征提取模块。

CBAM 注意力模块是一种简单且高效的注意力模块,由于其是轻量级的通用模块,运算开销很小,故可集成到任何前馈 CNN 架构中,并与基础卷积网络一起进行端到端的训练,CBAM 的整体结构如图 5.34 所示。CBAM 是一种结合通道(Channel)和空间(Spatial)的注意力机制,每个子注意力模块通过增加有效特征的权重比值,抑制冗余特征,提高深度神经网络的性能。通道注意力模块和空间注意力模块如图 5.34~图 5.36 所示。

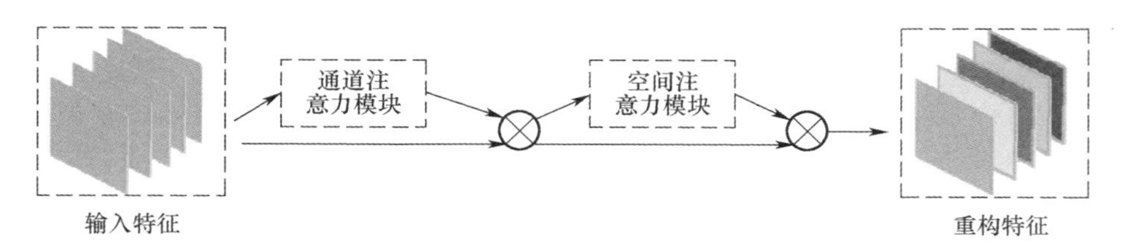

图 5.34　CBMA 注意机制整体结构

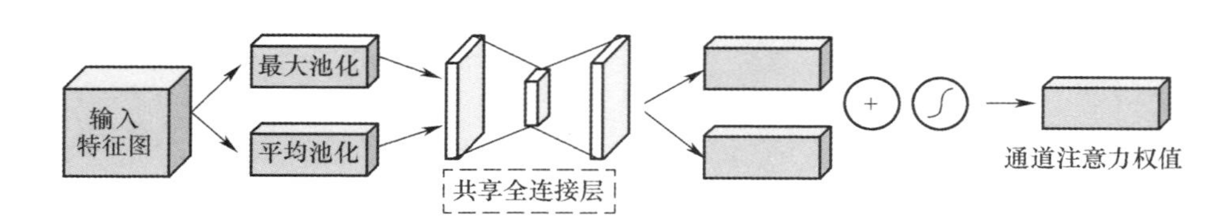

图 5.35　通道注意力模块

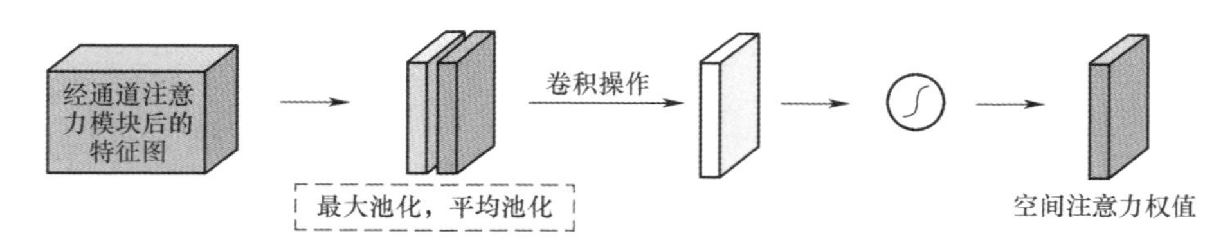

图 5.36　空间注意力模块

特征提取网络 CLN-CBAM 结合了不同神经网络的性能优势,并引入了卷积注意力模块,有助于原型网络算法识别准确率的提升。CLN-CBAM 网络中包含 5 个卷积块,卷积块由 1 个卷积层、1 个批量归一化层、1 个 relu 激活函数和 1 个最大池化层组成,为防止网络在训练过程中出现过拟合,在最大池化层后设置一个 Dropout 层,并在每个卷积块后插入 CBAM 模块。由于本节仿真所用通信信号数据点较多，为避免卷积核选取过大增加计算复杂度，分别设置 7×2、5×2、3×2、2×1、2×1 大小的卷积核，卷积核数量分别为 16、32、64、128、256，最大池化层核大小都设置为 3×1，卷积块完成特征提取后，将特征序列展开成一维数据送入全连接层，最后再通过 LSTM 输出特征。网络结构如图 5.37 所示。

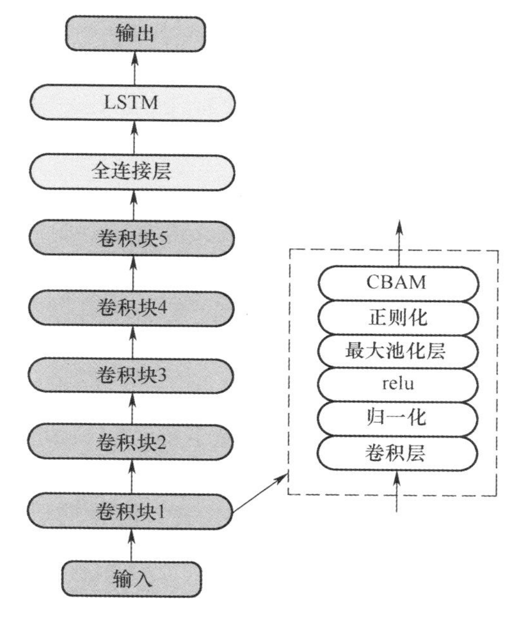

图 5.37　CLN-CBAM 结构图

(3) 算法实现流程。算法利用训练集的训练过程模拟测试阶段的识别场景，训练完成的网络可泛化到测试过程的 C-way K-shot 任务，具体实现步骤如下。

步骤 1：信号样本采样。从训练集中随机选取 C 类样本，并从每类样本中随机抽取 K 个样本组成元支持集 $\boldsymbol{D}^{TS}$，再从每类剩余样本中随机抽取 N_Q 个样本组成元查询集 $\boldsymbol{D}^{TQ}$。

步骤 2：特征映射。由 CLN-CBAM 特征提取网络将 $\boldsymbol{D}^{TS}$ 和 $\boldsymbol{D}^{TQ}$ 中的样本映射到低维的特征度量空间，得到 $\boldsymbol{D}^{TS}$ 和 $\boldsymbol{D}^{TQ}$ 中信号样本的特征向量。

步骤 3：类原型度量。将 $\boldsymbol{D}^{TS}$ 中每个类的平均特征向量作为类原型，并计算 $\boldsymbol{D}^{TQ}$ 中样本特征向量与各个类原型的欧几里得距离，将欧几里得距离输入 softmax 函数，计算查询样本属于每个类的概率，由负对数损失函数计算损失对网络进行训练。

步骤 4：由测试集（测试集与训练集标签空间不相交）对网络进行测试。将含有少量带标签信号样本的支持集 $\boldsymbol{D}^{S}$ 和待识别信号样本送入训练好的特征提取网络，由类原型度量模块确定待识别信号的调制样式。

5.3.3.4 实验

实验选取 RadioML2018.01A 公开调制信号集[6]验证本节所提算法性能。该信号集由 24 种调制信号组成,各个信号包括 I、Q 两路数据,数据格式为[1024,2],信噪比分布从-20dB 至 30dB,间隔为 2dB。本节算法训练和测试阶段所用信号样本的标签空间不相交,随机选取其中 14 种调制信号作为训练集,另外 10 种作为测试集,在信噪比为-20~30dB 的条件下进行实验仿真。训练集、测试集调制样式如表 5.3 所列。

表 5.3 实验数据集

训练集	32PSK、16APSK、32QAM、FM、GMSK、32APSK、OQPSK、8ASK、BPSK、8PSK、AM-SSB-SC、4ASK、16PSK、64APSK
测试集	128QAM、128APSK、AM-DSB-SC、AM-SSB-WC、64QAM、QPSK、256QAM、AM-DSB-WC、OOK、16QAM

实验模型在 Python 深度学习神经网络 pytorch 框架下进行搭建,硬件平台为基于 Windows 7、32GB 内存、NVDIA P4000 显卡的计算机。实验模型采用端到端的训练方式,Adam 优化网络,初始学习率为 0.001,由于不同的支持集识别精度可能不同,因此测试阶段随机选取 1000 组实验数据计算平均识别率。

(1) 支持集样本量(K 值)对识别性能影响。为验证算法支持集中每类信号的样本量(K 值)对网络识别准确率的影响,本节设置在 K 分别为 1、5、10、15、20 时进行对比实验。网络训练集和测试集如表 5.3 所列,特征提取模块为 CLN-CBAM 网络,训练时元支持集中包含 5 类样本,即 5-way K-shot 任务;元查询集样本量 N_Q 设置为 10,在不同信噪比下的平均识别准确率如表 5.4 所列。

表 5.4 不同 K 值下算法识别性能比较

样本量(K 值)	信噪比/dB			
	-4	0	2	10
1	44.65%	62.33%	69.78%	76.31%
5	55.72%	73.53%	79.85%	86.46%
10	56.61%	73.26%	80.55%	86.67%
15	57.73%	75.57%	82.51%	87.43%
20	59.07%	77.32%	83.37%	87.54%

所提原型网络在识别信号调制样式时需要与由支持集计算得到的类原型进行距离度量,类原型取支持集中每类调制信号数据点特征向量的平均,故在 C-way K-shot 任务中,在类别量不变的情况下,支持集中信号样本量(K 值)会对网络的

识别准确率产生影响。如表 5.4 所列,当支持集中每类信号样本量分别为 1、5、10、15、20 时,对应的信号平均识别准确率在信噪比为 10dB 时分别为 76.31%、86.46%、86.67%、87.43%、87.54%。较大的样本量有利于特征提取网络提取到调制信号更全面的特征,识别准确率会随着样本量的增多而提高,但随着样本量的进一步增大,其对信号识别率的影响会逐渐减弱。算法适宜应用在带标签信号样本只有几个的情况下,在未知信号只有一个带标签样本时也能保持一定识别准确率,如图 5.38 所示,不同样本量下信号识别准确率随信噪比增大而逐渐提高。

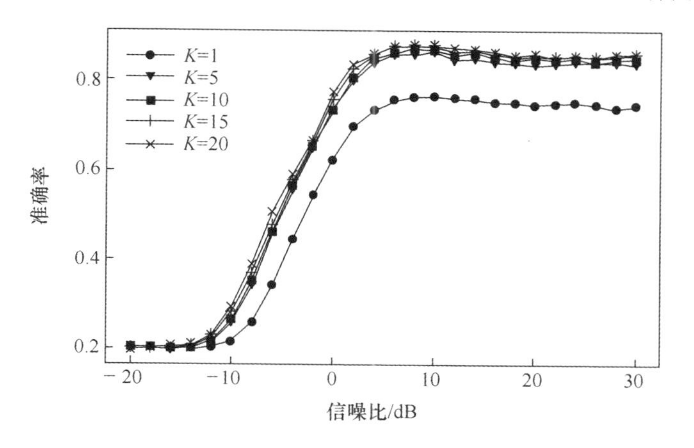

图 5.38　5-way K-shot 任务下网络识别性能

(2) 样本类别量(C 值)对识别性能的影响。为验证支持集中样本类别量(C 值)对于网络识别准确率的影响,设置支持集样本类别数 C 分别为 3、5、10、14,实验数据集如表 5.3 所列,在特征提取模块 CLN-CBAM 下,对比 C-way 5-shot 任务平均识别准确率,仿真结果如表 5.5 所列。

表 5.5　样本类别量(C 值)对识别精度的影响

类别量(C 值)	C-way 5-shot
3	90.97%
5	85.68%
10	75.52%
14	69.76%

随着支持集样本类别量的增加,网络识别性能下降,当支持集包含 14 类调制信号样本时,识别精度只有 69.76%,相对支持集中含 3 类调制信号样本时减少了 21.21%。不同 C 值下信号识别率随信噪比变化曲线如图 5.39 所示,当 C 值为 14 时识别准确率最低。支持集样本类别的增加会提升度量空间判断两个信号特

征相似度的难度,使网络不易收敛,导致识别性能下降。

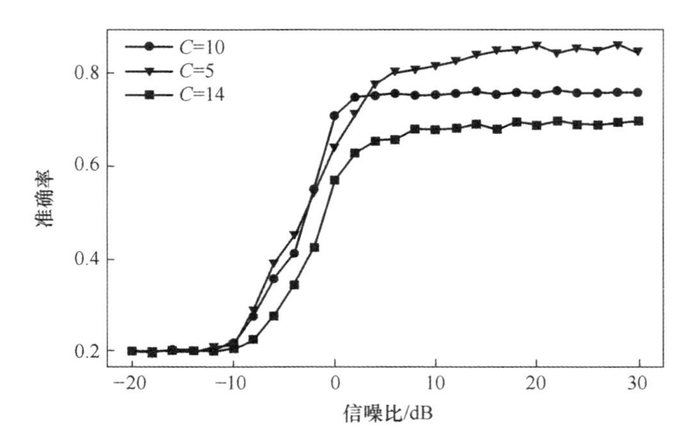

图 5.39 C-way 5-shot 任务下网络识别性能

(3) 特征提取网络性能仿真分析。为验证 CLN-CBAM 特征提取网络的性能,对比基于 CLN、CLN-CBAM、ConvNet、Resnet18、Resnet18-CBAM、Resnet34 的特征提取模块进行调制识别性能分析。实验数据集如表 5.3 所列,在 5-way 5-shot 任务下进行训练测试,目标集样本量 N_Q 设置为 10,实验识别准确率如图 5.40 所示。

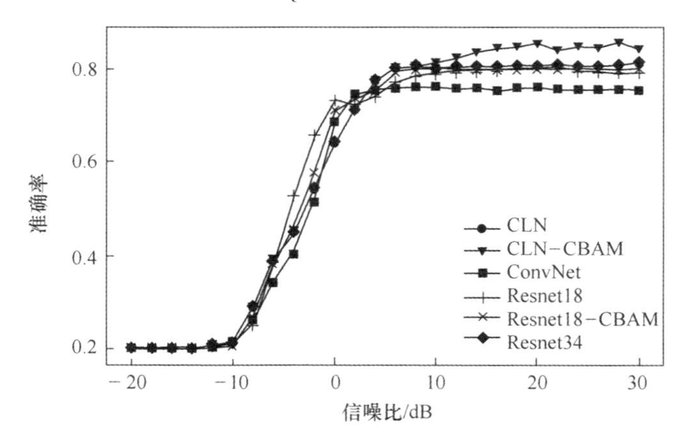

图 5.40 不同特征提取网络下原型网络的识别性能

由图 5.40 可得,CLN-CBAM 网络性能最优,在信噪比为 20dB 时,识别准确率可达 85.68%, CLN、Resnet18、Resnet18-CABM、Resnet34 识别率较差,分别为 81.36%、80.04%、79.8%、81.06%。在信噪比低于-10dB 的情况下,与实际情况已完全不符,所有网络也都无法有效识别。CNN 与 LSTM 的结合,可以有效提取到调制信号的空间、时序特征,使所提特征向量更具区分性。实验结果表明

CLN-CBAM 可进一步提升识别精度。

如图 5.41 所示,当特征提取模块为 CLN-CBAM,对于 5-way 5-shot 任务,随着原型网络不断迭代,信号识别准确率不断增加,当迭代 80 次后网络趋于稳定。

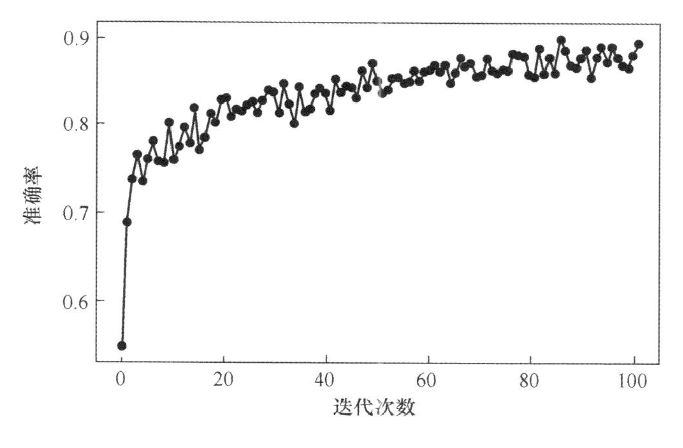

图 5.41 原型网络训练精度

(4) 不同小样本学习算法性能对比分析。为验证算法的识别性能,选取几种基于深度学习的调制识别算法进行对比分析,为保证实验结果的可靠性,所有算法仿真实验均采用 RadioML2016.10B 公开调制数据集,该数据集包括 8PSK、AM-DSB、BPSK、CPFSK、GFSK、PAM4、QAM16、QAM64、QPSK、WBFM 种调制信号,本节算法选取前 5 类信号作为训练集,后 5 类信号作为测试集。每种算法都随机选取一定量的数据作为训练集/支持集,不同算法下的平均识别准确率如表 5.6 所列。

表 5.6 不同调制识别算法性能对比

算法模型	训练/支持集每类样本量	平均识别率
GAN[9]	100	89.32%
TL[10]	700	91.33%
孪生网络[11]	240	74.7%
本书算法	5	86.46%
本书算法	1	62.33%

由实验数据可知,所提算法相较于一般的调制识别算法有较大的性能优势,在识别时所需样本量极少。主要原因在于所提算法不针对某一类特定信号训练网络,而是经过大量训练任务使网络学习一种信号分类的经验,经训练收敛的模型在面对新类的识别任务时无须重新训练即可快速实现信号识别。从实验结果可知,所提算法即使在只有一个带标签样本时也能保持相对较高的识别水平。

（5）数据集样本类别对网络的影响。算法仿真实验所用数据集由 24 类调制信号组成，其中包含 19 类数字调制信号和 5 类模拟调制信号，数字调制信号又分为调幅、调相、调频等多种不同调制信号，不同类的调制信号具有不同的特点，识别难度也相对不同。由于原型网络算法在训练阶段和测试阶段所用信号样本的标签空间不相交，故对于训练集和测试集中样本类别的选取也会对网络识别准确率产生一定影响。根据各类调制信号的特点将数据集划分为四种不同分集进行对比实验，为使实验结果更具代表性，每次划分数据集都选取 5 类调制信号组成测试集，10 类调制信号组成训练集，具体划分方式如表 5.7 所列。

表 5.7　实验数据集分集

分集序号	训练集	测试集
分集 1	4ASK、8ASK、QPSK、8PSK、32PSK、32APSK、128APSK、32QAM、64QAM、256QAM	OOK、BPSK、16APSK、16QAM、GMSK
分集 2	OOK、4ASK、BPSK、8PSK、16PSK、32PSK、64APSK、64QAM、16QAM、128APSK	FM、AM-SSB-SC、AM-DSB-SC、AM-SSB-WC、AM-DSB-WC
分集 3	OOK、4ASK、8ASK、16APSK、32APSK、64APSK、32QAM、128QAM、64QAM、16QAM	BPSK、QPSK、8PSK、16PSK、32PSK
分集 4	OOK、8ASK、16PSK、16APSK、32APSK、AM-SSB-SC、AM-DSB-WC、128APSK、32QAM、GMSK	4ASK、8PSK、FM、256QAM、32APSK

本次实验设置特征提取模块为 CLN-CBAM 网络，验证在 5-way 5-shot 学习任务下测试集的识别准确率，当信噪比为 20dB 时，实验结果如图 5.42 所示，4 种不同分集的识别准确率分别为 92.67%、82.63%、79.46%、82.78%，不同分集之间识别准确率有一定差异。由表 5.6 可知，分集 1、2、3 的训练集都是由数字调制信号组成，而分集 3 的测试识别准确率最低，由于分集 3 的测试集由 5 种不同进制的相移键控（Phase Shift Keying, PSK）调制信号组成，不同进制 PSK 信号间相似度较高，容易造成混淆，增加了识别难度；分集 1 的测试集是由不同类数字调制信号组成，各类信号相似度较低，且与训练集中的数字调制信号有一定相似度，故分集 1 的测试识别准确率最高；分集 2 测试集都为模拟调制信号，测试识别准确率相较于分集 1 有明显下降，但由于不同模拟调制信号特征间有一定差异，故相较于分集 3 测试识别准确率有一定提高；分集 4 由随机挑选出来的调制信号组成，训练集与测试集都包含数字调制信号与模拟调制信号，在信噪比 20dB 时，测试识别准确率可达 82.78%。由实验结果可知，所提算法可适应训练集与测试集样本类别不同的场合，尤其是当训练集与测试集样本类别差距较大时，该算法也能较好完成小样本的调制识别任务，并且使用样本类别丰富度更高的训练集有利于识别准确率的提高。

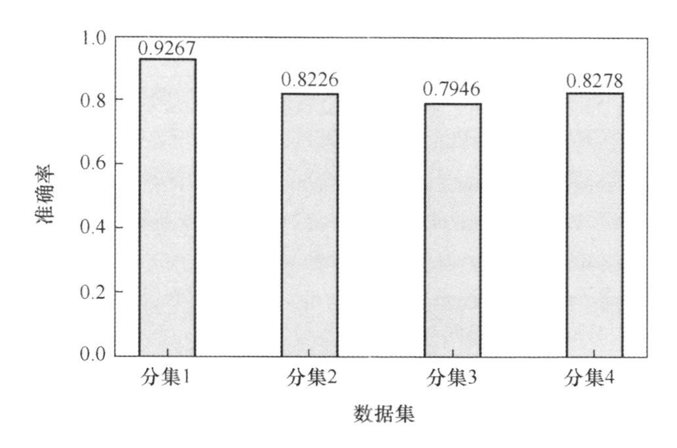

图 5.42　数据集样本对识别准确率的影响

5.3.3.5　结论

本节应用基于度量的元学习方法去解决极少量带标签样本条件下的调制识别问题。根据调制信号样本特征设计了由 CNN 与 LSTM 级联的 CLN 特征提取网络,并在当中引入 CBAM 模块,可使网络提取到的信号样本特征更具代表性。实验结果验证了本节所设计的 CLN-CBAM 特征提取网络可进一步提高原型网络算法的识别准确率。算法采用了原型网络算法框架,通过利用训练集模拟测试时的识别场景,学习信号分类的经验,训练完成的网络模型具有很好的泛化性能,在测试时,面对新的信号类型,即使只有几个带标签样本也能保证算法的识别性能。仿真实验结果进一步验证了该算法解决小样本调制识别问题的可行性。

5.4　本章小结

本章主要对注意力机制、Transformer 网络和元学习等新型网络的基本原理以及调制识别领域具体应用进行阐述。仿真实验表明,注意力机制和 BiLSTM 对信号的关键特征与时序信息的关注,能有效提高信号的识别准确率并具有较好的泛化能力;基于 Transformer 的 CTDNN 在低信噪比条件下,相比于传统的 CNN、LSTM 网络,识别准确率有明显提升;基于度量的元学习方法能解决极少量带标签样本条件下的调制识别问题,并结合 CBAM 模块进行特征提取,进一步提高了原型网络算法的识别准确率。

参考文献

[1] Luong M, Pham H, Manning C. Effective Approaches to Attention-based Neural Machine Transla-

tion[C]// In Proceedings of the 2015 Conference on Empirical Methods in Natural Language Processing,2015:1916-1925.

[2] Yang Z, Yang D, Dyer C, et al. Hierarchical Attention Networks for Document Classification [C]//Proceedings of the 2016 Conference of the North American Chapter of the Association for Computational Linguistics: Human Language Technologies,2016: 1480-1489.

[3] Kim Y, Denton C, Hoang L, et al. Structured Attention Networks[C]//Proceedings of 5th International Conference on Learning Representations,2017.

[4] Vinyals O, Fortunato M, Jaitly N. Pointer Networks[C]//Advances in Neural Information Processing Systems, 2015:2692-2700.

[5] Vaswani A, Shazeer N, Parmar N, et al. Attention is All You Need[C]//Advances in Neural Information Processing Systems,2017: 5998-6008.

[6] Lin S, Zeng Y, Gong Y. Learning of Time-Frequency Attention Mechanism for Automatic Modulation Recognition [J]. IEEE Wireless Communications Letters, 2022,11(4):707-711.

[7] 杜志毅, 张澄安, 徐强,等. 基于深度学习注意力机制的调制识别方法[J]. 航天电子对抗, 2021, 37(5):5.

[8] Kong W, Yang Q, Jiao X, et al. A Transformer-based CTDNN Structure for Automatic Modulation Recognition [C]//2021 7th International Conference on Computer and Communications (ICCC). IEEE, 2021: 159-163.

[9] 马小博,张邦宁,郭道省,等. 小样本条件下的数字通信信号调制识别研究[J]. 通信技术, 2020,53(11):2641-2646.

[10] Liang Zhi,et al. Automatic Modulation Recognition Based on Adaptive Attention Mechanism and ResNeXt WSL Model[J]. IEEE Communications Letters, 2021, 25(9) : 2953-2957.

[11] Koch G, Zemel R, Salakhutdinov, R. Siamese Neural Networks for One-shot Image Recognition [C]//Proceedings of International Conference on Machine Learning(ICML) New York: ACM Press, 2015:6-36.

第6章　基于半监督学习的通信信号识别方法

半监督学习是指在神经网络学习训练的过程中,可供训练的样本部分带标签部分无标签。因此若要深入研究半监督学习,就需要最大化利用无标签样本中所蕴含的信息,这就涉及另一种学习方法——无监督学习。无监督学习是指在模型训练的过程中没有标签信息可利用,仅利用样本自身分布信息完成模型优化。半监督学习则融合了有监督学习与无监督学习各自的特征,其在训练过程中不仅包含少量有标签样本,同时还存在大量无标签样本可供利用。

无监督学习类算法可以对通信信号进行自动特征提取,这类方法虽然没有涉及信号的标签信息但却完成了信号特征提取、降维的目的,因此非常适用有标签样本量不足的小样本信号识别场景。常见的无监督学习算法包括自编码器、受限玻耳兹曼机和生成对抗网络等。

6.1　自编码器原理

自编码器作为一种无监督学习的代表性算法,是一种具有很多优势的算法,如简单易行、多层搭建、可以由神经科学支持等[1]。一般来说,自编码器结构包括编码器和解码器两部分,输入数据首先通过编码器进行降维,再通过解码器进行数据重构,通过对中间层维度进行约束,将输出层重构值与输入值之间的误差最小化,从而达到特征映射的目的,在整个过程中虽然并未涉及输入信号的标签信息但却完成了信号特征提取的功能。按照图6.1的结构,自编码器的编解码过程可表示为

$$\begin{cases}\text{编码过程}:S=f_e(\boldsymbol{W}_1x+\boldsymbol{b}_1)\\\text{解码过程}:y=f_d(\boldsymbol{W}_2S+\boldsymbol{b}_2)\end{cases}$$

式中:$\boldsymbol{W}_1$、$\boldsymbol{b}_1$表示编码器部分神经元权重矩阵和偏置向量;$\boldsymbol{W}_2$、$\boldsymbol{b}_2$表示解码器部分神经元权重矩阵和偏置向量;f表示神经元的激活函数,在实际应用中可根据不同需求选用不同类型的激活函数。自编码器的最终目的就是要最小化解码器输出y与编码器输入x之间的误差,从而达到数据重构的目的,其损失函数可简化为

$$J(\boldsymbol{W},\boldsymbol{b})=\sum(L(x,y))=\sum\|y-x\|_2^2 \tag{6.1}$$

自编码器的编码阶段可以看作是对输入的隐层表达,解码阶段则把隐层的表达进行重新组建,使其表征编码器的输入信息。可以看出,在自编码器整个训练过程中,并没有涉及输入数据的标签信息,因此将自编码器引入小样本通信信号调制样式分类问题研究在理论上是可行的。

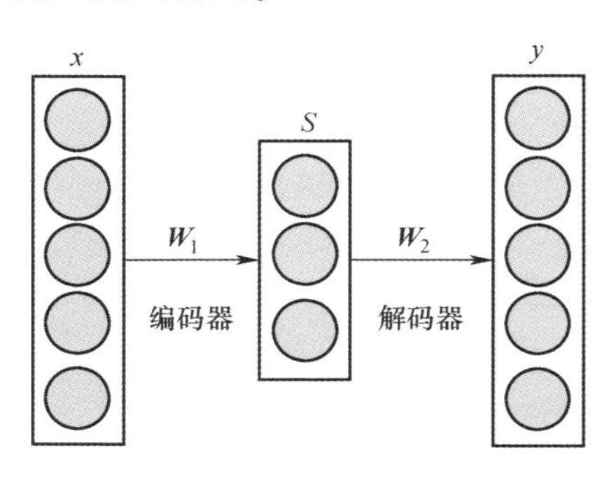

图 6.1　自编码器模型

6.2　改进型自编码器

近些年,自编码器算法火热发展,国内外许多学者也都提出了很多新型的自编码器结构,他们将中间层的表征方式进行改进,使隐层表达与输入层的表达不同,从而提升隐层特征的表达能力,本节将对几种经典的改进结构进行介绍。

6.2.1　降噪自编码器

降噪自编码器最早于 2008 年由 Vicent[2] 等提出,他们认为一个好的隐层表达不仅可以稳定地提取输入信号的特征,具有一定的鲁棒性,同时还应该对解码器重构信号有所帮助。

降噪自编码器的提出是受人类感知机制的启发,如当人看物体时,即使物体的一部分未显露出来或提取不到相关信息,也不影响人们对其进行识别,这说明在接收多模态信息时(如图像,语音等),即使缺失其中某些信息也不影响正常信息识别的进行。

针对上述思路,降噪自编码器对输入自编码器网络的数据进行人工破坏,如给输入数据进行加噪处理,然后将破坏后的信号送入自编码器,最终使输出端重构原始的无损数据,从而完成特征提取的功能,降噪自编码器的基本结构如图 6.2 所示。

假设降噪自编码器网络输入信号为 x,经过加噪声处理后为 $\hat{x}$, 由于自编码器输出需要重构原始无噪信号 x,则自编码器损失函数可化简表示为

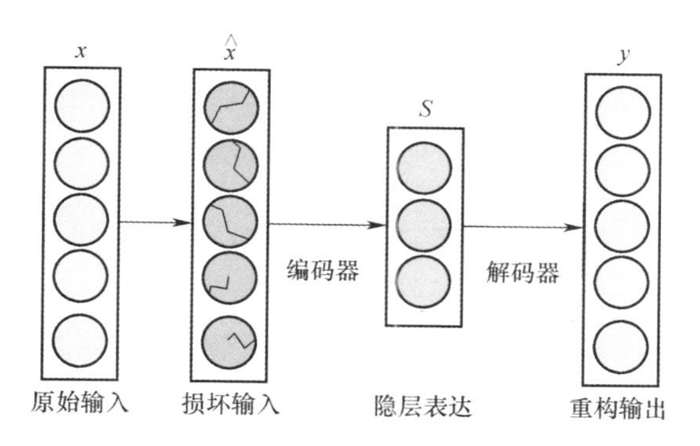

图 6.2　降噪自编码器基本结构

$$J(x,\hat{x}) = \sum \left\| h(f(\hat{x})) - x \right\|_2^2 \tag{6.2}$$

式中：$f(x)$ 表示自编码器中编码器函数部分；$h(x)$ 表示自编码器中解码器函数部分。

6.2.2　卷积自编码器

目前，CNN 飞速发展，在各个领域都表现出了压倒性的优势，直接催生了卷积自编码器的产生。卷积自编码器的基本原理与传统自编码器是一致的，主要的改进点是将传统自编码器中部分全连接层替换为卷积层。传统的自编码器中层与层之间通常是采取全连接的方式，这种连接方式对于一维数据的提取性能较好，但当输入高维数据时全连接层则无法提取多维度空间信息，而卷积自编码器通过卷积计算能够提取到多维信号的空间立体信息，因此应用更为广泛。

6.2.3　稀疏自编码器

自编码器最主要的功能就是表示与降维，但是当中间层节点多于输入节点时，自编码器网络就失去了其存在的意义，因此如何对中间层隐层节点数量、隐层节点输出值大小进行约束是设计自编码器的关键所在。稀疏自编码器在传统自编码器结构中加入了一些稀疏性限制，通过抑制大多数隐层神经元的输出值从而达到稀疏的效果。

为了达到抑制中间层隐层神经元的目的，稀疏自编码器通过 KL 散度迫使神经元输出与某一确定稀疏值相近，稀疏自编码器改进后的损失函数为

$$J_{\mathrm{SAE}}(W) = \sum (L(x,y)) + \beta \sum_{j=1}^{h} KL(\rho \| \hat{\rho}_j) \tag{6.3}$$

$$\hat{\rho}_j = (1/m) \sum_{i=1}^{m} (a_j(x_i)) \tag{6.4}$$

$$\sum_{j=1}^{h} KL(\rho \| \hat{\rho}_j) = \sum_{j=1}^{h} (\rho \lg(\rho / \hat{\rho}_j)) + (1-\rho) \lg\{(1-\rho)/1-\hat{\rho}_j\} \tag{6.5}$$

式(6.3)中参量β用于控制稀疏惩罚项在整体损失中所占比重,式(6.4)表示输入样本x_i在隐层第j个神经元上的平均激活值,a_j表示样本x_i在隐层第j个神经元上的激活值。为了使大部分隐层神经元都可以被抑制,ρ一般取靠近于0的值。

6.2.4 自编码器结构设计

根据通信信号识别问题的实际需求,本节设计了图6.3所示的自编码器网络结构用作调制信号特征自动提取,自编码器网络结构总体上由卷积层和全连接层组成。

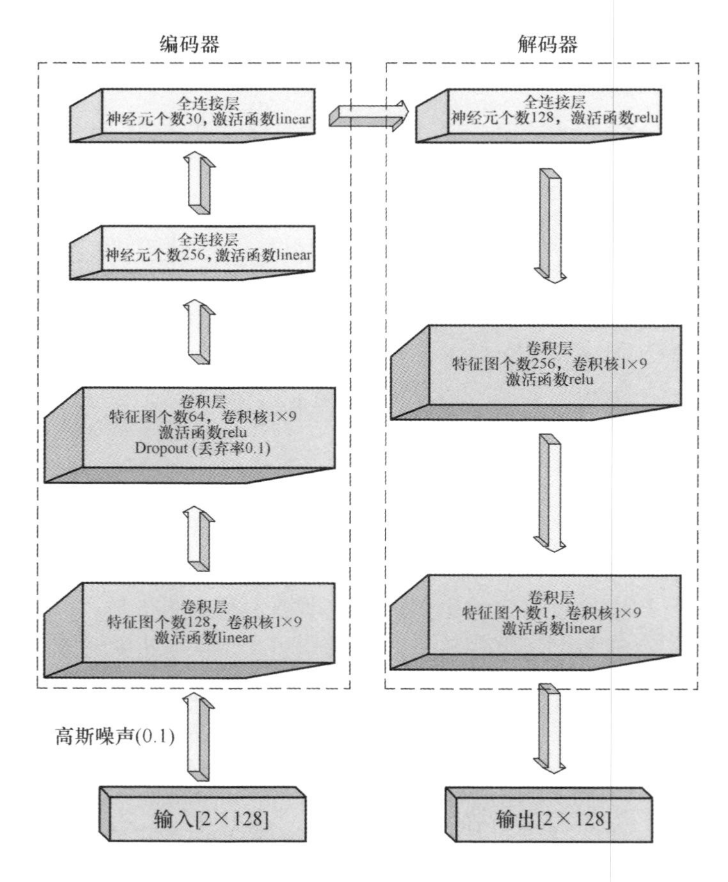

图6.3　自编码器结构

在信号输入自编码器网络之前，借鉴降噪自编码器的思想，首先对信号进行加噪破坏处理，由于通过自编码器后需重构原始无噪数据，因此自编码器提取的特征具有抗噪能力，也更具稳健性，本节自编码器网络选用高斯噪声作为干扰信号，噪声系数设置为0.1。

时序通信信号输入自编码器后首先通过2层适用于序列信号的卷积层进行特征提取，2层卷积层中卷积核个数分别为128、64，核尺寸均为(1×9)。经过卷积层对信号进行特征提取后，将特征送入展平层进行展平操作，而后将一维特征接入全连接层，通过3层全连接层对一维特征进行降维、再升维处理，3层全连接层所含的神经元个数分别为256、30、256，第3层全连接层的输出首先经过转换操作将其转换为与原始输入相同的格式(2×128)，再通过2层卷积层对信号进行重构，2层卷积层的卷积核个数分别为256、1，卷积核的尺寸同样为(1×9)。

网络设计输出格式与输入格式保持一致均为(2×128)，通过构造输入端输出端的误差并最小化该误差，从而利用中间隐藏层输出的1×30向量表示输入2×128的信号。

本节所设计自编码器融合了降噪自编码器与卷积自编码器的优点，并且该自编码器使用的二维卷积可直接作用于通信信号时序序列。

下面将对设计的自编码器特征提取效果进行实验验证，使用每类1000个信号样本，共计8000个无标签训练样本对自编码器进行无监督训练，网络训练过程中batchsize设置为500，共迭代100个Epochs。输入和输出间的损失使用MSE函数衡量，使用Adam优化器进行优化，网络输入、输出信号格式均为(2×128)。

训练结束后保存网络参数，再将所有信号输入网络进行特征提取，利用编码层对信号样本进行压缩，观察编码器与解码器的输出。不同调制样式信号压缩重构后的结果如图6.4所示，其中图6.4(a)、(h)分别表示BPSK、8PSK、4PSK、8QAM、16QAM、64QAM、4PAM、8PAM信号输入I/Q序列、输出I/Q序列以及中间隐层输出特征向量。

通过图6.4可以看出，经过自编码器重构后各类信号的I、Q两路波形均并未发生明显变化，这表示信号经过网络重构后输入端与输出端误差较小，从侧面也反映了中间层的低维1×30特征在一定程度上可代表原始2×128的I/Q信号。

自编码器训练过程中输入信号与输出端重构信号间的损失随迭代次数的变化情况如图6.5所示，可以看出，随着网络不断迭代，输入与输出间的重构误差即训练损失不断减小，也就是说，输入信号与重构信号不断逼近。

为验证本节自编码器性能，本节对比了文献[3-5]所设计自编码器的结构，在隐层神经元均为30个且输入输出格式均为(2×128)的前提下，训练重构损失值随迭代次数的变换收敛情况如图6.6所示。

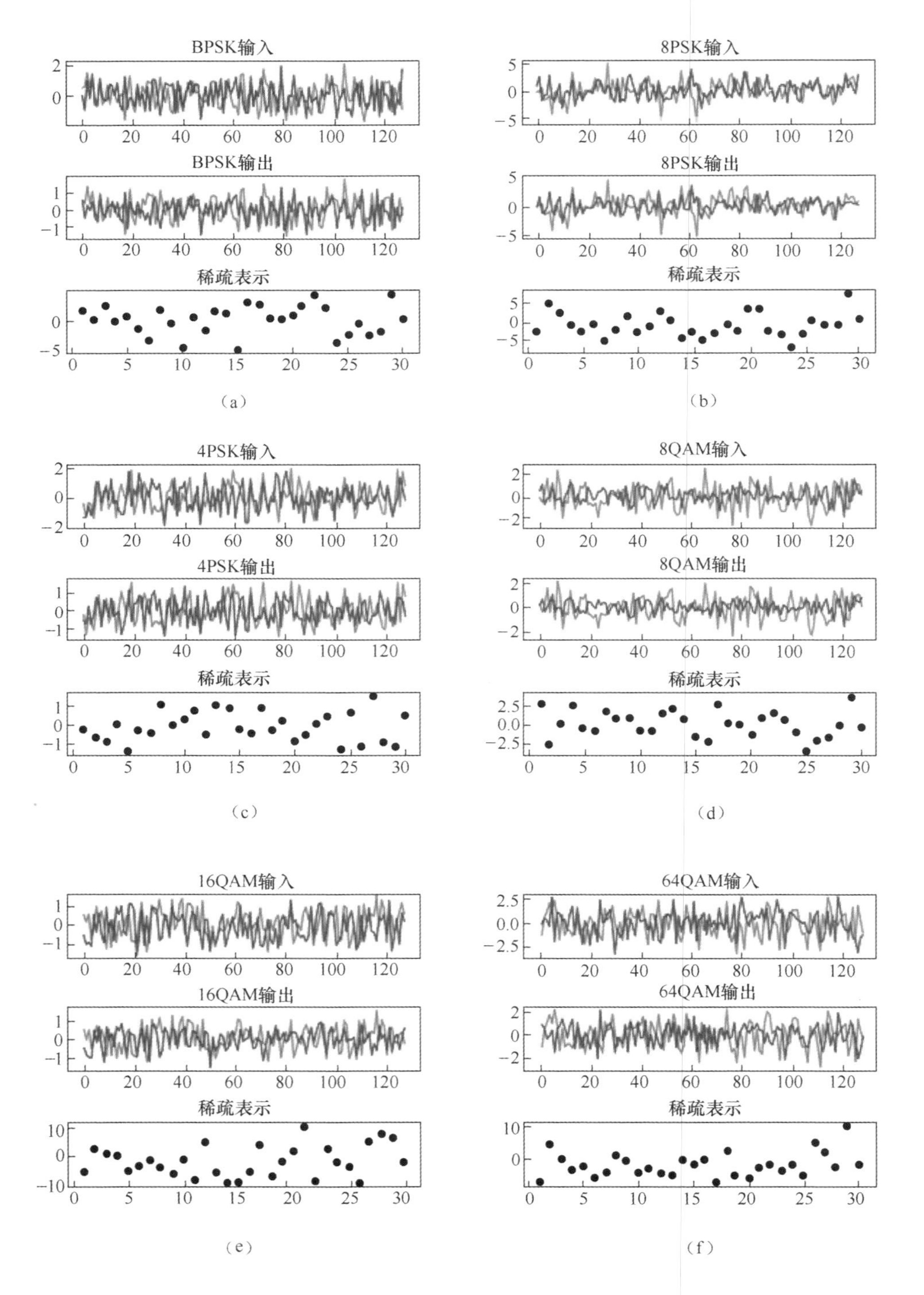
BPSK输入
BPSK输出
稀疏表示
8PSK输入
8PSK输出
稀疏表示
4PSK输入
4PSK输出
稀疏表示
8QAM输入
8QAM输出
稀疏表示
16QAM输入
16QAM输出
稀疏表示
64QAM输入
64QAM输出
稀疏表示
(a) (b) (c) (d) (e) (f)

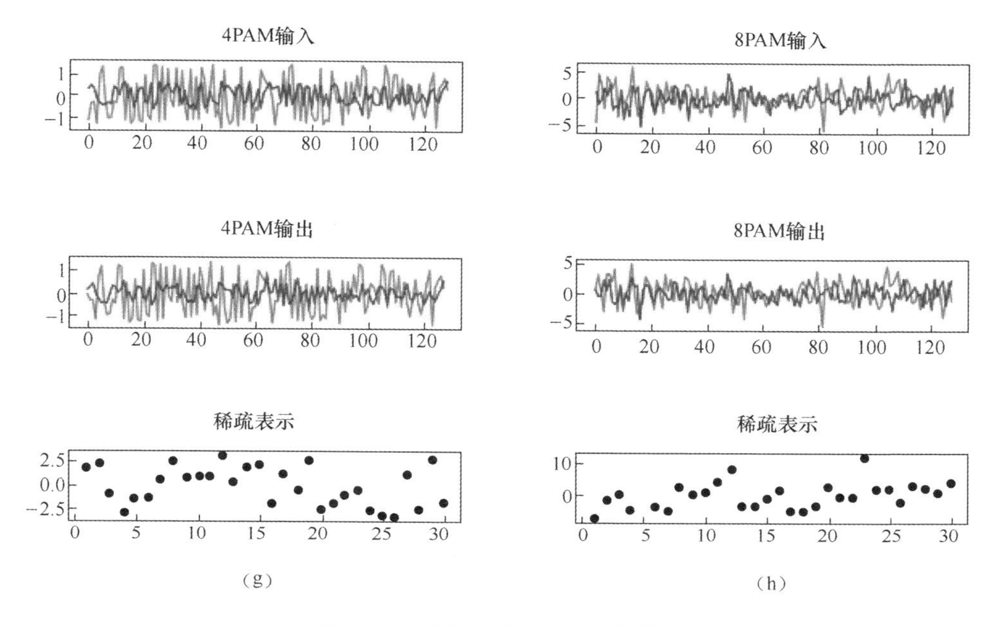

图 6.4　自编码器输入输出(见彩图)

(a) BPSK 特征提取;(b) 8PSK 特征提取;(c) 4PSK 特征提取;(d) 8QAM 特征提取;
(e) 16QAM 特征提取;(f) 64QAM 特征提取;(g) 4PAM 特征提取;(h) 8PAM 特征提取。

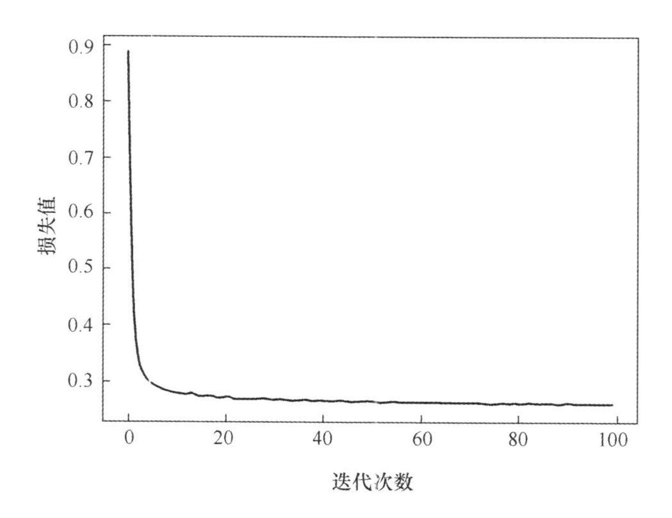

图 6.5　自编码器训练损失

通过对照试验可以看出,本节设计的自编码器在性能上较有优势,经过训练后可将重构误差约束到最小。从另一个角度来看,这里设计的自编码器所提取特征的表征性也越强,更能代表原始 I/Q 信号。

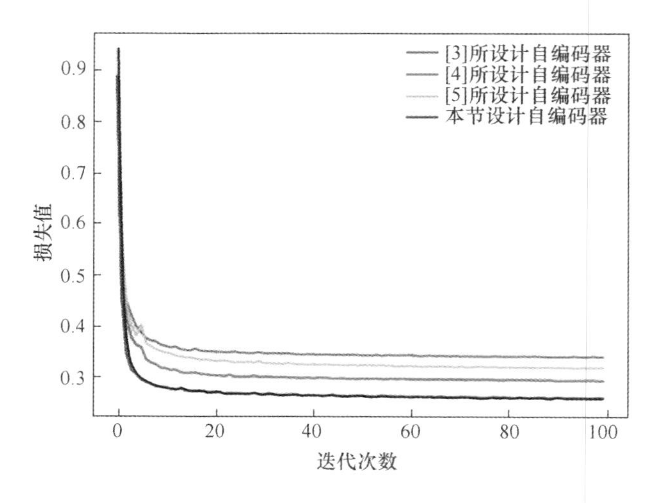

图 6.6 不同自编码器性能对比(见彩图)

6.3 基于对比预测网络的半监督信号识别方法

大多数深度学习应用场景中,通常会遇到缺乏带标签样本的情况,通信信号调制样式识别任务中更是如此。基于有监督学习的分类算法大多结合信号预处理技术或使用 I/Q 信号作为有标签训练样本,用深度神经网络拟合训练样本分布,然而,实际应用中为大量数据打标签是一个繁杂的过程,无监督的优点在于能够利用无标签样本提取训练样本的特征,是解决此类问题的有效途径。

本节结合对比预测编码(Contrastive Predictive Coding, CPC)[6-7]网络结构进一步研究数据驱动模型的无监督调制识别算法。本节结合多网络融合的方法通过级联 LSTM 和 ResNet 构建的特征提取网络能够提取到更多维度的特征表示。同时,本节结合互信息理论和最大均值差异(Maximum Mean Discrepancy, MMD)理论设计不同的对比损失函数,从实验上对比两种损失函数的具体性能。同时,针对无监督学习无法完成特征空间到标签空间的映射问题,本节设计了无监督预训练和小样本有监督训练分类器的半监督学习方法,实现小样本条件下的信号分类。

6.3.1 无监督对比预测编码网络框架

模式识别的无监督聚类算法、主成分分析(PCA)算法通过人工设计特征完成特征分析属于非深度的无监督算法,自编码器是一种深度无监督表示学习方法,但由于网络由全连接层堆叠往往训练效率低。对于调制信号识别任务,实际环境中可以获得大量未标记样本,这些样本通过人工标注代价过高,往往无法充分利用。

无监督 CPC 网络分为特征提取网络、自回归预测编码网络和分类器,其结构如图 6.7 所示。

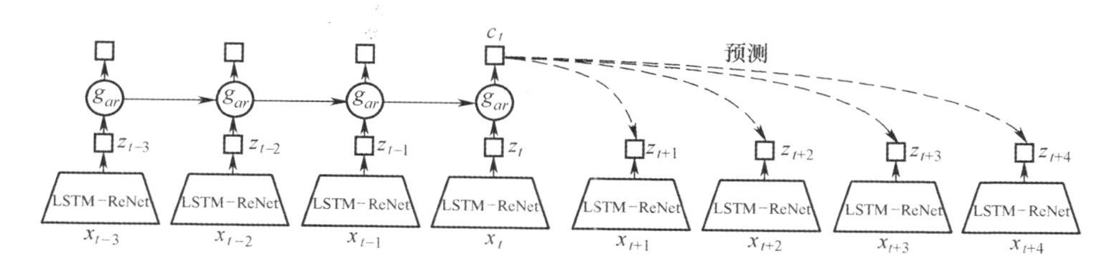

图 6.7　对比预测编码结构

预测编码机制主要包括以下几方面。

(1) 输入的信号样本 $x \in X$ 是高维的,通过特征提取网络将高维信号样本映射到其潜在的特征空间中。

(2) 构建自回归网络 g_{ar} 通过学习特征空间的分布进行多步预测。

(3) 对比预测编码网络依靠损失函数进行约束,同时优化特征提取网络和自回归网络,实现网络的端到端训练。

半监督学习框架下,CPC 网络的训练过程分为两部分,如图 6.8 所示。

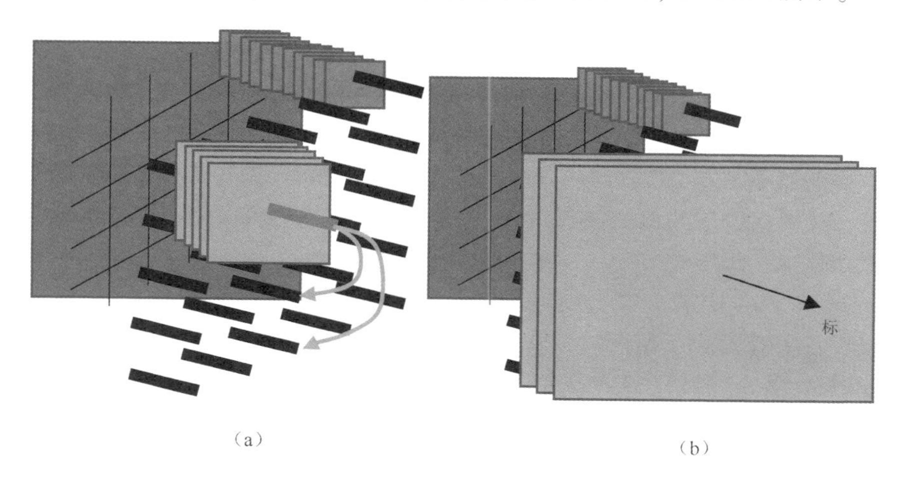

图 6.8　对比预测编码网络的训练方法(见彩图)

(a) 无监督预训练;(b) 有监督训练。

6.3.1.1　无监督预训练过程

图 6.8(a)利用无标签训练样本 X (蓝色)通过特征提取层 LSTM-ResNet 神经网络(红色),自回归预测编码网络 g_{ar} (绿色)学习输入特征向量的分布模型同时输出预测多步的特征向量。根据构造的损失函数(Loss Function)计算

LSTM-ResNet网络所提取特征和自回归预测编码网络 g_{ar} 的度量。根据梯度下降原理对损失函数寻优,使特征提取网络 LSTM-ResNet 和自回归网络 g_{ar} 逐步学习到更具表示能力的特征,从而初始化 LSTM-ResNet 特征提取网络到较优的解空间。算法设计步骤如下。

步骤 1:特征提取,记 $\boldsymbol{Z}^{\mathrm{T}}[\cdots,z_{t-3},z_{t-2},z_{t-1},z_t,z_{t+1},z_{t+2},z_{t+3},\cdots]$ 为特征提取模块 LSTM-ResNet 神经网络输出 $\boldsymbol{Z}^{\mathrm{T}}=f_\theta(X)$,$f_\theta$ 表示网络参数为 θ 的特征提取网络,X 为输入特征提取网络的训练样本集合,通过非线性函数 f_θ 映射得到特征空间 $\boldsymbol{Z}$。

步骤 2:回归预测,得到特征空间中的特征向量 $\boldsymbol{z}\in\boldsymbol{Z}$,其中 $z_{\leqslant t}$ 部分输入到自回归网络 g_{ar},通过学习 $z_{\leqslant t}$ 部分数据分布,自回归网络输出 $c_t=g_{ar}(z_{\leqslant t})$,并对 $z_{\geqslant t}$ 部分进行预测记为 $\hat{z}_{\geqslant t}$。本节使用 GRU 作为自回归网络进行预测,当前值 c_t 和 x_{t+k} 间满足关系式:

$$f_k(x_{t+k},c_t)\propto\frac{p(x_{t+k}\mid c_t)}{p(x_{t+k})}\tag{6.6}$$

式(6.6)表示自回归网络输出 c_t 和 $z_{\geqslant t}$ 部分的实际值存在函数关系 $f_k(x_{t+k},c_t)$,可以表示为条件概率的形式。令 $\boldsymbol{W}_k$ 为预测矩阵,$f_k(x_{t+k},c_t)$ 为一个线性函数,则可以表示为

$$f_k(x_{t+k},c_t)=\exp(z_{t+k}^{\mathrm{T}}\boldsymbol{W}_k c_t)\tag{6.7}$$

$t+k$ 位置的预测值为

$$\hat{\boldsymbol{z}}_{t+k}^{\mathrm{T}}=\boldsymbol{W}_k c_t\tag{6.8}$$

步骤 3:构建损失函数,自回归网络预测值 $\hat{\boldsymbol{z}}_{t+k}^{\mathrm{T}}$ 和 LSTM-ResNet 神经网络特征提取值 $\boldsymbol{z}_{t+k}^{\mathrm{T}}$ 根据构造的损失函数,首先建立原始输入和自回归网络输出距离度量函数 L,即

$$L_{\mathrm{loss}}=D\{\hat{\boldsymbol{z}}_{t+k}^{\mathrm{T}},\boldsymbol{z}_{t+k}^{\mathrm{T}}\}\tag{6.9}$$

因为原始输入 x_{t+k} 和自回归网络输出 c_t 正比于自回归网络预测值 $\hat{z}_{t+k}^{\mathrm{T}}$ 和特征提取值 z_{t+k}^{T},即

$$\frac{p(x_{t+k}\mid c_t)}{p(x_{t+k})}\propto f(\boldsymbol{z}_{t+k}^{\mathrm{T}},\hat{\boldsymbol{z}}_{t+k}^{\mathrm{T}})\tag{6.10}$$

建立关于自回归网络预测值 $\hat{\boldsymbol{z}}_{t+k}^{\mathrm{T}}$ 和特征提取值 $\boldsymbol{z}_{t+k}^{\mathrm{T}}$ 的损失函数,即

$$\mathcal{L}_N=-\sum_{t,k}\log p(\boldsymbol{z}_{t+k}\mid\hat{\boldsymbol{z}}_{t+k},\{z_l\})\tag{6.11}$$

$\{z_l\}$ 表示一批样本中由神经网络所提取特征的集合。

步骤 4:无监督训练,根据最优化理论,使对比损失函数收敛在极小值点,此时网络到达在无标签样本中学习样本最佳表示特征,完成 LSTM-ResNet 神经网络参

数初始化,即

$$\theta^* = \arg\min_{\theta} \frac{1}{N} \sum_{n=1}^{N} \mathcal{L}_{\mathrm{CPC}}[f_\theta(x_n)] \tag{6.12}$$

式中:$\mathcal{L}_{\mathrm{CPC}}[f_\theta(x_n)]$ 表示训练样本 x_n 通过对比预测损失函数 $\mathcal{L}_{\mathrm{CPC}}$ 优化特征提取网络 f_θ 以寻找到最有的网络参数 θ。

6.3.1.2 有监督训练分类器过程

图 6.8(b)表示无监督训练结束后用 Softmax 分类器替换回归预测网络,再用带标签数据通过有监督 finetune 训练分类器。因为 LSTM-ResNet 神经网络在无监督学习时已经对网络参数完成初始化,所以有监督学习训练样本数量大幅减少(图 6.9)。

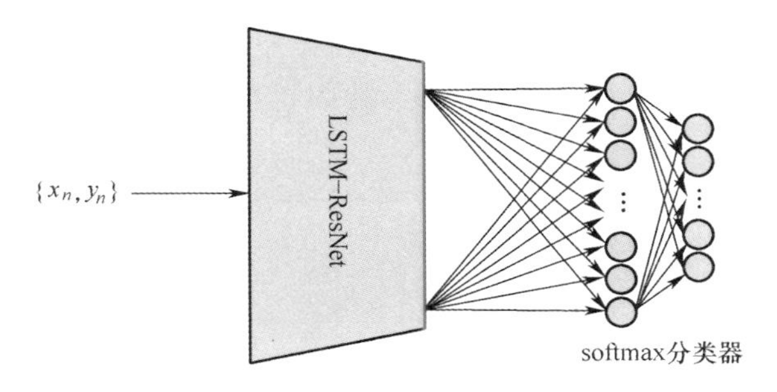

图 6.9 有监督训练分类器过程

用 softmax 替换 CPC 网络的预测编码网络部分,再用有标签数据 $\{x,y\}_N$ 训练分类器 softmax,即

$$\phi^* = \arg\min_{\varphi} \frac{1}{N} \sum_{n=1}^{N} L_{\sup}[g_\varphi \cdot f_{\theta^*}(x), y] \tag{6.13}$$

式中:$L_{\sup}$ 表示有监督学习的损失函数;$g_\varphi \cdot f_{\theta^*}$ 表示分类器,g_φ 和初值为 θ^* 的特征提取器 f_{θ^*} 构成的混合函数,通过有监督学习找到最佳参数 φ。

根据信号的格式设计一种联合神经网络框架,利用 LSTM 和 ResNet 神经网络提取信号样本的不同特征模式。网络深度对模型性能至关重要,网络加深可以提取更加复杂的特征模式,特征的“级别”可以通过堆叠层的数量来丰富,以获得高维解空间,这一点已经在图像识别领域得到很好的验证[8-9]。如图 6.10 所示,第一部分,结构由 LSTM 神经网络组成,从前文可知根据输入信号形式 LSTM 神经网络将在不同时间尺度上学习数据中具有周期性的特征,这一处理可以有效减少输入 ResNet 神经网络中的重复特征,实现特征的一次筛选,减少了模型学习复杂度;第二部分,ResNet 神经网络将完成信号细粒特征提取,通过拟合信号的高维特征,将低维不可分问题转换到高维空间后有利于分类边界的形成。

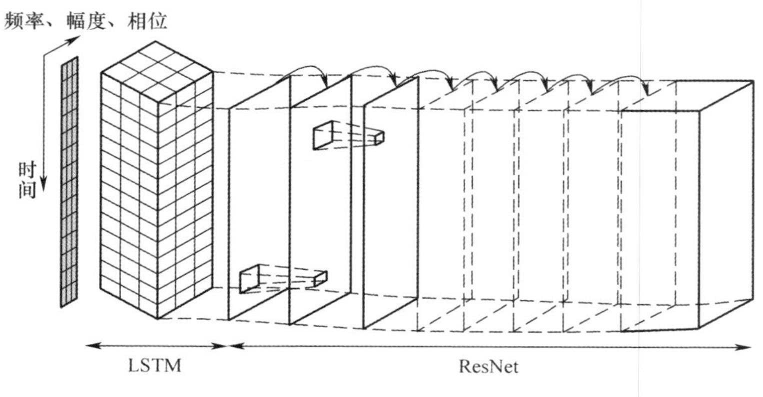

图 6.10　LSTM-ResNet 神经网络结构示意图

LSTM-ResNet 神经网络使用的网络参数第一部分为 3 层 LSTM 神经网络，第二部分为 ResNet50 神经网络，网络详细参数如表 6.1 所列。

表 6.1　LSTM-ResNet 联合神经网络参数

层名	输出维度	参数配置
输入层	3×128	
LSTM-128	3×128	Tanh 激活函数
LSTM-256	3×256	Tanh 激活函数
LSTM-128	3×128	Tanh 激活函数
数据结构重塑	[1×3×128]	
补零	5×130	(1×1)
ResNet50 块 1	5×130	3×3,64 步长(1×2)
ResNet50 块 2	3×64	3×3,最大池化,步长(1×2)
		$\begin{pmatrix}1\times1 & 64\\3\times3 & 64\\1\times1 & 256\end{pmatrix}\times4$
ResNet50 块 3	3×64	$\begin{pmatrix}1\times1 & 64\\3\times3 & 64\\1\times1 & 256\end{pmatrix}\times4$
ResNet50 块 4	3×64	$\begin{pmatrix}1\times1 & 128\\3\times3 & 128\\1\times1 & 512\end{pmatrix}\times6$
ResNet50 块 5	3×64	$\begin{pmatrix}1\times1 & 256\\3\times3 & 256\\1\times1 & 1024\end{pmatrix}\times3$
	1×11	平均池化,11 维,softmax 分类器

6.3.2 基于噪声对比估计的对比预测编码调制识别算法

6.3.2.1 噪声对比估计损失函数

噪声对比估计(Noise-Contrastive Estimation, NCE)[10]是一种非规范概率模型估计算法,其通过对比采样正负样本空间的方式估计概率分布。

对比预测编码网络通过自回归网络构建的表示特征空间 C 和输入信号样本空间 X,度量二者的互信息,将当前的表示信息 C 和样本信息 X 相关联进行编码表示为

$$I(x;c)=\sum_{x,c}p(x,c)\log\frac{p(x\mid c)}{p(x)} \tag{6.14}$$

通过最大化二者的互信息(表示信息 C 能够确定的表示样本空间 X),即提取到更具表示性的特征变量。

NCE 是将多元分类问题等价为二元分类问题。一类为目标分布记为 p_d ,称为正样本;另一类为噪声分布记为 p_n, 称为负样本。令 $D=1$ 表示样本来自目标分布, $D=0$ 表示样本来自噪声分布,对于任意样本 x 都满足

$$p(D=1\mid x)=\frac{p(D=1,x)}{p(x)}=\frac{p_d(x)}{p_d(x)+p_n(x)} \tag{6.15}$$

$$p(D=0\mid x)=\frac{p(D=0,x)}{p(x)}=\frac{p_n(x)}{p_d(x)+p_n(x)}=1-p(D=1\mid x) \tag{6.16}$$

当模型参数为 θ 时,预测值的概率为 $p_\theta(x)$, 使其逼近目标分布概率 $p_d(x)$, 即

$$p(D=1\mid x,\theta)=\frac{p_\theta(x)}{p_\theta(x)+p_n(x)} \tag{6.17}$$

$$p(D=0\mid x,\theta)=\frac{p_n(x)}{p_n(x)+p_n(x)} \tag{6.18}$$

采用对数似然估计进行参数估计:

$$\begin{aligned}\ell(\theta)&=\sum_t D_t\ln p(D_t=1\mid x,\theta)+(1-D_t)\ln p(D_t=0\mid x,\theta)\\&=\sum_t \ln[h(x_t,\theta)]+\ln[1-h(y_t,\theta)]\end{aligned} \tag{6.19}$$

从而目标函数可表示为

$$J_T(\theta)=\frac{1}{2T}\sum_t \ln[h(x_t,\theta)]+\ln[1-h(x_t,\theta)] \tag{6.20}$$

基于对比预测编码网络的基本架构,本节通过 NCE 损失函数对特征提取网络和预测编码网络进行参数更新。根据前文对 NCE 介绍,规定样本集合 $X = \{x_1, x_2, \cdots, x_N\}$ 中的正样本为已知自回归网络预测值条件下的条件概率分布 $p(x_{t+\mathrm{k}} \mid c_t)$,负样本为实际样本的概率分布 $p(x_{t+k})$,则

$$\mathcal{L}_N = -\underset{X}{E}\left[\log \frac{f_k(x_{t+k}, c_t)}{\sum_{x_j \in X} f_k(x_j, c_t)}\right] \tag{6.21}$$

当样本 x_i 满足 $D = 1$ 时表示为正样本,即

$$\begin{aligned} p(D = i \mid X, c_t) &= \frac{p(x_i \mid c_t) \prod_{l \neq i} p(x_l)}{\sum_{j=1}^{N} p(x_j \mid c_t) \prod_{l \neq j} p(x_l)} \\ &= \frac{\dfrac{p(x_i \mid c_t)}{p(x_i)}}{\sum_{j=1}^{N} \dfrac{p(x_j \mid c_t)}{p(x_j)}} \end{aligned} \tag{6.22}$$

根据互信息理论,最大化 c_t 和 x_{t+k} 间的互信息量表明二者间的依赖关系越强,即预测编码的表示能力越强。由式(6.22)可得

$$\begin{aligned} \mathcal{L}_N^{\text{opt}} &= -\underset{X}{E}\log\left[\frac{\dfrac{p(x_{t+k} \mid c_t)}{p(x_{t+k})}}{\dfrac{p(x_{t+k} \mid c_t)}{p(x_{t+k})} + \sum_{x_j \in X_{neg}} \dfrac{p(x_j \mid c_t)}{p(x_j)}}\right] \\ &= \underset{X}{E}\log\left[1 + \frac{p(x_{t+k})}{p(x_{t+k} \mid c_t)} \sum_{x_j \in X_{neg}} \frac{p(x_j \mid c_t)}{p(x_j)}\right] \\ &\approx \underset{X}{E}\log\left[1 + \frac{p(x_{t+k} \mid c_t)}{p(x_{t+k})}(N-1) \underset{x_j}{E} \frac{p(x_j \mid c_t)}{p(x_j)}\right] \\ &\geqslant \underset{X}{E}\log\left[\frac{p(x_{t+k} \mid c_t)}{p(x_{t+k})} N\right] \\ &= -I(x_{t+k}, c_t) + \log N \end{aligned} \tag{6.23}$$

最终得到不等式:

$$I(x_{t+k}, c_t) \geqslant \log(N) - \mathcal{L}_N^{\text{opt}} \tag{6.24}$$

其表示当 N 增大时,互信息增大;当 $\mathcal{L}_N$ 减小时,互信息的最小边界值最大化。通过最大化互信息的方式实现网络的端到端优化。

6.3.2.2 调制识别算法设计

基于以上介绍的对比预测编码网络的关键组成部分,本节提出的 NCE 约束对比预测编码算法如图 6.11 所示。

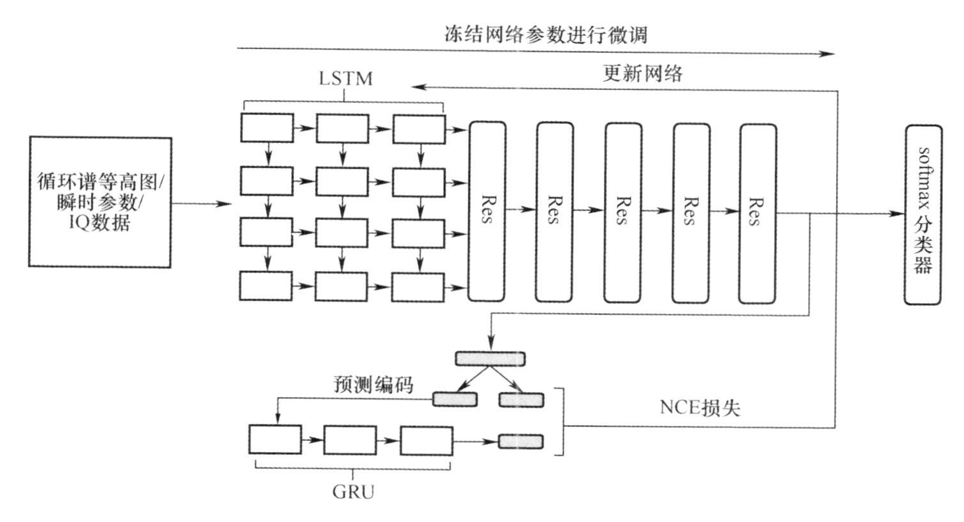

图 6.11　基于 NCE 的对比预测编码调制识别算法流程图(见彩图)

图 6.11 中红色箭头表示无监督预训练过程,蓝色箭头表示有监督训练分类器,使用 NCE 损失函数约束网络收敛。具体算法如表 6.2 所列。

表 6.2　基于 NCE 的对比预测编码调制识别算法

输入:分为三种训练样本集合(循环谱等高图;瞬时幅度、相位、频率序列;I/Q 序列)。
输出:目标样本的标签预测结果。
步骤 1 目标样本通过 LSTM-ResNet 特征提取网络,进行特征映射。
步骤 2 自回归网络 GRU 学习部分的特征向量分布并进行多步预测。
步骤 3 无监督训练网络模型。
步骤 3.1 建立预测值和实际值的互信息关系式。
步骤 3.2 根据 NCE 对正样本和负样本进行抽样估计得到分布函数。
步骤 3.3 对网络进行更新。
步骤 4 有监督训练分类器。
步骤 4.1 冻结 LSTM-ResNet 的网络参数。
步骤 4.2 将 softmax 分类器与 LSTM-ResNet 连接。
步骤 4.3 更新分类器参数。
结束

6.3.3　基于 MK-MMD 的对比预测编码调制识别算法

6.3.3.1　MK-MMD 理论概述

多核最大均值距离(Multi-Kernel Maximum Mean Discrepancy, MK-MMD)[11-13]是定义在再生核希尔伯特空间(Reproducing Kernel Hilbert Space, RKHS)的一种度

量算法,属于核学习方法。

希尔伯特空间 $\mathcal{H}$ 定义为一个函数空间,该空间中的任一函数 f 可以被该空间的一组正交基表示。函数 f 可以表示为 $\mathcal{H}$ 中的无限维向量 $\boldsymbol{f}=(f_1,f_2,\cdots)_{\mathcal{H}}^{\mathrm{T}}$。若核函数 $K(x,y)$ 是二元函数或无限维矩阵,φ_i 为 $\mathcal{H}$ 的基函数,则空间 $\mathcal{H}$ 中的向量可表示为

令 $\boldsymbol{K}(x,\cdot)=(\lambda_1\varphi_1(x),\lambda_2\varphi_2(x),\cdots)_{\mathcal{H}}^{\mathrm{T}}$,$\boldsymbol{K}(y,\cdot)=(\lambda_1\varphi_1(y),\lambda_2\varphi_2(y),\cdots)_{\mathcal{H}}^{\mathrm{T}}$,则有

$$\begin{aligned}K(x,y)&=\sum_{i=0}^{\infty}\lambda_i\varphi_i(x)\varphi_i(y)\\&=\sum_{i=0}^{\infty}(\lambda_1\varphi_1(x),\lambda_2\varphi_2(x),\cdots)_{\mathcal{H}}^{\mathrm{T}}(\lambda_1\varphi_1(y),\lambda_2\varphi_2(y),\cdots)_{\mathcal{H}}^{\mathrm{T}}\end{aligned}\tag{6.25}$$

$$<\boldsymbol{K}(x,\cdot),\boldsymbol{K}(y,\cdot)>_{\mathcal{H}}=\sum_{i=0}^{\infty}\lambda_i\varphi_i(x)\varphi_i(y)=K(x,y)\tag{6.26}$$

核的可再生性体现为函数的内积被两个核函数表示,则空间 $\mathcal{H}$ 称为 RKHS。定义一个映射关系 $\boldsymbol{\Phi}$,将点 (x,y) 映射到空间 $\mathcal{H}$,可表示为

$$<\boldsymbol{\Phi}(x),\boldsymbol{\Phi}(y)>_{\mathcal{H}}=<\boldsymbol{K}(x,\cdot),\boldsymbol{K}(y,\cdot)>_{\mathcal{H}}=\sum_{i=0}^{\infty}\lambda_i\varphi_i(x)\varphi_i(y)=K(x,y)\tag{6.27}$$

从式(6.27)可知,任意函数 $K(x,y)$ 满足存在其对应的 RKHS 和映射关系 $\boldsymbol{\Phi}$。RKHS 在计算内积时避免计算无穷维中的具体坐标,而是通过核函数 $K(x,y)$ 找到空间的基向量完成空间映射。

6.3.3.2 MK-MMD 对比损失函数

空间中的距离被定义为内积运算,MK-MMD 定义两个样本空间 $X=\{x_1,x_2,\cdots,x_m\}$ 和 $Y=\{y_1,y_2,\cdots,y_n\}$ 的概率分布为 p 和 q,映射函数 $\boldsymbol{\Phi}:\mathcal{X},\mathcal{Y}\rightarrow\mathcal{H}$,在映射后的 RKHS 空间中来自不同分布的均值差异最大,其平方距离表示为

$$d_k^2(p,q)\triangleq\|E_p[\varphi(x)]-E[\varphi(y)]\|_{\mathcal{H}}^2\tag{6.28}$$

特征映射 $\boldsymbol{\Phi}$ 与核函数有关,$k(x,y)=<\varphi(x),\varphi(y)>$ 被定义为多个核函数通过线性组合构成一个总核函数:

$$K(x,y)\triangleq\left\{k=\sum_{u=1}^{m}\beta_u k_u(x,y):\beta_u\geqslant0,\sum_{l=1}^{L}\beta_l=1,\forall u\right\}\tag{6.29}$$

多核函数有利于得到最佳的映射函数,MK-MMD 的计算公式表示为核函数期望的形式:

$$d_k^2(p,q)=E_{xx'}(x,x')+E_{yy'}(y,y')-E_{x,y}(x,y)\tag{6.30}$$

训练过程中 MK-MMD 的优化参数 β,目标函数可表示为

$$\max_{k \in K} d_k^2(p,q)\sigma_k^{-2} \tag{6.31}$$

式中：σ^2 是估计方差。式(6.30)中 x、x' 服从预测分布式(6.31)中的 p，式(6.30)中 y、y' 服从实际分布式(6.31)中的 q。当模型参数为 θ 时，预测分布为 $p(x)$。最终优化整个网络的目标函数为

$$J(\theta) = \arg\min_{\theta} d_k^2(p(\theta),q) \tag{6.32}$$

6.3.3.3 调制识别算法设计

基于以上介绍的对比预测编码网络的关键组成部分，本节提出的 MK-MMD 约束对比预测编码调制识别算法整体流程如图 6.12 所示，主要步骤如表 6.3 所列。

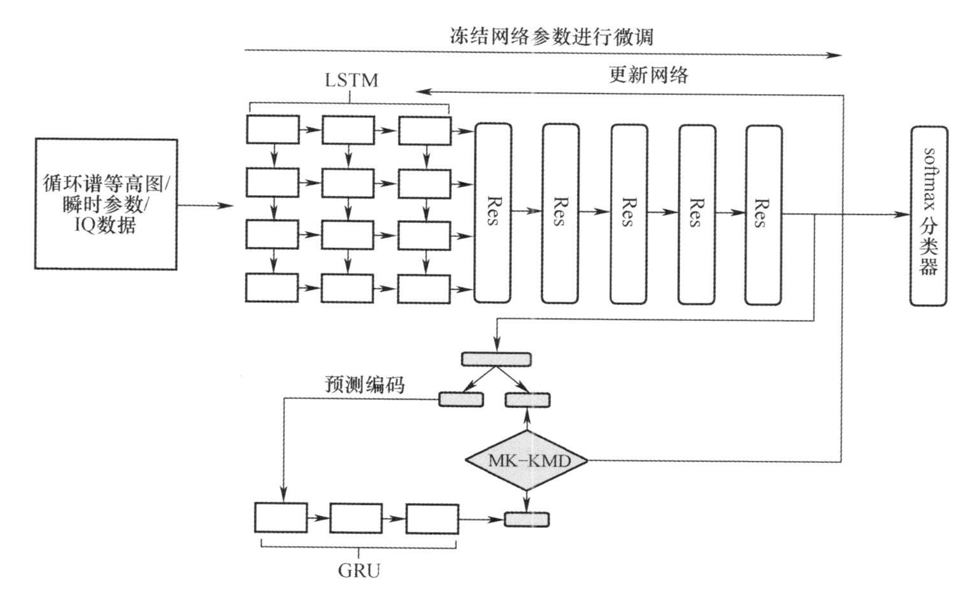

图 6.12 基于 MK-MMD 的对比预测编码调制识别算法流程图(见彩图)

图 6.12 中红色箭头表示无监督预训练过程，蓝色箭头表示有监督训练分类器，使用 MK-MMD 损失函数约束网络收敛。

表 6.3 基于 MK-MMD 的对比预测编码调制识别算法

输入：分为 3 种训练样本集合(循环谱等高图；瞬时幅度、相位、频率序列；I/Q 序列)。
输出：目标样本的标签预测结果。
步骤 1 目标样本通过 LSTM-ResNet 特征提取网络，进行特征映射。
步骤 2 自回归网络 GRU 学习部分的特征向量分布并进行多步预测。
步骤 3 无监督训练网络模型。
步骤 3.1 度量预测向量与实际向量的距离。
步骤 3.2 得到最大化 MK-MMD 分布距离的映射空间。

续表

步骤3.3 优化网络参数得到使最大距离最小的模型参数。
步骤4 有监督训练分类器。
步骤4.1 冻结 LSTM-ResNet 的网络参数。
步骤4.2 将 softmax 分类器与 LSTM-ResNet 连接。
步骤4.3 更新分类器参数。
结束

6.3.4 实验结果分析

首先对仿真数据集与仿真条件进行介绍。实验平台为 Windows 7,32GB 内存,NVDIA P4000,CPC 网络使用 Pytorch 框架和 Python 实现。调制识别算法使用的数据集包括:循环谱等高图;瞬时幅度、相位、频率参数;I/Q 序列。实验中使用的 I/Q 样本由 DeepSig 的调制识别公开数据集,信号参数如表 6.4 所列。

表 6.4 数据集参数

调制样式	8PSK、AM-DSB、AM-SSB、BPSK、CPFSK、GFSK、4PAM、16QAM、64QAM、QPSK、WBFM			
样本数	8PSK	705	4PAM	622
	AM-DSB	705	16QAM	622
	AM-SSB	705	64QAM	622
	BPSK	1247	QPSK	622
	CPFSK	1247	WBFM	779
	GFSK	1247	\	\
样本维度	2×128			
采样率	8			
信号长度	128			
信噪比	-4~18dB			

训练神经网络的超参数,设置批大小为 128,学习率为 0.01,迭代周期根据损失函数衰减趋势自动终止。将数据分为 10 份通过交叉验证进行训练,具体实验如下。

实验 1:考察 NCE 损失函数和 MK-MMD 损失函数性能,验证损失函数对 CPC 网络训练速度和识别率的影响。

从图 6.13 和图 6.14 的损失曲线(蓝色)可以看出,两种损失函数能够有效收敛证明训练过程能够正常进行。从验证错误曲线(黄色)可以看出,NCE 损失函数在 40 个迭代周期前效果优于 MK-MMD,但随后出现轻微的过拟合现象。从表 6.5 的数据可知,两种损失函数都能够约束特征提取网络得到较好的网络模型,识别率基本相当。

表 6.5　比较两个损失函数不同信噪比识别率

	-2dB	0dB	2dB	4dB	6dB	10dB	18dB
NCE	0.90	0.92	0.93	0.94	0.94	0.95	0.95
MK. MMD	0.87	0.91	0.92	0.93	0.93	0.96	0.96

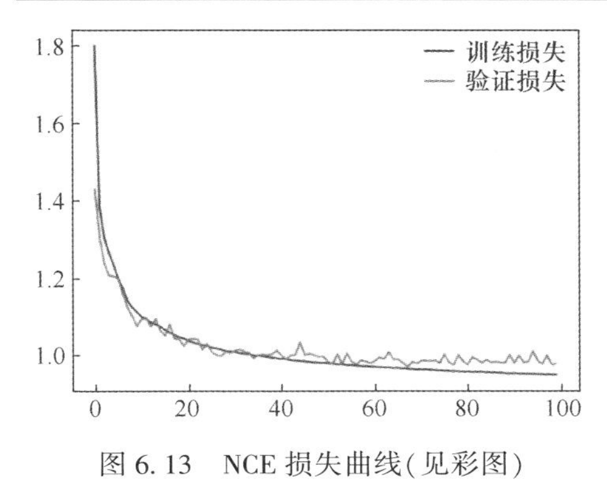

图 6.13　NCE 损失曲线(见彩图)

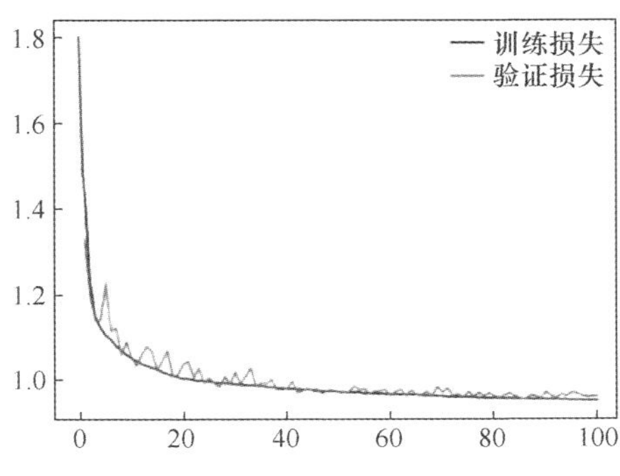

图 6.14　MK-MMD 损失曲线(见彩图)

实验 2:考察文中算法特征提取能力和运行时间比较,首先对比有监督学习条件下 LSTM-ResNet 联合神经网络和其他调制信号分类神经网络在-4～18dB 识别精度。文献[14]使用 9 层残差网络训练样本长度为 128 的 I/Q 数据。文献[15]使用包含信号幅度和相位信息,长度为 128 的数据训练两层 LSTM 神经网络。本节分别测试 3 种数据集训练的性能,将循环谱等高图的训练记为 cReLS;将使用包含信号瞬时幅度、相位、频率长度为 128 的数据训练的结果记为 insReLS;将使用 I/Q 数据训练的结果记为 I/QReLS,结果如表 6.6 所列。

表 6.6　比较不同信噪比条件下的平均识别率

平均准确率 \ SNR / 网络	-4dB	-2dB	0dB	2dB	4dB	6dB	8dB	10dB	18dB
ResNet[14]	0.70	0.76	0.79	0.80	0.81	0.80	0.81	0.80	0.80
LSTM[15]	0.76	0.83	0.88	0.90	0.92	0.92	0.92	0.92	0.92
cReLS	0.84	0.93	0.95	0.96	0.98	0.99	1	1	1
insReLS	0.81	0.90	0.92	0.93	0.94	0.94	0.94	0.95	0.95
I/QReLS	0.78	0.82	0.85	0.88	0.90	0.91	0.93	0.92	0.93

从实验结果分析,与单一结构的神经网络调制识别方法相比,联合神经网络结构能够学习到更丰富的信号特征并且能够拟合出高维语义特征从而提高识别率。

从训练样本所包含信号信息量角度看,通过数据预处理得到信号幅度、相位、频率信息相比直接使用 I/Q 数据训练样本,更有助于网络学习到有用的特征。

从信号预处理的角度看,通过循环谱域处理能够提高低信噪比条件的识别率,同时循环谱等高图的特征更加显著,有利于神经网络的拟合。

表 6.7 列出 3 种神经网络在设置相同 batchsize 的条件下,测试训练一个 Epoch 所花费的平均时长。

表 6.7 对比不同算法训练迭代的运行时间

算法	Epoch 平均训练时长/s
ResNet[14]	560
LSTM[15]	420
cReLS	2500
insReLS	1800
I/QReLS	1500

考虑到有监督学习需要大量有标签数据使网络收敛并且联合神经网络使用深层网络模型 ResNet50,模型收敛速度较慢,为此提出添加对比预测编码网络并实验验证。

实验 3:考察半监督学习算法的小样本识别性能,验证文中联合神经网络结合 CPC 网络在小样本场景下的识别效果。分别测试半监督学习算法在-2dB、0dB、10dB 的小样本识别率。第一步,使用全部无标签数据集对连接有对比预测编码网络的 LSTM-ResNet 网络进行预训练;第二步,随机抽取各类调制信号中不同信噪比的少量带标签样本通过有监督学习微调网络参数;第三步,分别测试-2dB、0dB、10dB 时小样本识别 11 种调制信号的平均准确率,对照实验以完全通过有监督学习的 LSTM-ResNet 网络为基准,如图 6.15 所示。

由图 6.15 可以看出,采用基于 CPC 算法的半监督学习识别率显著高于有监督学习识别率。当使用每类信号 200~300 的带标签样本时半监督学习方法识别率能够达到有监督学习最佳效果。实验发现,本节算法在低数据条件下仅通过无监督预训练对 11 种调制信号的识别精度接近 60%,表明对比预测算法使用无标签样本通过对比损失函数能够学习到信号的有效特征。

时间性能方面,通过无监督预训练后的联合神经网络所需的数据量大幅减少,训练时间也随之减少,当本节方法识别率达到有监督学习识别率时,大约每 Epoch 耗时约 8min。

实验 4:综合考虑运行效率和识别率,该实验以 InfReLS 为例考察文中算法对数据集中包含的 11 种模拟和数字调制样式在特定信噪比条件下的类间识别概率。由上述可得本节算法具备一定的抗噪声能力,在-2dB 能够达到 90%识别率。实验发现,8PSK、QPSK、WBFM、AM-DSB 信号易出现混淆,分析可能因为 I/Q 数据转为瞬时参数序列后,LSTM 网络特征提取更倾向表达幅度、相位、频率的数值规律,对调制阶数相近的信号容易出现误识别,在 16QAM 和 4PAM 也体现这种情况,反

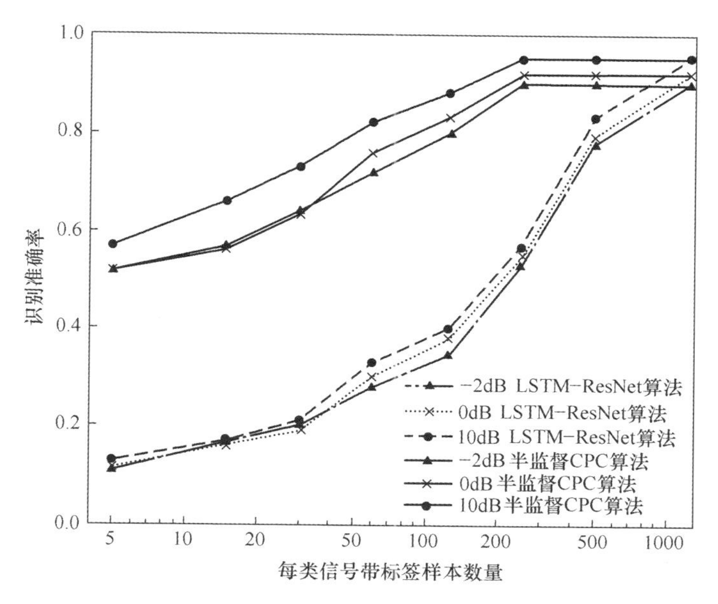

图 6.15 半监督学习 CPC 算法-2dB、0dB、10dB 条件下小样本识别率

而 16QAM 和 64QAM 这类调制阶数相差较大的信号区分效果较好。对于这种问题考虑可以采用变换域数据训练网络或采取在有监督学习阶段增加带标签样本损失权重加强标签对网络的约束能力,以更好区分相似的特征。实验验证特定信噪比条件下,11 种调制样式的类间识别混淆矩阵如图 6.16~图 6.18 所示。

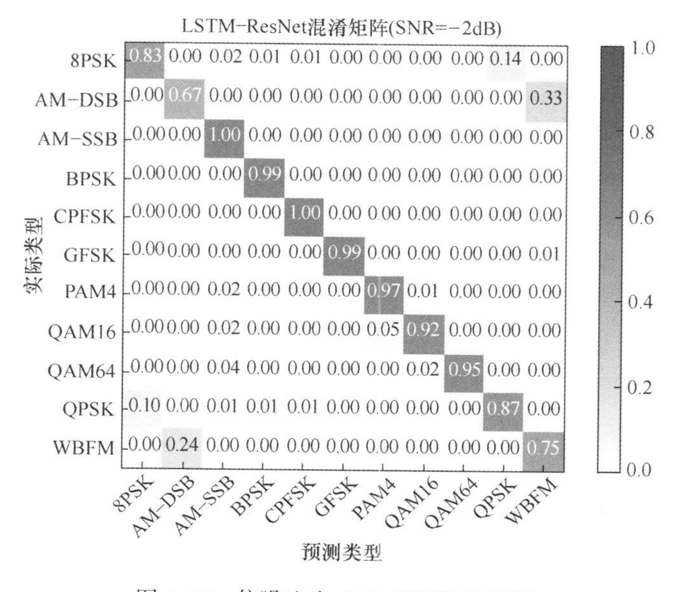

图 6.16 信噪比为-2dB 预测混淆矩阵

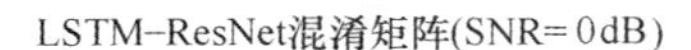

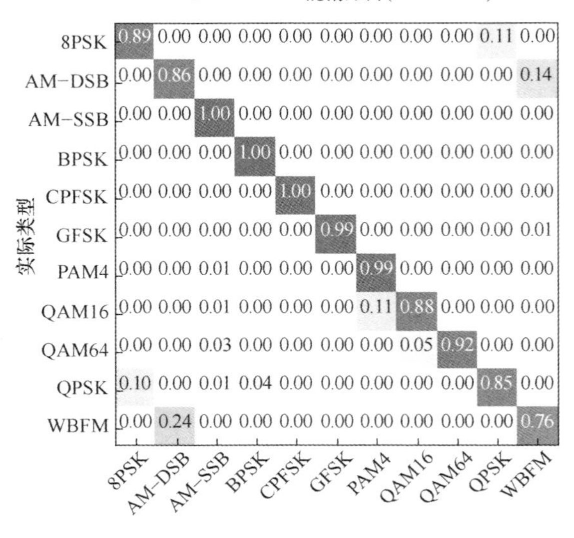

图 6.17　信噪比为 0dB 预测混淆矩阵

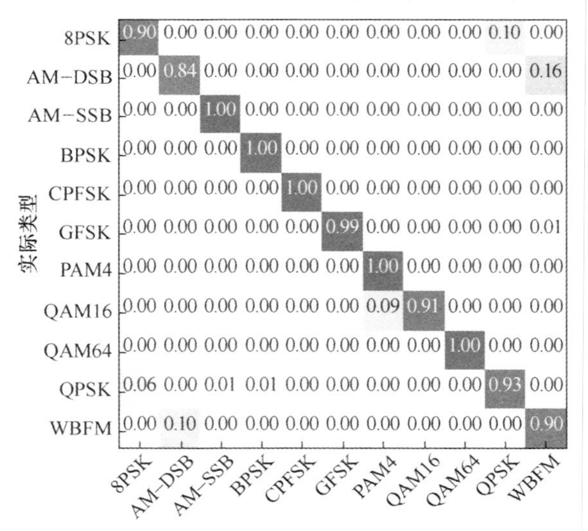

图 6.18　信噪比为 10dB 预测混淆矩阵

6.4 基于集成学习与特征降维的半监督信号识别方法

针对有标签样本量不足导致的小样本通信信号调制样式分类识别问题,本节提出基于集成学习与特征降维的小样本调制识别算法。基于集成学习与特征降维的小样本模型本质思想是利用尽可能低的纬度特征表征原始信号,从而降低训练分类器所需样本数量。降维对高维小样本问题行之有效,信号降维主要包括特征提取和特征选择两方面。本节拟提取信号最具表征性、区分度的特征并降维,从而达到减少训练所需带标签样本数的目的。在上述算法中,自编码器可被看作一个特征提取网络,在提升特征丰富性上具有很大作用。

如图 6.19 所示,本算法主要分为 3 个阶段:第一阶段为特征提取阶段,利用传统方法提取对通信信号区分能力强的人工设计特征,与此同时,利用自编码器网络对信号样本进行无监督训练,自动提取低维信号特征,而后将两类特征进行组合;第二阶段为特征选择阶段,运用自主设计的特征选择算法综合选出一定数量的最具区分能力的特征,并生成低维度最优特征子集;第三阶段为分类阶段,使用少量带标签样本进行高性能分类器的有监督训练,从而完成通信信号小样本条件下的分类识别。

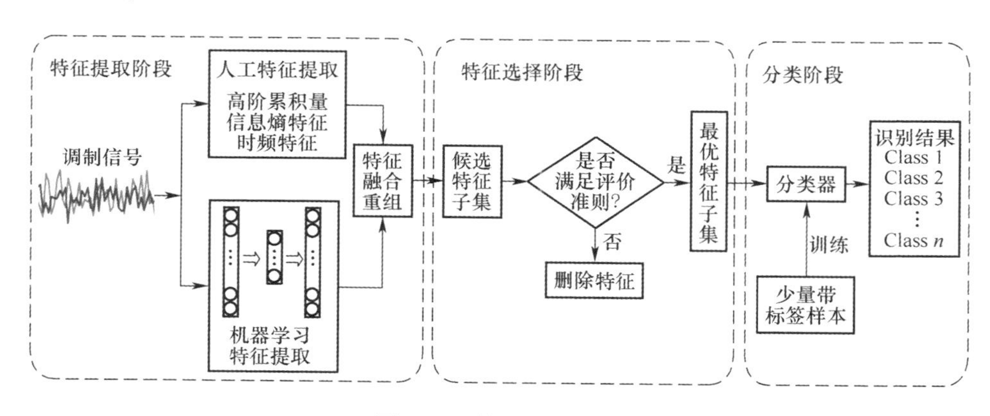

图 6.19 算法总体框架

6.4.1 特征选择理论

关于第二阶段特征选择阶段,本节设计了半监督特征选择算法。特征选择算法指的是从全部原始特征集中选择与类别最相关的特征子集以降低特征向量维度,相较于特征提取方法,特征选择方法更加侧重于揭示特征与特征间、特征与类别间的因果关系。

特征选择算法运用设定的评价准则对待选特征集合中的特征进行评价以遴选特征，其大体流程如图 6.20 所示。特征选择算法主要包括 4 个基本步骤：特征子集生成、特征子集评价、选择停止和结果验证。具体如下：首先建立原始特征子集，一般选用空集或全集作为搜索起点；使用前向或后向搜索策略从特征集中选择一个特征添加至特征集中，或从所选择的特征集中删除一个特征；使用评估标准对优选出的特征子集进行性能评估；如果满足终止条件，则停止特征搜索过程，并使用算法验证所选子集的性能，若不满足预先设定要求，则需继续使用搜索策略进行特征优选。

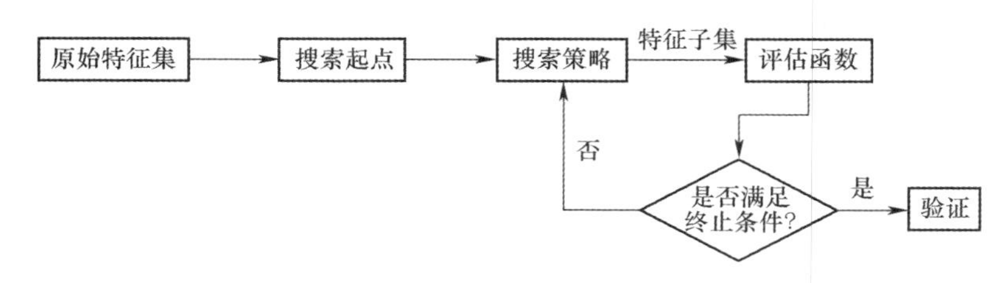

图 6.20　特征选择过程示意图

根据特征选择过程中是否参考分类器识别结果，可将其分为下述四类：过滤式特征选择算法、封装式特征选择算法、嵌入式特征选择算法和集成式特征选择算法。过滤式方法是一个独立的预处理过程，与分类算法是互不相关的[16-18]。封装式方法利用分类算法对选出特征子集进行训练，并将预测准确率作为反馈评估特征子集性能，最终获得预测精度最高的特征子集[19]。嵌入式方法在进行训练的同时选择特征，在分类算法完成训练的同时生成最优子集[20-22]。集成学习方法是指通过多种类型的特征选择算法对特征进行选择，而后融合所有特征选择的结果，其一般可获得相较单个特征选择算法更优的性能[23-24]。

另一方面，根据特征选择过程中是否使用样本标签信息作为标准，可将其分为以下三类：有监督特征选择算法、无监督特征选择算法和半监督特征选择算法。顾名思义，有监督特征选择算法利用带标签的数据进行特征选择，该类方法可通过测量待选特征与类别之间的相关程度来评估特征的性能，文献[25-26]通过信息熵理论设计了随机变量的对称不确定性，准确度量了特征、类别二者间的相关性及特征间的冗余性，然后删除与类别不相关以及冗余的特征，从而实现特征过滤。无监督特征选择算法依据数据的方差或局部保持能力等特定属性来评估特征的相关性[27]。一般情况下，有监督特征选择算法得到的特征子集通常具有更好的性能。然而，有监督特征选择方法需要足够多的带标签数据作为支撑，这些数据的获取成本又非常高。在许多实际应用中，大多数情况都是有大量的无标签数据和少量带标签数据可利用。为了解决“小样本特征选择问题”，Zhao 和 Liu[28] 提出了一种基于图论和聚类假设的半监督特征选择方法,以寻求最大程度地提高聚类结果与聚类指标所得到的标签信息的可分离性和一致性,该算法充分利用了有标记和无标记数据进行特征优选;文献[29]设计了一种基于信息论与图论的半监督特征选择模型,该模型首先构建有向无环图并将特征划分到各子图中,随后把各子图中最具有代表性的特征选择出来,生成优选特征集;基于拉普拉斯分数的半监督特征选择方法[30-32],结合了拉普拉斯准则的概念和特征选择的输出信息,该类方法被归为基于图的方法的范畴,通过构造邻域图并根据保持数据局部结构的能力来评估特征性能;基于 Fisher 准则的半监督特征选择方法[33-36]利用 Fisher 准则的性质以及有标记和未标记数据的局部结构和分布信息来选择具有最佳鉴别和局部保持能力的特征。

针对小样本条件下的通信信号分类识别问题,在特征选择时既有少量有标签的信号,同时还存在大量无标签的信号,即需要设计半监督特征选择算法进行特征选择,充分利用蕴藏在无标签信号中的信息。

在以往的通信信号识别算法中,选用传统人工设计特征还是利用机器学习方法自动提取信号特征进而进行识别一直存在争议,两类方法也各自具有优势。为解决上述问题,本章拟对两类特征先进行组合,再使用特征选择算法进行综合筛选,选取其中最具区分度的特征进行分类训练。一个好的特征选择算法不仅可以帮助我们降低训练分类器所需样本数量,剔除冗余或不相关特征,还可以提升模型运行速度,加快算法收敛速度并降低硬件要求。

本节综合文献[37]提出的快速过滤特征选择算法(FCBF)和文献[38]提出的半监督代表特征选择算法(SRFS)设计了新的半监督特征选择算法,从而对通信信号融合特征集进行优选降维。

该特征选择方法的流程图如图 6.21 所示,整个特征选择过程主要分为两个阶段,具体内容如下。

(1) 删除不相关特征。有标签信号可利用标签信息直接求出特征与标签之间的互信息量作为衡量特征重要性的标准。互信息是两个随机变量共同信息量的度量,假设特征为随机变量 X,信号标签为 C, $p(x)$、$p(c)$ 和 $p(x,c)$ 分别表示 X、C、(X, C)的概率密度函数,则随机变量 X 与 C 的互信息量 $I(X,C)$ 定义为

$$I(X,C) = \sum_{i=1}^{m} \sum_{j=1}^{n} p(x_i, c_j) \log_2 \frac{p(x_i, c_j)}{p(x_i)p(c_j)} \tag{6.33}$$

无标签信号虽然没有标签信号可以利用,但是其本身包含的自信息量也可在一定程度上指导特征选择。在信息论中,熵可用来度量特征自身包含的信息量,对于随机变量 X,香农熵的计算公式如下所示:

$$H(X) = \sum_{i=1}^{m} p(x_i) \log \frac{1}{p(x_i)} \tag{6.34}$$

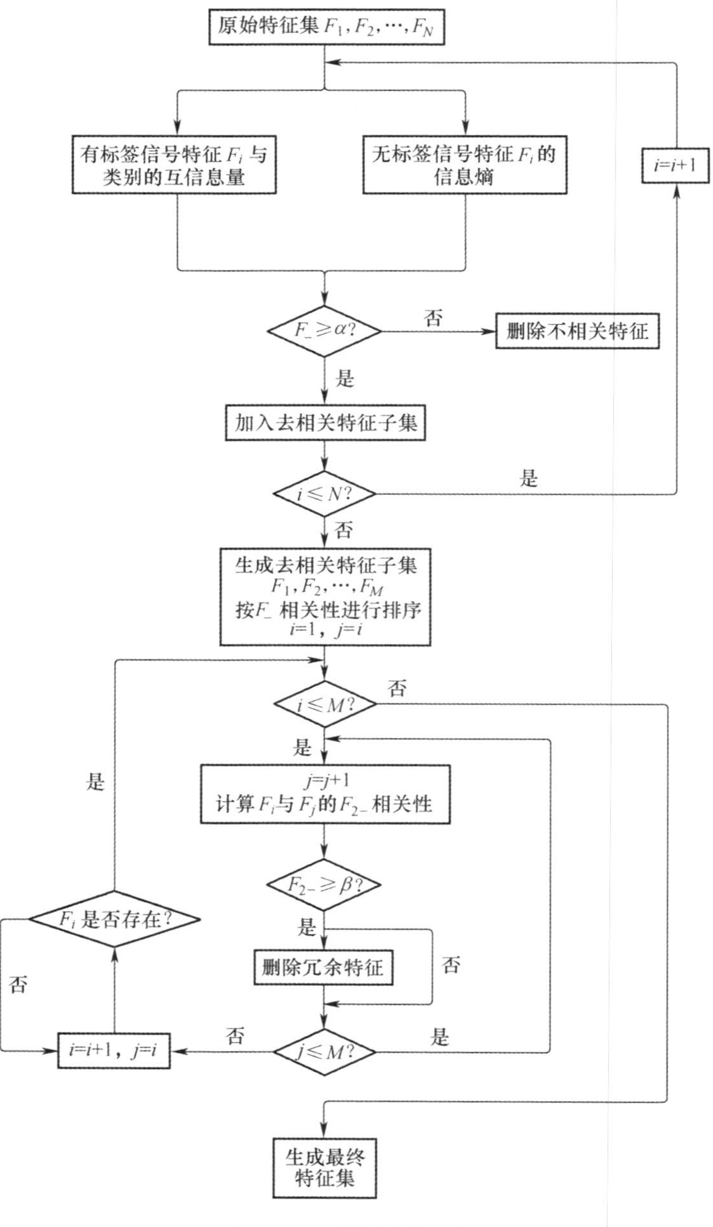

图 6.21　特征选择过程

当计算出各个特征与标签的互信息量与自信息量后，通过 F_Rel 相关性判别特征 F_i 是否为不相关特征，F_Rel 的计算公式如下所示：

$$F\_\mathrm{Rel}(F_i, C) = \beta I(F_i, C) + (1 - \beta) H(F_i) \tag{6.35}$$

式中：β 是一个大于0但小于1的参量，可用于控制互信息量与熵之间的比例。本节设定 $\beta=\sqrt[4]{N/(N+M)}$，其中 N 表示带标签信号数量，M 表示无标签信号数量。

若 F_Rel 大于设定的阈值，则认为该特征与类别相关且携带的信息量较大，并将其加入相关特征子集，若 F_Rel 小于设定阈值则将其视为不相关特征删除。本节设计相关度阈值 $\alpha=\lceil D/(2\log_2 D)\rceil$，其中 D 表示特征个数。

（2）删除冗余特征。第一步删除不相关特征后得到去相关特征子集 $\{F_1,F_2,\cdots,F_M\}$，将待选的特征按照 F_Rel 相关性进行降序排列，F_Rel 数值越大则排名越靠前。然后，按序依次计算特征与类别间的 F_1_Rel 相关性，以及特征与特征之间的 F_2_Rel 相关性，F_1_Rel 的计算公式如下所示：

$$F_1\_\mathrm{Rel}(F_i,C)=\beta UI(F_i)/\mathrm{H}(F_i)+(1-\beta)SU(F_i,C) \tag{6.36}$$

$UI(F_i)$ 表示特征 F_i 与其他所有特征的互信息量的均值，计算公式如下：

$$\begin{aligned}UI(F_i)&=\frac{1}{n}(H(F_i)+\sum_{j=1:n,j\neq i}I(F_i;F_j))\\&=\frac{1}{n}[H(F_i)+\sum_{j=1:n,j\neq i}H(F_i,F_j)-\sum_{j=1:n,j\neq i}H(F_j)]\end{aligned} \tag{6.37}$$

$SU(F_i,F_j)$ 为特征 F_i 与 F_j 的对称不确定性，其计算公式为

$$SU(F_i,F_j)=2\left[\frac{I(F_i;F_j)}{H(F_i)+H(F_j)}\right] \tag{6.38}$$

F_2_Rel 的计算公式如下所示：

$$F_2\_\mathrm{Rel}(F_i,F_j)=\beta SU(F_i,F_j)+(1-\beta)USU(F_i,F_j) \tag{6.39}$$

$USU(F_i,F_j)$ 表示特征 F_i 与 F_j 的无监督对称不确定性，具体表述如下：

$$USU(F_i,F_j)=2\left[\frac{UI(F_i;F_j)}{H(F_i)+H(F_j)}\right] \tag{6.40}$$

$$UI(F_i;F_j)=UI(F_i)-UI(F_i\mid F_j)=UI(F_i)-\frac{UI(F_i)}{H(F_i)}H(F_i,F_j)+UI(F_i) \tag{6.41}$$

本节设定式(6.42)为冗余判别条件，若满足该条件，则将 F_j 视为冗余特征删除，在删除过程中优先保留 F_Rel 排序靠前的特征，迭代结束后最终剩余的即为最终选出的特征子集，则

$$F_1\_\mathrm{Rel}(F_i,C)\geqslant F_1\_\mathrm{Rel}(F_j,C)\cap F_2\_\mathrm{Rel}(F_i,F_j)\geqslant F_1\_\mathrm{Rel}(F_j,C) \tag{6.42}$$

6.4.2 基于集成学习与特征降维的信号识别算法仿真验证

本节选用的调制样式集为{BPSK、4PSK、8PSK、8QAM、16QAM、64QAM、

4PAM、8PAM},共计 8 种调制信号,各个信号序列长度 ,包括 I、Q 两路数据,信号数据格式为(2, 128),训练集每类信号生成 1000 个样本,信噪比随机,共计 8000 个信号样本,这其中包含 800 个带标签信号样本,每类 100 个,其余均为无标签样本;测试集每个信噪比点生成 100 个样本,信噪比由-10dB 递增至 20dB,间隔为 2dB,共计 16 个信噪比点,12800 个信号,所有信号均由 MATLAB R2016a 仿真生成。

网络搭建与训练均基于 Python 下的 Keras 深度学习框架实现,实验硬件平台为 Intel(R)Core(TM)i7-8700CPU,GPU 为 NVIDIA GeForce 1060Ti。

本节将对通信信号调制样式识别性能进行综合探究,首先利用 6.2.4 节训练好的自编码器提取所有信号样本低维度特征,而后将低维度特征高阶累积量特征、信息熵特征以及瞬时特征进行特征组合,其中自编码器提取特征为 30 维,传统手工特征为 10 维,共计 40 维送入特征选择器内,通过选择后生成优选特征子集,再利用少量带标签样本对分类器进行训练。

在本节实验中,送入特征选择器的特征集为 $\{f_1, f_2, f_3, \cdots, f_{39}, f_{40}\}$,其中前 10 维特征为手工特征 $\{f_1, f_2, \cdots, f_{10}\}$,分别代表{奇异谱香农熵,功率谱香农熵, C_{40}, C_{42}, C_{60}, C_{61}, C_{63},能量谱香农熵,奇异谱指数熵,归一化中心瞬时振幅功率密度最大值},后 30 维特征 $\{f_{11}, f_{12}, \cdots, f_{40}\}$ 为自编码器提取的中间层特征。

特征选择过程中,本节设定参数 $\beta = 0.38$, $\alpha = 4$。经特征选择后,最优特征子集为 $\{f_3, f_7, f_8, f_9, f_{10}, f_{12}, f_{16}, f_{19}, f_{21}, f_{27}, f_{32}, f_{36}, f_{37}\}$,共计 13 维特征,所得特征比率为 32.5%。

将特征选择后的 13 维特征子集送入分类器中,利用 800 个带标签信号对其进行监督训练。本节最终选择的分类器为浅层全连接神经网络。

经过训练后模型的识别率如图 6.22 所示。图 6.22 表示不同信噪比下各类信号调制样式的识别率,图 6.23 表示信噪比为 20dB 时调制样式识别混淆矩阵,仿真结果表明,当信噪比较高时,分类器除对 64QAM、8PAM 的识别率在 85%左右有一定错误率外,其余信号均可以做到 100%准确识别,这在有标签样本量不足的小样本条件下已算较好性能。

当不使用特征选择算法,分别利用 10 维手工特征、30 维自编码器特征、40 维组合特征对全连接神经网络进行训练,得到图 6.24、图 6.25、图 6.26 所示的混淆矩阵,其中图 6.24 表示 10 维手工特征训练所得的混淆矩阵,图 6.25 表示 30 维自编码器特征训练所得的混淆矩阵,图 6.26 表示联合 10 维手工特征与 30 维自编码器不进行特征选择直接送入全连接神经网络训练所得的混淆矩阵。

通过前面图的对比可以看出,不论是分别采用某种单独方法,还是联合后不进行特征优选,信号的识别性能均劣于本节算法。当利用 10 维手工特征时,信号最高识别率在 20dB 为 93.1%,利用 30 维自编码器特征时,信号最高识别率在 20dB

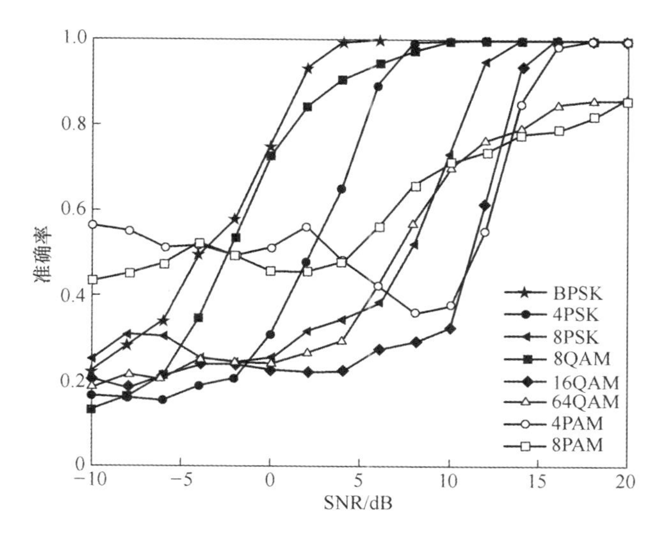

图 6.22　13 维优选特征各信号识别率曲线

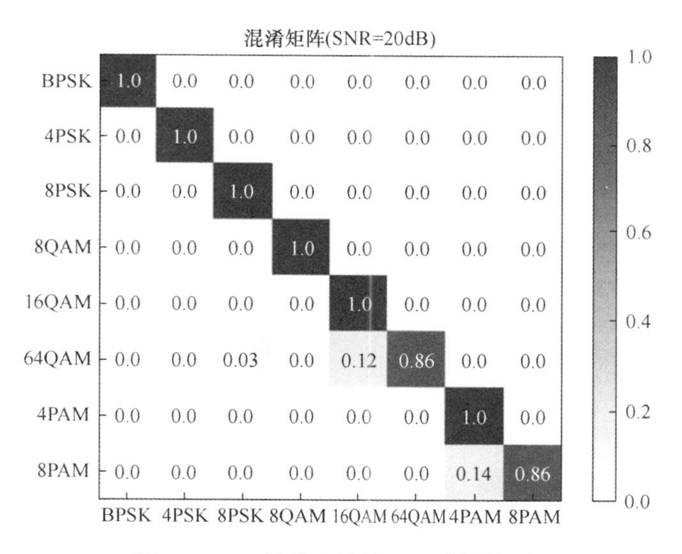

图 6.23　13 维优选特征 20dB 混淆矩阵

为 89.8%。当使用 10 维手工特征与 30 维自编码器不进行特征优选时，信号最高识别率在 20dB 仅有 83.7%。本章算法的识别率在信噪比大于 14dB 时可达 90% 以上，最高识别率在 20dB 时可达 95%，可以看出，通过特征融合优选后信号识别率得到了一定程度的提升。此外，当特征维度较高时，信号识别性能有所下降，如直接对 40 维特征直接进行训练，信号的最高识别率只有 83.7%，分析可得，这是因为在小样本条件下分类器无法对高维特征较好拟合所导致的性能下降，也从另一

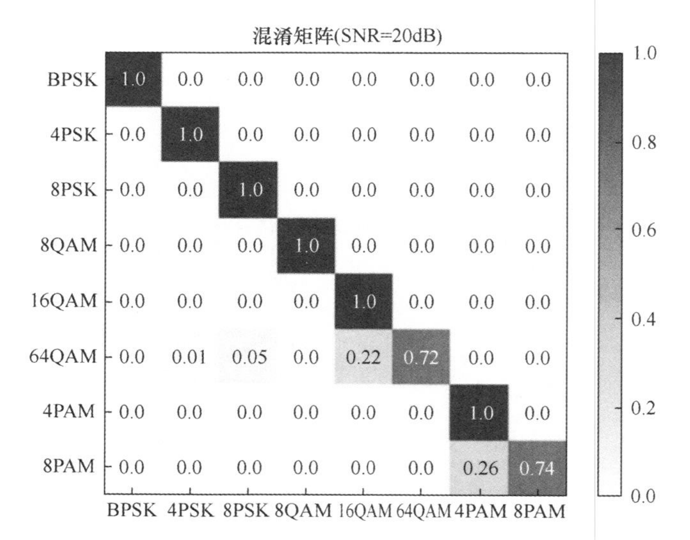

图 6.24　10 维人工设计特征 20dB 识别混淆矩阵

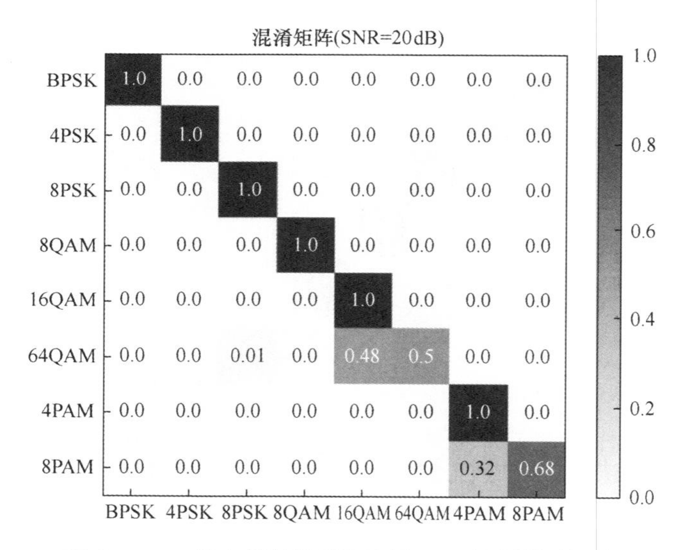

图 6.25　30 维自编码器提取特征 20dB 识别混淆矩阵

方面证实了特征降维这一过程在小样本问题中的关键性。上述 4 类方法在各个信噪比点的识别率对比曲线如图 6.27 所示。

为验证本书所设计特征选择算法的效果，本节选择 3 类特征选择算法作为比较对象，对比算法分别为 mRMR[39]、FCBF、SRFS，这其中 mRMR、FCBF 都是利用数据标签信息的有监督特征选择算法，SRFS 是基于图论的半监督特征选择算法。考虑到上述 3 个算法中均需设置相关度阈值以剔除不相关特征，因此，本节设定相

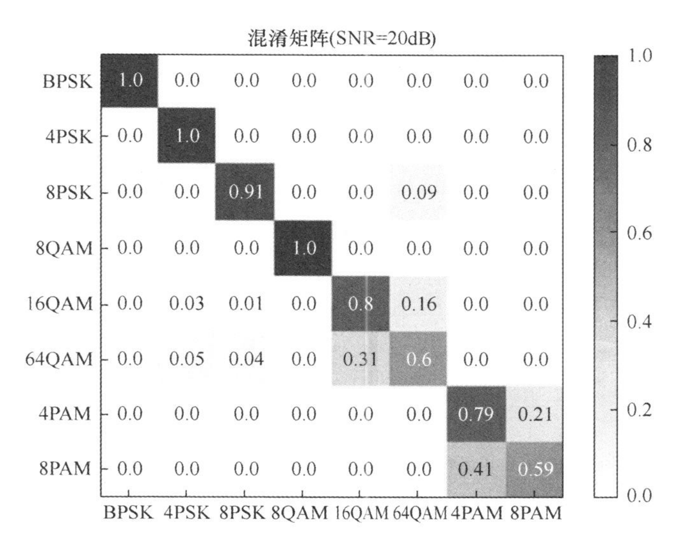

图 6.26 40 维混合特征 20dB 识别混淆矩阵

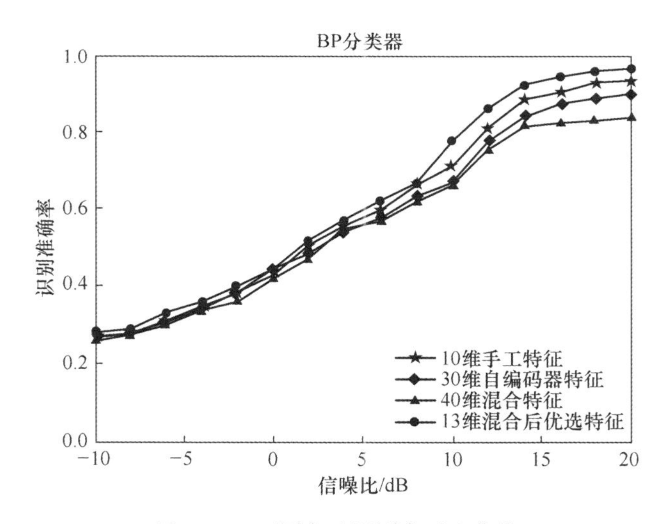

图 6.27 不同方法识别率对比曲线

关度阈值 $\alpha=4$ 与本节算法相同，在 SRFS 算法中设置控制变量 $\beta=0.38$ 也与本节相同。由于对比的 3 种特征选择方法不受分类器算法的影响，但需通过分类算法来评估特征选择方法所选特征子集的优劣，因此，本节将各算法选择出的特征集送入一个浅层全连接神经网络，利用 800 个带标签样本进行有监督训练，并对比其分类识别准确率。

各算法所选特征数、特征子集与选择时间如表 6.8 所列，可以看出，不利用无标签样本的特征选择算法 mRMR 与 FCBF 选择时间非常短,但其所选特征子集数量较多,SRFS 算法由于其需要构建有向无环图,而且仅从各子图中选取一个代表特征,因此其子集精简但比较耗时。

表 6.8　各选择算法所选特征子集

特征选择算法	所选特征数	特征子集	时间/s
mRMR	26	f_2、f_3、f_5、f_6、f_7、f_8、f_9、f_{10}、f_{11}、f_{12}、f_{14}、f_{15}、f_{16}、f_{19}、f_{21}、f_{22}、f_{27}、f_{28}、f_{30}、f_{31}、f_{32}、f_{33}、f_{34}、f_{35}、f_{36}、f_{37}	0.7
FCBF	19	f_3、f_6、f_7、f_8、f_9、f_{10}、f_{12}、f_{14}、f_{15}、f_{16}、f_{19}、f_{21}、f_{27}、f_{28}、f_{30}、f_{32}、f_{34}、f_{36}、f_{37}	1.3
SRFS	7	f_3、f_9、f_{12}、f_{16}、f_{26}、f_{27}、f_{36}	37.4
本节算法	13	f_3、f_7、f_8、f_9、f_{10}、f_{12}、f_{16}、f_{19}、f_{21}、f_{27}、f_{32}、f_{36}、f_{37}	9.8

各个算法所得特征比率如图 6.28 所示,其中 mRMR 所选特征比率为 65%,FCBF 所选特征比率为 47.5%,SRFS 所选特征比率为 17.5%,本节算法所得特征比率为 37.5%。

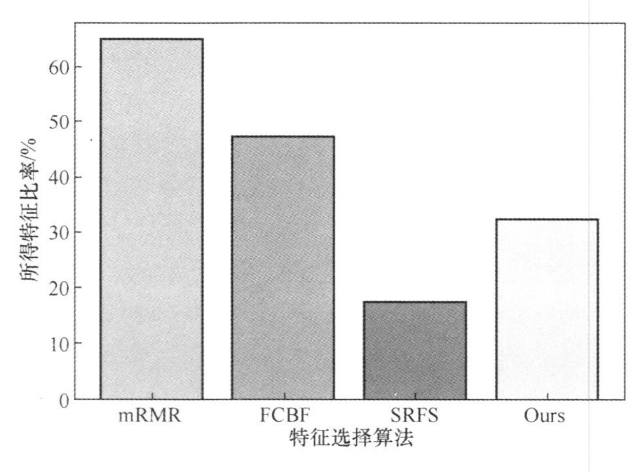

图 6.28　特征比率直方图

将各算法选出的特征子集送入全连接神经网络,得到不同信噪比下的识别率曲线如图 6.29 所示,可以看出,本节算法所选出的特征子集相较于其他 3 种算法在全连接神经网络中的识别性能有一定优势。当信噪比为 20dB 时,利用 mRMR 算法所提特征训练出的分类器最高识别率为 90.5%,利用 FCBF 算法所提特征训练出的分类器最高识别率为 92.1%，利用 SRFS 算法所提特征训练出的分类器最高识别率为 93.9%，但均低于本节算法的 95.0%。

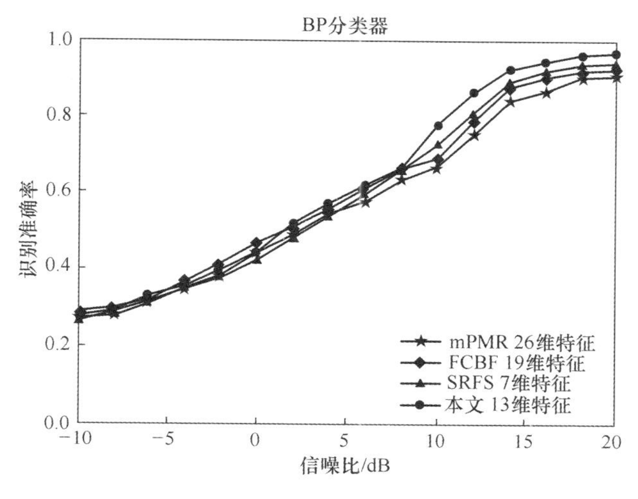

图 6.29　不同特征选择算法识别性能

最后，为验证设计全连接神经网络在小样本问题中的性能，本节对比全连接神经网络、XGBOOST、KNN[40]分类器分别对 800 个有标签信号的 13 维优选特征进行训练，得到其收敛速度和最高识别率如表 6.9 所列。

表 6.9　不同分类器性能对比

分类器	最高识别准确率/%	训练时间/s
全连接神经网络	95.0	7.04
XGBOOST	94.1	6.26
KNN	91.2	8.31

可以看出，全连接神经网络在训练时间基本相当的情况下，识别准确率较 XGBOOST、KNN 算法也有一些优势。

6.5　基于伪标签半监督学习的小样本通信信号识别算法

6.4 节我们通过维度约简的思想利用尽可能少的特征表征原始信号，从而减少了分类器所需训练样本数量，但 6.4 节还是停留在使用收敛快参数少的分类器来解决小样本问题，并没有涉及基于深度学习的通信信号分类识别方法，但我们在研究中发现基于深度神经网络的识别方法性能是最优的，因此本节将探究如何将深度学习类方法运用到小样本环境中。

为了进一步充分利用无标签信号解决小样本通信信号识别问题,本节提出了一种基于伪标签半监督学习的小样本识别模型。该模型通过小样本条件下可快速收敛的高性能分类器为无标签信号进行预测打上伪标签,然后,利用深度学习类方法联合训练带标签样本与伪标签样本从而实现小样本信号识别。

6.5.1 基于伪标签技术的小样本信号分类算法模型设计

与有监督学习需要大量带标签的样本训练网络不同,半监督学习可以充分利用无标签样本辅助有标签样本进行训练。本节采用基于伪标签的半监督学习方法,在有标签信号样本较少但无标签样本充足的条件下进行调制样式分类识别。

基于伪标签的半监督学习是一种增量算法,算法流程图如图 6.30 所示,在标注器训练部分,首先利用可在小样本条件下有较优性能的高性能分类器将信号识别准确率提升到一个较高水准,而后进入伪标签生成部分,利用第一步中训练好的高性能分类器对无标签样本进行预测,通过预测的概率对无标签样本进行排序,给满足预先设定条件的无标签样本打上伪标签并加入到训练集中,但该过程并非选择所有的无标签样本均加入训练集,其原因是:一旦错误标记的信号大量加入训练

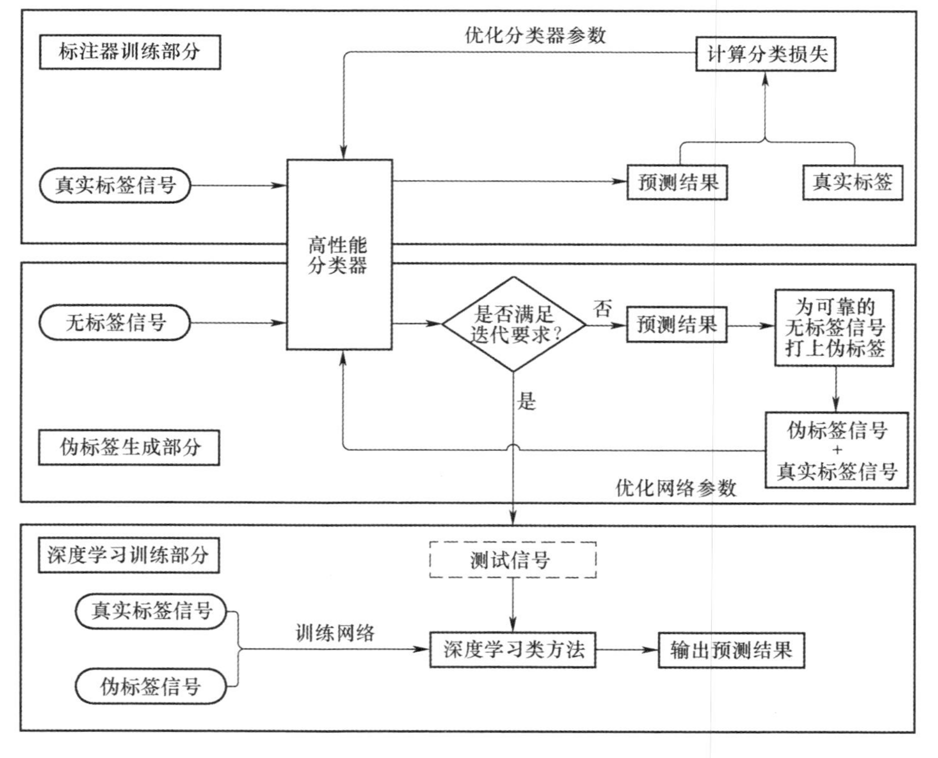

图 6.30 算法流程图

集会严重干扰模型收敛。而后联合真实标签样本与伪标签样本再优化分类器，直至满足预先设定的迭代停止条件[41]。

伪标签算法不断迭代增加有标签样本数量，满足迭代要求后，进入深度神经网络训练部分，将所有真实标签的样本信号与伪标签样本信号组合成新的训练集，使用分类能力更强的深度神经网络对所有标签样本进行联合训练，最后利用训练好的模型对测试信号进行预测。

6.5.2 网络结构设计

本节将对 6.5.1 节设计模型中网络具体细节进行阐述。标注器训练部分，本节拟选取浅层全连接网络所设计的模型作为伪标签标注器，首先通过特征提取与降维将信号维度降低至一个较低的水准，而后利用少量带标签样本对全连接分类器进行训练，全连接网络的训练过程在第 3 章中已做详细阐述。不同的是，本节设定全连接网络优化的损失函数如下：

$$L_{\text{total}} = \frac{1}{N}\sum_{m=1}^{N}\sum_{i=1}^{C} L_{\text{Real\_Label}}(y_i^m, f_i^m) + \mu \frac{1}{N'}\sum_{m=1}^{N'}\sum_{i=1}^{C} L_{\text{Pseudo\_Label}}(y_i^m, f_i^m) \tag{6.43}$$

式中：$L_{\text{Real\_Label}}(y_i^m, f_i^m)$ 表示有标签信号产生的分类损失；$L_{\text{Pseudo\_Label}}(y_i^m, f_i^m)$ 表示伪标签信号产生的分类损失；N 表示有标签信号数量；N' 表示伪标签信号数量，μ 用于控制两类损失的比例。这样设置的目的是将真实标签样本与伪标签样本区别开，适当提高真实标签样本产生的损失在总损失中的比例，因为真实标签样本的“可信度”相比伪标签样本较高。

在利用伪标签算法迭代训练全连接神经网络过程中，有时难免给无标签信号样本打上错误的伪标签，因此，伪标签的准确性对网络最终的识别率有决定性影响。如何提高伪标签的准确性又保证伪标签样本数量尽可能多是一个关键问题。由于本节所用全连接神经网络的最后采用的是 softmax 函数作为激活函数，而 softmax 函数输出的是各个类别的预测概率，因此本章提出可靠条件为

$$p_2 + p_3 \leqslant p_1 \tag{6.44}$$

式中：p_1 表示 softmax 函数输出的最大概率；p_2、p_3 依次表示 softmax 函数输出的第二大、第三大概率。即只有 softmax 函数输出的最大概率大于第二大概率与第三大概率之和时，才会给该无标签信号打上伪标签，通过此基于输出概率的样本选择方法便可在一定程度上保证伪标签的可靠性。

无标签样本标注伪标签结束后，将所有真实标签样本与伪标签样本联合起来并利用深度学习类方法进行训练，此时，由于样本量充足，深度神经网络可以充分发挥自身优势。本章将选取第 2 章设计的 CNN 训练真实标签样本与伪标签样本的合集。

6.5.3 仿真测试及性能分析

本节选用的调制信号集仍为{BPSK、4PSK、8PSK、8QAM、16QAM、64QAM、4PAM、8PAM},共计8种数字调制信号,信号序列长度,信噪比从-10dB至20dB,间隔为2dB。训练集每类信号生成20000个信号样本,信噪比随机,共计160000个样本。测试集每类信号每个信噪比点生成100个信号,共计12800个信号,所有信号均由MATLAB R2016a仿真生成。

6.5.3.1 伪标签算法可行性分析

为验证所设计伪标签模型的可行性,本节将对比调制样式分类算法在不同训练样本总量条件下的识别性能,所对比对象为1.5所设计模型识别性能与第2章所设计的CNN直接训练时序I/Q序列。两类算法均迭代100次,批大小batchsize均设置为500。当有标签训练样本量分别为400、800、8000、40000、80000、160000时,分别训练CNN与全连接神经网络,网络在测试集上的性能如图6.31所示。

由仿真结果可以看出,当训练样本数量有限时,如图6.31(a)、(b)、(c)所示,总样本量为400个、800个甚至8000个,通过人工提取特征、自编码器自动提取特征结合全连接神经网络的识别率要远高于CNN的识别率。当样本总量为800个时,全连接神经网络已经到达了自己的性能限,因此,随着样本数量的不断增加,全连接神经网络的识别率变化不大,其网络已经得到了很好的拟合,而CNN的识别率则上升得非常快;当训练样本总量达到80000个时,CNN的识别性能已经优于全连接神经网络的识别性能,当总样本量达到160000个时,CNN的最高识别率可以达到99%以上。

通过上述实验分析可得,利用浅层可快速收敛的全连接神经网络在样本量较少的情况下采用伪标签增量算法增加训练数据总样本量,而后采用CNN进一步训练提高识别率是可行的。

6.5.3.2 伪标签算法识别性能分析

假设初始条件为每类调制样式仅有100个带标签样本,共800个带标签样本以及79200个无标签样本。首先提取800个带标签信号样本的人工特征、自编码器特征并利用800个带标签样本对全连接神经网络进行训练,而后通过伪标签增量算法对无标签样本打伪标签,最后利用CNN对有标签样本、伪标签样本的原始I/Q序列进行联合训练。在CNN训练过程中,由于真实标签样本与测试集样本分布相同且标签准确,因此,本节选用真实标签样本作为验证集,以观测CNN在测试集上的识别性能。

当使用800个真实标签样本训练全连接神经网络后,使用该网络对大量无标签样本进行预测打上伪标签,而后联合所有伪标签样本与真实标签样本再优化全连接神经网络,直到满足预先设定的迭代条件。在训练的过程中,真实标签产生损

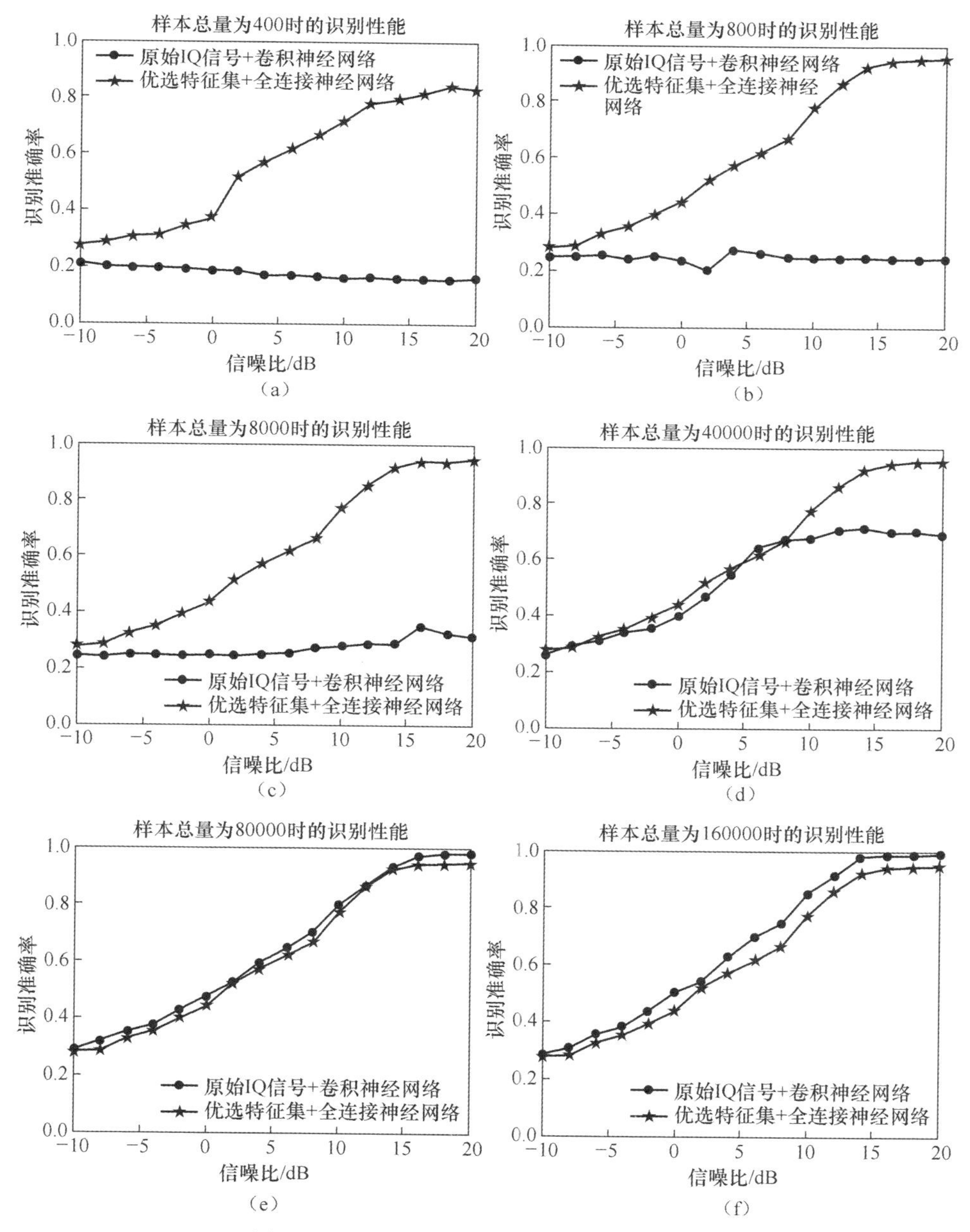

图 6.31　不同样本总量下各算法识别率曲线

(a) 样本总量为 400 时性能对比;(b) 样本总量为 800 时性能对比;
(c) 样本总量为 8000 时性能对比;(d) 样本总量为 40000 时性能对比;
(e) 样本总量为 80000 时性能对比;(f) 样本总量为 160000 时性能对比。

失与伪标签产生的损失之间的比例参数设置为 0.5。全连接神经网络的最高识别率随迭代次数的变化情况如图 6.32 所示。

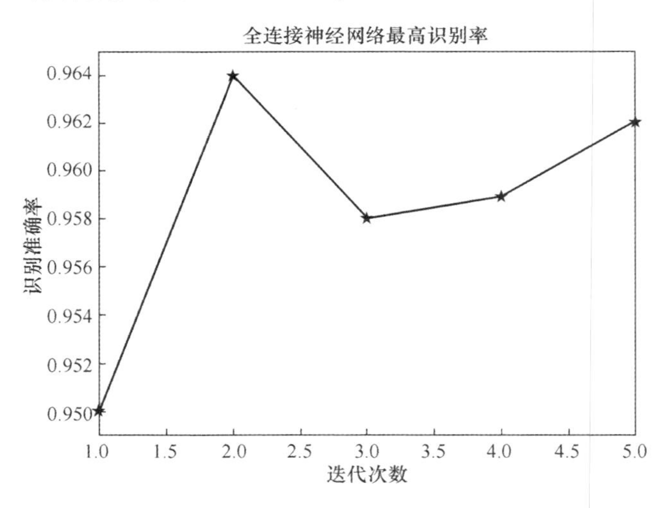

图 6.32 全连接神经网络最高识别准确率

通过图 6.32 可以看出,全连接神经网络的识别率受样本量影响变化不大,基本在 96%左右震荡,这是因为全连接神经网络参数少、易收敛,在小样本条件下就可以很好地拟合。

通过全连接神经网络预测后,样本数随迭代次数的变化如表 6.10 所列。从表 6.10 的结果可以看出,随着迭代次数的不断增加,伪标签数量不断提升,经过 5 次迭代后训练样本数总数可达 68238 个,但由于设定了可靠性条件,因此并未对所有无标签信号都打上伪标签。总样本中各个类别的样本数饼图如图 6.33 所示。

表 6.10 样本量随迭代次数变化表

迭代次数	1	2	3	4	5
真实标签样本数	800	800	800	800	800
伪标签样本数	67169	67417	67312	67475	67438
总标签样本数	67969	68217	68112	68275	68238

可以看出,伪标签标注器对各个类别信号均能进行有效标注,并不存在某一类信号无法满足伪标签标注条件的情况。

最后,将 68238 个带标签样本送入 CNN 进行训练。网络训练过程中,批大小 batchsize 设置为 500,迭代次数设置为 100。训练集与验证集的识别率以及损失值随迭代次数的变化情况如图 6.34、图 6.35 所示。

通过观察网络训练过程可以看出,训练集识别准确率与验证集识别准确率不

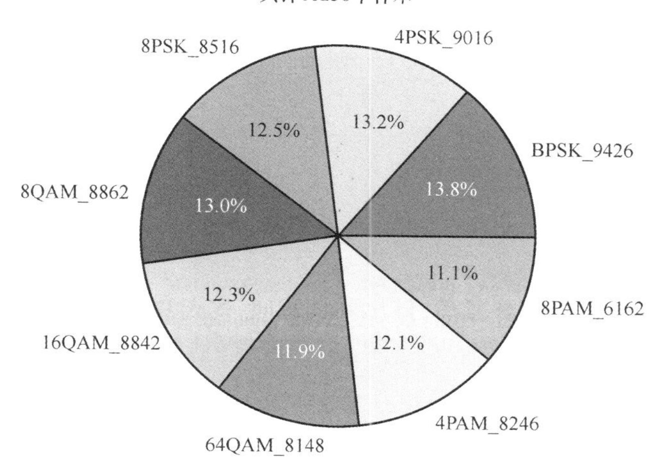

图 6.33　各类别信号总样本数量

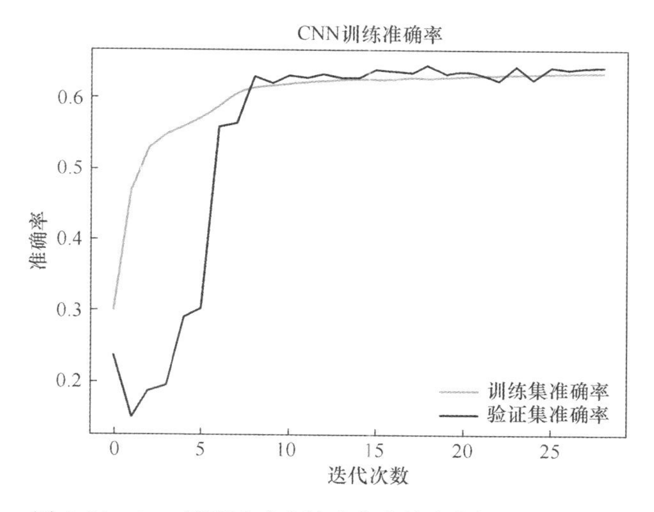

图 6.34　CNN 识别准确率随迭代次数变化情况(见彩图)

断上升,同时训练集误差与测试集误差不断下降。但网络并未迭代 100 次,由于网络设置了提前终止条件,即只要验证集损失在 10 个迭代周期内不减小,则提前终止训练,因此卷积神经网络仅迭代了 28 次便终止了训练。

网络训练结束后对测试集调制信号进行预测,不同信噪比点的识别准确率如图 6.36 所示。

可以看出,经过伪标签增量算法提供给 CNN 足够的样本后,CNN 的识别性能相比全连接神经网络标注器有一定优势。当信噪比为 20dB 时, CNN 的识别率为

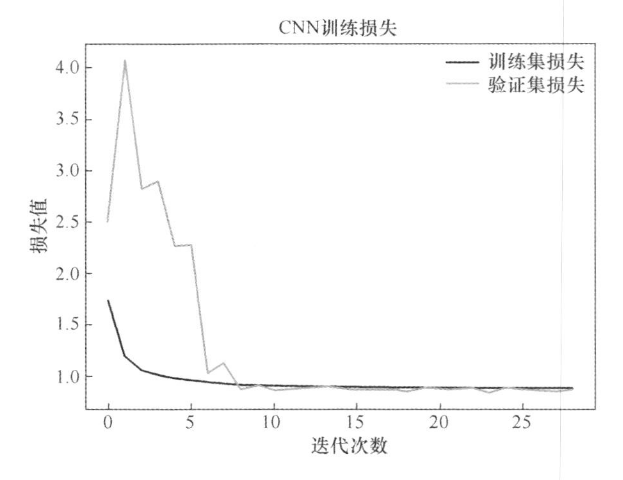

图 6.35　CNN 损失值随迭代次数变化情况(见彩图)

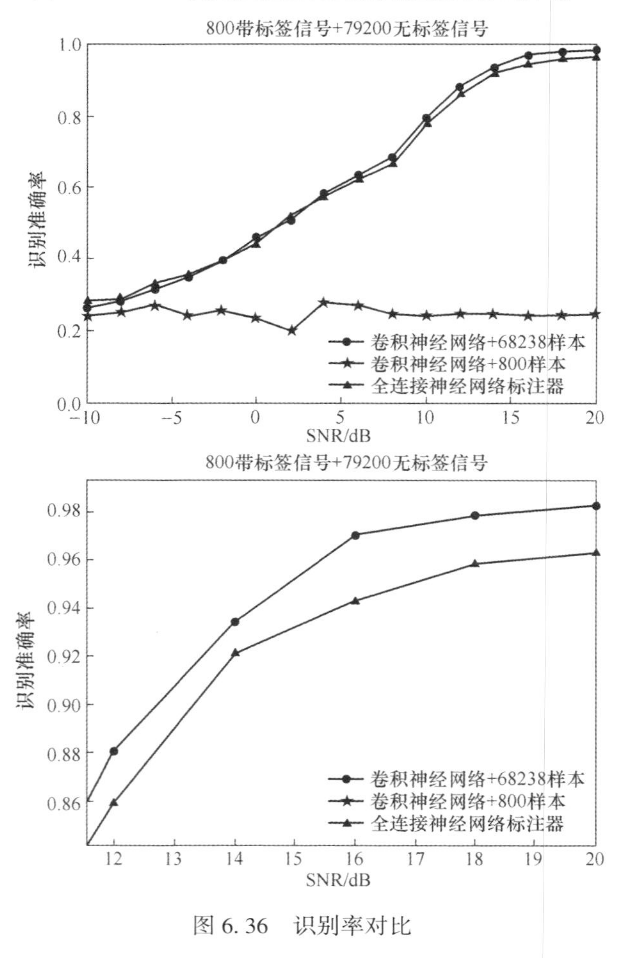

图 6.36　识别率对比

98.3%,而全连接神经网络标注器的识别率为 96.2%,可提升 2%左右。但是如果直接使用 CNN 训练 800 个带标签样本,其识别性能则非常差。CNN 对各信号的识别准确率以及其在 20dB 时的识别混淆矩阵如图 6.37、图 6.38 所示。

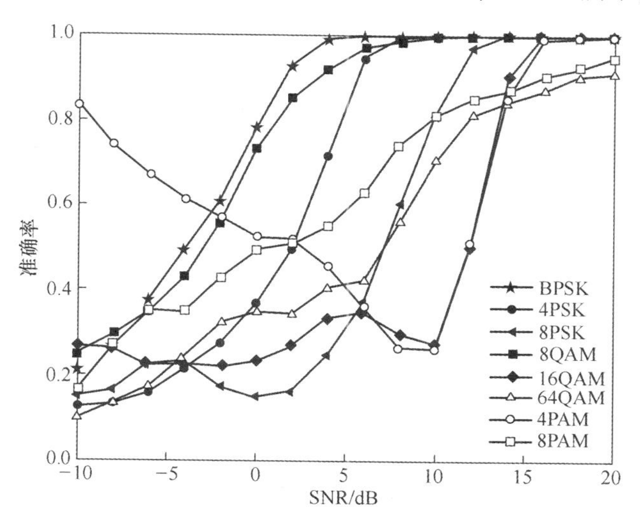

图 6.37 各信号识别准确率曲线

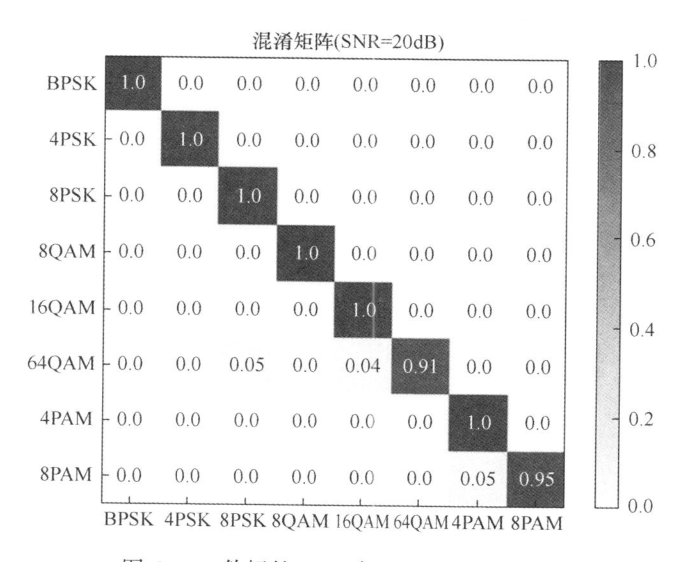

图 6.38 伪标签 CNN 在 20dB 时混淆矩阵

实际上,本章提出的伪标签半监督学习模型,其性能与生成伪标签所用的特征集以及分类器密切相关,通过大量实验发现如果伪标签标注分类器不能很好区分的信号类型,那么能够获得的有效伪标签样本就会较少,总体识别准确率就会偏低,如果能进一步提升伪标签分类器的识别率,那么整体算法的识别率也可得到进一步的提升。在实际应用过程中,一方面可以实时监控伪标签样本数量分布,从而掌握深度学习类方法是否有足够的样本量支撑,另一方面还可以不断地改进特征集和分类器,继续研究更具区分能力的特征并选择更复杂的模型作为伪标签标注器,这样深度学习类方法的性能也会不断提升。

最后,本节对比了文献[42-43]提出的可在小样本条件下进行调制样式分类识别的方法,算法识别性能对比如图 6.39 所示,通过对比可以看出,在小样本条件下,本节所提出算法相较其他小样本算法具有 5%~10%的性能优势。

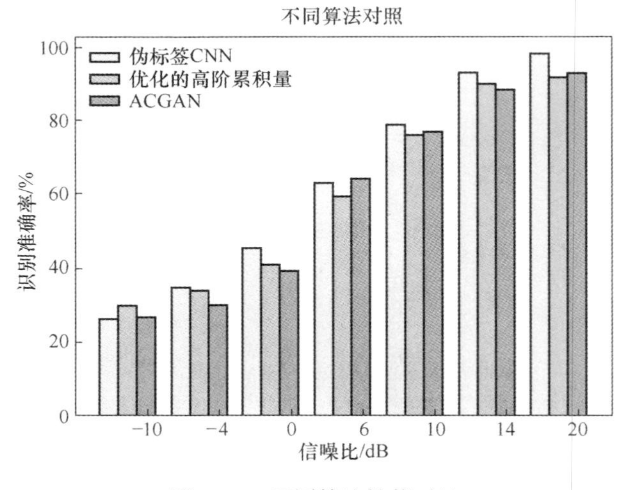

图 6.39　不同算法性能对比

6.6 本章小结

本章旨在探究半监督信号识别问题。第一节首先介绍了自编码器理论基础并设计了可用于信号特征提取的自编码器网络;第二节在使用对比预测编码网络结构的基础上,在特征提取器部分设计了级联的 LSTM-ResNet 网络提取数据的融合特征表示,结合 CPC 网络的对比损失函数需要构造预测特征与实际特征之间的差异,通过理论分析基于互信息和 MK. MMD 度量两种对比损失函数,并实验分析损失函数对训练模型的影响;第三节通信信号分类识别领域可能出现的小样本情况进行探究,提出了一个全新的结构,该结构将传统方法与机器学习方法巧妙结合,组合分类能力强的人工特征与自编码器自动提取出的特征,再利用特征选择算法对组合后的特征进行自动选择,从而利用尽可能低维的特征表征原始信号,最后将低维度特征送入分类器进行训练,形成了小样本条件下通信信号分类问题新的解决方案,通过实验也验证了本节设计方案的可行性;第四节同样针对小样本信号识别问题进行研究,设计了基于人工优选特征、自编码器特征与全连接神经网络的信号伪标签标注方法,并结合基于 CNN 的通信信号分类模型,形成了小样本条件下通信信号分类新的解决方案,通过大量的实验验证了方案的可行性,在单个信号类型的带标签样本量为 100 时,本章模型就可有效工作。

参 考 文 献

[1] 袁非牛,章琳,史劲亭,等. 自编码神经网络理论及应用综述[J]. 计算机学报, 2019, 42(01): 203-230.

[2] Vincent P, Larochelle H, Bengio Y, et al. Extrating and Composing Robust Features with Denoising Autoencoder[C]//Preceedings of the 25th International Conference on Machine learning. Helsinki, Finland, 2008.

[3] T Ya, Y Lin, H Wang. Modulation Recognition of Digital Signal Based on Deep Auto. Ancoder Network[C]// IEEE International Conference on Software Quality, Prague, 2017.

[4] O'Shea T J, Corgan J, Clancy T C. Unsupervised Representation Learning of Structured Radio Communication Signals[C]// Processing and Learning for Intelligent Machines (SPLINE), Aalborg, 2016.

[5] Bouchou M, Wang H, et al. Automatic Digital Modulation Recognition Based on Stacked Sparse Autoencoder[C]// IEEE 17th International Conference on Communication Technology (ICCT), Chengdu, 2017.

[6] Oord A, Li Y, Vinyals O. Representation Learning with Contrastive Predictive Coding[J]. arXiv Preprint arXiv:1807-3748, 2018.

[7] Hénaff O J, Razavi A, Doersch C, et al. Data Efficient Image Recognition with Contras Tive Predictive Coding[J]. arXiv Preprint arXiv:1905-9272, 2019.

[8] He K, Zhang X, Ren S, et al. Deep Residual Learning for Image Recognition[C]//Proceedings of the IEEE Conference on Computer Vision and Pattern Recognition, 2016: 770-778.

[9] He K, Zhang X, Ren S, et al. Delving Deep into Rectifiers: Surpassing Human-level Performance on Imagenet Classification[C]//Proceedings of the IEEE International Conference on Computer Vision, 2015: 1026-1034.

[10] Gutmann, Michael, Aapo Hyvärinen. Noise-contrastive Estimation: A New Estimation Principle for Unnormalized Statistical Models. Proceedings of the Thirteenth International Conference on Artificial Intelligence and Statistics, 2010.

[11] Gretton A, Borgwardt K, Rasch, M, et al. A Kernel Two-sample Test. Journal of Machine Learning Research, 13:723-773, March, 2012a.

[12] Gretton A, Sriperumbudur B, Sejdinovic D, et al. Optimal Kernelchoice for Large-scale Two-sample Tests. In NIPS, 2012b.

[13] Borgwardt, Karsten M, et al. Integrating Structured Biological Data by Kernel Maximum Mean Discrepancy. Bioinformatics 22,14,2006: e49-e57.

[14] O'Shea T J, Corgan J, Clancy T C. Convolutional Radio Modulation Recognition Networks[C]. International Conference on Engineering Applications of Neural Networks. Springer, Cham, 2016: 213-226.

[15] Hochreiter S, Schmidhuber J. Long Short-term Memory. Neural Computation, 1997, 9(8): 1735-1780.

[16] Reshef D N, Reshef Y A, Finucane H K, et al. Detecting Novel Associations in Large Data Sets[J]. Science, 2011, 334(6062):1518-1524.

[17] He X, Cai D, Niyogi P. Iterative Laplacian Score for Feature Selection [C]// Communications in Computer and Information Science, 2012.

[18] Zhang D, Chen S, Zhou Z H. Constraint Score: a New Filter Method for Feature Selection with Pairwise Constraints[J]. Pattern Recognition, 2008, 41(5): 1440-1451.

[19] 张戈, 王建林. 基于混合 ABC 和 CRO 的高维特征选择方法[J]. 计算机工程与应用, 2019, 11:93-101.

[20] Quinlan J R. Learning Efficient Classification Procedures and Their Application to Chess end Games[C]// Michalski R S, Carbonell J G, Mitchell T M. Machine Learning: An Artificial Intelligence Approach. Los Altos: Morgan Kaufmann, 1983.

[21] Quinlan, Ross J. C4.5: Programs for Machine Learning[M]. California: Morgan Kaufmann Publishers Inc., 1992.

[22] Everitt B S. Classification and regression trees[M]. Hoboken: John Wiley & Sons, Ltd, 2005.

[23] 张靖. 面向高维小样本数据的分类特征选择算法研究[D]. 合肥:合肥工业大学, 2014: 35-52.

[24] Pehlivanli A C. A Novel Feature Selection Scheme for Highdimensional Data Sets: Four-staged Feature Selection[J]. Journal of Applied Statistics, 2015, 43(6): 1-15.

[25] Peng H, Long F, Ding C. Feature Selection Based on Mutual Information: Criteria of Max-dependency, max-relevance, and Min-redundancy[J]. IEEE Transactions on Pattern Analysis and Machine Intelligence, 2005, 27: 1226-1238.

[26] Yu L, Liu H. Efficient Feature Selection via Analysis of Relevance and Redundancy[J]. Journal of Machine Learning Research, 2004, 5(12): 1205-1224.

[27] 李郅琴, 杜建强, 聂斌, 等. 特征选择方法综述[J]. 计算机工程与应用, 2019, 55(24): 10-19.

[28] Yintong Wang, Jiandong Wang, Hao Liao, et al. An Efficient Semi-supervised Represent Atives Feature Selection Algorithm Based on Information Theory[J]. Pattern Recognition, 2017, 61:511-523.

[29] Zhao Z, Liu H. Semi-supervised Feature Selection via Spectral Analysis[C]// Siam International Conference on Data Mining. DBLP, 2007.

[30] Zhao J, Lu K, He X. Locality Sensitive Semi-supervised Feature Selection[J]. Neurocom

Puting,2008, 71: 1842-1849.

[31] Doquire G, Verleysen M. Graph Laplacian for Semi-supervised Feature Selection in Regression Problems[C]// International Conference on Artificial Neural Networks Conference on Advances in Computational Intelligence. Springer. Verlag, 2011.

[32] Doquire G, Verleysen M. A Graph Laplacian Based Approach to Semi-supervised Feature Selection for Regression Problems[J]. Neurocomputing,2013, 121: 5-13.

[33] Chen L C L,Huang R H R,Huang W H W. Graph-based Semi-supervised Weighted Band Selection for Classification of Hyperspectral Data[C]// Audio Lang. Image Process. Int. Conf. (ICALIP),2010.

[34] Yang M, Chen Y, Ji G. Semi-fisher Score: a Semi-supervised Method for Feature Selection [C]// International Conference on Machine Learning and Cybernetics, Qingdao, 2010.

[35] Lv S, Jiang H,Zhao L,et al. Manifold Based Fisher Method for Semi-supervised Feature Selection[C]// 10th International Conference on Fuzzy Systems and Knowledge Discovery (FSKD), Shenyang, 2013.

[36] Yang W, Hou C, Wu Y. A Semi-supervised Method for Feature Selection[C]// Int. Conf. Comput. Inf. Sci. ,2011.

[37] Yu L, Liu H. Efficient Feature Selection via Analysis of Relevance and Redundancy[J]. Journal of Machine Learning Research,2004,5(12): 1205-1224.

[38] Yintong Wang, Jiandong Wang, Hao Liao. An Efficient Semi-supervised Representatives Feature Selection Algorithm Based on Information Theory[J]. Pattern Recognition,2017, 61(5): 511-512.

[39] Peng H, Long F, Ding C. Feature Selection Based on Mutual Information: Criteria of Max-dependency, Max-relevance, and Min-redundancy[J]. IEEE Transactions on Pattern Analysis and Machine Intelligence, 2005, 27(8): 1226-1238.

[40] Shichao Zhang, Li Xuelong. Learning k for KNN Classification[J]. ACM Transactions on Intelligent Systems and Technology, 2017, 8(8): 1-19.

[41] 史蕴豪,许华,刘英辉. 一种基于伪标签半监督学习的小样本调制识别算法[J]. 西北工业大学学报,2020,38(5):1074-1083.

[42] Xie W, Hu S, Yu C,et al. Deep Learning in Digital Modulation Recognition Using High Order Cumulants[J]. IEEE Access, 2019, 7: 63760-63766.

[43] Tang B, Tu Y, Zhang Z,et al. Digital Signal Modulation Classification With Data Augmentation Using Generative Adversarial Nets in Cognitive Radio Networks[J]. IEEE Access, 2018, 6: 15713-15722.

第 7 章　基于迁移学习的通信信号识别分类

样本数据是机器学习的基础，当源域样本充足而目标域样本稀缺时，如何将源域样本训练获得的成熟深度网络应用于统计分布不一致的目标域，是一个常见的现实需求，这也是迁移学习理论致力解决的问题。顾名思义，迁移学习是将源域模型“迁移”到目标域应用的机器学习理论，它往往基于深度网络展开，主要分为基于样本的迁移学习[1-4]、基于网络的迁移学习[5-6]、基于映射的迁移学习[7-12]以及基于对抗的迁移学习[13-16]四大类。

由于不同调制样式以及信道衰落的影响，在通信信号识别领域，研究与应用机器学习类算法，经常存在训练样本（源域）与应用环境采集的样本（目标域）存在差异性的问题，使得在源域样本上训练获得的深度网络模型，在目标域上应用效果恶化，甚至失效。同时，目标域标签样本难以大量获得，研究迁移学习理论在通信信号识别中的应用显得尤为必要。

本章分析了时变衰落信道对调制信号接收的影响，针对深度网络类识别算法在实际环境中因源域样本与目标域样本分布差异导致目标域识别性能不佳的问题，基于迁移学习的思想给出了两种适用于样本分布差异的迁移学习调制识别算法。实验结果表明，两种算法均可较好地提升深度学习网络的跨域适应性，达到了较好的效果。

7.1　时变信道的调制识别分析

7.1.1　噪声模型

信号在信道中传播时总伴随着噪声的干扰，噪声通常由传播信道的物理因素产生。典型的高斯噪声 $n(t)$ 幅度概率密度函数 $p_n(\alpha)$ 表示为

$$p_n(\alpha)=\frac{1}{\sqrt{2\pi\sigma_n^2}}\exp\left\{\frac{-(\alpha-\mu_n)}{2\sigma_n^2}\right\}^2 \tag{7.1}$$

式中：高斯过程的均值为 μ_n，方差为 σ_n^2。

功率谱密度 $S_n(f)$ 表示信号功率随频率的分布。因此，噪声的总功率表示为

$$p_n = \int_{-\infty}^{\infty} S_n(f)\,\mathrm{d}f(\mathrm{W}) \tag{7.2}$$

若噪声功率分布在全部频率范围,称这类噪声为白噪声。

常见的噪声如热噪声、自然噪声都属于加性噪声,接收机接收信号表示为两个分量和的形式,

$$r(t) = s(t) + n(t) \tag{7.3}$$

式中: $s(t)$ 为纯净的无噪声分量; $n(t)$ 为传输过程中加入的干扰分量。

7.1.2 时变信道下信号接收模型

干扰信号对信号源产生的影响是加性的,但信号在无线衰落信道中传播时,衰落信道的很多物理因素会使信号幅度、相位值发生严重畸变,而且衰落信道的系统函数与源信号是乘性的,这造成衰落信道下调制信号的特征与高斯信道建模得到的特征相比,发生了较大的改变,导致识别率降低。其中,小尺度衰落是移动通信中的常见情况。信道对信号的多次反射及散射造成信号在时间、空间发生重叠,称为多径效应;信号收发双方存在的相对运动,会造成信号的频率变化,称为多普勒效应;信号传输带宽大于多径信道带宽,会导致小尺度距离出现拖尾效应,均是造成信号出现小尺度衰落的原因。

移动通信系统中,电磁波传播受到障碍物阻挡会发生反射,折射或散射效应,造成源信号沿不同路径进入接收机端,即多径衰落。如图 7.1 所示的两径信道模型,空间视线传播路径称为直射路径,空间折线传播路径称为反射路径。

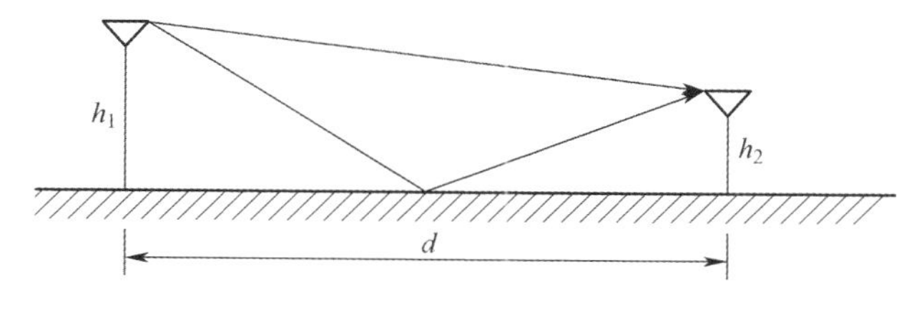

图 7.1 两径信道模型

电磁波空间传播过程中,由于路径距离差异产生路径延时,造成接收机端产生混叠,如图 7.2 所示。

假设截获信号经预处理已经分离为带宽内的单一信号,经过载波频率估计和符号率估计后,得到射频信号的下变频时变多径调制信号形式:

$$r_{(i)}(t) = \mathrm{e}^{\mathrm{j}\theta_c}\mathrm{e}^{\mathrm{j}2\pi f_c t}\sum_{p_\alpha=1}^{P}\alpha_{p_\alpha}\mathrm{e}^{\mathrm{j}\varphi_{p_\alpha}}s_{(i)}(t - t_0 - \varsigma_{P_\alpha}) + w(t) \tag{7.4}$$

式中: θ_c、f_c、t 为多径造成相位、频率、时间的偏移量; $w(t)$ 为加性高斯噪声; P 为多径衰落信道的径数; $\alpha_{p_\alpha}\mathrm{e}^{\mathrm{j}\varphi_{p_\alpha}}$ 和 ς_{P_α} 分别是第 P_α 径上的信道响应与接收时延;

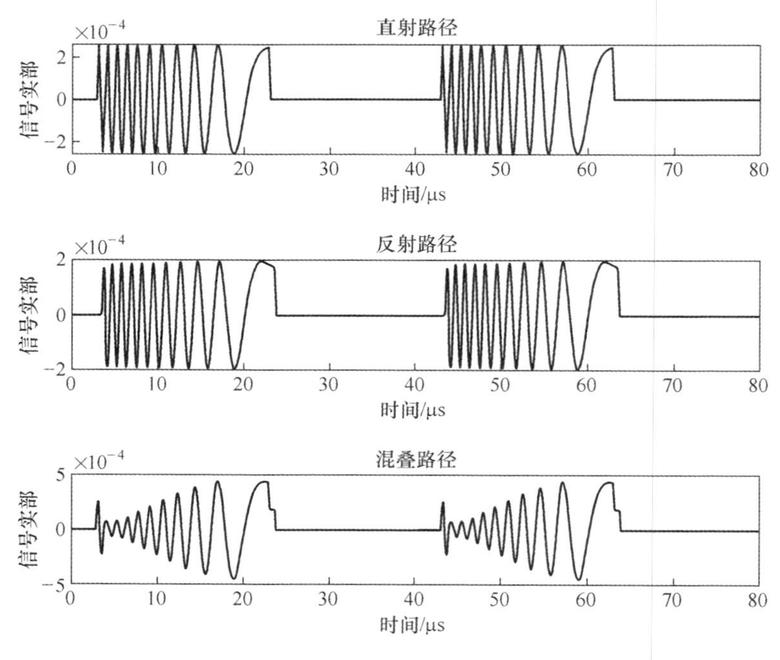

图 7.2 两径信道下接收信号波形

$s_{(i)}(t)$ 表示不同的调制信号。衰落信道基带接收条件下各调制信号的模型为

$$r_{(i)}(t)=A\mathrm{e}^{\mathrm{j}\theta_c}\mathrm{e}^{\mathrm{j}2\pi f_c t}\sum_k s_k^{(i)}g(t-kT_0-t_0)+w(t),i=\mathrm{PSK,QAM} \tag{7.5}$$

$$r_{(\mathrm{FSK})}(t)=A\mathrm{e}^{\mathrm{j}\theta_c}\mathrm{e}^{\mathrm{j}2\pi f_c t}\sum_k \mathrm{e}^{\mathrm{j}2\pi f_k(t-kT-t_0)}\cdot g(t-kT_0-t_0)+w(t) \tag{7.6}$$

$$r_{(\mathrm{MSK})}(t)=A\mathrm{e}^{\mathrm{j}\theta_c}\mathrm{e}^{\mathrm{j}2\pi f_c t}\sum_k b_{2k}g(t-2kT_0-t_0)+ib_{2k+1}g(t-(2k+1)T_0-t_0)+w(t) \tag{7.7}$$

式中:A 表示信号的幅度;T 表示符号周期;$s_k^{(i)}$、f_k、b_k 分别为 PSK、QAM、FSK、MSK 信号第 k 个传输符号。

7.1.3 多径信道下的特征估计方法

多径干扰使信号特征与特征工程计算的理论值发生较大偏差,直接影响算法的识别率。为此,研究人员针对多径衰落信号设计特征模型的估计算法再和理论值进行匹配[17-19],算法流程框图如图 7.3 所示。

这类算法结合统计模式识别的特征设计方法和决策理论的判别方法,核心是建立多径信道对调制信号特征的影响范围,在设计阈值范围内对调制信号进行识别,在一定程度上能够较好地解决多径信道识别率低的问题。但这类算法依赖人

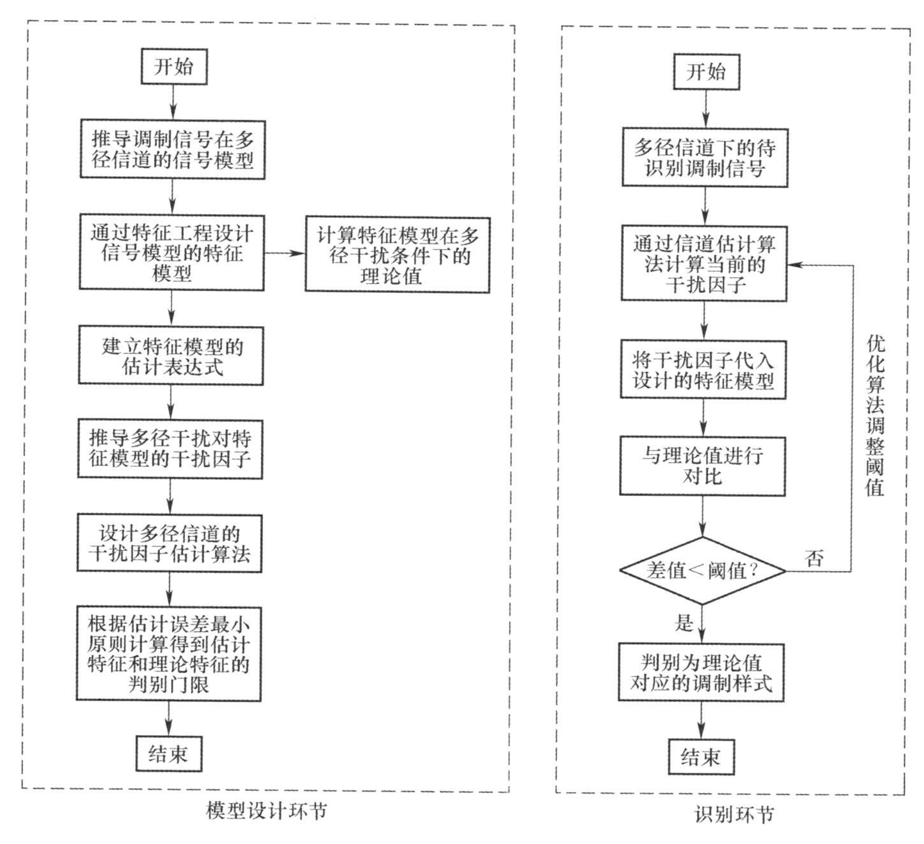

图 7.3　多径信道下特征估计算法框图

工建模的精度,受算法复杂度影响,引入的影响因素有限,同时存在设计流程长的问题。

7.2　基于对抗域适应神经网络的调制识别算法

7.2.1　引言

多径衰落信道是无线通信的常见信道模型,传统衰落信道调制识别算法主要结合了盲均衡[20]、盲估计[21]、阵列天线[22]等预处理技术以减少衰落信道的影响,从而提高对信号特征的辨识度。另一种是在衰落信道模型下设计调制信号人工特征的特征工程方法[18]。

针对大量有标签样本的数据驱动模型方法存在数据分布不完备,以及用新数据集重新训练网络的时效性差、计算效率低的问题。本节重点研究相同调制信号在不同噪声强度和信道环境传播发生信号畸变后，根据相同调制类型的信号间存在共性特征，从特征迁移的角度研究了无监督对抗域适应神经网络(Domain-adversarial Training of Neural Networks, DANN)算法。通过类判别器和域判别器对抗训练，使特征提取器能够提取到既具有类差异性又具有域不变性的特征。通过无监督迁移学习对目标域信号进行分类，从而扩展模型对实际环境的自适应能力。

7.2.2 对抗域适应神经网络模型设计

7.2.2.1 对抗域适应神经网络结构概述

为实现特征提取器 G_f 在分类器 G_c 和域判别器 G_d 共同约束下进行的对抗训练，特征提取器和分类器构成标准前馈结构，通过有监督学习方式以反向传播算法训练网络。同时，域判别器通过梯度反转层将域分类损失以相反数值反向传播至特征提取器，以最大化域分类损失函数。网络结构如图 7.4 所示，其中：

特征提取器数学模型为 $G_f(\cdot;\theta_f)$，θ_f 为特征提取网络的参数集合，其特征提取模型为 $G_f: X \to R^D$，X 为信号样本集，R^D 表示 D 维特征空间；

类判别器数学模型为 $G_c(\cdot;\theta_c)$，θ_c 为分类器网络的参数集合，其分类判决模型为 $G_c: R^D \to R^L$，表示 D 维特征空间映射到 L 维标签空间；

域判别器数学模型为 $G_d(\cdot;\theta_d)$，θ_d 为域分类网络的参数集合，其域判别模型为 $G_d: R^D \to [0,1]$，表示对 D 维特征空间做二值分类。

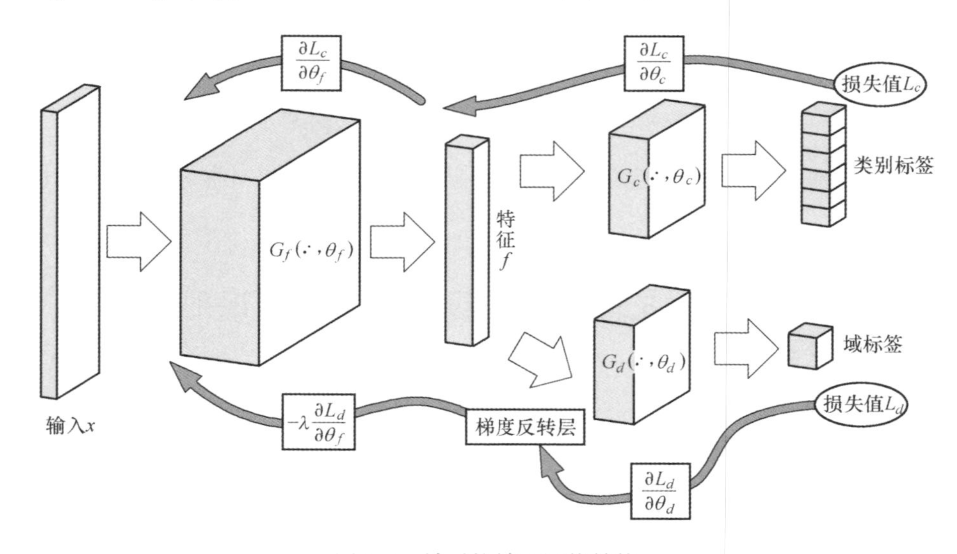

图 7.4 域对抗神经网络结构

进一步对其损失函数进行建模，分类器损失函数为

$$\mathcal{L}_c^i(\theta_f,\theta_c) = \mathcal{L}_c(G_c(G_f(x_i;\theta_f);\theta_c),y_i) \tag{7.8}$$

式中：(x_i,y_i) 表示第 i 个有标签样本，分类损失函数由 G_f 和 G_c 构成，通过随机梯度下降（Stochastic Gradient Descent，SGD）优化 θ_f 和 θ_c。

域判别器损失函数为

$$\mathcal{L}_d^i(\theta_f,\theta_d)=\mathcal{L}_d(G_d(G_f(x_i;\theta_f);\theta_d),d_i) \tag{7.9}$$

式中：(x_i,d_i) 表示第 i 个样本所属的域标签，域损失函数由 G_f 和 G_d 组成，通过 SGD 优化 θ_f 和 θ_d。

整个前馈网络模型为

$$E(\theta_f,\theta_c,\theta_d)=\frac{1}{n}\sum_{i=1}^{n}\mathcal{L}_c^i(\theta_f,\theta_c)-\lambda\left(\frac{1}{n}\sum_{i=1}^{n}\mathcal{L}_d^i(\theta_f,\theta_d)+\frac{1}{n'}\sum_{i=n+1}^{N}\mathcal{L}_d^i(\theta_f,\theta_d)\right)$$

$$n+n'=N \tag{7.10}$$

目标函数表示为

$$(\hat{\theta}_f,\hat{\theta}_c)=\arg\min_{\theta_f,\theta_c}E(\theta_f,\theta_c,\hat{\theta}_d) \tag{7.11}$$

$$\hat{\theta}_d=\arg\max_{\theta_d}E(\hat{\theta}_f,\hat{\theta}_c,\theta_d) \tag{7.12}$$

训练过程使用源域样本数为 n，目标域样本数为 n'，通过 SGD 搜索使似然函数 $E(\theta_f,\theta_c,\theta_d)$ 最小化的参数 θ_f、θ_c 和最大化的参数 θ_d 来优化整个网络。

梯度反转层（Gradient Reversal Layer，GRL）的提出是为了在域分类端反向传播更新参数时，能够逐步使域分类的损失最大化，使得迭代过程中特征提取器 G_f 能够提取到符合域不变的特征，从而实现源域特征向目标域的迁移。其数学模型是：前馈过程 $R(x)=x$，反向传播过程 $\mathrm{d}R/\mathrm{d}x=-I$，最终网络模型更新为

$$\begin{aligned}\tilde{E}(\theta_f,\theta_c,\theta_d)=&\frac{1}{n}\sum_{i=1}^{n}\mathcal{L}_c(G_c(G_f(x_i;\theta_f);\theta_c),y_i)\\&-\lambda\left(\frac{1}{n}\sum_{i=1}^{n}\mathcal{L}_d(G_d(R(G_f(x_i;\theta_f));\theta_d),d_i)\right.\\&\left.+\frac{1}{n'}\sum_{i=n+1}^{N}\mathcal{L}_d(G_d(R(G_f(x_i;\theta_f));\theta_d),d_i)\right)\end{aligned} \tag{7.13}$$

7.2.2.2 特征提取器模型

神经网络深层化[23]和多结构化[24]被证明对拟合数据的高维语义特征是有效的，Saining Xie 等[25]提出 ResNeXt，如图 7.5(a)所示。

ResNeXt 网络借鉴 ResNet[23]的残差结构和 Inception-v4[25]的并联多结构化网络有效提取不同尺度特征的特点。ResNeXt 各分支拓扑采用相同结构，通过分组卷积的方式等效增加卷积层的感受野，实现在不增加网络深度和复杂度的前提下提高网络的特征拟合能力。与典型残差网络模型相似，其残差结构数学模型可以表示为

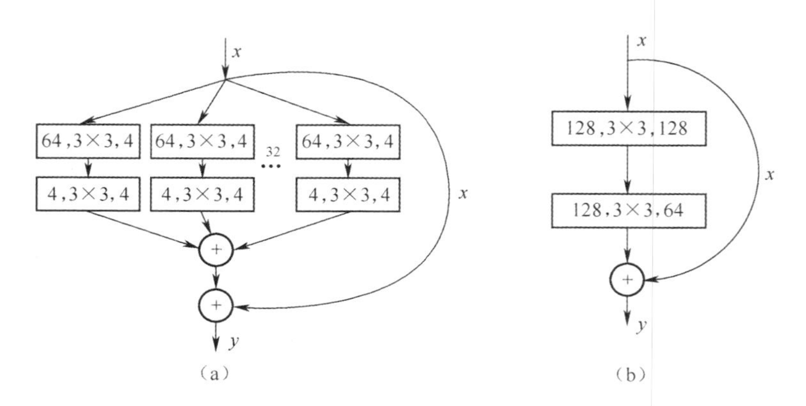

图 7.5 并联残差结构示意图

(a) ResNeXt 残差结构;(b) ResNet 残差结构。

$$y = \sum_{i=1}^{C} T_i(x) + x \tag{7.14}$$

式中:T_i 为支路 i 的拟合函数;C 为支路总个数。

7.2.2.3 分类器模型

分类器通过有监督方式学习特征提取器输出的特征向量和对应标签的映射关系,本章采用在特征提取器后连接 3 层全连接层,用 softmax 损失函数约束得到特征空间向标签空间的映射函数。

假设标签空间 L 表示为 $R^D \to [0,1]^L$,每一类的预测值归一化到 0~1 区间,分类器 G_c 的标签预测模型可以表示为

$$G_c(G_f(x);V,c) = \mathrm{softmax}(VG_f(x) + c) \tag{7.15}$$

式中:$(V,c) \in R^{L\times D} \times R^L$ 为分类器的参数。分类器的损失函数负对数表达为

$$\mathcal{L}_c(G_c(G_f(x_i)),y_i) = -\log G_c(G_f(x))_{y_i} \tag{7.16}$$

7.2.2.4 域判别器模型

域判别器依据散度来判别特征提取器输出的特征来自源域或目标域。定义样本集 X 的源域分布为 D_S^X,目标域分布为 D_T^X,假设一个类空间 $\mathcal{H}$,则 $\mathcal{H}$ 空间中 D_S^X 和 D_T^X 的散度表示为

$$d_{\mathcal{H}}(D_S^X,D_T^X) = 2\sup_{\eta\in\mathcal{H}} \left| \Pr_{x\sim D_S^X}[\eta(x)=1] - \Pr_{x\sim D_T^X}[\eta(x)=1] \right| \tag{7.17}$$

式(7.17)用散度度量概率分布 D_S^X 和 D_T^X 在假设类 $\mathcal{H}$ 上的最小上界,若 $\mathcal{H}$ 是对称假设,则 $\mathcal{H}$ 上散度的经验计算公式为

$$\hat{d}_{\mathcal{H}}(D_S^X,D_T^X) = 2\left(1 - \min_{\eta\in\mathcal{H}}\left[\frac{1}{n}\sum_{i=1}^{n} I[\eta(x_i)=0] + \frac{1}{n'}\sum_{i=n+1}^{N} I[\eta(x_i)=1]\right]\right) \tag{7.18}$$

式中：$I[a]$ 为指示函数，当预测 a 为真时 $I[a]$ 为 1，预测 a 为假时 $I[a]$ 为 0。

通过构造的域判别器 G_d 估计式(7.18)中 min 部分，G_d 的参数模型预测输入样本 x_0 来自于 D_S^X 或 D_T^X 的概率值可表示为

$$G_d(G_f(x);\boldsymbol{u},z)=\mathrm{sigm}(\boldsymbol{u}^{\mathrm{T}}G_f(x)+z) \tag{7.19}$$

式中：$(\boldsymbol{u},z)\in R^D\times R$，对应的损失函数定义为

$$\mathcal{L}_d(G_d(G_f(x_i)),d_i)=d_i\log\frac{1}{G_d(G_f(x_i))}+(1-d_i)\log\frac{1}{1-G_d(G_f(x_i))} \tag{7.20}$$

式中：d_i 为域标签，$d_i=0$ 表示输入样本 x 属于 D_S^X，$d_i=1$ 表示输入样本 x 属于 D_T^X。

7.2.3 对抗域适应神经网络的特征迁移调制识别算法设计

残差-对抗域适应迁移算法流程如图 7.6 所示，对抗训练算法设计分为特征提取器-类判别器支路和特征提取器-域判别器支路，分别记为 FC 支路和 FD 支路。对抗迁移通过两条支路构成的损失函数共同优化特征提取器网络的结点权重，具体步骤如下。

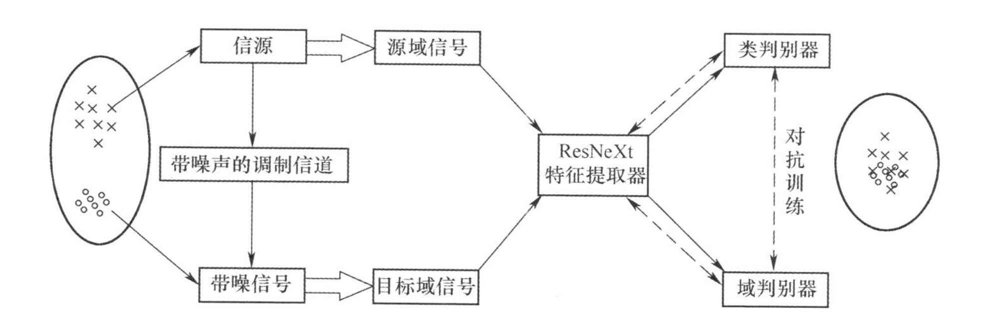

图 7.6 残差-对抗域适应迁移算法框图

(1) FC 支路优化流程。

步骤 1：划分有标签源域样本集合。

$S[(x_1,y_1),(x_2,y_2),\cdots,(x_N,y_N)$ 作为 FC 支路的输入。

步骤 2：构建 softmax 分类器的目标函数：

$$L=-\frac{1}{N}\sum_i\sum_{c=1}^{M}y_{ic}\log(p_{ic}) \tag{7.21}$$

式中：N 为样本总量；M 为类别数量；y_{ic} 为第 i 个样本的类标签；p_{ic} 为第 i 个样本的类别概率。

步骤3:其中 $S[(x_1,y_1),(x_2,y_2),\cdots,(x_N,y_N)$ 中的样本以有监督方式训练类判别器:

$$FC(\theta)=\arg\min_{\theta}\frac{1}{N}\sum_{n=1}^{N}L_{\sup}[C_\theta\cdot F_\theta(x_i),y_i] \tag{7.22}$$

式中: $C_\theta\cdot F_\theta$ 表示特征提取器和类判别器构成的混合函数,通过有监督学习找到网络的最佳参数 θ, 使用随机梯度下降算法优化 FC 支路。

本章特征提取器 ResNeXt 参数如表 7.1 所列。

表 7.1 ResNeXt 参数

层名称	输出维度
Input	2×1024
Convolution Layer	32×1024×1
Residual block1	64×512×1
Residual block2	64×512×1
Residual block3	512×256×1
Residual block4	512×128×1
Residual block5	1024×64×1

(2) FD 支路优化流程。

步骤1:划分源域样本为 $S[(x_1,y_1),(x_2,y_2),\cdots,(x_N,y_N)]$, 无类标签目标域样本为 $T[x_1,x_2,\cdots,x_N]$ 作为 FD 支路的输入,并记源域样本域标签为0,目标域样本域标签为1。

步骤2:使用 BCE(Binary Cross Entropy)损失函数,构建 FD 支路的目标函数:

$$\text{loss}(X_i,y_i)=-\omega_i[y_i\log x_i+(1-y_i)\log(1-x_i)] \tag{7.23}$$

式中: $X_i\in S\{x_i\},T\{x_i\},y_i\in\{0,1\},\omega_i$ 为不同样本所占的权重。

步骤3:FD 支路域判别器输入的源域样本表示为 $S[(x_1,0),(x_2,0),\cdots,(x_N,0)]$, 目标域样本表示为 $T[(x_1,1),(x_2,1),\cdots,(x_N,1)]$, 以有监督方式训练域判别器

$$FD(\theta)=\arg\max_{\theta}\frac{1}{N+N'}\sum_{n=1}^{N+N'}L_{\sup}[D_\theta\cdot F_\theta(x_i),y_i] \tag{7.24}$$

式中: $D_\theta\cdot F_\theta$ 表示特征提取器和域判别器构成的混合函数,类判别器通过判断 S 和 T 中样本的域标签计算损失值,并通过梯度反转层以相反数值传播至特征提取器,搜索使目标函数取极大值的参数 θ。

7.2.4 实验结果与分析

实验平台为 Windows 7,32GB 内存,NVIDIA P4000 显卡,使用 DeepSig[26] 公开的真实调制信号数据集作为训练样本,使用 MATLAB 2018b 仿真样本,DANN 网络使用 Python 和 Pytorch 框架实现。

实验一:本实验选用 DeepSig 数据集中的 AM-SSB-SC、AM-DSB-SC、AM-SSB-WC、AM-DSB-WC、16QAM、32QAM、64QAM、128QAM 和 256QAM 9 种调制体制相近的信号进行 DANN 算法性能测试,使用的信号样本参数如表 7.2 所列。

表 7.2 调制信号数据集参数

调制样式	AM-SSB-SC、AM-DSB-SC、AM-SSB-WC、AM-DSB-WC、16QAM、32QAM、64QAM、128QAM、256QAM			
样本数	16QAM	50000	AM-SSB-SC	50000
	32QAM	50000	AM-DSB-SC	50000
	64QAM	50000	AM-SSB-WC	50000
	128QAM	50000	AM-DSB-WC	50000
	256QAM	50000	\	\
样本维度	2×1024			
信道环境	多径信道			
信道参数	时间延时 τ = [0,0.5,1.0,2.0]			
信噪比	-6~30dB			

由图 7.7(a)、(b)可以看出,受噪声影响信号包络发生畸变,使用单一样本集训练网络会造成网络鲁棒性下降。图 7.8(a)、(b)通过 t-SNE[27] 对 ResNeXt 提取的特征分布进行降维可视化,发现通过域适应两个域的特征分布发生改变,空间重合度大幅提升,表明通过对抗域适应算法特征提取网络能够提取到符合类差异和域不变性的特征。

实验二:测试 DANN 算法对相同调制样式在不同信噪比条件下的迁移能力,该实验使用实验一中的 9 种调制信号作为训练样本集,文献[28-29]表明,当信噪比大于 18dB 时,识别率已达最佳值,经过多次实验,最终将信噪比为 18 ~ 30dB 作为源域样本, - 6 ~ 6dB 作为目标域样本,并将在源域样本上训练得到的模型直接用于识别目标域样本的测试结果(Baseline)和通过 DANN 域适应的结果进行对比,如表 7.3 所列。

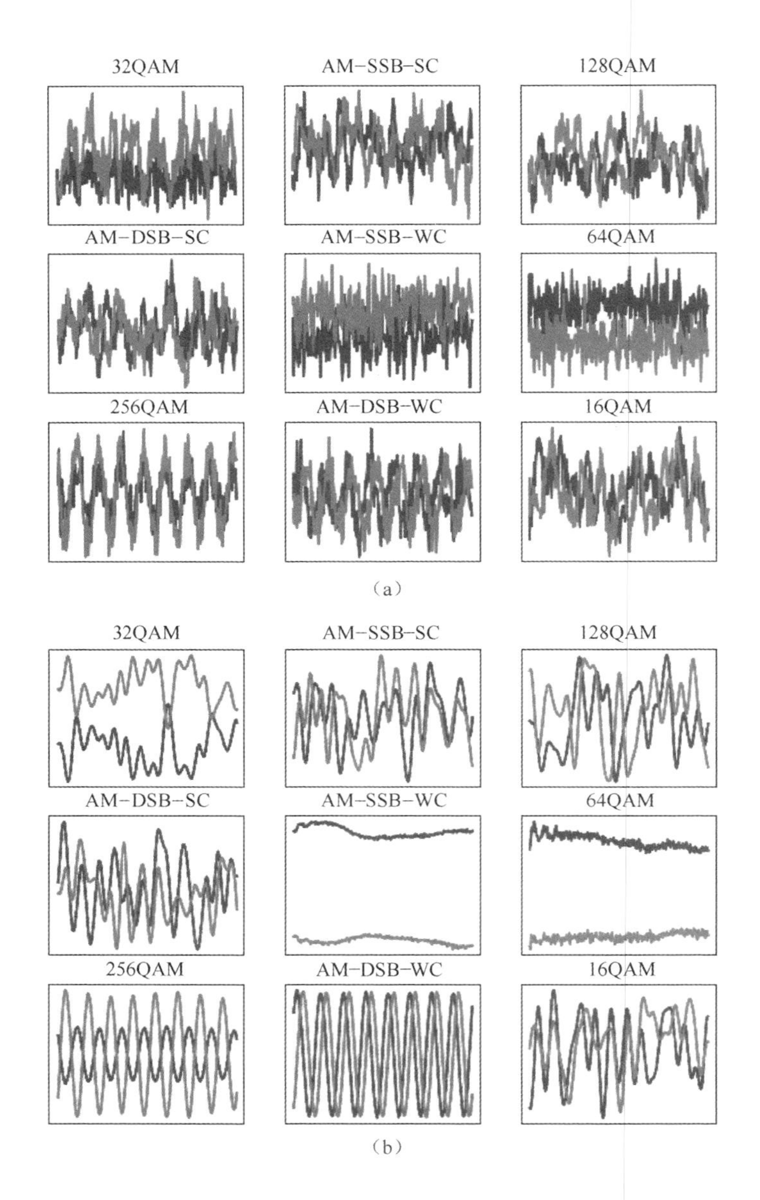

图 7.7 目标域 0dB 调制信号波形图(a)和源域 20dB 调制信号波形图(b)(见彩图)

由表 7.3 中的数据可以看出,随着目标域信噪比提高,目标域的识别率逐步升高,说明目标域信噪比越接近源域信噪比,越容易进行特征域适应。从 Baseline 的数据可以看出,仅在源域数据上训练的模型无法有效识别目标域信号。从 DANN 的测试结果得到,本章算法利用源域特征的辅助信息,目标域的识别率得到明显提升。图 7.9 为目标域 2dB 时不同调制样式间的识别率。

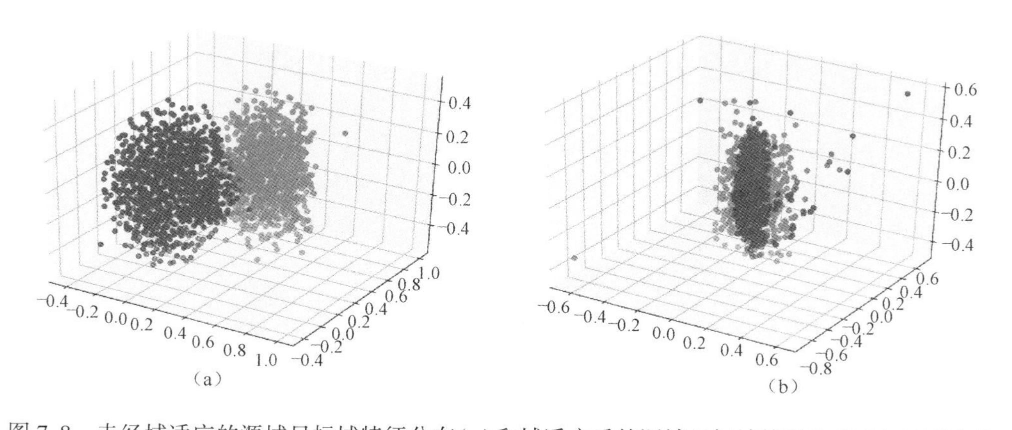

图 7.8　未经域适应的源域目标域特征分布(a)和域适应后的源域目标域特征分布(b)(见彩图)

表 7.3　对抗域适应迁移算法识别平均准确率

训练方法	源域	18 ~ 30dB						
	目标域	-6dB	-4dB	-2dB	0dB	2dB	4dB	6dB
Baseline		0.17	0.18	0.24	0.32	0.34	0.43	0.51
DANN		0.53	0.59	0.64	0.68	0.73	0.81	0.87

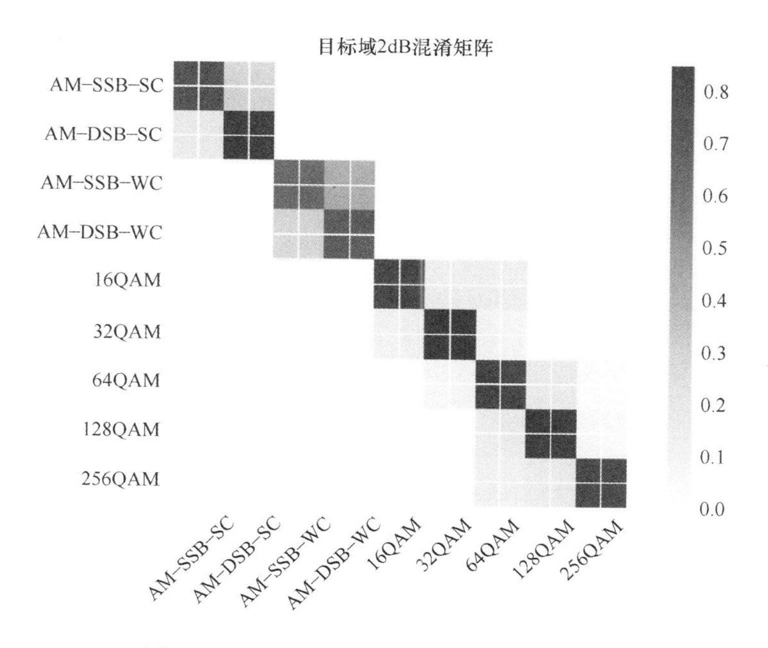

图 7.9　目标域 2dB 的类间混淆矩阵(见彩图)

实验三:测试算法在不同训练样本集间的特征迁移能力,实验通过 MATLAB 根据 Deepsig 数据集设置的信道参数仿真生成 16QAM、32QAM、AM-DSB-SC、BPSK、QPSK 调制信号作为源域样本,目标域为 Deepsig 数据集中对应的调制信号,并且设置用 ResNeXt(Baseline)在源域数据集上训练再通过目标域样本 finetune 的模型进行实验对比。实验如表 7.4 所列。

表 7.4 对抗域适应迁移算法识别平均准确率

-2dB	16QAM	32QAM	AM-DSB-SC	BPSK	QPSK
Baseline	0.67	0.64	0.66	0.65	0.64
DANN	0.71	0.68	0.73	0.73	0.71
0dB	16QAM	32QAM	AM-DSB-SC	BPSK	QPSK
Baseline	0.72	0.67	0.72	0.69	0.70
DANN	0.79	0.72	0.83	0.80	0.81
6dB	16QAM	32QAM	AM-DSB-SC	BPSK	QPSK
Baseline	0.81	0.79	0.85	0.84	0.82
DANN	0.87	0.84	0.91	0.89	0.87
18dB	16QAM	32QAM	AM-DSB-SC	BPSK	QPSK
Baseline	0.88	0.87	0.91	0.93	0.92
DANN	0.94	0.92	0.95	0.92	0.95

由表 7.4 中的数据可以看出,两种特征迁移算法的识别率随着信噪比改善逐步升高,说明低信噪比条件下提取到能同时适应源域和目标域的共有特征较为困难。根据 Baseline 和 DANN 的对比数据,DANN 的域适应迁移方法相比 finetune 能够更好地约束特征提取器提取到两个数据集间共有的特征。与实验二相比可知,迁移不同信噪比的信号特征相对迁移不同生成方式的数据更为困难,同时也验证了仿真数据是相对有效的,并且 DANN 算法可以通过生成不同的样本集,扩充模型的识别能力,而不需要人工设计多种特征和估计信道参数。

7.2.5 结论

本算法将域适应的思想运用到调制识别任务中,结合 DANN 网络阐述分析利用无监督对抗域适应迁移学习进行调制识别的原理和方法,解决在样本分布存在较大差异或可供训练的样本分布不平衡时无法有效训练网络的问题。同时,结合了并联残差网络 ResNeXt,对特征提取器进行了改进,进一步提升识别效果。此外,本章实验验证了该算法在多种分布条件下识别的可行性和有效性,对以数据驱动的深度学习调制识别方法体系进行完善,并实现目标域以无监督方式进行分类识别,是一种由数据驱动的,无参数估计和特征工程的端到端调制样式识别算法,对分类种类较多的复杂信号识别具有优势。

7.3 基于域适应迁移的调制识别方法

7.3.1 引言

虽然基于 CNN 的通信信号分类识别技术具有较高的识别率和鲁棒性,但我们在研究问题时都是基于训练集信号与测试集信号服从独立同分布这一先决条件,当测试集信号样本与训练集信号样本存在分布差异时,利用训练集样本训练出的网络模型对测试集样本的识别率则会明显降低。而在实际环境中,接收端捕获到的信号总是与训练网络模型所用信号存在一定的分布差异,此时,使用预先训练好的神经网络就很难准确识别新收到的信号,因此难以满足应用需求。

本节拟研究测试集(目标域)数据与训练集(源域)分布存在差异时,如何提升目标域识别准确率的问题。假设网络训练过程中存在源域带标签的训练样本和目标域无标签的测试样本,且两域中样本存在一定分布差异。本章拟通过训练改进型 CNN,提升无标签的目标域样本的识别性能。

7.3.2 基于域适应迁移技术的调制样式分类方法设计

针对实际中遇到的待测样本与训练样本存在分布差异的情况,本节解决该问题的核心思想是利用已有的带标签信号样本,结合没有标签的目标域信号样本,联合起来对域适应神经网络进行训练,达到提升目标域识别性能的目的。

图 7.10 所示为本节提出的模型训练、测试流程,模型通过自编码器降维技术结合域适应技术缩小源域带标签样本与目标域无标签样本的分布差异,从而达到对目标域无标签样本分类识别的目的。

7.3.2.1 特征提取模块

在实际复杂信道环境下,通信信号时域特征很容易受到干扰以及噪声等影响,从而影响信号本质表征和模式类别之间的差异,不利于做出正确的判决。时频分析在处理信号方面表现出巨大的优势,它能清晰地反映信号调制的规律。目前利用时频分析理论分析信号的方法有很多,如小波变换、短时傅里叶变换[30]、Wigner-Wile 变换[31]、Choi-Willams 变换[32]等,它们在分析不同信号时各自都有自己的优势。由于本节拟识别的信号为相位瞬变的数字信号,它们的相位随着数字信息的变化也会发生瞬变,而小波变换捕捉信号瞬变信息的能力非常强,因此本章采用小波变换对信号进行时频分析。小波变换的数学定义表达式为

$$WT_f(a,\tau) = \langle f(t), \varphi_{a,\tau}(t) \rangle = \frac{1}{\sqrt{a}}\int f(t)\varphi^*\left(\frac{t-\tau}{a}\right)\mathrm{d}t \tag{7.25}$$

式中:$\varphi_{a,\tau}(t) = |a|^{-1/2}\varphi((t-\tau)/a)$ 表示母小波 $\varphi(t)$ 的伸缩平移。

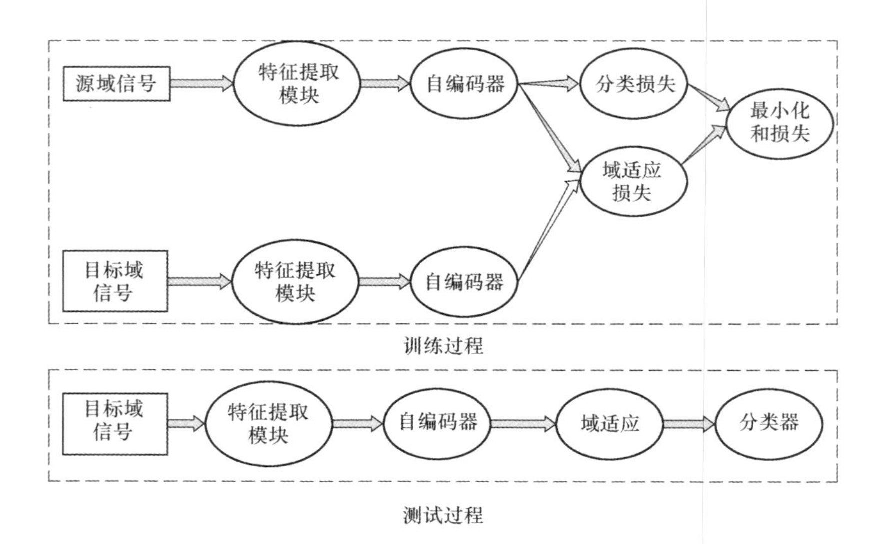

图 7.10　训练、测试流程图

信号经过小波变换后,其系数绝对值 $WT_f(a,\tau)$ 在一定程度上可以表示信号的特征,因此,本节将信号小波变换后的系数绝对值 $WT_f(a,\tau)$ 绘图并在图像域进行处理。

由于需要在图像域进行分析处理,因此,本节选用对图像处理能力较强的 VGG16[33] 网络提取图像特征。VGG16 的网络模型如图 7.11 所示。VGG16 的输入是多通道图像,图像输入后首先通过堆叠的卷积层以提取其深层次的特征,每 2~3 个连续的卷积层后会接一个池化层,用于减小网络参数规模,防止过拟合。VGG16 卷积层的卷积核大小为 3×3,核滑动步长为 1。每一块处理单元后还要接一个 2×2 大小的池化层。经过卷积池化操作后,网络提取出的特征会接入 3 层全连接层。VGG16 中的所有神经元均使用 relu 函数作为激活函数,在部分全连接层后面还应用了 dropout 技术以提高网络对测试样本的泛化能力以及抗过拟合能力。VGG16 相比 AlexNet[34] 识别错误率大幅降低,且其具有很强的可拓展性和泛化能力,能够很便捷地迁移到其他数据集合上。

7.3.2.2　自编码器

本节选用的自编码器结构中仅包含 1 层隐藏层,输入 $\boldsymbol{X}$ 是 VGG 第一个全连接层输出的 4096 维特征,隐藏层 $\boldsymbol{S}$ 设置有 100 个神经元,各神经元间均采取全连接的方式。假设输入层到隐藏层的映射矩阵为 $\boldsymbol{W}$,隐藏层到输出层的映射矩阵为 $\boldsymbol{W}^*$,$\boldsymbol{W}$ 与 $\boldsymbol{W}^*$ 是对称矩阵,即 $\boldsymbol{W}=\boldsymbol{W}^*$。约束输入与输出尽可能相似,则自编码器的目标函数可表示为

$$\min_{W} \|\hat{\boldsymbol{X}}-\boldsymbol{W}^*\boldsymbol{S}\|_F^2+\lambda\|\boldsymbol{W}\boldsymbol{X}-\boldsymbol{S}\|_F^2 \tag{7.26}$$

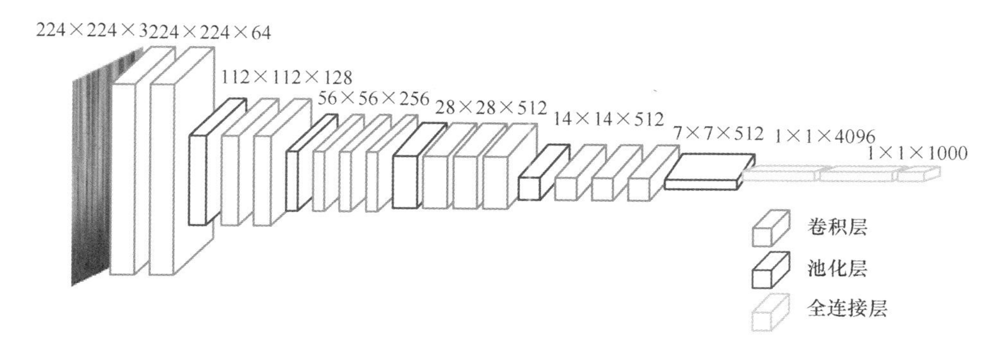

图 7.11　VGG16 网络模型示意图(见彩图)

通过最小化目标函数,从而利用 100 维隐层向量表达 4096 维特征向量,达到特征降维的目的。

7.3.2.3　域适应技术

域适应技术是迁移学习中一种常见的方法,可以利用带标签的源域数据来提升目标域模型的分类性能[35]。本节所设计的网络是一个分类识别的模型,可通过域适应的方法将源域信号特征知识迁移到目标域信号特征上,以此实现目标域信号分类性能的提升。域适应过程如图 7.12 所示。

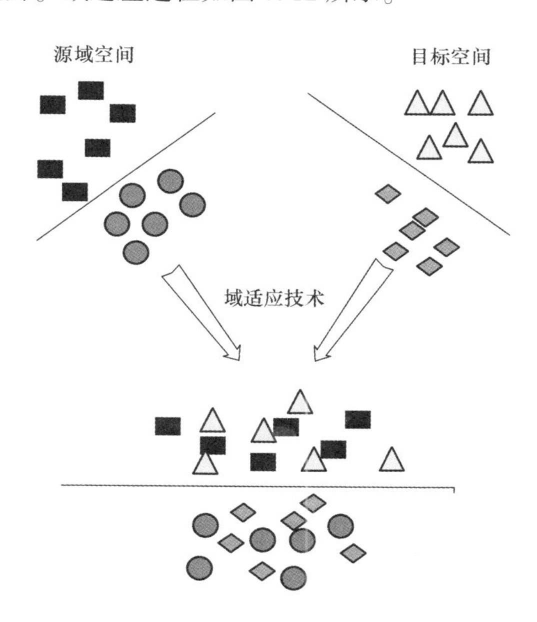

图 7.12　域适应过程示意图

通过特征提取模块结合自编码器对信号特征提取压缩之后,计算源域特征与目标域特征之间的 CORAL 损失。CORAL 损失是一个衡量不同域之间分布距离的方法,可用于衡量两个域之间的相似性。下面描述单个特征层在两个域之间的损失定义[36]。

设源域数据集 $\boldsymbol{X}_S = \{\boldsymbol{x}_i\}$,通过 VGG 提取出的特征向量 $\boldsymbol{x} \in \boldsymbol{R}^d$,源域数据标签为 $L_S = \{y_i\}, i \in \{1,2,\cdots,L\}$。无标签的目标域数据集 $\boldsymbol{X}_T = \{\boldsymbol{u}_i\}$,通过 VGG 提取出的特征向量 $\boldsymbol{u} \in \boldsymbol{R}^d$。若源域、目标域样本量分别为 N_S、N_T,$D_S^{ij}(D_t^{ij})$ 表示 VGG 所提取的第 i 个源域(目标域)样本的第 j 个特征,$\boldsymbol{C}_S(\boldsymbol{C}_T)$ 表示源域(目标域)特征的协方差矩阵,则 CORAL 损失定义为

$$l_{\text{CORAL}} = \frac{1}{4d^2}\|\boldsymbol{C}_S - \boldsymbol{C}_T\|_{\text{F}}^2 \tag{7.27}$$

式中:$\|\cdot\|_{\text{F}}^2$ 代表均方矩阵 F–范数;d 代表特征维度。协方差阵由下式求得

$$\boldsymbol{C}_S = \frac{\boldsymbol{1}}{\boldsymbol{N}_S - \boldsymbol{1}}\left(\boldsymbol{D}_S^{\text{T}}\boldsymbol{D}_S - \frac{\boldsymbol{1}}{\boldsymbol{N}_S}(\boldsymbol{1}^{\text{T}}\boldsymbol{D}_S)^{\text{T}}(\boldsymbol{1}^{\text{T}}\boldsymbol{D}_S)\right) \tag{7.28}$$

$$\boldsymbol{C}_T = \frac{\boldsymbol{1}}{\boldsymbol{N}_T - \boldsymbol{1}}\left(\boldsymbol{D}_T^{\text{T}}\boldsymbol{D}_T - \frac{\boldsymbol{1}}{\boldsymbol{N}_T}(\boldsymbol{1}^{\text{T}}\boldsymbol{D}_T)^{\text{T}}(\boldsymbol{1}^{\text{T}}\boldsymbol{D}_T)\right) \tag{7.29}$$

式中:$\boldsymbol{1}$ 表示所有元素全为 1 的 d 维列向量。

输入特征的梯度可由以下链式法则求得

$$\frac{\partial l_{\text{CORAL}}}{\partial D_S^{ij}} = \frac{1}{d^2(\boldsymbol{N}_S - \boldsymbol{1})}\left(\left(\boldsymbol{D}_S^{\text{T}} - \frac{1}{\boldsymbol{N}_S}(\boldsymbol{1}^{\text{T}}\boldsymbol{D}_S)^{\text{T}}\boldsymbol{1}^{\text{T}}\right)^{\text{T}}(\boldsymbol{C}_S - \boldsymbol{C}_T)\right)^{ij} \tag{7.30}$$

$$\frac{\partial l_{\text{CORAL}}}{\partial D_T^{ij}} = \frac{1}{d^2(\boldsymbol{N}_T - \boldsymbol{1})}\left(\left(\boldsymbol{D}_T^{\text{T}} - \frac{1}{\boldsymbol{N}_T}(\boldsymbol{1}^{\text{T}}\boldsymbol{D}_T)^{\text{T}}\boldsymbol{1}^{\text{T}}\right)^{\text{T}}(\boldsymbol{C}_S - \boldsymbol{C}_T)\right)^{ij} \tag{7.31}$$

通过梯度下降、反向传播算法便可不断优化目标函数。

7.3.2.4 识别模型

本节提出的识别模型以 VGG16 网络为主体,以网络输入源域信号小波变换系数图像、源域标签 L_S 和没有标签的目标域信号小波变换系数图像进行训练,从而达到识别目标域图像的目的。输入的源域、目标域时频图像首先通过 VGG 网络提取第一个全连接层的 4096 维特征,之后将高维特征送入自编码器进行特征降维,生成 100 维的源域隐层特征 $\boldsymbol{x}_T$ 和目标域隐层特征 $\boldsymbol{x}_S$,之后构造这两个隐层特征之间的 CORAL 损失,最终将两个隐层特征间的 CORAL 损失和源域图像产生的分类损失组合在一起作为网络联合优化的目标函数。在训练过程中,带标记的源域样本用来计算分类的损失,而计算 CORAL 损失则需要所有输入数据参与,其中包括没有标记的目标域样本。模型的损失函数定义如下:

$$L(y_i, y) = L_{\text{class}}(y_i, y) + \mu l_{\text{CORAL}} + \|\hat{\boldsymbol{X}}_T - \boldsymbol{W}^*\boldsymbol{S}\|_{\text{F}}^2 + \lambda\|\boldsymbol{W}\boldsymbol{X}_T - \boldsymbol{S}\|_{\text{F}}^2 \tag{7.32}$$

式中：$L_{\text{class}}(y_i, y)$ 表示源域信号产生的分类损失；μ 为 CORAL 损失的权重，用于控制其和分类损失的比重。

网络结构如图 7.13 所示。网络对所有的源域和目标域图像进行联合训练，分类损失优化全部网络参数，而 CORAL 损失仅优化第一个全连接层和隐藏层之间的参数矩阵 $\boldsymbol{W}$。通过梯度下降算法优化使得总的损失函数最小，从而得到最优模型。训练后的模型可直接对目标域图像进行识别分类。

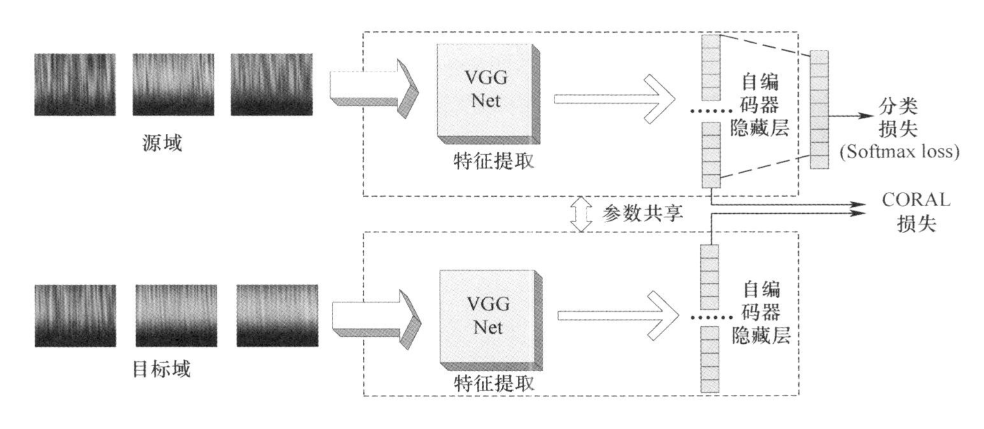

图 7.13 网络结构示意图(见彩图)

7.3.3 仿真测试及性能分析

本节实验所用信号样本均采用 MATLAB R2016a 仿真生成，使用软件中的 CWT(Continous 1-D Wavelet Transform)函数对通信信号进行离散小波变换，选择其中的 db4 小波，生成并保存其小波系数图。

仿真生成{8QAM、16QAM、32QAM、64QAM、128QAM、256QAM、2PSK、4PSK、8PSK、2-FSK、4-FSK、8-FSK}共计 12 类信号，每个类别 5000 个样本，共计 60000 个样本。图 7.14(a)~(c)分别表示 8QAM、2PSK、2-FSK 在 8dB 高斯信道下的小波系数图，各图分别代表通信信号序列进行离散小波变换后，其小波系数的绝对值与时延和频率的关系。

7.3.3.1 不同信号间域适应分类

本节利用六类 M-QAM 调制方式的信号进行域适应，信噪比为 8dB，信道为高斯噪声信道。选取 6 种 M-QAM 信号中的任意 3 种作为源域带标签样本，其余 3 种作为目标域无标签样本。在对网络训练的过程中，每批(Batch)将 60 张小波变换图片送入网络，其中源域、目标域各 30 张，因此，在计算 CORAL 损失时，$N_S = N_T = 30$。损失函数中设置 $\lambda = \mu = 1$，采用 Adam 优化器进行迭代优化。对比不加入域适应直接分类、通过域适应后再分类两种实验的效果。不加入域适应分类是

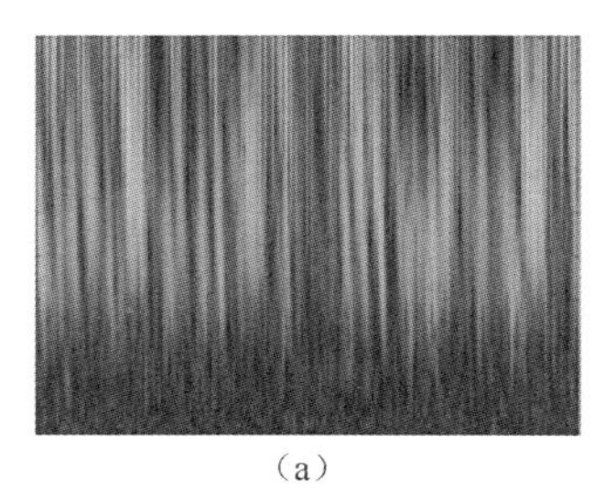
(a)

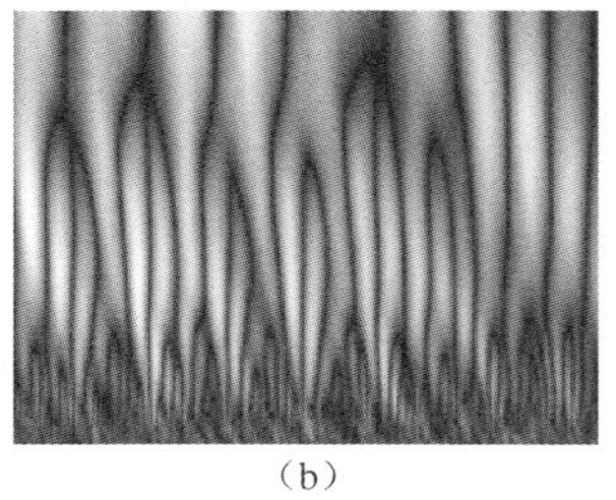
(b)

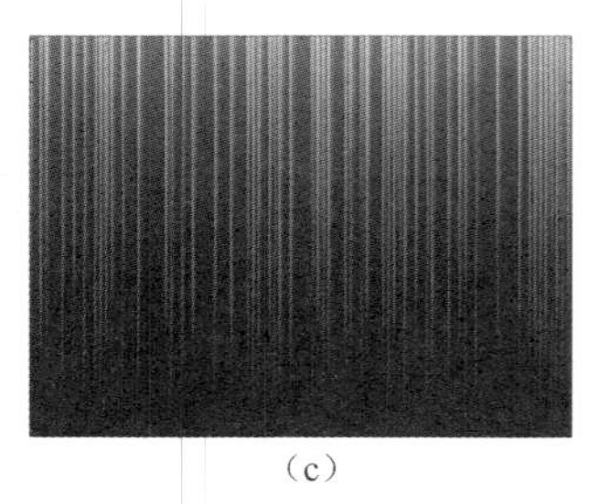
(c)

图 7.14　信号小波系数图(见彩图)

(a) 8QAM 小波系数图;(b)2PSK 小波系数图;(c) 2FSK 小波系数图。

用源域带标签信号训练网络然后直接对目标域调制样式进行识别,域适应分类是指联合源域、目标域信号训练网络后,再对目标域调制样式进行分类。

图 7.15~图 7.17 为目标域样本识别正确率曲线,在上述仿真中,各个实验仅进行 10 次迭代循环,通过识别准确率的变化结果可以看出,在最开始的几轮迭代中,未加入域适应技术的网络识别率要高于域适应网络的识别率。造成这种现象的原因可能是一开始训练时使用域适应技术的总损失较高,但是随着迭代次数的不断增加,网络参数不断优化,加入域适应技术后网络的识别率逐渐高于未加入域适应方法的网络。图 7.18 表示当测试集为 8/16/128QAM 时,训练过程中分类损失与 CORAL 损失的变化趋势,可以看出,随着迭代优化两类损失之和在不断减小。

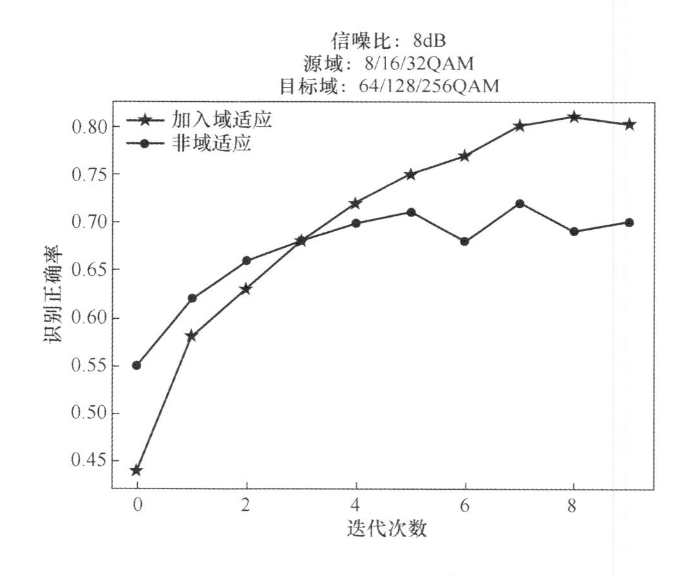

图 7.15　目标域 64/128/256QAM 信号识别率曲线

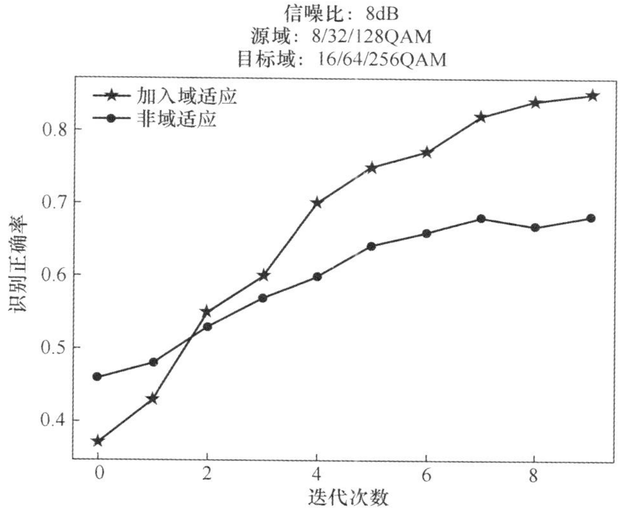

图 7.16　目标域 16/64/256QAM 信号识别率曲线

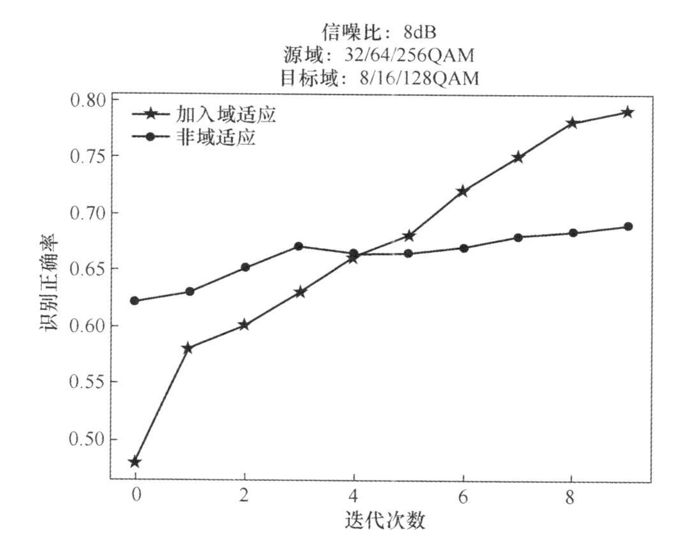

图 7.17　目标域 8/16/128QAM 信号识别率曲线

此外，本节使用高斯信道下信噪比为 8dB 的 8QAM、32QAM、128QAM 作为源域数据集，高斯信道下信噪比为 8dB 的 2PSK、4PSK、8PSK 信号作为目标域数据集进行分类识别，共计 50 次迭代循环。如图 7.19 所示，通过 M-PSK 信号的分类识别实验可以看出，在网络迭代 15 次后，加入域适应技术的网络识别率逐渐高于没

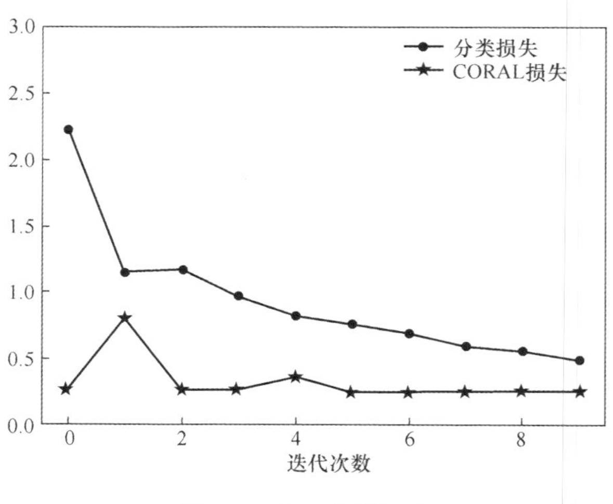

图 7.18 loss 曲线(一)

有加入域适应技术的网络。图 7.20 表示网络迭代过程中两类损失的变化趋势，可见，随着网络不断迭代优化，CORAL 损失、分类损失以及二者之和都在不断减小。

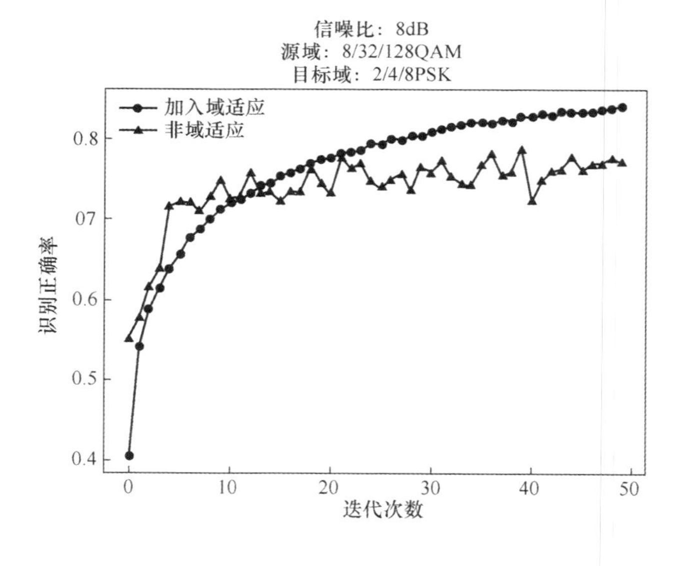

图 7.19 2/4/8PSK 为测试集

最后，对于不同类别信号类别间的域适应分析，使用高斯信道下信噪比 8dB 的 8QAM、32QAM、128QAM 信号作为源域数据集，高斯信道下信噪比为 8dB 的 2FSK、4FSK、8FSK 信号作为目标域数据集进行测试，共计 50 次迭代。

仿真结果如图 7.21 所示，通过 M-FSK 信号的分类识别效果可以看出，在网络

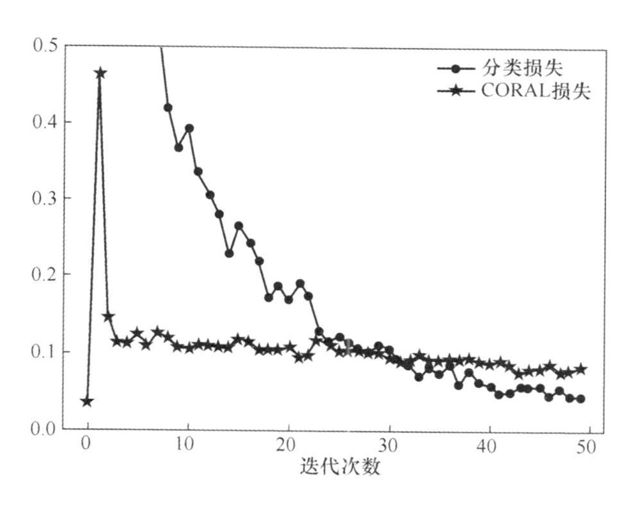

图 7.20 loss 曲线(二)

迭代 50 个 Epochs 后,加入域适应技术的网络识别率与未加入域适应技术的网络识别率相差不大。

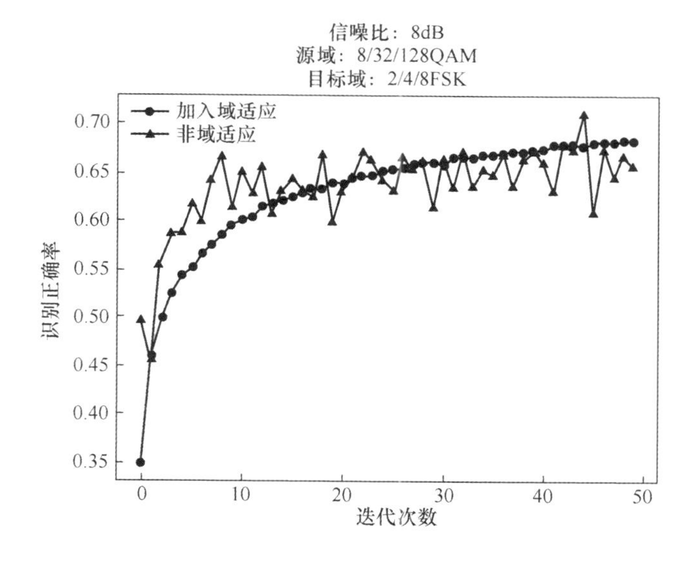

图 7.21 2/4/8FSK 为测试集

7.3.3.2 不同信道下域适应分类

本节使用 6 类信号{8QAM、32QAM、128QAM、2FSK、4FSK、8FSK}在瑞利噪声信道下的小波系数图像作为目标域,利用 8dB 高斯噪声信道下的这 6 类信号对其进行域适应训练,共计 30 次迭代,目标域信号识别率曲线如图 7.22 所示。

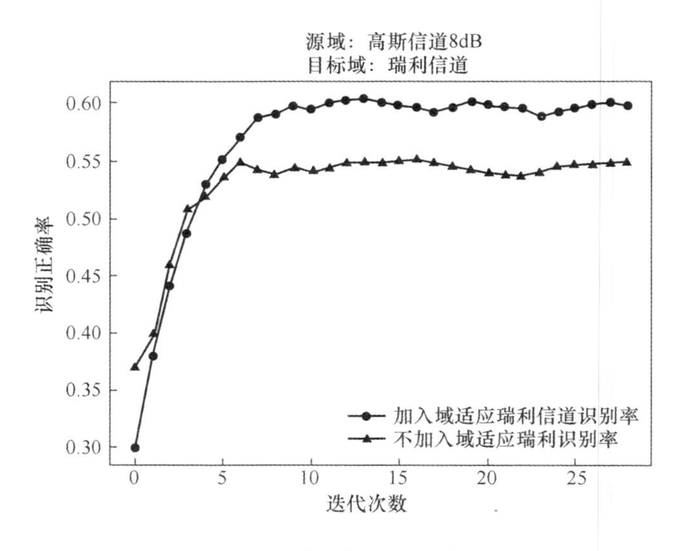

图 7.22　瑞利信道识别率曲线

通过图 7.22 的识别率曲线可以看出，加入域适应技术的网络对陌生信道的识别性能有一定提升，幅度约 5%左右。

7.3.3.3　不同信噪比条件下域适应分类

本节使用 6 类信号{8QAM、32QAM、128QAM、2FSK、4FSK、8FSK}在 0dB 高斯噪声信道下的小波系数图像作为目标域，利用这 6 类信号在 8dB 条件下的训练样本对 0dB 进行域适应训练，对比 8dB 条件下的信号识别率、0dB 条件下不加入域适应技术的识别率、0dB 条件下加入域适应技术后的识别率，实验共计 30 次迭代，识别率曲线如图 7.23 所示，通过图 7.23 的识别率曲线可以看出，通过域适应后可提升模型在低信噪比条件下的识别性能。

对照上述实验可以得出，在本节所提出的识别模型下，当目标域信号与源域信号特征空间相似，如三类目标域样本与源域样本均是 M-QAM 信号，仅仅是调制参数不同，则通过域适应技术提升目标域信号的识别准确率效果非常明显，通过简单几次迭代便可取得不错的结果；若目标域信号与源域信号特征空间有一定差距，如目标域 M-PSK 信号与源域 M-QAM 信号，则通过域适应技术对目标域样本识别率的提升不明显。但随着迭代次数的不断增加，加入域适应技术识别率逐渐优于未加入域适应技术的识别率；但当目标域信号与源域信号特征空间存在明显差异，如目标域 M-FSK 信号与源域 M-QAM 信号，则通过域适应技术对目标域样本识别率几乎没有提升。此外，通过上述实验内容及推导，本节提出的域适应 CNN 对衰落信道下、低信噪比下信号识别性能也有一定的提升作用。

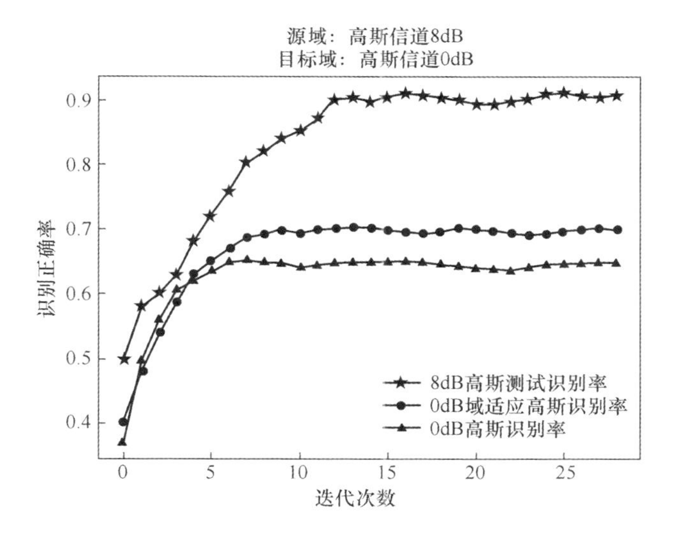

图 7.23　不同信噪比条件识别准确率曲线

7.3.4　结论

本节针对通信信号分类识别领域中遇到的目标域测试样本与源域训练样本存在分布差异的问题，提出运用深度卷积神经网络结合自编码器、域适应技术的识别方法，此方法利用信号小波变化系数图作为训练样本，提取出不同类别间的显著差异，并使用 VGG16 提取小波变换所得图像特征，之后通过最小化分类损失和 CORAL 损失之和，达到关联源域和目标域的效果。仿真结果表明，通过域适应技术确实可以提升目标域测试样本的识别率。但是，本节仍存在许多可改进的地方，如当目标域信号与源域信号特征空间差距较大时，识别率提升不明显。在今后的工作中，可尝试类间差异大的样本做域适应处理，并不断尝试新的网络模型，使网络的迁移能力达到最佳。

7.4　本 章 小 结

本章以解决源域成熟深度网络在存在分布差异的目标域高性能应用问题为研究出发点，分析了衰落信道对接收信号的影响，并基于迁移学习思想给出了两种通信信号识别方法。

首先，在无监督学习的基础上，结合域适应迁移思想和改进的并联残差网络特征提取器，从基于对抗学习的角度，添加梯度反转层 GRL 和判别特征提取器输出所属域的域判别器，实现相同调制信号不同信噪比、不同衰落信道环境、不同信号样本集之间的无监督域适应特征迁移。解决数据集样本不平衡条件下,仍能够训练特征提取器和分类器。新方法在 DeepSig 数据集上进行实验,验证算法对存在样本分布差异数据集识别的有效性和合理性。

然后,探究了实际战场环境中可能出现的测试集与训练集存在分布差异的问题,提出了基于 VGG 网络的域适应神经网络结构解决该问题,该算法首先通过小波变换将信号转换到图像域,而后使用图像特征提取能力强的 VGG 网络对图像进行特征提取,将卷积层提取出的特征通过自编码器重构为低维度特征,构建目标域测试集无标签信号与源域训练集有标签信号之间的 CORAL 损失,最后联合优化 CORAL 损失以及源域有标签信号产生的分类损失,从而达到提升目标域信号识别准确率的目的。

对于域适应在调制识别上的研究,本章从提升模型特征表达能力和特征迁移的角度进行研究,但是从对抗学习的角度,如何优化或衡量分类器和域判别位于更优的平衡点,后续仍需要进一步探究。在基于域适应神经网络的信号识别算法中,当测试集样本与训练集样本分布差异较大时,本章所提出模型无法提升测试集识别准确率,差异严重时甚至会产生负迁移,因此下一阶段应着重研究测试集分布与训练集分布差异较大时的适应问题。

总而言之,现阶段基于迁移学习的通信信号分类识别问题在国内外均处于起步阶段,但其所具有的现实意义却是非常重大的,具有广阔的应用前景。

参 考 文 献

[1] Dai W, Yang Q, Xue G R, et al. Boosting for Transfer Learning[C]// Proceedings of the 24th International Conference on Machine Learning, ACM, 2007.

[2] Sun Q, Chattopadhyay R, Panchanathan S, et al. A Two-stage Weighting Framework for Multi-source Domain Adaptation[C]// Proceedings of the 25th Annu. Conf. Neural Inf. Process. Syst., Granada, Spain, Dec., 2011, pp. 505-513.

[3] Xu Y, Pan S J, Xiong H, et al. A Unified Framework for Metric Transfer Learning[J]. IEEE Transactions on Knowledge & Data Engineering, 2017, 29(6):1158-1171.

[4] Liu X, Liu Z, Wang G, et al. Ensemble Transfer Learning Algorithm[J]. IEEE Access, 2018, 6:2389-2396.

[5] Oquab M, Léon Bottou, Laptev I, et al. Learning and Transferring Mid-Level Image Representations using Convolutional Neural Networks[C]// Computer Vision & Pattern Recognition. IEEE, 2014.

[6] George D, Shen H, Huerta E. Deep Transfer Learning: A New Deep Learning Glitch Classification Method for Advanced LIGO[J]. 2017, arXiv:1706. 07446.

[7] Pan S J, Tsang I W, Kwok J T, et al. Domain Adaptation via Transfer Component Analysis[J].

IEEE Transactions on Neural Networks, 2011, 22(2):199-210.
[8] Zhang J, Li W, Ogunbona P. Joint Geometrical and Statistical Alignment for Visual Domain Adaptation[C]//IEEE Conference on Computer Vision and Pattern Recognition (CVPR). IEEE, 2017.
[9] Tzeng E, Hoffman J, Zhang N, et al. Deep Domain Confusion: Maximizing for Domain Invariance. arXiv preprint arXiv:1412.3474, 2014.
[10] Long M, Cao Y, Wang J, et al. Learning Transferable Features with Deep Adaptation Networks [C]// International Conference on Machine Learning, 2015.
[11] Gretton A, et al. Optimal Kernel Choice for Large-scale Two-sample Tests[J]. Advances in Neural Information Processing Systems, 2012, 25(3):1205-1213.
[12] 史蕴豪，许华，单俊杰．基于域适应神经网络的调制方式分类方法[J]．空军工程大学学报(自然科学版)，2020，21(5)：1-5.
[13] Ajakan H, Germain P, Larochelle H, et al. Domain Adversarial Neural Networks[J]. 2014, arXiv:1412.4446.
[14] Ganin Y, Lempitsky V. Unsupervised Domain Adaptation by Backpropagation[J]. 2014, arXiv:1409.7495.
[15] Tzeng E, Hoffman J, Darrell T, et al. Simultaneous Deep Transfer Across Domains and Tasks [C]// IEEE International Conference on Computer Vision (ICCV). IEEE, 2015.
[16] 许华，苟泽中，冯磊．适用于样本分布差异的迁移学习调制识别算法[J/OL]．华中科技大学学报．http://kns.cnki.net/kcms/detail/11.2127.TP.20210118.0808.011.html.
[17] Wu H C, Saquib M, Yun Z. Novel Automatic Modulation Classification Using Cumulant Features for Communications via Mul-tipath Channels[J]. IEEE Trans. Wireless Commun, 2008, 7(8): 3098-3105.
[18] Orlic V D, Dukic M L. Automatic Modulation Classification: Sixth-order Cumulant Features as a Solution for Real-world Challen-ges[C]//Telecommunications Forum (TELFO), 2012: 392-399.
[19] 董鑫,欧阳喜,袁强．多径信道下基于高阶累积量的通信信号调制识别算法[J]．信息工程大学学报,2015,16(01):73-78.
[20] 王彬．无线衰落信道中的调制识别、信道盲辨识和盲均衡技术研究[D]．郑州:解放军信息工程大学,2007.
[21] 陈芳炯．信道盲辨识、盲均衡理论及应用研究[D]．广州:华南理工大学,2002.
[22] 朱文贵．基于阵列信号处理的短波跳频信号盲检测和参数盲估计[D]．合肥:中国科学技术大学,2007.
[23] He K, Zhang X, Ren S, et al. Identity Mappings in Deep Residual Networks[C]//European Conference on Computer Vision. Springer, Cham, 2016: 630-645.
[24] Szegedy C, Ioffe S, Vanhoucke V, et al. Inception-v4, Inception-resnet and the Impact of Residual Connections on Learning [C]//Thirty-first AAAI Conference on Artificial Intelligence, 2017.

[25] Xie S , Girshick R , Dollár, Piotr, et al. Aggregated Residual Transformations for Deep Neural Networks[C]// 2017 IEEE Conference on Computer Vision and Pattern Recognition (CVPR). IEEE, 2017.

[26] O'Shea T J, West N. "Radio Machine Learning Dataset Generation with Gnu radio[C]// In Proceedings of the GNU Radio Conference, vol. 1, 2016.

[27] Maaten L, Hinton G. Visualizing data using t-SNE[J]. Journal of Machine Learning Research, 2008, 9(Nov): 2579-2605.

[28] O' Shea T J, Roy T, Clancy T C. Over - the - air Deep Learning Based Radio Signal Classification[J]. IEEE Journal of Selected Topics in Signal Processing, 2018, 12(1): 168-179.

[29] West N E, O'Shea T. Deep Architectures for Modulation Recognition[C]//2017 IEEE International Symposium on Dynamic Spectrum Access Networks (DySPAN). IEEE, 2017: 1-6.

[30] Li Y, Wang Y, Lin Y. Recognition of Radar Signals Modulation Based on Short Time Fourier Transform and Reduced Fractional Fourier Transform [J]. Journal of Information & Computational Science, 2013, 10(16): 5171-5178.

[31] Gulum T O, Erdogan A Y, Yildirim T, et al. A Parameter Extraction Technique for FMCW Radar Signals Using Wigner-Hough-Radon Transform[C] // IEEE Radar Conference, Atlanta, USA, 2012.

[32] Liu Y, Xiao P, Wu H, et al. LPI Radar Signal Detection Based on Radial Integration of Choi-Williams time-frequency Image[J]. Journal of Systems Engineering and Electronics, 2015, 26(5): 973-985.

[33] Simonyan K, Zisserman A. Very Deep Convolutional Networks for Large-Scale Image Recognition[J]. Computer Science, 2014.

[34] Krizhevsky A, Sutskever I, Hinton G. ImageNet Classification with Deep Convolutional Neural Networks[C]// NIPS. Curran Associates Inc. 2012.

[35] 亢洁，李佳伟，杨思力．基于域适应卷积神经网络的人脸表情识别[J]．计算机工程，2019，045(012):201-206.

[36] Sun B, Saenko K. Deep CORAL: Correlation Alignment for Deep Domain Adaptation[M]// Computer Vision -ECCV 2016 Workshops, 2016.

第8章 基于孪生网络的通信信号识别

目前,解决小样本问题有多种方法,如课程学习、自步学习、度量学习、元学习以及样本增强类技术等,在众多的解决方案中,度量学习方法从可解释性、性能稳健性、方法成长性以及与其他方法的易结合性上都表现出较突出的特性。孪生网络作为度量学习的重要网络应用形式,在解决小样本条件下通信信号识别方面表现出优越的性能,近年来被广泛应用到各个领域,鉴于此,本章围绕小样本条件下的度量学习方法展开分析,重点对度量学习中经典孪生网络进行方法和原理阐述并对相关改进方法进行探讨。

8.1 度量学习的概念基础

8.1.1 度量学习方法与研究现状

度量学习作为小样本学习中的重要方法之一,旨在通过学习使得嵌入空间中的类内样本相互靠近,类间样本相互远离,最后在嵌入空间中利用最近邻算法进行预测分类处理,从而对通信信号调制模式进行有效识别。

由于度量学习的思想与聚类目的相似,因此一些聚类算法中也融合了度量学习的方法,如局部线性嵌入法[1]和主成分分析法[2]等,这些算法通过一个半正定矩阵将样本映射至低维空间中,然后用样本之间的马尔可夫距离去衡量二者之间的相似度,相比直接对原始数据进行相似度计算,该方法通过特征映射去除掉了冗余特征。但该方法过于依赖样本数据的原始特征,若是类内样本数据受一些误差因素的影响使得分布存在一定的差异就会导致难以学习到一个合适的映射空间,进而导致识别性能下降。

为解决特征映射不准确进而导致识别准确率下降的问题,专家学者开始将度量学习思想和深度学习神经网络相结合,提出了各种度量学习网络。Koch 等[3]于 2015 年将孪生网络和卷积神经网络相结合提出孪生卷积神经网络,用于解决深度学习中小样本问题。2016 年,Vinyals[4]结合注意力机制提出了匹配网络算法,该算法改变了传统神经网络批次训练模式,通过分段抽样小批量训练样本数据来模拟测试任务,提高了算法在测试过程中的泛化能力,但其算法运算量却大大增加。2017 年,Snell 等[5]为进一步体现嵌入空间中类特征表达之间的联系,在匹配网络的基础上做了进一步的改进,通过直接利用类特征均值作为类原型,同时用欧氏距离代替余弦相似度进行相似度度量,使得网络在训练测试过程中的收敛速度均得到一定的提升,但利用均值生成类原型过于依赖于原始数据的准确性,容易因为训练样本的偏差导致生成类原型的偏差进而影响识别性能。2018 年,Sung 等[6]为解决固定度量方式在训练过程中与特征提取神经网络提取的特征不兼容的问题提出了关系网络,该算法重点在于在通过神经网络训练出一个非线性度量函数,使其自动学习嵌入空间中各类特征间的距离度量方式,并在训练过程中同特征提取网络进行联合优化,有效缓解了特征提取模块与固定度量方式不兼容的问题。上述度量学习方法均在图像识别领域有效缓解了深度神经网络在小样本条件下面临的训练过拟合问题,但将其应用至通信信号侦察领域仍需在以下几个方面做进一步的改进以提升算法的识别性能。

(1) 特征提取网络的优化设计,使得特征提取网络在参数数量较少的条件下仍能提取到更具辨识度的通信信号样本特征。

(2) 度量方法的优化选取,使得提取到的通信信号样本特征与度量模块相互兼容。

(3) 对通信网络用户辐射源信号进行预处理,使得通信网络用户辐射源信号在变换域上辨识度更高,进而增加对未知通信信号的识别准确率。

8.1.2 深度度量学习方法

8.1.2.1 *度量学习网络架构*

度量学习网络主要针对样本之间的距离进行建模,旨在通过特征提取网络将样本数据映射至嵌入空间里,保证类内样本间距离相互靠近,类间样本间距离相互远离,测试时,通过近邻算法预测待测样本类别。目前,度量学习方法使用的网络类型主要有孪生网络、匹配网络、原型网络和关系网络等。

(1) 孪生网络。孪生网络最早应用于支票的签名认证[7],其结构如图 8.1 所示,该网络采用经典的二分支特征提取模块对输入样本进行特征提取,后对提取到的特征向量进行相似度度量,最后通过 sigmoid 激活函数输出一个(0,1)之间的样本对相似度概率。根据两路的特征提取模块是否相同又分为孪生网络和伪孪生网络,其中伪孪生网络主要用于解决不同类型的样本之间的匹配问题。

孪生网络训练过程的损失函数大多使用带正则化交叉熵损失函数:

$$L(x_1^{(i)},x_2^{(i)}) = y(x_1^{(i)},x_2^{(i)})\log p(x_1^{(i)},x_2^{(i)}) + (1 - y(x_1^{(i)},x_2^{(i)}))\log(1 - p(x_1^{(i)},x_2^{(i)})) + \boldsymbol{\lambda}^{\mathrm{T}}\|w\|^2 \tag{8.1}$$

式中:$y(x_1^{(i)},x_2^{(i)})$ 为输入样本对之间的真实标签;$p(x_1^{(i)},x_2^{(i)})$ 为输入样本对之间相似度预测概率。

(2) 匹配网络。匹配网络同样是将样本数据映射至嵌入空间进行距离度量学

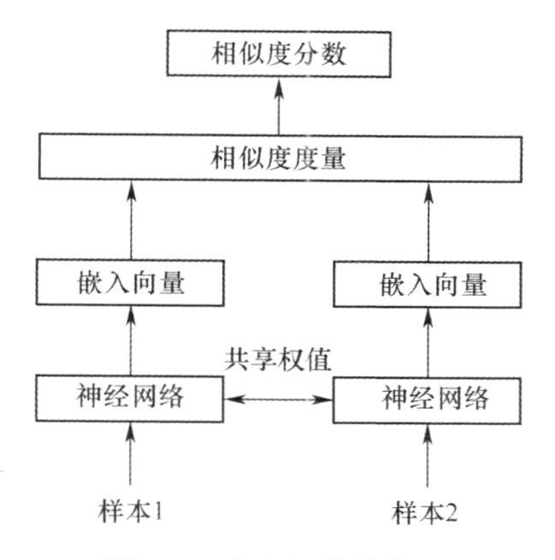

图 8.1　孪生网络结构图

习,但是它在提取到支持集和目标集的嵌入向量后,使用余弦相似度对目标集嵌入向量和支持集的类代表特征进行度量并通过 softmax 进行归一化处理,目标集的样本预测标签则是通过对支持集样本标签进行加权求和而得到。其网络结构如图 8.2 所示。

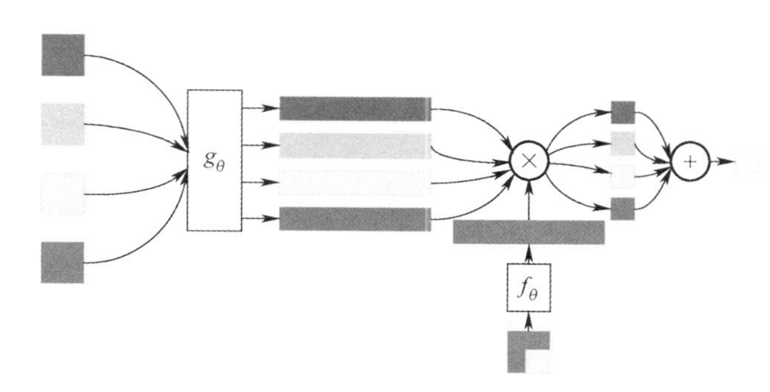

图 8.2　匹配网络结构图(见彩图)

针对含有 k 个样本的支持样本集 $S=\{(x_i,y_i)\}_{i=1}^{k}$,测试样本 $\hat{x}$ 的预测标签 $\hat{y}$ 的计算公式可以表示为

$$\hat{y}=\sum_{i=1}^{k}\alpha(\hat{x},x_i)y_i \tag{8.2}$$

式中:$\alpha(\cdot)$ 为注意力模型的核函数,用于衡量测试样本 $\hat{x}$ 与训练样本 x_i 之间的匹配度;y_i 为支持集样本的标签。具体计算式如下:

$$\alpha(\hat{x},x_i)=\frac{e^{c(f(\hat{x}),g(x_i))}}{\sum_{i=1}^{k}e^{c(f(\hat{x}),g(x_i))}} \tag{8.3}$$

式中:$c(\cdot,\cdot)$ 为余弦相似度计算式;$f(\cdot)$ 和 $g(\cdot)$ 分别为提取支持集和目标集特

征的嵌入函数，一般情况下，二者为相同的网络结构。

（3）原型网络。原型网络的构造思想与匹配网络存在许多相似之处，不过其创新性地利用均值类原型代替了匹配网络中的注意力机制，并采用欧几里得距离度量函数代替了匹配网络中的余弦相似度度量方法。这种创新性的改变使得网络训练过程中的收敛速度明显优于匹配网络，小样本学习识别性能更优。

其算法实现步骤首先是通过映射函数将样本数据映射至样本空间中，然后根据同类样本特征计算类原型 C_k 表达式，即

$$C_k = \frac{1}{|s_k|}\sum_{(x_i,y_i)\in s_k} f_\phi(x_i) \tag{8.4}$$

式中：s_k 表示类别为 k 的支持集样本集合；x_i、y_i 分别为集合中的样本和标签；f_ϕ 为特征提取网络用于提取样本数据的嵌入向量，以便于进一步计算支持集类原型。

在测试过程中，通过 softmax 函数作用于测试数据的嵌入向量与支持集中各类原型之间的距离进行分类，计算式如下：

$$P_\phi = (y = k \mid x) = \frac{e^{-d(f_\phi(\hat{x}, C_k))}}{\sum_k e^{-d(f_\phi(\hat{x}, C_k))}} \tag{8.5}$$

式中：$d(\cdot)$ 为距离度量函数计算表达式，这里使用的是欧几里得距离度量。

（4）关系网络。上述度量学习网络均是基于固定度量函数来进行约束训练的，这使得嵌入网络映射的嵌入空间必须满足固定度量函数的需求，否则，网络训练过程就难以收敛。关系网络就针对此问题通过设计神经网络训练非线性度量函数来对样本数据之间距离进行度量，并和嵌入网络在训练过程中联合训练优化。其网络结构如图 8.3 所示。

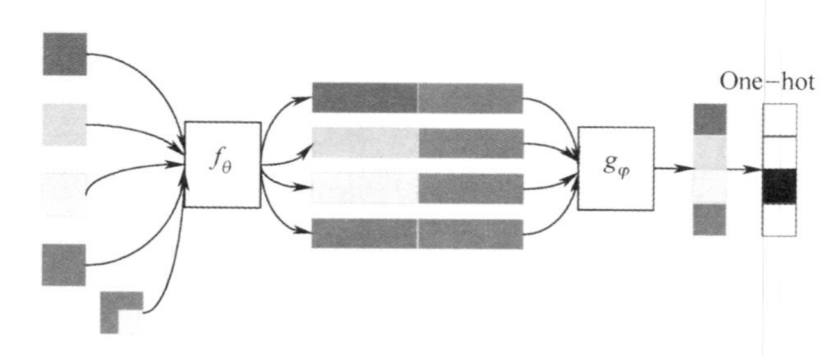

图 8.3　关系网络结构图（见彩图）

关系网络主要由嵌入特征提取模块 f_θ 与关系网络度量模块 g_φ 组成，其中嵌入模块是将训练样本数据映射至特征子空间中，关系网络度量模块针对这两个样本数据的特征向量进行距离度量，计算二者之间的相似度得分，最后通过 One-hot 编码得出测试样本数据的标签。在很多机器学习任务中，数据特征并不总是连续值，有可能是分类值，如通信信号调制识别问题，如果将上述特征用数字表示，效率会

高很多。One-hot 编码,是使用 N 位状态寄存器对 N 个状态进行编码,每个状态都由它独立的寄存器位,并且在任意时刻,其中只有一位有效。也就是说,对于每一个特征,如果它有 m 个可能值,那么,经过 One-hot 编码后,就变成了 m 个二元特征,并且这些特征互斥,每次只有一个激活,因此数据会变成稀疏的。这样做的好处主要是:解决了分类器不好处理属性数据的问题;在一定程度上也起到了扩充特征的作用。在度量学习中,使用 One-hot 编码还有一些潜在的好处:使用 One-hot 编码,可将离散特征的取值扩展到了欧几里得空间,离散特征的某个取值就对应欧几里得空间的某个点,这对于度量学习后续的测距是非常重要的;使用 One-hot 编码后,可使离散型特征之间的距离计算更加合理。

8.1.2.2 度量学习阶段环节设计

度量学习除了整体网络架构设计外,阶段环节设计主要包括特征提取网络模块设计、激活函数设计以及所采用的优化算法设计。

(1) 度量学习中的特征提取网络模块设计。度量学习一大核心问题为对样本数据的特征提取,具有辨识度的特征表达会使度量学习网络取得事半功倍的效果。目前,深度学习中各种特征提取网络被相继提出,这些特征提取网络均可直接用于度量学习中进行特征提取,在通信信号调制识别领域与通信网络用户辐射源个体识别领域主要采用 CNN 与 RNN 结构。卷积神经网善于对通信调制信号的空间特性进行捕捉和提取[8];循环神经网络则更善于对通信调制信号的时序关系进行捕捉和特征提取[9],目前在循环神经网络运用中,更多的使用形式为变体循环神经网络,在通信信号调制识别领域中 LSTM 的应用最为广泛[10]。

(2) 度量学习中的激活函数设计。度量学习是通过神经网络对样本数据进行特征提取后再进行特征度量的,特征提取网络的特征提取能力的强弱对后续识别性能影响巨大。众所周知,在深度神经网络中,若是直接将上层的输出作为下层的输入,那么,最终的输出仅仅是输入层神经元的线性映射。为使得神经网络可以学习到任意复杂的函数,需要使网络模型具有一定的非线性,而激活函数就扮演这一重要角色。同时,激活函数的好坏也会影响神经网络的学习能力,因此,搭建度量学习神经网络结构时需要了解激活函数的特性才能搭建最优的网络结构,在设计过程中往往需要紧密结合度量学习的整体网络架构,在实际运用中,sigmoid 函数可直观地描述神经元的状态,且可直接与度量分值结合,因此运用比较广泛。但其也面临着梯度消失问题,当神经元输出由中间向两端进行延伸时,函数斜率随之变小直至趋于 0,同时该函数的输出值始终大于或等于 0,会导致下层网络处理的数据为非零中心数据进而导致算法进行梯度下降时不稳定;tanh 函数是在 sigmoid 函数的基础上进行变换得到的,主要为改善 sigmoid 函数的非零对称问题,但仍未有效解决曲线斜率为 0 导致梯度消失的问题;relu 函数是当前度量卷积神经网络中应用最为广泛的激活函数,其在正值部分解决了梯度消失问题,但同样存在非零对称问题,leaky-relu 函数在此基础上进行了部分改进;softmax 函数的本质在于将一个 K 维实数向量映射为另一个向量,其中元素取值为(0,1)之间的实数向量,因此,常被应用到多分类任务中,在本章后续孪生网络的激活函数设计中大多采用了 softmax 函数形式。

(3) 度量学习训练优化算法设计。度量学习本质归属于深度学习,深度学习则基于神经网络,神经网络通过训练和网络参数调整才会达到最优状态,而达到最优状态的过程则需要更加简便和稳健,优化算法在该过程中则扮演了重要的角色。优化算法旨在运用数学方法去求解出模型优化的最佳路径与最佳方案,简单来说就是通过约束条件求解出模型目标函数的极值。在深度学习领域中,常用的优化算法主要包括 BGD、SGD、Adam 等,由于 BGD 算法在每一次的训练过程中需要对训练集中所有样本进行优化,计算量较大,一般不采用,因此,在度量学习中,常采用 SGD 与 Adam 优化算法。SGD 算法相较于 BGD 算法,每次仅仅使用一个训练样本进行参数更新,大大提升了参数更新速度,但是其也存在自身的缺陷,例如,当目标函数为强凸函数时,可能使得目标函数优化到鞍点导致训练停止进而影响最终优化结果,此外,SGD 优化算法学习率固定,参数更新方向过于依赖当前训练批次的优化方向,导致网络收敛至局部最优解,这在度量学习训练中是不希望碰见的;Adam 优化算法相较于 SGD 优化算法更加高效,其可以在训练过程中采用指数加权平均的方式计算梯度的一阶估计量以达到自适应学习率的目的,Adam 优化算法的优势还表现在其在每批次训练过程中只用保存梯度的均值即可,无需占用大量内存保存所有梯度值。因此,该优化算法在度量学习领域也得到广泛应用。

8.1.3 度量学习解决小样本问题的几点认知

通过前面章节阐述,我们可以得出运用度量学习方法解决小样本条件下通信信号调制识别任务的一些有益认知。

(1) 度量学习方法目前来看是解决小样本条件下对通信信号类别进行有效识别的可行方法手段,它的中心思想是通过特征提取网络进行信号特征的有效提取,利用度量函数进行有效测距,最终完成分类。

(2) 度量学习总体所使用的网络架构目前主要有 4 种:孪生网络、匹配网络、原型网络与关系网络。这 4 种网络架构各有长处也各有短处。其中孪生网络以两个分支是否完全相同又可分为孪生网络和伪孪生网络架构,无论哪种架构,都是分别从多分支提取特征,进行相似度比对,最后根据相似度得分进行判断结果;匹配网络往往在结构上不是多分支架构,但是可以分为逻辑分支结构,是通过对样本数据映射至嵌入空间进行距离度量学习,并采用了余弦相似度对目标集嵌入向量和支持集的类代表特征进行度量;原型网络与匹配网络存在许多相似之处,它利用均值类原型代替了匹配网络中的注意力机制,并采用欧几里得距离度量函数代替了匹配网络中的余弦相似度度量方法;关系网络打破了上述网络固定度量函数的约束条件,通过设计神经网络训练非线性度量函数来对样本数据之间距离进行度量,并和嵌入网络在训练过程中联合训练优化。

（3）度量学习特征提取模块主要采用两种网络结构:CNN 和 RNN。CNN 是最常用的解决结构,是结合感受野概念和前馈神经网络结构提出来的, RNN 是一种处理具有时间关系的特殊神经网络,目前使用的 LSTM 结构就是 RNN 的变体运用,在通信信号样本提取特征运用比较广泛。

（4）度量学习中的激活函数主要是为打破线性级联约束,从而有效生成非线性训练函数,为使得神经网络可以学习到任意复杂的函数,需要使网络模型具有一定的非线性。目前,使用最广泛的激活函数有 4 种:sigmoid 函数、tanh 函数、relu 函数和 softmax 函数。

（5）度量学习训练优化算法旨在运用数学方法求解出模型优化的最佳路径与最佳方案,换句话说,就是通过约束条件求解出模型目标函数的极值。优化算法通常有 BGD、SGD、Adam 优化算法。SGD 优化算法与 Adam 优化算法在度量学习中运用最为广泛。

（6）度量学习方法后续研究可在以下领域展开:特征提取网络的优化设计,使得特征提取网络在参数数量较少的条件下仍能提取到更具辨识度的信号样本特征;度量方法的优化选取,使得提取到的信号样本特征与度量模块相互兼容;对网络用户辐射源信号进行预处理,使得网络用户辐射源信号在变换域上辨识度更高,进而增加对未知信号的识别准确率。优化算法的进一步探究,应具有快速收敛特性和全局最优性。

8.2 基于二分支孪生网络的调制识别算法

8.2.1 引言

在小样本学习[11-12]领域,度量学习方法可以从有效的样本数据学习到一个嵌入空间,在该空间中同类样本数据相互靠近,异类样本数据相互远离。本章针对通信信号同时具有时序和空间的特性,考虑在具体设计过程中,设计卷积神经网络和长短时记忆网络级联的特征提取模块将样本数据映射至特征子空间中,然后通过度量学习中的孪生网络结构进行网络的训练,此处采用的孪生网络是典型的二分支孪生网络架构,同时考虑到固定度量函数对特征提取模块的要求较高,借鉴关系网络设计思想,通过级联神经网络训练非线性度量函数代替固定度量函数,进一步提高算法的稳定性与识别性能。

8.2.2 基于深度级联孪生网络调制识别算法

小样本学习的难点在于无法利用深度学习的方法从有限的样本数据中提取到具有判别性的样本特征,而孪生网络的输入是将原始样本数据有机组合成训练样本对,从而使训练样本量得到有效扩充。该网络结构旨在针对样本对之间的差异进行学习,将样本数据映射至具有判别性的嵌入空间中,同时,将原始训练样本按照同类、异类相互组合成训练样本对,极大程度地增加了训练样本对数量。此外,在特征表达上,通信调制信号的时序图特征同时具有图像的空间性与信号的时序性,采用卷积神经网络与长短时记忆网络级联神经网络与孪生网络架构进行结合组成深度级联孪生网络架构用于小样本条件下的调制样式识别,从总体上来看,该方法的网络架构属于二分支孪生网络架构。

8.2.2.1 算法模型整体设计

在算法模型整体设计上,算法将训练过程与测试过程分开设计与实现,具体算法框图如图 8.4 所示。

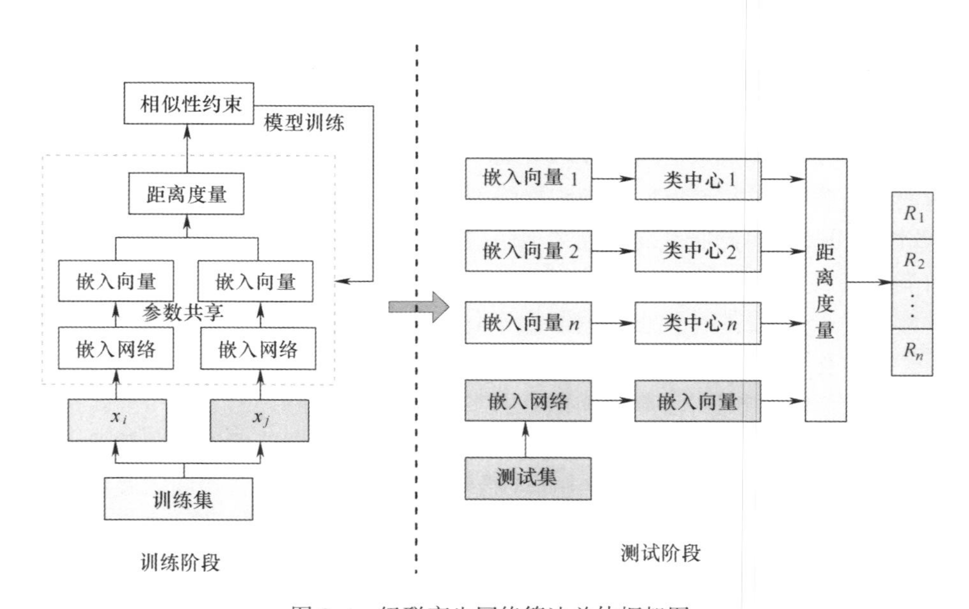

图 8.4 级联孪生网络算法总体框架图

算法训练过程首先将训练样本集按同类和异类训练样本随机组合的方式生成训练样本对,同时为保证训练过程中网络的稳定性,生成的负样本对数量必须等于正样本对数量。然后,将训练样本对输入至参数共享的孪生网络结构中,通过嵌入网络将训练样本映射至嵌入空间中,最后,将提取到的正负样本对嵌入向量输入到关系网络距离度量模块中进行相似度度量。通过相似度约束整个网络结构进行联合约束训练直至网络达到拟合状态。

在测试过程中,通过借鉴原型网络的思想,通过训练样本的嵌入向量生成均值类原型,然后,将测试集通过训练好的嵌入网络提取到的嵌入向量,与各个类别的类原型一起输入到训练好的距离度量模块中进行,相似度度量,输出相似度分数,选择得分最高的类别作,为测试样本的识别类型。

以上算法具体实现可参照如下步骤。

第一步:样本对生成和标签的制作。通过设置生成样本对数量,随机生成等数量的正负训练样本对,并按照相同类别标签设置为“1”,不同类别标签设置为“0”。

第二步:训练样本对特征映射。将制作好标签的信号样本对输入到特征提取模块中,提取最后一层 LSTM 输出作为样本的特征映射。

第三步:相似性度量。将输出的样本对特征并联后输入至距离度量模块中进行相似性度量。并根据损失函数对整个算法模块进行训练。

第四步:测试集测试。网络训练完成后,将待测样本输入到网络中提取特征,与各个类中心的特征通过距离度量模块进行相似度度量,选择相似度高的类别作为待测样本类别。

8.2.2.2 CNN-LSTM 级联嵌入网络结构设计

一般来说,深度神经网络主要依赖于从大数据中提取样本特征,且随着神经网络层数的加深,特征提取能力越来越强,但是这种方法不适用于小样本数据应用场合,深度越深的神经网络,待训练的参数就越多,训练过程中越易出现过拟合问题。因此,小样本学习中特征提取网络深度不宜设置过深。

针对通信信号 I、Q 两路数据在特征表达上同时具有图像的空间特性与信号的时序特性的特点,此处,设计了 CNN-LSTM 级联的特征提取模块以提取到更具辨识度的样本特征。仿真过程中采用公开实验数据集,该数据集为经过信号预处理过后得到的 2×128 的同相分量 I 路和正交分量 Q 路数据,此处的特征提取模块可参考设置如下。

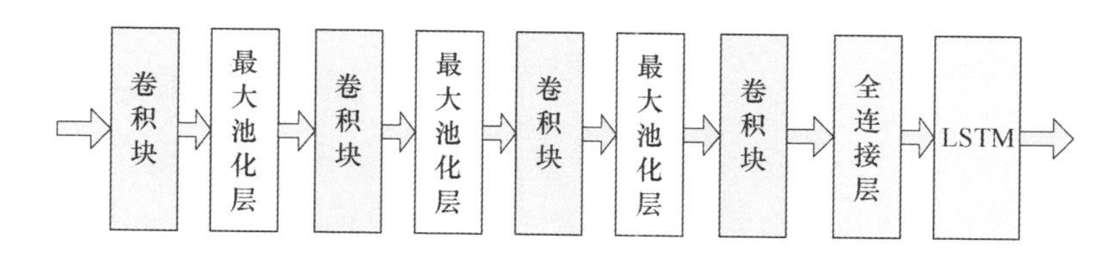

图 8.5 CNN-LSTM 级联特征提取模块

其中卷积、池化层的参数配置可考虑设计如表 8.1 所列。

表 8.1 卷积层参数配置

卷积层	具体操作	参数设置
卷积层 1	一维卷积	output_channels = 16, kernel_size = 1x9, stride = 1, padding = 0
	最大池化	pooling_size = 1x2
	Dropout	0.5
卷积层 2	一维卷积	output_channels = 16, kernel_size = 1x7, stride = 1, padding = 0
	最大池化	pooling_size = 1x2
	Dropout	0.5
卷积层 3	一维卷积	output_channels = 16, kernel_size = 1x5, stride = 1, padding = 0
	最大池化	pooling_size = 1x2
	Dropout	0.5
卷积层 4	一维卷积	output_channels = 16, kernel_size = 1x3, stride = 1, padding = 0

同时针对最后一层卷积层的输出，采用全连接层将其拉平为长度为 256 的一维特征向量，然后再通过长短时记忆网络进一步提取数据特征。

8.2.2.3 度量学习模型设计

嵌入模块分别提取孪生网络输入的样本对特征向量后，需要对其进行相似度度量以判别二者是否为同类数据。为选取最优的距离度量方法，可参考选取欧几里得距离、曼哈顿距离、余弦相似度和皮尔逊相关系数这几种常用的固定距离度量方法与关系网络训练的非线性度量函数进行比较分析。

在训练样本对标签设置时，同类样本对标签设置为 1，异类样本对标签设置为 0。距离度量的输出范围为(0,1)，这样才能设计出合适的损失函数，以对网络进行约束训练。因此，针对这几种固定度量方法需要进一步的改进使其适用于孪生网络结构，而针对关系网络的输出则根据前面激活函数的定义，可采用 sigmoid 激活函数将其输出约束至(0,1)。

欧几里得距离和曼哈顿距离的最小值为 0，意味着输入样本对无限靠近属于同一类别，而最大值在理论上趋于无穷大，意味着输入样本对无限远离为不同类别。但由于这两种距离度量方式满足极限值的条件较为苛刻，同时这种值域映射为非均匀映射，在一定条件下会使得输出的相似度得分不够准确，进而造成网络难以收敛。因此，在实际应用中，通过修改损失函数使得网络直接对距离度量后输出，按照同类样本相互靠近、异类样本对相互远离的原则进行约束学习。

$$R = \alpha^{-x}, \alpha > 1 \tag{8.6}$$

余弦相似度和皮尔逊相关系数度量方式输出均处于 -1 ~ 1 之间，同时由于神经网络使用 relu 激活函数使得输出特征向量均为非负值，使得余弦相似度的输出

为(0,1),而针对皮尔逊相关系数 x 需要进行一个线性搬移将其输出约束至(0,1),即

$$R = x/2 + 0.5 \tag{8.7}$$

这4种固定度量方式均是在特征提取网络提取到孪生网络输入样本对的特征后再进行度量的,其最终目标是通过特征提取网络提取到满足这几种度量方式的特征,而这一要求对于特征提取网络的设计要求较高。关系网络的设计思想就是通过神经网络训练非线性度量函数对提取到的特征进行度量,并在训练过程中同时对关系网络与特征提取网络进行约束训练,使得最后训练出来的关系网络与特征提取网络相适应。此处考虑设计的距离度量模块结构如图8.6所示。

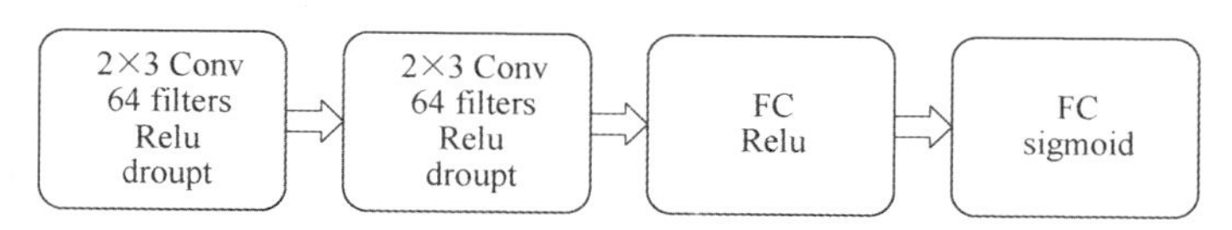

图8.6 距离度量模块设计结构图

将特征提取模块输出的特征向量并联后输入至具有两个 Conv 层和两个全连接层 FC 组成的距离度量模块中,每个 Conv 后通过最大池化层(MP)进行下采样,最后通过 sigmoid 函数将相似性映射至(0,1)中,计算得到相似性分数为

$$R_{i,j} = g(c(f(X_i), f(X_j))) \tag{8.8}$$

式中:$R_{i,j}$ 为输入两样本 X_i、X_j 的相似度分数;$g(\cdot)$ 为距离度量模块输出;$f(\cdot)$ 为特征提取模块的输出;c 为样本输出特征并接。

8.2.2.4 损失函数

为满足度量学习嵌入空间中同类样本对在特征表达上相互靠近,异类样本对在特征表达上相互远离的原则。定义损失函数为

$$L_{\text{loss}} = \frac{1}{2}y[(1-R)]^2 + \frac{1}{2}(1-y)[\min(0, d-R)]^2 \tag{8.9}$$

式中:y 为训练样本对的标签,同类标签为1;异类标签为0;R 为距离度量模块的输出;d 为不相似样本对之间的阈值约束,目的在于在训练过程中剔除掉不利于网络收敛的训练样本对,使得网络收敛速度更快。

针对欧几里得距离和曼哈顿距离的约束函数,则直接对其距离度量输出进行约束,损失函数表达式为

$$L_{\text{loss}} = \frac{1}{2}yD^2 + \frac{1}{2}(1-y)[\max(0, d-D)]^2 \tag{8.10}$$

为方便后续计算将两种不同的损失函数进行综合,表达式为

$$L_{\text{loss}} = \frac{1}{2}yL_{\text{loss1}}{}^2 + \frac{1}{2}(1-y)L_{\text{loss0}}{}^2 \tag{8.11}$$

式中：L_{loss1} 为输入是同类样本对的损失值；L_{loss0} 为输入是异类样本对的损失值。

在训练过程中为使模型优化，可考虑采用随机梯度下降算法对网络参数 $\{W^{(k)},b^{(k)}\}$ 进行优化。当孪生网络的输入训练样本对为同类样本时，损失函数可表示为

$$L_{\text{loss}}=\frac{1}{2}yL_{\text{loss1}}{}^2 \tag{8.12}$$

参数更新过程可表示为

$$W^{(k)}=W^{(k)}-\mu L_{\text{loss1}}\frac{\partial L_{\text{loss1}}}{\partial W^{(k)}} \tag{8.13}$$

$$b^{(k)}=b^{(k)}-\mu L_{\text{loss1}}\frac{\partial L_{\text{loss1}}}{\partial b^{(k)}} \tag{8.14}$$

当孪生网络输入为异类样本对，并且满足阈值约束条件时，损失函数为

$$L_{\text{loss}}=\frac{1}{2}(1-y)L_{\text{loss0}}{}^2 \tag{8.15}$$

参数更新过程可表示为

$$W^{(k)}=W^{(k)}-\mu L_{\text{loss0}}\frac{\partial L_{\text{loss0}}}{\partial W^{(k)}} \tag{8.16}$$

$$b^{(k)}=b^{(k)}-\mu L_{\text{loss0}}\frac{\partial L_{\text{loss0}}}{\partial b^{(k)}} \tag{8.17}$$

8.2.3 二分支孪生网络的调制识别算法性能仿真分析

8.2.3.1 实验数据与仿真环境

二分支孪生网络的调制识别算法性能仿真实验中，数据集为 DeepSig 的调制识别公开数据集，将数据集中的 8PSK、AM-DSB、AM-SSB、BPSK、CPFSK、GFSK、PAM4、QAM16、QAM64、QPSK、WBFM 共 11 种调制方式，在-4 ~18dB 信噪比的条件下，对每个调制样式分别取 240 个、360 个、480 个、600 个、720 个、840 个、1200 个、1800 个的训练样本数量和 100 个测试样本数量。其中 0dB 与 10dB 信噪比条件下的 11 种调制样式时序图如图 8.7 所示。

实验硬件平台为基于 Windows 7、32GB 内存、NVDIA P4000 显卡的计算机。通过 Python 中 Keras 的开源人工神经网络库实现网络的搭建、训练与测试。

8.2.3.2 实验参数设置

关于二分支孪生网络算法的参数设置，选取随机梯度下降优化算法进行模型优化；针对实验过程中损失函数的阈值参数设置，选取初始值为 0.1，以此递增至 0.9，间隔为 0.1，分别记录每个阈值条件下的识别性能，其中当阈值为 0.4 时识别效果最佳，因此，后续实验均在阈值为 0.4 条件下实现。在训练过程中为避免出现

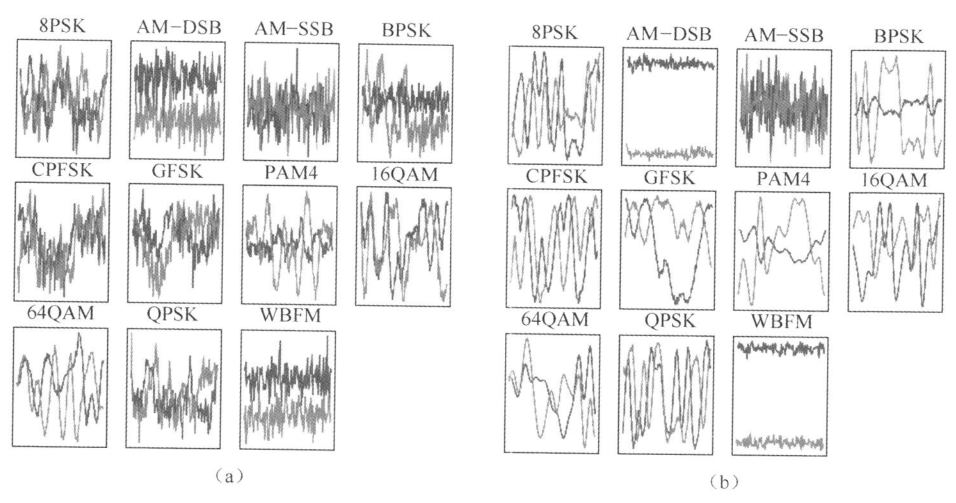

图 8.7　11 种调制样式在不同信噪比条件下的时序图(见彩图)
(a) 0dB 11 种调制样式样本数据;(b) 10dB 11 种调制样式样本数据。

过拟合的问题,采用提前终止迭代算法[13](ESI 算法)使得模型收敛至验证集损失值最低点。

8.2.3.3　实验结果分析

实验 1　二分支孪生网络对训练样本量需求的影响

为验证在小样本条件下孪生网络的作用和深度孪生网络对训练样本数量的要求,设置训练样本数量分别为 240 个、360 个、480 个、600 个、720 个、840 个、1200 个、1800 个,在 CLS 和孪生 CLS 简称 SCLS 网络结构下对比信噪比为 -2dB、0dB、10dB 调制信号,测试其平均识别率,实验结果如图 8.8 所示。

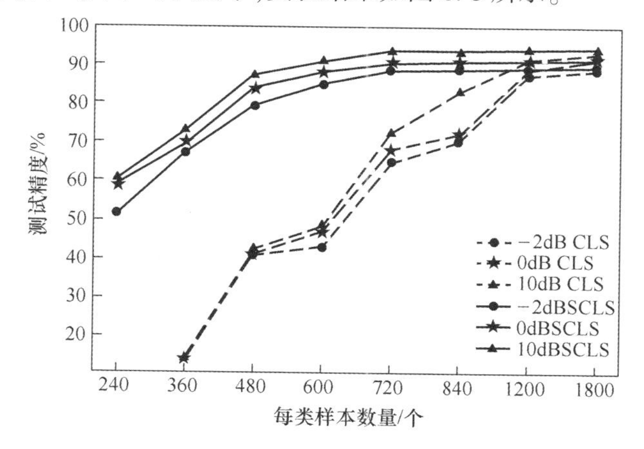

图 8.8　孪生网络结构对小样本条件下识别性能影响

由图 8.8 可以看出,在孪生网络架构下,采用基于 CLS 调制识别算法在小样本条件下的识别性能相较于仅仅依赖 CLS 算法识别率显著提高,当每类调制信号的样本量在 720 个时,基于深度级联二分支孪生网络算法的识别率基本达到最优效果。主要原因是:这种孪生网络结构通过输入样本对之间的差异性进行学习训练,而对原始样本数据按照类内、类间进行组合生成的训练样本对数量显著增加,为孪生网络结构训练过程提供充足的训练样本数据。传统的神经网络结构在训练过程中,由于缺乏训练数据导致最后训练出来的网络过拟合,其随着训练样本量的增加有所改进,但是在相同小条件下其算法识别性能显著下降。

实验 2　级联特征提取模块对算法性能的影响

选取算法模型达到最优识别性能时所需每类最少的训练样本量即为 720 个条件下,分别对 CNN 特征提取模块、LSTM 特征提取模块以及级联网络的特征提取模块,在孪生网络架构下对算法性能进行对比仿真分析,其中 3 种特征提取模块对 11 种调制样式在不同信噪比条件下的平均识别率如图 8.9 所示,在整个实验测试集中的平均识别率和实验过程中所需训练参数与训练时间如表 8.2 所列。

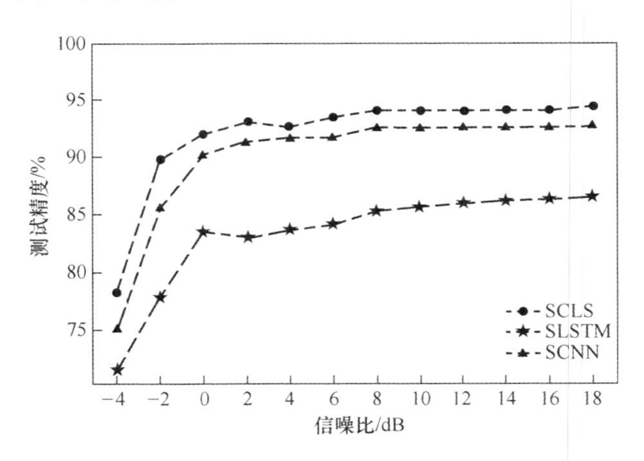

图 8.9　不同特征提取模块的识别性能分析

表 8.2　不同特征提取模块所需训练参数与训练时间对比分析

特征提取模块	CLS	CNN	LSTM
平均识别率	92.08%	90.51%	83.26%
参数个数	8459680	8328096	690994
训练时间/s	762	681	396

由图 8.9 可见,在孪生网络架构下,基于 CNN 与 LSTM 串联的特征提取模块识别性能最好,其次是基于 CNN 的特征提取模块,LSTM 的识别率最差。SNR 为

-4dB时,SCLS、SCNN 和 SLSTM 特征提取模块的识别率分别为 78%、75%和 71%,这表明,融入孪生网络架构并没有改变特征提取模块不同架构本身所具有的特征提取性能;随着 SNR 的增大,SCLS、SCNN 和 SLSTM 特征提取模块的识别率分别稳定在 94%、92%和 86%。从表 8.2 可以看出,基于 CLS 特征提取模块对调制信号的特征提取性能在整个测试集的平均识别率最高,比基于 CNN 的特征提取模块识别率高近 2%,比基于 LSTM 特征提取模块识别率高近 9%,这是由于不同调制信号 I/Q时序图在特征表达上同时表现出空间特性和时序特性,串联的 CNN 和 LSTM 可提取到调制信号更完善的特征用于后续分类任务。但是 SCLS 特征提取模块的训练参数相较于其他两种算法多,训练时间更长,算法复杂度更高,这也是此算法的不足之处。

实验 3 不同度量方式对算法性能的影响

为进一步验证不同度量方式对算法识别性能的影响,分别选取余弦相似度、皮尔逊系数、欧氏距离、曼哈顿距离以及关系网络作为距离度量模块,在级联二分支孪生网络架构下进行仿真验证,5 种度量方式在训练过程中准确率变化如图 8.10 所示。

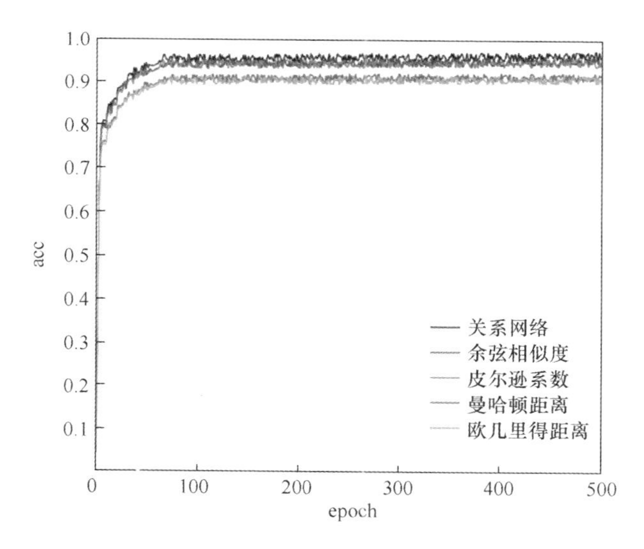

图 8.10 5 种度量方式的训练准确率变化(见彩图)

由图 8.10 可以看出,5 种度量方式在孪生网络结构训练过程中随着迭代次数的增加均可以收敛到最佳状态,其中关系网络作为度量模块时训练精度最高,而两种相似度关系度量方式的训练精度大致相同略低于关系网络,训练精度最差的是两种距离度量方式。主要原因在于两种基于样本特征距离的度量方式,通过损失函数进行约束时存在一个阈值约束,这个约束值范围太大,在训练过程中难以准确定义。同时,这几种固定度量方式的目的均在于通过对特征提取模块进行约束,以将样本数据映射至适应于该种度量方式的特征空间中,而关系网络则是通过和特征提取模块进行联合训练,提取到的特征与后续训练出非线性度量函数相契合,所以识别性能优于其他 4 种固定度量方式。

8.3 基于三分支孪生网络的调制识别算法

8.3.1 引言

虽然 8.2 节二分支孪生网络结构能在一定程度上缓解小样本条件下神经网络训练过拟合问题,但其在通信信号调制样式识别过程中会导致出现新的问题。在 I/Q 路时序图上,通信调制信号有些调制样式表现出一定的相似性,如 WBFM 和 AM-DSB 两种调制样式其在时序表达上就相似性较高,而二分支孪生网络结构训练样本生成时,为解决样本数量指数级增加而导致的算法运算量增加的问题,采用了确定一定的生成样本量随机组合生成训练样本对的方法,同时,在每批次训练过程中采用了每一个样本对只有同类训练样本对相互靠近和异类样本对相互远离中的一种约束原则,因此,训练好的网络模型在进行测试时会导致相似程度较高的调制样式识别混淆。

鉴于此,本章在二分支孪生网络结构上进行改进,增加了对比约束分支,构成三分支孪生网络结构,使得在每次训练过程中,可完成对同类训练样本对和异类训练样本对同时进行约束,以提取出更具辨识度的特征用于分类任务。同时,为解决训练样本对生成过程中数量指数级增加而造成的算法运算量加大的问题,此处考虑借鉴 Hermans 等[14]在行人重识别算法中提出的一种“batch hard”三元组挑选方法进行算法改进,确保生成的三元训练样本对适用于调制识别领域的网络训练问题。此外,考虑到实际复杂电磁环境下,存在一些信噪比较低、识别度较低的信号或由于接收机误差、操作人员操作失误等因素使得截获信号质量较差导致生成类原型过程中存在偏差,进而影响识别性能的问题,还考虑采用了异常因子检测算法,在生成调制样式类原型的过程中剔除偏差较大的样本数据,确保生成类原型的准确性。

8.3.2 基于三分支孪生网络调制识别算法

8.3.2.1 算法框架设计

基于三分支孪生网络的算法具体实现步骤同二分支孪生网络相同,将训练、测试过程分开进行,总体框架是在二分支孪生网络的基础上添加一个对比约束分支。

在训练过程中通过联合损失函数约束进行训练,算法训练、测试框架如图 8.11 所示。

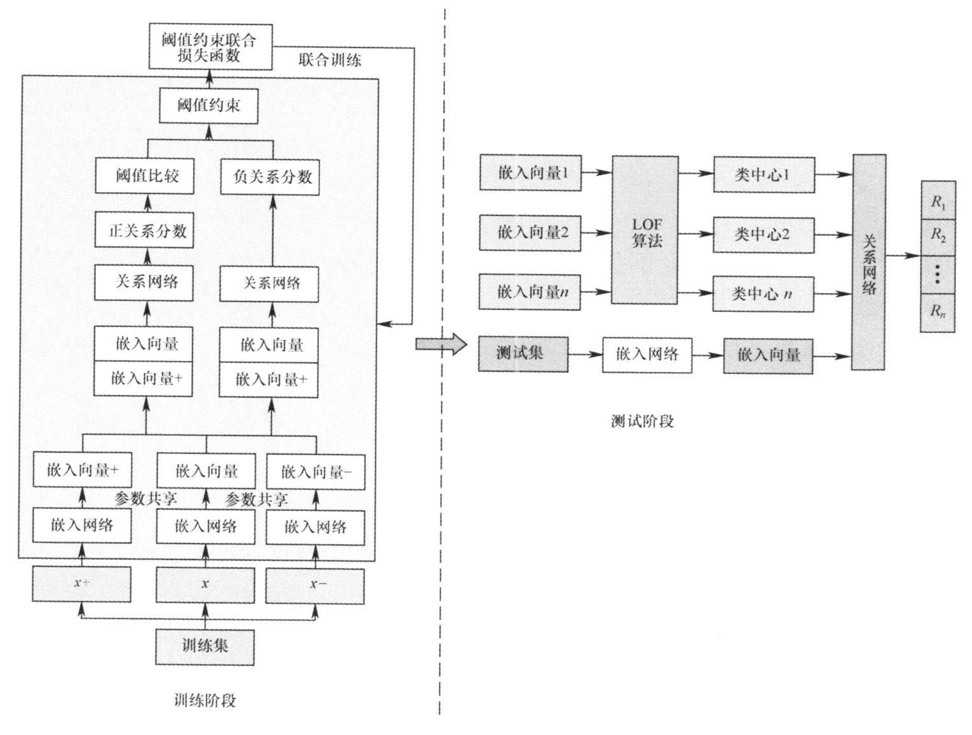

图 8.11　三分支孪生网络算法框图

算法训练过程中采用 3 个参数共享特征提取子网络,提取最后一层输出作为输入样本的特征表达,由于在级联孪生网络中设计的特征提取网络具有较为优异的特征提取能力,因此,在三分支孪生网络中仍以该网络结构作为特征提取网络;然后,将提取到的正样本对与负样本对特征融合后作为共享权值参数关系网络的输入,以学习一个用于分类的非线性度量函数,具体网络结构设计也可参考前述的级联孪生网络中距离度量模块的网络结构设计;通过阈值约束解决三元约束组合后训练量指数级增加而引起训练时间长的问题,最后,通过联合损失函数约束整个网络的训练。

在算法测试过程中,为降低算法的运算量并提升测试精度,可考虑在测试过程中通过原始标签生成每个调制样式的均值类原型表达作为关系子网络的输入,考虑到通信调制信号会由信噪比和接收机的误差而引起偏差,采用 LOF 算法剔除偏差较大的数据。

算法具体实现可参照如下步骤。

（1）训练过程。

第一步：训练样本的特征映射。将训练样本三元组输入到3个权值参数共享的特征提取网络 f_ψ 中，提取最后一层LSTM的输出作为样本的特征映射，记为 $f_\psi(X^+)$、$f_\psi(X)$、$f_\psi(X^-)$。

第二步：正负样本对特征融合。通过算子 τ 将正负样本特征与参考样本特征融合，得到正负样本对的特征融合表示为 $\tau(f_\psi(X), f_\psi(X^+))$、$\tau(f_\psi(X), f_\psi(X^-))$。其中算子 τ 表示为特征的级联。

第三步：正负样本对相似度计算。将特征融合后的正负样本对输入至参数共享的关系网络 g_φ 中，计算正负样本对的相似度关系分值分别为 $g_\varphi(\tau(f_\psi(X), f_\psi(X^+)))$、$g_\varphi(\tau(f_\psi(X), f_\psi(X^-)))$。

第四步：网络训练与参数更新。通过设置阈值选取合适的三元组样本输入，然后利用正负样本对的相似度关系计算出损失函数，通过损失函数对模型的训练进行约束。

（2）测试过程。

第一步：各个类别的类原型表达。首先，从训练好的特征提取子网络后端提取每个类别的特征表达，通过LOF算法剔除偏差较大的样本数据；然后，确定每个类别的特征中心作为该类的类原型。

第二步：测试样本的类别确定。将测试样本与每个类原型输入至关系网络中，选取相似度最大的类别作为测试样本的类别识别。

8.3.2.2 LOF算法设计

在模型完成训练后，从特征提取子网络后端提取出每个类各样本的特征映射 $\{x_1^k, x_2^k, \cdots, x_m^k\} = \{f_\psi(X_1^k), f_\psi(X_2^k), \cdots, f_\psi(X_m^k)\}$。为使在各类别生成的类原型中更加准确，此处使用了LOF算法[15]检测并剔除掉样本数据中偏差较大的训练数据。针对每个样本数据的特征表达 x_i^k，寻找围绕其周围的 k 个样本点，记到第 k 个最近样本点的距离为其的 k-近邻距离 $d_k(x_i^k)$。将样本点周围的 $d_k(x_i^k)$ 以内所有的点表示为第 k 距离邻域 $N_k(x_i^k)$。样本点 x_j^k 到 x_i^k 之间的可达距离为样本点 x_i^k 的 $d_k(x_i^k)$ 和两点之间距离的最大值，记为 $\mathrm{rech}-\mathrm{dist}_k(x_i^k, x_j^k)$。

为衡量样本点的异常程度，基于 $\mathrm{rech}-\mathrm{dist}_k(x_i^k, x_j^k)$ 定义局部可达密度为

$$lrd_k(p) = \frac{1}{\dfrac{\sum_{x_j^k \in N_k(x_i^k)} \mathrm{rech}-\mathrm{dist}_k(x_i^k, x_j^k)}{N_k(x_i^k)}} \tag{8.18}$$

为进一步衡量样本点的异常程度，定义样本点 x_i^k 的近邻样本点的平均局部可达密度与样本点 x_j^k 的局部可达密度比值为局部异常因子，表达式为

$$\mathrm{LOF}_k(x_i^k)=\frac{\sum_{x_j^k\in N_k(x_i^k)}\frac{lrd(x_j^k)}{lrd(x_i^k)}}{N_k(x_i^k)}=\frac{\frac{\sum_{x_j^k\in N_k(x_i^k)}lrd(x_j^k)}{N_k(x_i^k)}}{lrd(x_i^k)} \tag{8.19}$$

当样本点 x_j^k 局部异常因子远大于 1 时，说明样本点 x_j^k 的分布相对于其他样本点较为疏远，极大可能为异常点，将其剔除，然后基于剩下的样本数据的均值生成各类的类原型表达。图 8.12 表示局部异常因子检测算法剔除偏差训练样本后，明显使得生成的类原型更加准确，未知样本类型识别效果更为准确。

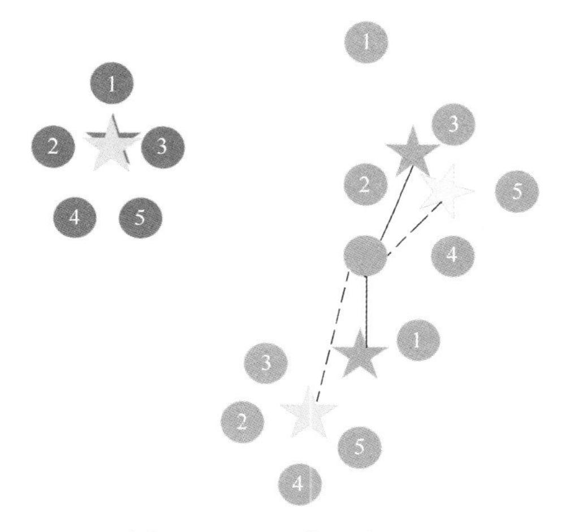

图 8.12　LOF 算法作用图

8.3.2.3　阈值约束损失函数

针对算法的三元输入特性，此处选择可以学习三元输入样本间区分信息的铰链损失函数。该损失函数通过对正负样本对的输出相似关系值进行约束使得算法模型可以学习到更具辨识度的特征表达。具体而言，针对关系网络后端输出正负样本对相似关系得分进行约束，得到铰链损失函数为

$$L_{\text{Triplet}}(X^+,X,X^-)=\max\left\{\begin{array}{l}0,m-(g_\varphi(\tau(f_\psi(X),\\ f_\psi(X^+)))-g_\varphi(\tau(f_\psi(X),\\ f_\psi(X^-))))\end{array}\right\} \tag{8.20}$$

式中：m 为阈值，该约束使得正样本对之间的相似度关系得分大于负样本对之间的关系相似度得分。

然而，三分支孪生网络训练条件较为苛刻，首先，若是直接按照三元样本组进行随机组合生成三元训练样本对，会导致生成的训练样本对数量指数级增加，训练时间大幅增加；其次，在构建训练样本对时会生成大量不利于模型训练的三元样本

对,如当正样本对的相关分数远大于负样本对的相关分数时,损失函数的输出值就无限接近于0,此次训练对于网络的调整效果较小,可以忽略不计,却占用大量时间和内存资源。因此,为使三元组的训练过程更加高效,Hermans 等[15]在行人重识别算法中提出一种三元组的挑选方法,称为"batch hard"。具体来说,就是在每批训练轮次中,随机选取 P 个类别,每个类别选取 K 个训练样本组成 PK 个训练数据。针对正负样本对生成过程,对于每一个参考样本,需从其相同类别中选取与其相似性最差的样本数据组成正样本对,从不同类别中选取与其相似性最高的组成负样本对。以此挑选出 PK 个三元训练样本组作为每一批次训练过程中的训练样本。因此,式(8.20)中损失函数变换为

$$L_{\mathrm{Triplet}}(X^{+},X,X^{-})=\sum_{i=1}^{P}\sum_{j=1}^{K}\max\left\{\begin{array}{l}0,m-(\min\limits_{\substack{m=1,2,\cdots,P\\ n=1,2,\cdots,K\\ m\neq i}}(g_{\varphi}(\tau(f_{\psi}(X_{j}^{i}),\\ f_{\psi}(X_{n}^{m}))))-\max\limits_{p=1,2,\cdots,K}(g_{\varphi}(\tau(f_{\psi}(X_{j}^{i})\\ ,f_{\psi}(X_{p}^{i})))))\end{array}\right\} \tag{8.21}$$

但是基于"batch hard"的挑选方法没有考虑类内样本相似得分远低于类间样本相似得分时造成网络收敛慢的问题,而通信调制信号类内样本数据由于信道误差等情况会出现偏差过大的问题,因此,此处采取阈值约束解决此问题,在每次的训练样本生成时,通过对类内样本相似度设置阈值,在训练过程中剔除掉偏差较大的正样本训练数据,得到最终损失函数定义为

$$\begin{gathered}L_{\mathrm{Triplet}}(X^{+},X,X^{-})=\sum_{i=1}^{P}\sum_{j=1}^{K}\max\left\{\begin{array}{l}0,m-(\min\limits_{\substack{m=1,2,\cdots,P\\ n=1,2,\cdots,K\\ m\neq i}}(g_{\varphi}(\tau(f_{\psi}(X_{j}^{i}),\\ f_{\psi}(X_{n}^{m}))))-\max\limits_{p=1,2,\cdots,K}(g_{\varphi}(\tau(f_{\psi}(X_{j}^{i}),\\ f_{\psi}(X_{p}^{i})))))\end{array}\right\}\\ \text{s. t.}\quad g_{\varphi}(\tau(f_{\psi}(X_{j}^{i}),f_{\psi}(X_{n}^{m})))\geqslant\alpha\end{gathered} \tag{8.22}$$

式中:α 为正样本对相似度关系值约束阈值。

8.3.3 三分支孪生网络的调制识别算法性能仿真分析

在对三分支孪生网络的调制识别算法性能进行仿真分析过程中,实验采用的数据集和仿真环境和前面所述的二分支孪生网络测试过程中的相同。

8.3.3.1　实验参数设置

针对三分支孪生网络算法性能仿真参数的设置如下。

（1）在优化算法的选取上不同于二分支孪生网络算法的 SGD 优化算法，选取了 Adam 优化算法，主要原因在于相较于 SGD 优化算法，其具有更快的收敛速度和更高的算法稳定性。

（2）在参数设置上，设置初始学习率为 10^{-3} 和最小学习率为 10^{-5}，当验证损失值增加 10%以上学习率降低 1/2，选取验证损失最低模型作为最终模型。

（3）针对实验过程每批次三元组训练集的构造，每个类别随机挑选与类别总数相同的 11 个训练样本组成 121 个三元组训练集。对于实验过程中其他参数设置则采用对比实验，挑选算法达到最优时的参数设置，其中联合损失函数阈值约束设置为 0.9，LOF 算法选取 11 近邻距离进行计算，正样本对相似度约束设置为 0.5。其在整个模型算法优化过程中也使用了 ESI 算法将算法模型终止至最优点。

8.3.3.2　实验结果分析

实验 1　三元组约束对算法性能提升

为验证三分支孪生网络作为特征提取子网络对小样本调制识别的性能影响，通过设置具有相同特征提取模块的孪生网络（Siamese Network，SN）作为基准方法进行多方面的对比实验。

首先，对比二者训练过程中在相同训练样本数量上的平均识别精度，实验结果如表 8.3 所列。

表 8.3　不同特征提取模块对训练样本量需求

模型结构 \ 准确率 \ 样本量	240	360	480	600	720	840	1200	1800
SN-RN-LOF	0.673	0.791	0.845	0.923	0.925	0.925	0.927	0.931
TSN-RN-LOF	0.747	0.885	0.938	0.958	0.962	0.965	0.968	0.968

由表 8.3 可以看出，选取两种模型结构均已达到理想识别精度时所需的训练样本量 720 个，即在样本量为 720 个时，二分支孪生网络与三分支孪生网络识别性能基本相当。

二分支孪生网络与三分支孪生网络两种模型结构在不同信噪比条件下的平均识别率仿真结果如图 8.13 所示。

二分支孪生网络与三分支孪生网络同在 0dB 信噪比条件下的混淆矩阵仿真结果如图 8.14（a）和（b）所示。

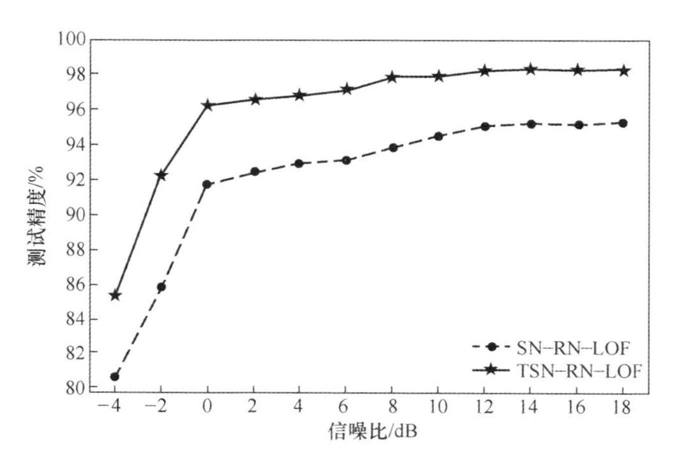

图 8.13　二分支与三分支孪生网络的识别性能对比结果图

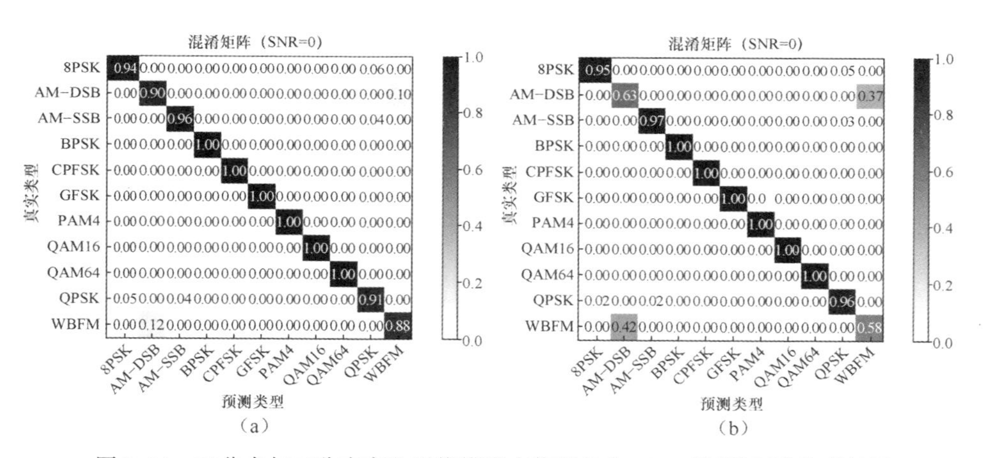

图 8.14　二分支与三分支孪生网络模型在信噪比为 0dB 时混淆矩阵仿真结果

(a) 三分支孪生网络混淆矩阵;(b) 二分支孪生网络混淆矩阵。

由图 8.13 和图 8.14 可以看出,孪生三分支网络作为特征提取网络时具有更优的识别效果,主要优势体现在对于相似调制类别 WBFM 和 AM-DSB 之间识别准确率的提升。主要原因在于孪生三分支网络相较于二分支孪生网络添加了对比约束分支结构,可以在同一批次的训练过程中对正负样本对同时进行约束,学习更具细粒度差异的类间信息差异,提取更具区分度的样本特征。

实验 2　LOF 算法对识别性能的提升

为验证 LOF 算法对于识别性能的提升,选取级联孪生网络均值类原型生成方法并结合三分支孪生网络结构(TSN-RN-AVG)进行对比实验,两种不同的类原型生成方法在测试数据集不同信噪比条件下的识别准确率仿真结果如图 8.15 所示。

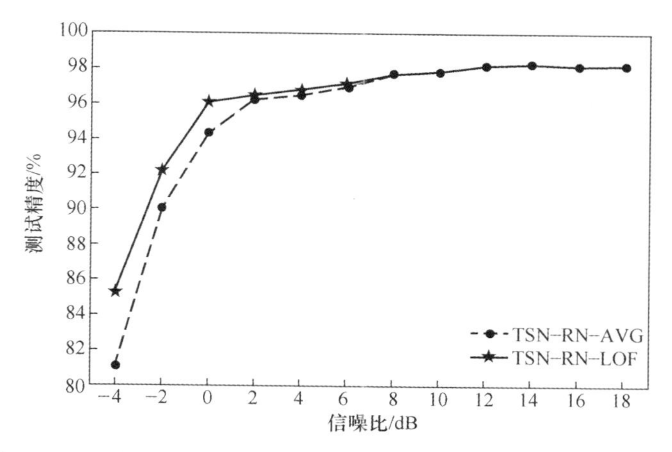

图 8.15　两种不同类原型生成方法在不同信噪比条件下的识别精度

由图 8.15 可以看出,使用 LOF 算法剔除偏差的样本数据后生成的类原型表达(TSN-RN-LOF)相较于直接均值生成的类原型表达(TSN-RN-AVG)更加准确、识别精度更高,其识别精度的提升主要体现在低信噪比条件下的识别精度的提升,这也恰好是 LOF 算法提出的初衷,即对恶化的数据进行有效剔除,具有样本数据的净化功能。

从仿真结果看出,总体在高信噪比条件下,TSN-RN-LOF 算法在实验过程中的识别精度提升有限,主要原因在于实验中采用的数据集是在实验室环境中采集的,环境噪声与接收机噪声相较于实际场景电磁环境条件下较低,偏差数据也不多,对 LOF 算法实验识别性能提升影响有限,但在实际电磁环境中,此处所使用的 LOF 算法则会对通信数据的识别性能有较大提升,该算法具有比较好的实用性与实际性能提升性。

实验 3　不同小样本识别模型对比分析

为进一步验证三分支孪生网络结构算法模型的性能,选取现阶段较为流行的基于度量学习的小样本识别模型 Prototypical Network[16]、Siamese Network[17]、Relation Network[18]作为实验基准方法进行对比仿真实验。

由于上述算法模型结构均运用在图像识别领域,其构建的特征提取模块不适用于通信信号的调制识别,因此,在实验过程中考虑采用前述所提特征提取模块替代原文算法中的特征提取网络结构。同时,为保证所有算法均可以有效收敛,选取单类样本数量为 840 进行实验,对比实验结果如表 8.4 所列。

表 8.4 不同小样本算法模型对比

算法模型	平均识别率	训练时间/s
Siamese Network	92.08%	762
Prototypical Network	91.5%	725
Relation Network	92.5%	805
TSN-RN-LOF	96.5%	920

由表 8.4 可以看出,本章所提 TSN-RN-LOF 算法模型在识别性能上相较于目前主流的基于度量学习的小样本识别模型均有较大的提升,但算法的复杂度也相应有所增加,主要原因在于本节算法使用了三分支孪生网络结构作为特征提取模块,极大地提升了相似样本的识别准确率,但是在训练过程中针对每批次训练样本均需挑选适合网络训练的三元组样本对,耗费时间资源。同时,使用神经网络对正负样本对相似度进行度量在提升了算法识别性能的同时增加了网络参数,使得算法复杂度有所增加。

8.4 结合半监督聚类的孪生网络调制识别算法研究

8.4.1 引言

本章 8.2 节、8.3 节所提孪生网络结构有效缓解了深度神经网络在小样本条件下的训练过拟合问题,但其在训练过程中所需的带标签训练样本量仍相对较多,在有些场合,如非协作通信侦察方的分析能力仍面对较大的挑战。为有效降低非协作通信对抗方对截获目标的无标签通信信号样本进行标签制作带来的额外成本,实现对目标信号调制样式的快速识别,此处考虑采用一种结合半监督聚类的孪生网络调制识别算法,在原有孪生网络结构算法的基础上,可进一步降低算法训练过程中所需的带标签训练样本量。

针对孪生网络特有的样本对输入特性,利用半监督聚类算法对无标签训练样本对实现类别划分,然后将聚类结果用于孪生网络的预训练,最后利用少量带标签训练样本完成网络的微调,该算法可进一步降低训练过程中所需带标签样本的数量。

8.4.2 算法模型结构

本章所提算法模型的流程如图 8.16 所示,主要包括半监督[19]聚类、网络预训练和网络微调 3 个部分。为提升无监督聚类算法的准确度,首先将带标签的训练样本通过类别信息的分类损失与自编码器的编码损失对自编码器进行有监督训练,然后再通过无标签样本数据对带参数的自编码器继续训练,并在训练结束后通过 K 均值聚类算法实现类别的划分。随后将这些聚类数据用于三分支孪生网络结构的预训练,最后通过带标签训练样本实现网络的微调,完成网络训练。

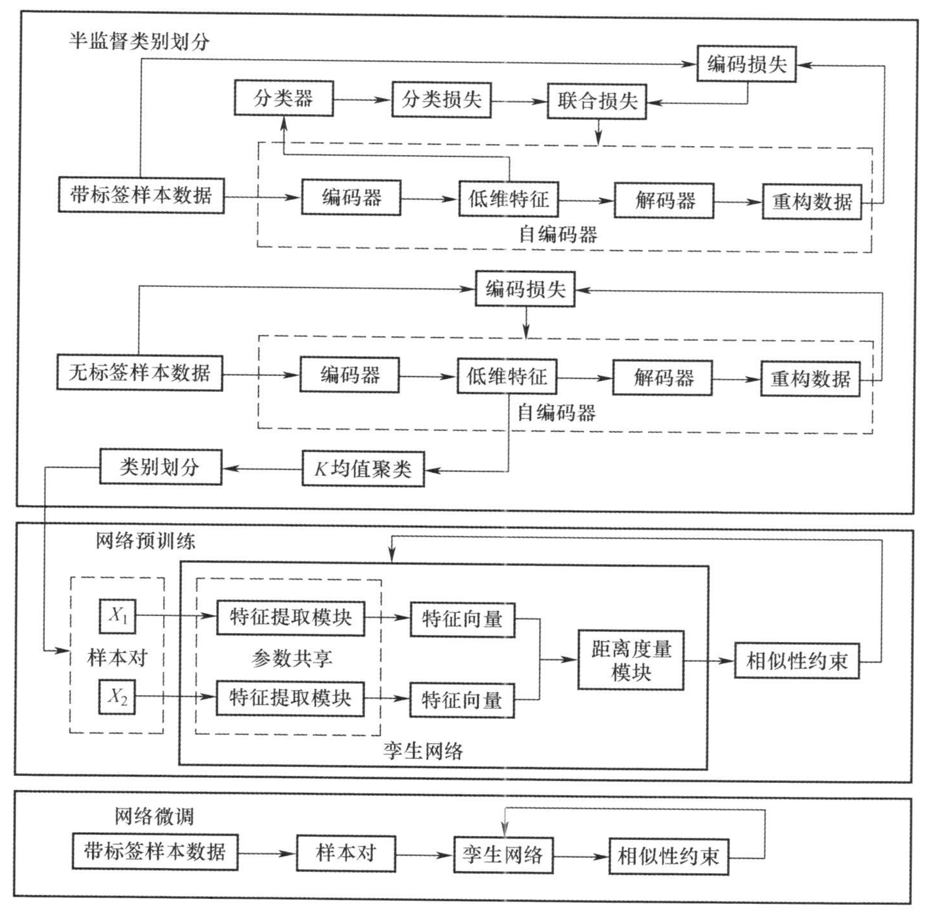

图 8.16　半监督聚类的孪生网络算法结构框图

8.4.3　半监督聚类算法

8.4.3.1　基于自编码器的特征降维算法

自编码器学习过程是通过无监督方法实现的,常用于样本数据降噪、特征提取和降维[20]。通过自编码器的编解码器对样本数据进行编解码处理后,对解码器输出与原始样本进行对比约束,学习到样本数据编码后的低维表达。模型结构如图 8.17 所示。

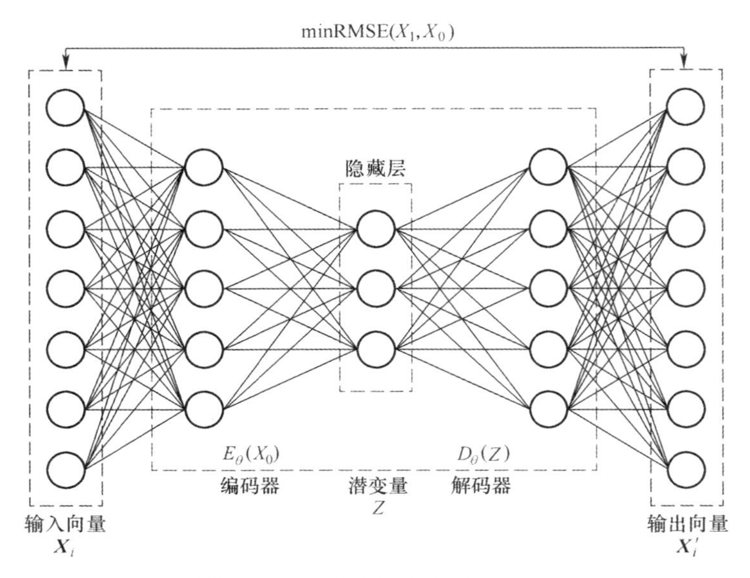

图 8.17　自编码器模型结构示意图

由结构图 8.17 可知,自编码器主要由编码器和解码器组成,并且编解码器结构完全相同。编码器主要是通过编码操作将输入样本变换为隐藏层潜变量,编码过程可定义为

$$Z = E_\theta(\boldsymbol{X}_i) = \sigma_e(\boldsymbol{W}\boldsymbol{X}_i + \boldsymbol{b}) \tag{8.23}$$

式中:$E(x)$ 为编码器函数;$\boldsymbol{X}_i$ 为输入 d 维样本向量;Z 为 d' 维隐藏层潜变量;$\boldsymbol{W}$ 为$\boldsymbol{d} \times \boldsymbol{d}'$ 维权重矩阵;$\boldsymbol{b}$ 为 d' 维偏置向量;σ_e 为编码器激活函数。

解码器主要通过解码操作将隐藏层潜变量重构至原始数据维度空间中,解码过程定义为

$$\boldsymbol{X}_i' = D_\theta'(Z) = \sigma_d(\boldsymbol{W}'Z + \boldsymbol{b}') \tag{8.24}$$

式中:$D(x)$ 为解码器函数;$\boldsymbol{X}_i'$ 为解码器输出 d 维向量;$\boldsymbol{W}'$ 为 $d' \times d$ 维权重矩阵,理想条件下 $\boldsymbol{W}' = \boldsymbol{W}^{\mathrm{T}}$;$\boldsymbol{b}'$ 为 d 维偏置向量;σ_d 为解码器的激活函数。

自编码器的工作原理是:对输入样本数据进行特征降维至隐藏层潜变量维度,再将潜变量维度向量重构至原始维度空间中,保证重构数据尽可能与原始数据完全相同,即

$$F_{(\theta,\theta')}(\boldsymbol{X}_i) \approx \boldsymbol{X}_i' \tag{8.25}$$

在训练过程中,通过逐层贪婪算法[20]对权重矩阵与偏置进行不断调节直至重构样本数据误差最小,损失函数定义为

$$J(\boldsymbol{W},\boldsymbol{b}) = \frac{1}{n}\sum_{i=1}^{n}\left\| \boldsymbol{X}_i - \boldsymbol{X}_i' \right\|_2^2 \tag{8.26}$$

8.4.3.2　K-means 聚类算法

K-means 聚类算法是一种无监督学习算法[21]，算法规划样本数据中每一个样本点都被划分到唯一的类别中。算法实现过程：首先，从样本数据中随机选取 k 个初始聚类中心 $C_i(1 \leqslant i \leqslant k)$，计算剩余样本与 C_i 的距离，将数据划分至距离其最近 C_i 所属类别中；然后，均值化同类所有样本数据，生成新的聚类中心，对算法进行迭代，至 C_i 不再变化或迭代次数达到设定值。其算法流程如图 8.18 所示。

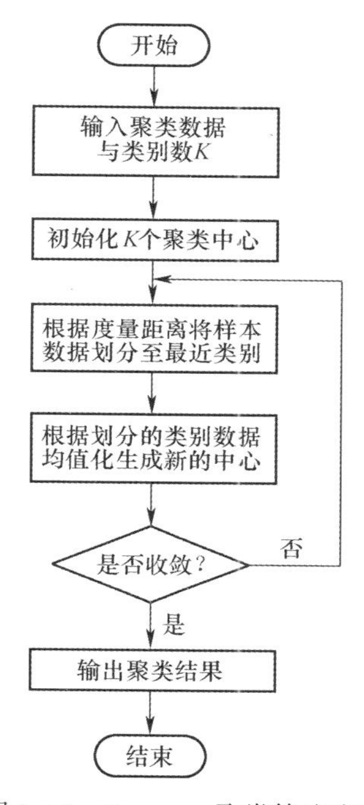

图 8.18　K-means 聚类算法流程

由图 8.18 可知，K-means 聚类算法的核心与难点主要体现在初始化聚类中心点的选取、类别数的确定和合适度量方式的选取。由于此处采用的是半监督聚类算法，样本数据集中包含少量带标签的样本数据，固可以确定类别数；同时，为加快算法实现进程，可根据已知的样本数据来确定初始聚类中心。此外，关于类别划分过程中度量方式的选取，传统的 K-means 聚类算法的距离度量方式常采用欧几里得距离度量，然而，欧几里得距离度量有一个固有约束条件，即默认目标数据中所有的属性值处于同等地位，但实际情况往往并非如此，因此，欧几里得距离度量方式常常使得目标数据在欧几里得空间中距离失真。例如，空间中两目标数据在重要属性上相互靠近，然而，二者之间次要属性对欧几里得距离的放大作用导致二者在欧几里得空间中距离甚远，进而导致类别划分错误。

因此，此处在假设检验与粗糙集理论的基础上，借鉴文献中加权距离的思想，

对目标数据属性值的重要性进行筛选。计算式为

$$w_j = \frac{\sum_{i=1}^{N} (x_{ij} - \bar{x}_j)^2}{\sum_{q}^{m} \sum_{i=1}^{N} (x_{ij} - \bar{x}_q)} \tag{8.27}$$

式中：x_{ij} 为目标数据 x_i 中的属性值；$\bar{x}_j$ 为第 j 个属性值的平均值；N 为目标数据个数，m 为属性个数。因此，针对样本数据属性的加权距离计算式为

$$\text{dist}(x_k, x_i) = \sqrt{\sum_{j=1}^{m} (w_j(x_{kj} - x_{ij}))^2} \tag{8.28}$$

8.4.3.3 半监督聚类联合损失函数

训练样本同时包含无标签训练样本和有标签训练样本，根据信息论信息量定义可知，有标签训练样本中所包含的信息量大于无标签训练样本。无监督自编码器算法仅根据无标签训练样本进行特征降维与重构，没有充分用到训练样本数据中的所有信息。因此，此处可考虑采用半监督的训练方式训练自编码器模型。首先，通过有标签训练样本的分类损失与编解码损失对自编码器进行联合训练；然后，再通过无标签的训练样本对编解码损失对模型继续训练。这样可充分利用样本数据中的所有信息，使得模型训练速度更快、拟合效果更优。

其中模型的编解码损失定义是在式(8.26)基础上的改进，其变换式如下：

$$J(W,b) = \frac{1}{n}\sum_{i=1}^{n} \| X_i - X_i' \|_2^2 + \frac{\lambda}{2}\sum_{l=1}^{L-1}\sum_{i=1}^{s_l}\sum_{j=1}^{s_l+1} \| W_{ij}^{(l)} \|_2^2 + \beta KL(\rho_X \| \rho_0) \tag{8.29}$$

式(8.29)中，第二项为正则化项，避免模型训练过程中出现过拟合问题；其中 λ 为正则化约束系数控制权重衰减参数，L 为网络层数，s_l 为第 l 层参数数量，$W_{ij}^{(l)}$ 为第 l 层第 i 个单元与第 $l+1$ 层第 j 个单元之间的权重值；第三项为稀疏惩罚项，用于降低隐藏神经元的激活度，β 为惩罚系数，ρ_0 为稀疏参数取值接近于 0，KL 为散度计算，即

$$KL(\rho \| \rho_0) = \sum_j \left(\rho_0 \ln\left(\frac{\rho_0}{\rho_j}\right) + (1 - \rho_0)\ln\left(\frac{1 - \rho_0}{1 - \rho_j}\right)\right) \tag{8.30}$$

分类损失则需要充分利用带标签训练样本的标签信息，提取隐藏层低维特征通过 softmax 激活函数进行分类，分类损失采用 softmax 交叉熵损失表示为

$$L(y, p) = -\sum y_i \ln(p_i) \tag{8.31}$$

$$p_i = \frac{e^{\theta \cdot E_\theta(x_i)}}{\sum e^{\theta \cdot E_\theta(x_i)}} \tag{8.32}$$

因此，采用编解码损失与分类损失进行联合训练时，联合损失函数表示为

$$L_{\text{loss}} = J(W,b) + L(y,p) \tag{8.33}$$

8.4.3.4 半监督聚类与孪生网络的结合设计

前面详细介绍了半监督聚类算法相关原理,本节将重点介绍如何将半监督聚类算法与孪生网络框架相结合,进一步降低训练过程中对带标签训练样本量的需求。

考虑到基于二分支、三分支孪生网络中特征提取模块已经表现出了较为优异的特征提取能力,因此,关于半监督聚类算法中特征降维模块的设计,此处考虑选取卷积自编码器对样本数据进行特征降维,其中卷积模块参数设置选取可按照表8.1卷积层参数设置,采用flatten层将最后一层卷积层输出拉平至一维数据空间,便于后续的分类与聚类操作。

对应的解码操作选择与卷积层池化层对应的反卷积反池化以实现样本数据的重构,值得注意的是,在进行反卷积操作时,其最后一层不能使用relu激活函数,否则,会导致重构数据均大于或等于0,进而导致编解码损失变大。

根据自编码器编码输出的低维特征表达,通过flatten层后利用改进K-means算法实现无标签样本的类别划分。最后,根据划分的类别按照前面所采用的三元组挑选方法,挑选出适合三分支孪生网络训练的输入三元组,对三分支孪生网络进行参数预训练,此处也可以采用二分支孪生网络进行参数预训练。

8.4.4 半监督聚类的孪生网络调制识别算法性能仿真分析

8.4.4.1 实验数据集设置

仿真实验中的数据集仍采用DeepSig调制识别公开数据集,针对8.2节、8.3节实验的验证结论:当每种调制样式数达到720个时,网络基本可以收敛至最佳状态。因此,此处设置带标签训练样本集,按照8PSK、AM-DSB、AM-SSB、BPSK、CPFSK、GFSK、PAM4、QAM16、QAM64、QPSK、WBFM共11种不同的调制样式,在-4~18dB信噪比条件下,分别针对每种调制样式选取120个、240个、360个、480个、600个的样本数量。对于无标签训练样本量进行设置时,为保证自编码器训练过程能够收敛,分别针对每种调制样式选取720个、840个、1200个、1500个的样本数量。测试样本中每种调制样式样本数量设置为100个。

8.4.4.2 实验结果分析

实验1 半监督学习对自编码器训练过程影响分析

本实验主要仿真验证自编码器结合半监督学习方法对自编码器训练过程的影响。因此,在实验过程中分别选取不同数量的带标签训练样本量和无标签训练样本量,然后针对训练速度、训练过程所需训练样本量,对无监督学习自编码器与半监督学习自编码器进行对比分析。

针对不同数量的带标签训练样本与无标签训练样本自编码器提取到的特征进

行聚类,得到的实验聚类精度如表 8.5 所列,其中聚类精度设置为正确聚类的样本数量与所有待聚类样本数量的比值。

表 8.5　自编码器结合半监督学习方法有无标签样本量对聚类精度的影响

聚类精度 / 无标签样本量 / 带标签样本量	720	840	1200	1500
120	0.738	0.746	0.753	0.758
240	0.764	0.768	0.774	0.778
360	0.786	0.789	0.795	0.798
480	0.821	0.825	0.827	0.831
600	0.857	0.857	0.856	0.862

由表 8.5 可得,半监督聚类算法的聚类精度主要受带标签训练样本量的影响,主要原因在于半监督聚类算法中进行特征提取时,带标签训练样本量所包含的信息量更大,分类损失在训练过程中所起到的强约束作用更大。

无标签训练样本在特征提取过程中仅仅是通过自编码器的重构损失进行训练的,随着样本量的增加聚类精度略有增加,尤其是在带标签样本量相对较为充足时,增加幅度相对不明显。对比 8.2 节、8.3 节仿真实验结果,在各类带标签训练样本量为 720 个时,三分支孪生网络基本上达到训练饱和,故后续实验过程中结合这一点选取带标签的样本量为 360 个,无标签训练样本量为 1500 个。在此设置基础上得到的半监督自编码器训练损失曲线与无监督自编码器训练损失曲线如图 8.19 所示。

由图 8.19 可以看出,半监督损失曲线的初始值远小于无监督训练过程中的损失初始值,同时下降幅度也快于无监督训练过程,主要原因在于半监督训练过程开始前已经通过带标签训练样本进行了一定的预训练,使得自编码器已经达到半优状态,再通过无标签训练样本对参数进一步进行调优,这种方法训练自编码器,无论在训练速度还是训练效果上均优于仅用无标签训练样本训练出的自编码器。

实验 2　半监督孪生网络分类

在半监督学习对自编码器训练过程影响分析实验的基础上,将半监督聚类的结果,按照本章第三节三元组挑选过程挑选出最佳的训练三元组,用于三分支孪生网络的预训练,然后通过有标签的训练样本实现网络的微调。对比分析小样本条

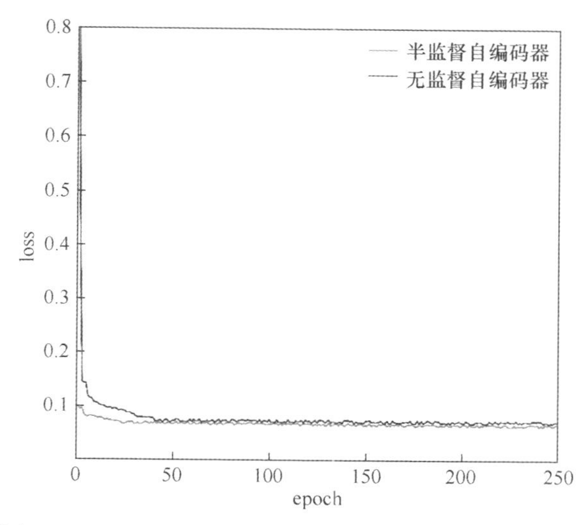

图 8.19　无监督半监督自编码器训练损失曲线(见彩图)

件下的有监督训练过程和半监督训练过程的验证集损失曲线如图 8.20 所示,二者最后的识别结果如表 8.6 所列。

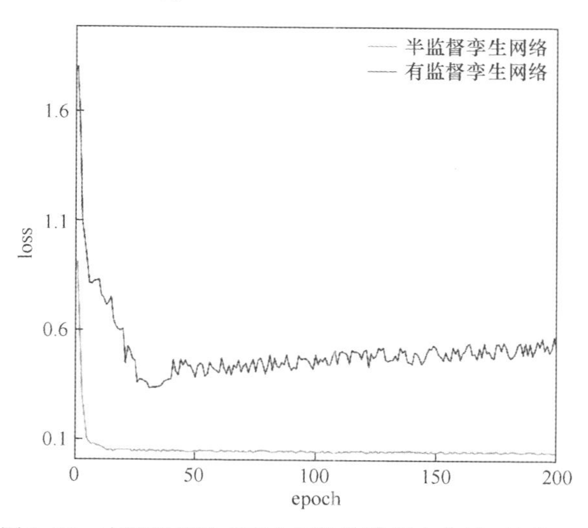

图 8.20　有监督半监督孪生网络训练损失曲线(见彩图)

表 8.6　有监督半监督孪生网络对比分析

训练过程	平均识别率	训练时间/s
有监督训练	63.8%	435
半监督训练	96.2%	783

由图 8. 20 可以看出,在带标签训练样本数为 360 个的小样本条件下,三分支孪生网络仅使用这些带标签训练样本进行训练时,验证损失函数曲线先下降后升高,出现过拟合问题,而经过半监督聚类算法划分的无标签训练样本进行预训练后的三分支孪生网络,再利用带标签训练样本进行半监督训练时,其损失值持续下降到一个较为稳定的数值,表明无标签的训练样本对三分支孪生网络进行训练时在一定程度上使得神经网络达到一个半收敛状态,通过带标签训练样本对预训练网络实现微调即可使网络收敛到最佳状态。

由表 8. 6 较为直观地看出,在训练样本量为 360 个的小样本条件下,有监督三分支孪生网络在测试过程中的识别率仅为 63. 8%,而半监督三分支孪生网络在测试过程中的平均识别率可达到 96. 2%,与训练样本量为 720 个的小样本条件识别率大致相同,因此,结合半监督聚类的三分支孪生网络调制识别算法可进一步降低训练过程中所需的训练样本量。虽然在网络训练过程,半监督训练复杂于有监督训练过程,但其仅获取到少量的带标签训练样本便可达到满足需求的识别率。

8.5 本章小结

本章以解决小样本条件下提升通信信号识别性能为问题研究出发点,详细介绍了目前解决该类问题的典型度量学习方法,并围绕度量学习方法,介绍了所涉及的总体网络架构、所使用的典型特征提取网络、激活函数形式以及训练方法等。

在此基础上,本章围绕度量学习目前常用的孪生网络架构,详细介绍了典型的二分支孪生网络模型所涉及的关键设计环节,针对深度学习在小样本条件下的训练过拟合问题,考虑采用了级联孪生网络算法模型,并根据通信调制信号所表现出的时序空间特性,设计了 CNN-LSTM 级联的特征提取模块用于样本数据的特征提取,同时对比分析几种常用的固定度量方式与神经网络度量方式的优缺点。

针对二分支孪生网络训练过程中存在的相似类别识别混淆问题,介绍了一种三分支孪生网络算法模型,考虑到通信调制信号易受各类噪声影响导致测试过程中生成各类调制样式类原型偏差问题,采用了 LOF 算法剔除偏差训练样本。最后通过仿真实验验证了算法的有效性与可行性,仿真实验主要是在 DeepSig 调制数据集上进行的,通过对两算法模型进行对比实验,验证了算法的有效性。

最后,本章从实际场景环境出发,针对非协作对抗双方获取到准确带标签的对方通信目标信号所付出的“代价”过大的问题,提出利用大量无标签训练样本,进一步降低三分支孪生网络调制识别算法在训练过程中所需的训练样本量。首先,介绍了针对无监督自编码器的改进方法,充分利用带标签训练样本,利用半监督学习方法进行更为准确的低维特征映射;其次,利用改进欧几里得距离的 K-means 聚类算法实现无标签训练样本的类别划分;最后,利用半监督学习的方法训练孪生网络。仿真实验表明,半监督孪生网络在训练过程中所需训练样本量相较于达到相同识别性能的有监督孪生网络所需样本量则进一步降低,体现了算法在小样本条件下的识别性能优越性,但由于引入了过多的补偿与改进措施,整体算法的运算量则增加比较明显,这也可能是该种方法在单方面追求进一步降低样本需求量,却又能达到比较好的识别性能时所必然付出的代价。

参考文献

[1] Roweis S T, Saul L K. Nonlinear Dimensionality Reduction by Locally Linear Embedding[J]. Science, 2000, 290(5500): 2323-2326.

[2] Jolliffe I T. Principal Component Analysis[M]. Berlin: Springer, 2011.

[3] Koch G, Zemel R, Salakhutdinov R. Siamese Neural Networks for One-shot Image Recognition [C]//ICML Deep Learning Workshop. Lille Grande Palais, France: ICML, 2015, 2.

[4] Vinyals O. Matching Networks for One Shot Learning[C]//BLUNDELL C, LILLICRAP T. The 30th Conference on Neural Information Processing Systems. Spain: Barcelona, 2016: 3630-3638.

[5] Snell J. Prototypical Networks for Few-shot Learning[C]//SWERSKY K, ZEMEL R. The 31st Conference on Neural Information Processing Systems. USA: Long Beach, 2017: 4080-4090.

[6] Sung F, Yang Y, Zhang L, et al. Learning to Compare: Relation Network for Few-Shot Learning [C]. IEEE Computer Society Conference on Computer Vision and Pattern Recognification, 2017.

[7] Bromley J, Guyon I, Lecun Y, et al. Signature Verification Using a Siamese Time Delay Neural Network[C]// Advances in Neural Information Processing Systems 6, [7th NIPS Conference, Denver, Colorado, USA, 1993]. Morgan Kaufmann Publishers Inc., 1993: 737-744.

[8] Schmidhuber J. Deep Learning in Neural Networks: An Overview[J]. Neural Netw, 2015, 61: 85-117.

[9] Williams R, Zipser D. A Learning Algorithm for Continually Running Fully Recurrent Neural Networks[J]. Neural Computation, 2014, 1(2): 270-280.

[10] Graves A, Jürgen S. Framewise Phoneme Classification with Bidirectional LSTM and Other Neural Network Architectures[J]. Neural Networks, 2005, 18(5-6): 602-610.

[11] Feifei L, Fergus R, Perona P. One-shot Learning of Object Categories[J]. IEEE Trans Pattern Anal Mach Intell, 2006, 28(4): 594-611.

[12] Lake B, Salakhutdinov R, Gross J, et al. One Shot Learning of Simple Visual Concepts[C]//Proceedings of the Annual Meeting of the Cognitive Science Society, Boston, USA: CogSci, 2011, 33(33): 2568-2573.

[13] Bishop C M. Pattern Recognition and Machine Learning (Information Science and Statistics) [M]. New York: Springer-Verlag New York, Inc., 2006.

[14] Breunig M M, Kriegel H P, Ng R T, et al. LOF: Identifying Density-Based Local Outliers[C]//

Acm Sigmod International Conference on Management of Data. ACM,2000:93-104.

[15] Herrmans A,Beyer L,Leibbe B. In Defense of the Triplet Loss for Person Re-identification[J]. arXiv:1703. 07737,2017.

[16] Yin X,Hu E,Chen S. Discriminative Semi-Supervised Clustering Analysis with Pairwise Constraints[J]. Journal of Software,2008,19(11):2791-2802.

[17] Tao X M,Xu J,Yang L B,et al. Improved Cluster Algorithm Based on K-Means and Particle Swarm Optimization[J]. Journal of Electronics & Information Technology,2010,2010(1):92-97.

[18] Vincent P,Larochelle H,Bengio Y,et al. Extracting and Composing Robust Features with Denoising Autoencoders[C]// International Conference on Machine Learning. New York: ACM Press, 2008:1096-1103.

[19] Rifai S, Vincent P, Muller X, et al. Contractive Auto-Encoders: Explicit Invariance During Feature Extraction[C]//Proceedings of the 28th International Conference on Machine Learning. New York: ACM Press,2011:833-840.

[20] Bengio Y,Lamblin P,Popovici D,et al. Greedy Layer-wise Training of Deep Networks[C]// Advances in Neural Information Processing Systems 19,Proceedings of the Twentieth Annual Conference on Neural Information Processing Systems,Vancouver,British Columbia,Canada,December 4-7,2006. DBLP,2007.

[21] Hartigan J,Wong M. Algorithm AS 136: A K-means Clustering Algorithm[J]. Journal of the Royal Statistical Society. Series C(Applied Statistics),1979,28(1):100-108.

第9章　基于深度学习的通信辐射源个体识别

近年来,各国越来越多地使用信息化装备武装部队,各种通信装备层出不穷。在战场上,师一级的装备展开后可部署上千部各种体制的辐射源,这些不同型号和不同功能的辐射源,使得战场上的频谱环境变得复杂。同时,随着数据链系统的不断发展,跳频、扩频等电子对抗手段越发丰富,通信数据的编码与加密手段越来越复杂,想要通过传统的信号分析方法识别追踪某一信号变得越来越困难,从而影响对战场整体电磁环境的判断以及战略决策。如何识别某一辐射源所发射信号的本征特征并追踪其在频谱和空间上所处的位置,已经成为通信领域面临的挑战。特定辐射源个体识别技术(Specific Emitter Identification,SEI)可以充分利用不同辐射源个体间由于硬件制造、信道环境等问题产生的细微特征,分辨出不同辐射源信号之间的差异。这种不需要解析信号携带信息的分选信号方式从新的角度识别不同信号,因而受到更多的关注。

深度学习技术的进步导致相关技术开始在个体识别领域使用。很多研究机构开始尝试使用深度学习技术来实现对辐射源个体的识别,以达到提高准确率和泛化性能的目的。深度学习技术能够有效挖掘和利用各种信号内部信息,这种技术是未来辐射源个体识别技术的研究趋势。

9.1　射频指纹产生原理及基于预处理的辐射源个体识别

射频指纹特征是由无线设备的无意调制产生的。如图9.1所示,I/Q调制器、振荡器、混频器和功率放大器的固有特性导致了这一结果,这些固有特征是不可避

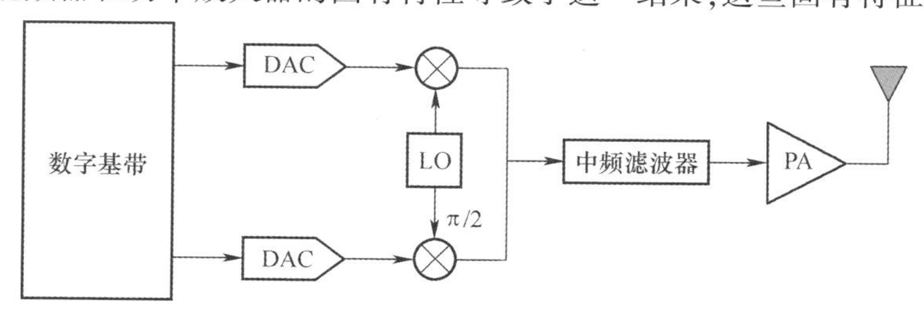

图9.1　通信发射机内部器件

免的。即使同一制造商、同一批次和同一型号的不同无线设备也存在细微的射频指纹特征。虽然这些影响都很微小，但是很多研究希望通过各种方法从信号中提取到细微特征信息[1-2]。

9.1.1 辐射源内部器件的指纹特征

本节首先简要阐述发射机中主要器件产生的指纹特征，通过数学模型描述每个器件指纹特征的特点，并通过仿真结果发现信号在一段时间内表现的长期特征。其中，功率放大器产生的非线性特征是辐射源内部器件中对信号指纹特征影响较大的特征。

9.1.1.1 I/Q 调制器

I/Q 调制器作为正交调制过程中的重要器件，其导致的 I/Q 损伤严重影响着发射机的性能[3]。I/Q 损伤的主要原因是：I/Q 两路信号的幅度增益不相等导致的增益失配，I/Q 两路的载波相位差不等于 90°导致的正交错误以及 I/Q 两路的混频器发生载波泄露导致的直流偏置。理想的基带信号可以表示为

$$s_0(t) = s_{b,\mathrm{I}}(t) + \mathrm{j} \cdot s_{b,\mathrm{Q}}(t) \tag{9.1}$$

式中：$s_{b,\mathrm{I}}(t)$ 和 $s_{b,\mathrm{Q}}(t)$ 分别表示 I/Q 两路的基带信号。出现 I/Q 调制损伤的基带信号可以表示为

$$s_{\mathrm{IQ}}(t) = (1 - g)(s_{b,\mathrm{I}}(t) + c_{\mathrm{I}}) + \mathrm{j}(1 + g) \cdot (s_{b,\mathrm{Q}}(t) + c_{\mathrm{Q}})\mathrm{e}^{\mathrm{j}\phi} \tag{9.2}$$

式中：ϕ 为相位偏差；c_{I} 和 c_{Q} 为 I/Q 两路的直流分量；g 为增益失配，表达式为

$$g = \frac{G_{\mathrm{Q}} - G_{\mathrm{I}}}{G_{\mathrm{Q}} + G_{\mathrm{I}}} \tag{9.3}$$

式中：G_{I} 和 G_{Q} 为两路的幅度增益。

图 9.2 展示了没有受到设备内部器件缺陷影响的信号星座图，而 I/Q 调制器产生的指纹特征体现在星座图上的形状具体如图 9.3(a)所示，星座图中展示了 QPSK 信号的星座图轨迹和星座点。与图 9.2 相比，图 9.3(a)中的星座图轨迹的形状沿着坐标轴方向拉长，形状也由矩形变为平行四边形。同时，星座图轨迹的位置也出现明显的平移。

这一现象符合式(9.2)中描述的情况。星座图的拉伸是由增益失配的值决定的。相位偏差的出现导致了星座图的平行四边形变换。直流分量影响着星座图轨迹在坐标系中的位置。可以从图 9.3(a)中看出，I/Q 调制器导致的信号形变比较微小，在时序形式下更难发现这些微小形变。

9.1.1.2 中频滤波器

中频滤波器能够滤除 I/Q 调制后的带外干扰。滤波器的任何畸变都会对输出信号产生干扰，从而形成指纹特征。滤波器的主要畸变形式是幅频响应的倾斜和群时延的波动。中频滤波器带有畸变的时域响应可以写成如下形式：

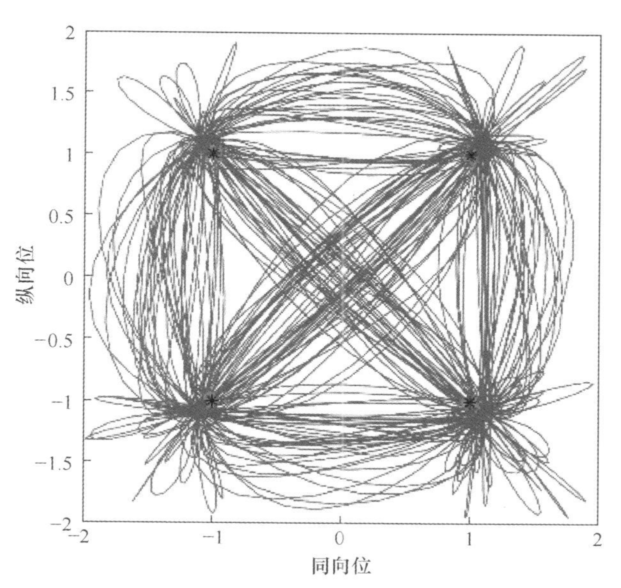

图 9.2　无畸变 QPSK 信号星座轨迹图(见彩图)

$$
\begin{aligned}
h(t) &= a_0 \cdot \mathrm{J}_0(b_n) g(t + b_0) \\
&+ a_0 \cdot \sum_{i=1}^{\infty} \mathrm{J}_i(b_n) \cdot \{ g(t + b_0 + i\beta_n) \\
&+ (-1)^i \cdot g(t + b_0 - i\beta_n) \} \\
&+ \frac{1}{2} \cdot a_n \cdot \mathrm{J}_0(b_n) g(t + \alpha_n + b_0) \\
&+ \frac{1}{2} \cdot a_n \cdot \sum_{i=1}^{\infty} \mathrm{J}_i(b_n) \cdot \{ g(t + \alpha_n + b_0 + i\beta_n) \\
&+ (-1)^i g(t + \alpha_n + b_0 - i\beta_n) \} \\
&+ \frac{1}{2} \cdot a_n \cdot \mathrm{J}_0(b_n) g(t - \alpha_n + b_0) \\
&+ \frac{1}{2} \cdot a_n \cdot \sum_{i=1}^{\infty} J_i(b_n) \cdot \{ g(t - \alpha_n + b_0 + i\beta_n) \\
&+ (-1)^i g(t - \alpha_n + b_0 - i\beta_n) \}
\end{aligned}
\tag{9.4}
$$

式中：$g(t)$ 代表理想滤波器的时域响应；$\mathrm{J}_n(\cdot)$ 代表 n 阶贝塞尔函数；a_0 和 b_0 是线性增益；a_n 和 b_n 是波动增益，α_n 和 β_n 与幅度波纹和时延波动的周期相关。

式(9.4)说明滤波器在时域上被展宽，从而在星座图上展现出星座图轨迹的混乱。滤波器的畸变类似多径传播对信号造成的影响，并且信号中被引入了码间串扰。如图 9.3(b)所示,星座图轨迹最明显的变化就是星座点出现了明显的发散。与图 9.2 相比,滤波器畸变使得信号星座图的轨迹产生了十分微小的变化,这在星座图中也很难区分。

9.1.1.3 振荡器

振荡器的缺陷可以造成接收机和发射机之间出现频率偏移和相位偏移。振荡器畸变中的相位主要表现为信号载频附近的相位噪声,可以用一阶自回归模型描述[4]。携带振荡器畸变的信号的相位噪声 $\varphi(t)$ 可以表示为

$$\varphi(t) = (1 - c_0)\varphi(t - 1) + c_0\nu(t) \tag{9.5}$$

式中:c_0 为发射机的个体差异;$\nu(t)$ 为高斯白噪声;$\varphi(0) = 0$。由式(9.5)可知,c_0 影响着振荡器相位变化的幅度,c_0 越大,则相位变化幅度越剧烈,振荡器的缺陷越明显;反之,振荡器的相位波动越微小。理想振荡器的相位噪声恒等于零。从图 9.3(c)可以看出,相位噪声对信号星座图的影响主要表现在星座图的轨迹更加杂乱,星座点沿圆的切线方向抖动。这是由于相位的改变不会影响星座图幅度的变化,这与公式所表达的缺陷相一致。

同时,振荡器的频率不同还会造成接收机出现频率偏移。振荡器的缺陷导致了接收机或发射机的振荡器频率发生变化,使得接收机和发射机之间出现频率差,从而产生了频率偏移。频率偏移是由两个设备各自振荡器的不同振荡频率导致的[1]。这种频率偏移现象经常是由质量差的低精度振荡器造成的,所以低端设备出现频率偏移的现象更加普遍。低端设备的频率不会保持为一个恒定值,而是会在短时间内出现剧烈的偏移[5]。频率偏移可以表示为

$$s_{FO}(t) = s_0(t)e^{j2\pi\Delta ft} \tag{9.6}$$

式中:Δf 为频率偏移。

在个体识别领域,信号的相位特征与频率特征都是描述一个信号的重要特征。不论是基于传统方法的个体识别技术,还是基于深度学习的直接从 I/Q 信号中提取特征的神经网络方法,都受到信号频率特征和相位特征的深刻影响。频率偏移和相位偏移都是个体识别中的重要特征。很多传统的个体识别方法会选择信号的频率和相位的相关特征作为识别个体的主要特征,而大部分深度学习方法也没有去除频偏和相偏的特征,从而使用了相关特征作为分类器的依据。但是,对于现实中的设备来说,它们的频偏和相偏经常发生变化,尤其是低端设备的相关特征会在短时间内发生剧烈变化。这种变化会导致依靠频偏和相偏作为分类依据的算法混淆部分设备,甚至出现完全无法分辨设备的情况,所以,在实际应用中的设备不适合选择频偏和相偏作为个体识别的特征。在设计算法时,需要去除频偏和相偏对分类的影响。相关内容将在 9.2 节具体讨论。

9.1.1.4 功率放大器

功率放大器是发射机产生信号时信号经过的最后一个内部器件。作为放大输

出功率的器件,功率放大器是对信号中指纹特征影响最大的一个器件,也是需要着重分析的一个器件。同时,由于功率放大器的非线性特性与信道特性等干扰有着巨大的差异,因此利用功率放大器的非线性特性可以有效抵抗信道环境变化和信道噪声的干扰。对功率放大器非线性问题的研究有望成为个体识别领域的研究重点。

功率放大器是对指纹特征影响最大的一个模块,对信号产生了非线性的影响。主要表现为信号处在饱和区域时幅度被压缩,处在非饱和区域时,信号产生了附加相位。在信号瞬时功率过高时会出现幅度压缩,从而导致功放器件工作在饱和区。如果信号的峰值功率超出功放的额定参数时,信号就会出现被压缩的情况。这种现象经常严重影响着码分多址(Code Division Multiple Access,CDMA)技术的使用。因为 CDMA 技术中信号的峰值受到信道环境的影响,这导致 CDMA 容易工作在功放的饱和区。功率放大器导致的信号波形截断和形变影响着传输效率,并且会带来相邻信道串扰等问题。通常使用 Taylor 级数模型描述功率放大器对信号畸变的影响,则携带功率放大器畸变特征的信号可以表示为

$$
\begin{aligned}
s_{\mathrm{PA}}(t) = {} & \lambda_1 s_0(t) \mathrm{e}^{\mathrm{j}(2\pi f_c t+\theta)} \\
& + \sum_{k=2}^{K} \lambda_{2k-1} \left| s_0(t) \right|^{2k-2} s_0(t) \mathrm{e}^{\mathrm{j}(2\pi f_c t+\theta)}
\end{aligned}
\tag{9.7}
$$

式中:λ_n 为 Taylor 级数的系数;f_c 为载波频率;θ 为初始相位。

如图 9.3(b)所示,功率放大器造成的压缩在星座图轨迹中表现得较为明显。与图 9.2 中理想的星座图轨迹相比,功率放大器失真造成星座点外侧的轨迹出现明显的压缩现象。这种现象与其他辐射源内部器件造成的星座图失真相比更为明显。这也是很多方法选择功率放大器的特征作为主要特征的原因,如误差向量幅度(Error Vector Magnitude,EVM)等特征。同时,式(9.7)中还包含有相位的变化,这导致功率放大器畸变会造成星座图轨迹旋转。由于传输过程中增益的影响,功率放大器的畸变效应对星座点的影响很难分辨。

所以,功率放大器的缺陷产生了特别明显的指纹特征。这些特征包含在了信号的星座图轨迹中,而很难在星座点中发现。据此,在设计网络时应当充分利用功率放大器输出信号在幅度上的变化,提取其中的非线性分量。

9.1.2 基于循环自相关与残差网络的指纹特征提取方法

9.1.2.1 算法设计

一些信号的非平稳分量在高阶统计量上会展现出周期平稳性,具体表现为信号在均值、相关函数和高阶累积量上会展现出单周期或多周期的平稳变化[6]。这些现象在通信、雷达等人工信号或依据自然规律周期变化的信号中较为常见。在

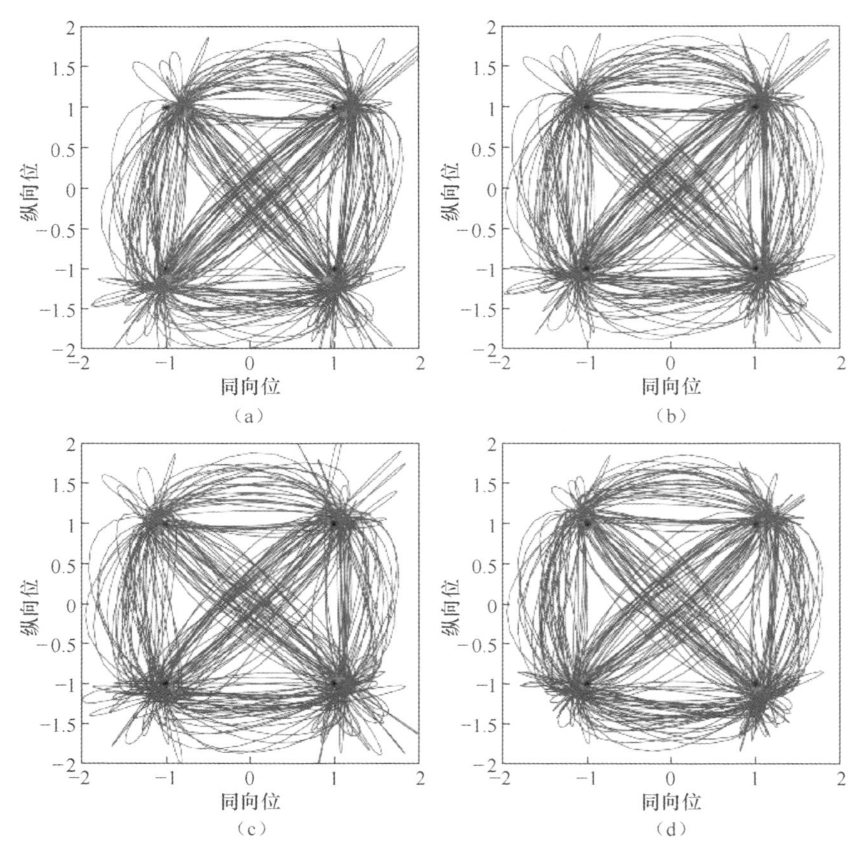

图 9.3　不同器件产生的指纹特征(SNR = 25dB)(见彩图)
(a)I/Q 调制器导致的星座图变形;(b)中频滤波器导致的星座图变形;
(c)振荡器导致的星座图变形;(d)功率放大器导致的星座图变形。

记忆效应功率放大器非线性行为模型中,高阶统计量的周期性是信号中可以提取指纹信息的重要特征[7]。

循环自相关对信号的二次变换作统计平均,则功率放大器载频附近分量 $X(t)$ 的相关函数定义为

$$R_x(t,\tau) \approx \frac{1}{2N+1}\sum_{n}^{N} - N^{x(t+\frac{\tau}{2}+nT_0)x^*(t-\frac{\tau}{2}+nT_0)} \tag{9.8}$$

利用循环自相关的方法可以将原来功放输出信号中非周期的分量展现出其周期特性,同时也将不同周期的信号分离,方便提取信号特征。图 9.4 和图 9.5 分别为功率放大器的窄带输入信号和输出信号。

图 9.4　功率放大器的窄带输入信号

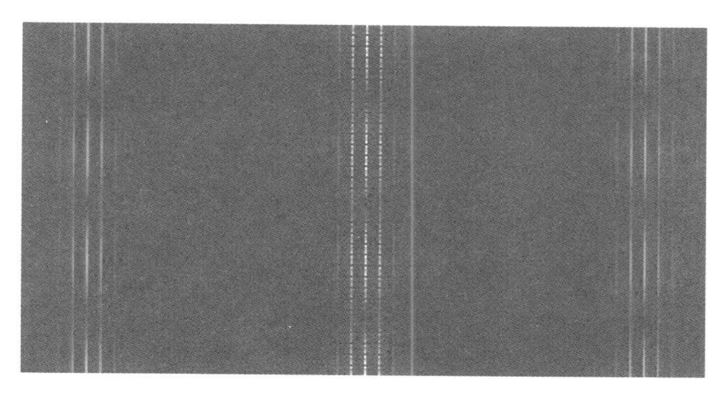

图 9.5　功率放大器的窄带输出信号

相同型号的功率放大器的输出信号存在着由于非线性特性导致的细微差别，这些差别称为指纹特征。指纹特征在循环自相关频谱图上存在尺寸和位置不一致性，利用残差网络的深层次网络结构可以提取不同层次的指纹特征信息并识别功放个体。

一般来说，卷积网络对特征的提取能力与识别准确率随着网络层数呈正相关。但是网络层与层之间的误差会不断累加，过多的网络层会导致梯度消失和梯度爆炸。深度残差网络很大程度上缓解了在网络层数加深的情况下出现的梯度消失和梯度爆炸，使网络在训练时不会因网络加深而导致训练误差变大。

残差网络使用了残差映射的概念，每个卷积单元只需拟合层与层之间的差值。如图 9.6 所示，通常假设完整的残差单元的映射为 $H(x)$ ，假设一组卷积层的拟合映射为

$$F(x) = H(x) - x \tag{9.9}$$

在残差单元中，原本完整的残差单元的映射可变换为

$$H(x) = F(x) + x \tag{9.10}$$

此时，由于消去了 x，映射函数 $F(x)$ 的输出值是一个近似为零的数。这一变化将导致两个结果：首先，$F(x)$ 映射的输出值会对输入更敏感；其次，从堆叠卷积层的输入直达输出的捷径成为了映射的主要成分。此种直接的恒等映射会极大缓解网络中的梯度消失和梯度爆炸现象。

残差映射的优化相比于没有恒等映射的方式更容易。如果网络中的卷积层的映射已经使得网络得到最优的结果时，多余的卷积层能够较为容易地通过恒等映射减轻其对网络的影响（图 9.6）。

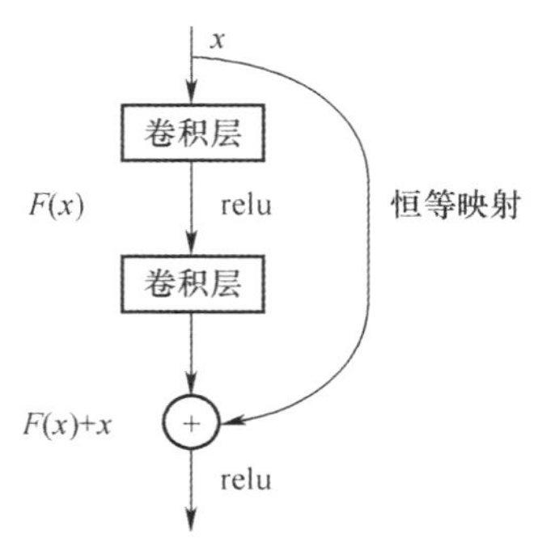

图 9.6　残差单元结构图

残差网络的特点使得网络的深度进一步加深，从而能从更高的维度拟合样本模型，这是浅层网络无法做到的。利用这一特点，深度残差网络可以从不同层面提取辐射源信号的指纹特征并利用指纹特征区分相似的辐射源个体，从而能够适应输入数据在图像域尺度和位置上任意变化的情况。

9.1.2.2　实验

为了检验算法识别个体的具体性能，实验使用 3 个不同参数的功率放大器在 AM[8] 窄带信号条件下测试 ResNet 分类的准确性。3 个功率放大器的参数如表9.1 所列。

表 9.1　实验功放工作参数

参数设置	辐射源 1	辐射源 2	辐射源 3
λ_1	1	1	1
λ_3	-22.71	2.581	-16.57
λ_5	146.72	6.851	230.27
λ_7	857.56	0.2871	-727.8
λ_9	1296.3	0.1596	968.7
λ_{11}	-684.3	0.3574	-514.44

在窄带噪声条件下，调幅信号的载波速率为 200kHz，码速率为 10kHz，采样率为 1000kHz。采样得到的信号按照 800 个采样点长度将信号裁剪成多个信号帧。为了增强网络的泛化能力，需要对数据集扩增。假设信号通过的是线性时不变高斯信道，对功放的输出信号添加不同信噪比的高斯噪声，将数据集扩充到 10000 组作为训练集，并随机划分出训练集中的 100 组作为测试集。

采集到的信号数据需要先对其做循环自相关变换，循环自相关变换结果中包含载波频率和调制频率等信息。由于在窄带条件下，为减少算法计算量可以舍弃载波信息，将循环自相关变换结果放缩裁剪到适合 ResNet 的大小，之后将预处理过的数据集送入 ResNet 训练。loss 曲线如图 9.7 所示。

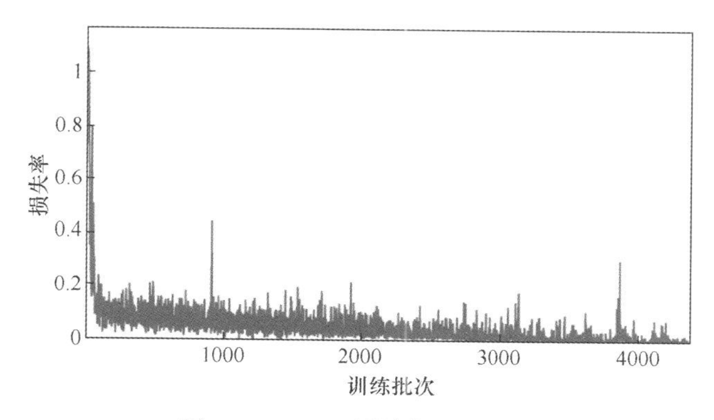

图 9.7　ResNet 训练集 loss 曲线

由图 9.7 可以看出，ResNet 收敛趋势明显，显示网络正在拟合数据模型。loss 曲线在几个周期内快速下降到了一个稳定区间，loss 值接近于零，显示出 ResNet 具有很强的拟合高维空间数据的能力，对模型特征的提取和分类是有效的。

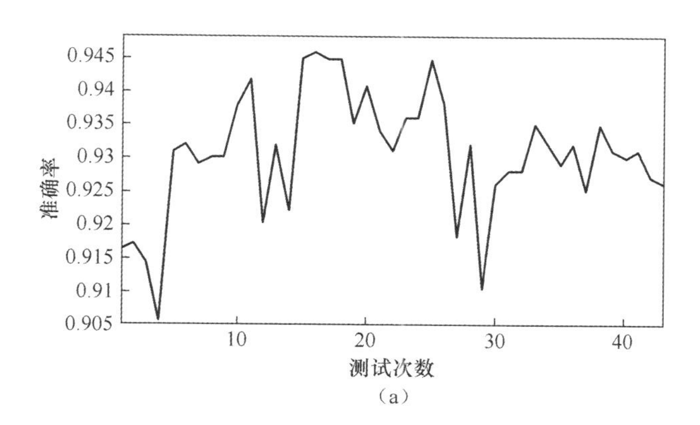

（a）

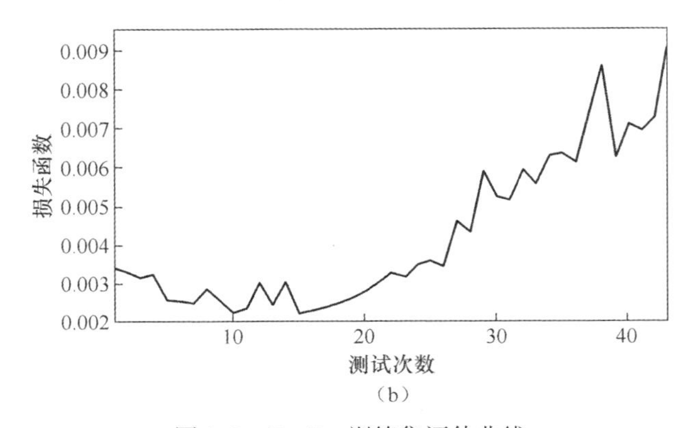

(b)

图 9.8 ResNet 训练集评估曲线

(a)测试集准确率曲线;(b)测试集 loss 曲线。

由图 9.8 可知,测试集的准确率在 16 个周期后达到了最高的 94.5%。测试集的 loss 曲线在 16 个周期达到最低点后开始回升,显示出 ResNet 对训练集数据过拟合,造成测试集准确率逐步下降。

为防止过拟合造成的算法性能下降,实验使用提前终止的方法停止 ResNet 拟合训练集。通过提取第 16 周期的网络权重,可以得到如表 9.2 的测试结果。

表 9.2 第 16 个训练周期测试准确率

信噪比/dB	-10	-7	-5	-2	0	5	15
准确率/%	70.7	94.5	97.2	100	100	100	100

9.1.2.3 结果分析与总结

ResNet 对功率放大器个体的识别率如表 9.2 所列,观察其中数据以及测试集训练曲线变化可以得出以下结论。

在信噪比高于-5dB 时,算法能够准确识别不同的功率放大器且准确率达到 97%,最高达到 100%,说明循环自相关充分利用功率放大器输出信号中的指纹特征描述出不同个体信号间的区别,而且基于 ResNet 的模型也能够准确地提取其中的指纹信息。同时,网络对于高信噪比的信号的识别能力较高,能够较好地分辨不同功率放大器个体。

ResNet 的 loss 曲线在一个训练周期内趋近于一个较小的数值,表明网络能够快速拟合数据样本,并且网络在 16 个训练周期时达到过拟合体现网络对样本的拟合能力还没有完全表现,能够适应更加复杂的数据模型,算法的性能还能够继续提高。

在信噪比低于-5dB 时算法准确率下降,但还是能保持在 70% 的准确率的水平上。这说明算法有较好的抵抗低信噪比时的高斯白噪声的能力。

对于更加复杂的数据模型,ResNet 可自由扩展的特性可把网络加深到 100~1000 层,利用深层网络对特征的提取能力提升算法对高维数据的拟合性能。

9.1.3 基于多 EfficientNet 联合识别功率放大器指纹特征的方法及优化

9.1.3.1 算法原理

理想的射频功率放大器完全工作在线性区,当功放输入为大信号时,功放近似于非线性函数,此时,功放的幅度和相位会引起失真,产生新的频率分量。由于射频功放经常工作在非线性区,因此功放输出的信号除调制方式和携带信息的区别外,还有因为功放非线性区产生的新频率分量。功放指纹模型就是对在非线性区产生的新分量进行建模,其中的 Hammerstein 模型由于结构灵活,计算量小,求解简单,因此本节选择 Hammerstein 模型作为功率放大器模型。

辐射源工作过程中产生的指纹特征主要来自于功率放大器产生的杂散噪声[9],由 Hammerstein 模型建模可知功放产生的杂散噪声中包含循环平稳信号的特征,所以可以首先利用循环自相关把原始数据构造成二维谱图,分离源信号、指纹特征和噪声;然后利用卷积网络提取二维图像纹理特征并根据提取到的特征对数据进行预测;最后利用 Stacking 方法减少在低信噪比条件下特征不明显而造成的预测错误。具体算法流程如图 9.9 所示。

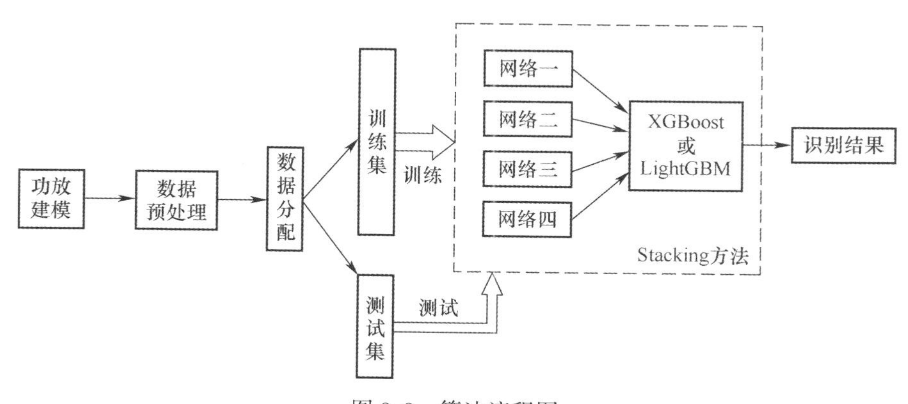

图 9.9 算法流程图

本节选取循环自相关作为特征,利用神经网络的空间感知能力和特征提取能力,算法可以根据特征在循环自相关图中位置和形状的变化识别辐射源个体。但是,不同结构的卷积网络能够提取的特征有其自身的局限性,尤其是在低信噪比条件下某些细微特征凭借单一的网络结构无法有效识别,需要利用不同深度的网络从多个特征层次提取特征。其中利用集成模型方法集合不同结构的深层神经网络可以使个体识别准确率进一步提高，同时利用多个具有不同深度的小规模网络有效降低模型复杂度。

9.1.3.2 网络结构设计

autoML 算法是一种最优网络结构自动搜索算法，其特点之一是可以通过策略从最小神经网络结构中选取合适的组件，通过迭代评估计算得到预期规模的神经网络，并使用搜索策略得到最优的超参数组合。参考残差网络的思想是：通过选取合适的单元卷积结构获得网络精度与深度都足够理想的网络结构。

通过 autoML 生成的卷积神经网络一般具有模型参数数量少、对硬件计算能力要求低的特点。例如，图 9.10 所示的 EfficientNets 系列网络[10]，其训练时使用的计算量被严格限制在要求的范围内，在网络只拥有少量模型参数的情况下能够同时保持较高的分类准确率。

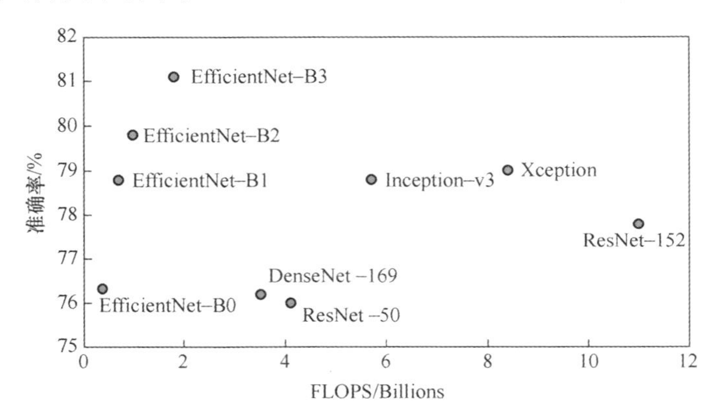

图 9.10 EfficientNets 与传统网络性能对比图

相比于其他人工设计的网络模型，EfficientNets 在每秒浮点运算次数相同的情况下具有更高的准确率。对于同等准确率的 EfficientNets，传统人工设计网络浮点运算量呈指数级提高，显示出 EfficientNets 轻量化的特点。

根据这一特点可以使用 Stacking 模型将多个轻量化的 EfficientNets 集合为集成网络模型。集成模型在模型参数有限提高的情况下，借用多层次特征提取的思想，利用不同深度的网络提取数据特征。与单一网络相比，使用 Stacking 模型的网络提取的特征更加全面，预测结果更加稳定。

卷积神经网络通常是在有限计算资源的要求下开发的。受到计算资源的限制，网络模型参数数量不能超出硬件的计算能力。对于现在的卷积网络，预测精度越高往往意味着其参数量成指数级上升。对于个体识别算法而言庞大的网络结构不适用于实际应用，选择低参数量的网络成为必须。

利用 autoML 算法自动生成小规模网络之后，使用 Stacking 方法集成多个小规模网络使模型整体预测效果可以与大规模网络相同成为一种新思路。EfficientNets 通过调整网络的深度、宽度和分辨率之间的平衡能够得到更准确的预测结果。网络具体生成过程是:首先,设计一个简单的基础网络;其次,通过控制网络的深度、宽度和解析度之间的平衡不断扩展网络的规模以生成基于基础网络的一系列不同大小的网络。EfficentNets 拥有更高的准确率和效率,以及更小的网络规模。

如图 9.11 所示,通过同时改变 baseline 的 3 个属性产生新网络的各类结构单元。$\boldsymbol{Y}_i = F_i(\boldsymbol{X}_i)$ 代表一个卷积层 i ,其中 F_i 表示网络变换算子, $\boldsymbol{Y}_i$ 代表输出向量, $\boldsymbol{X}_i$ 代表尺寸为 (H_i, W_i, C_i) 的输入向量, H_i 和 W_i 代表空间维度, C_i 代表通道数。一个卷积网络 N 可以由一系列卷积层组成: $N = F_k \odot \cdots \odot F_2 \odot F_1(X_i)$,于是,卷积网络单元可以定义为

$$
\begin{aligned}
N &= \mathop{\odot}_{i=1\cdots s} F_i^{L_i}(X_{(H_i, W_i, C_i)})(H_i, W_i, C_i) \\
N &= F_k \odot \cdots \odot F_2 \odot F_1(X_i)
\end{aligned}
\tag{9.11}
$$

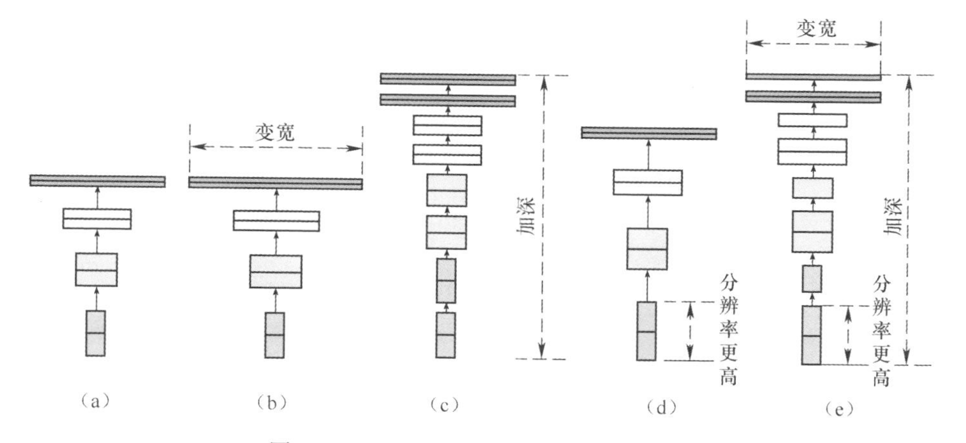

图 9.11　EfficientNets 结构单元生成原理

(a) Baseline;(b) 网络变宽;(c) 网络加深;(d) 分辨率提高;(e) 混合变化。

式中: $F_i^{L_i}$ 代表网络变换算子 F_i 被重复 L_i 次; (H_i, W_i, C_i) 代表输入向量 $\boldsymbol{X}$ 在第 i 个卷积层的尺寸。

为了在一定的硬件资源限制条件下使模型达到最大准确率,问题可以被优化为

$$
\begin{aligned}
&\max_{d,w,r} \mathrm{Accuracy}(N(d,w,r)) \\
\text{s.t.}\quad & N(d,w,r) = \mathop{\odot}_{i=1\cdots s} \hat{F}_i^{\hat{L}_i}(X_{(r\cdot\hat{H}_i, r\cdot\hat{W}_i, w\cdot\hat{C}_i)}) \\
& \mathrm{Memory}(N) \leqslant \mathrm{target\_memory}
\end{aligned}
$$

$$\text{FLOPS}(N) \leqslant \text{target\_flops} \tag{9.12}$$

式中：w、d 和 r 分别代表调整网络宽度、深度和分辨率的系数；$\hat{F}_i$、$\hat{L}_i$、$\hat{H}_i$、$\hat{W}_i$、$\hat{C}_i$ 代表之前定义的基础网络参数。

为了限制生成网络对硬件资源的占用，设置参数 φ 作为模型规模控制参数以调节模型中的参数数量。模型规模控制参数 φ 与网络中卷积层的宽度、深度和分辨率的关系为

$$\begin{aligned} & d = \alpha^{\varphi} \\ & \omega = \beta^{\varphi} \\ & r = \gamma^{\varphi} \\ & \text{s.t. } \alpha \cdot \beta^2 \cdot \gamma^2 \approx 2 \\ & \alpha \geqslant 1, \beta \geqslant 1, \gamma \geqslant 1 \end{aligned} \tag{9.13}$$

通过 autoML 方法产生的 EfficientNets 网络参数和每秒的浮点运算量都比同等准确率的网络模型有所降低。

如图 9.10 所示，与同等性能的网络模型相比 EfficientNets 的参数量要少 3~8 倍，且 EfficientNets 系列网络具有不同深度、宽度和分辨率的网络结构，能够提取到不同的特征信息。基于这种发现，本节可以通过 3.3.3 节的 Stacking 模型方法将多个轻量化的 EfficientNets 集合为集成网络模型，从而进一步提高网络模型的预测准确率和稳定性，并抑制运算量的提升。

EfficientNets 分类器与 XGBoost/LightGBM 结合的具体方式如图 9.12 所示。图 9.12 中应有 4 个结构各不相同的基模型。基模型前部分是 EfficientNets 中的卷积神经网络，之后卷积层与全连接层相连，最后一层全连接层都是 5 个神经元的 SoftMax 结构。将 4 个 SoftMax 结果连接，得到 20 个数据的输出，作为第二层分类器的输入。

9.1.3.3 信号仿真条件

信号的仿真采用 Matlab2017a、深度学习 Pytorch 框架和 sklearn 库搭建模型，使用 NVIDIA P4000 GPU 对网络加速训练。根据表 9.4 中的数据，建立调幅信号的载波速率为 200kHz，码速率为 10kHz，采样率为 1000kHz 的同型号功率放大器具有杂散噪声特征的 AM 窄带信号，信号段长度为 800 个采样点。为避免信号幅度和相位影响算法的识别性能展示，故所有信号的幅度和调制相位均作归一化处理，使所有信号的幅度和相位都为相同值。信号携带的指纹特征全部由 Hammerstein 模型产生。λ 参数为 Hammerstein 模型的系数。为模仿信道中的噪声，仿真信号中随机加入 -5~15dB 的高斯白噪声。在信噪比 -5~15dB 等间隔内共产生 20000 个功放信号片段，从中随机抽取 16000 个片段作为训练集并按照 Stacking 中模型数量将训练集平均分配，其余的 4000 个片段作为最后阶段的测

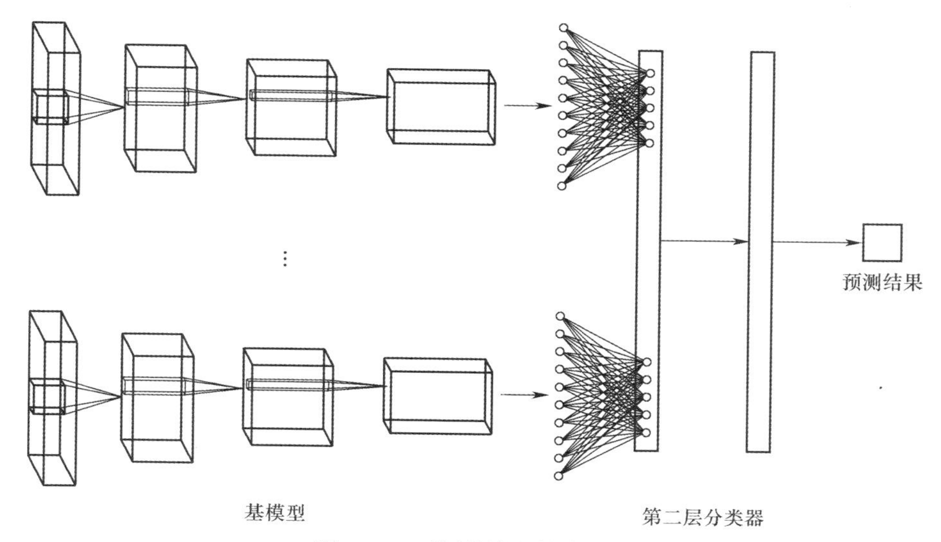

图 9.12 两层分类器结合方法

试集。

采集到的信号数据需要先对其做循环自相关变换。由于循环谱存在大量重复的部分,所以为减少算法计算量可以将循环自相关二维频谱图放缩裁剪到适合网络的尺寸。每个裁剪结果只包含一个周期的信息,其余与这一周期信息重复的部分全部舍弃。之后将预处理过的数据集送入卷积网络训练。

表 9.3 功放参数

参数设置	辐射源#1	辐射源#2	辐射源#3	辐射源#4	辐射源#5
λ_1	1	1	1	1	1
λ_3	-22.71	2.581	-16.57	10.37	40.68
λ_5	146.72	6.851	230.27	6.27	230.27
λ_7	857.56	0.2871	-727.8	-5.80	-727.8
λ_9	1296.3	0.1596	968.7	968.7	-90.7
λ_{11}	-684.3	0.3574	-14.44	-54.44	514.44

9.1.3.4 调优算法对性能提升的分析

为了验证 EfficientNets 在低参数量的情况下使用 Stacking 方法对功率放大器循环自相关图像的分类能力,实验首先使用数据训练多个版本不同深度的 EfficientNets,观察单个网络对相似信号的预测能力并与 ResNet 等传统网络相比较,验证网络在小参数结构 EfficientNets 下的分类能力。网络的复杂度可以分为空间复杂度与时间复杂度。网络的空间复杂度可以用网络的参数量表示，即网络模型的权重参数总量，参数量越大代表模型的规模越大。网络的时间复杂度可以用浮点运算次数表示，每秒的浮点运算量越大代表网络的训练和预测时间越长。本节所使用的网络和其他传统网络的空间、时间复杂度如表9.4所列。

表9.4 网络性能对比

网络结构	参数量	每秒浮点运算量	准确率/%
EfficientNet-B0	5.3M	0.39B	89.90
EfficientNet-B1	7.8M	0.70B	90.20
EfficientNet-B2	9.2M	1.0B	90.70
EfficientNet-B3	12M	1.8B	91.20
ResNet-50	26M	4.1B	85.35
DenseNet-169	14M	3.5B	90.05
ResNet-101	43M	7.6B	87.25

如表9.4所列，利用实验数据验证小参数结构的EfficientNets网络性能与传统网络性能相近甚至有所提高，同时其参数量和每秒的浮点运算量远小于传统网络。所以可以将网络参数量少的EfficientNets应用于Stacking方法中以达到在总体运算量在可接受范围内提升网络预测能力的目的。

为了验证Stacking方法集成EfficientNets的可行性，实验选择多个不同结构的EfficientNets生成预测结果的混淆矩阵以查看不同规模的网络在分类性能上的不一致性，从而验证多网络在Stacking方法支持下能从不同网络的分类结果中提取有效信息，并提升整体性能。

图9.13是EfficientNet-V1和EfficientNet-V2经过训练后使用同一组具有2000组数据的测试集测试的结果。图9.13中纵坐标表示数据的真实标签，横坐标为网络预测的结果，每一行的数字表示这一行所代表的数据类别被预测为所在列类别的数目。可以看出，虽然不能排除在低信噪比条件下某些相似信号完全失去自身特征导致难以区分的情况，如第一类与第二、三类信号总是容易混淆，但两个模型在使用同一组测试集测试时，预测结果分布略有不同。即使是网络结构更复杂的EfficientNet-V2模型的预测结果并不是在所有情况下都要优于EfficientNet-V1模型。例如，在预测第一类和第四类信号时，两个模型的预测性能互有高低。所以由不同结构的EfficientNets的混淆矩阵可以看出，网络结构在深度与广度上的差异造成了网络提取特征的差异，从而使Softmax层输出结果的分布产生了变化。通过图9.14分析这种变化是各个模型间相互交错的变化，使得某个模型的低概率预测区域是另一个模型的高概率预测区域。于是，Stacking方法可以利用模型间概率分布交错的特点提升集合模型的预测性能。

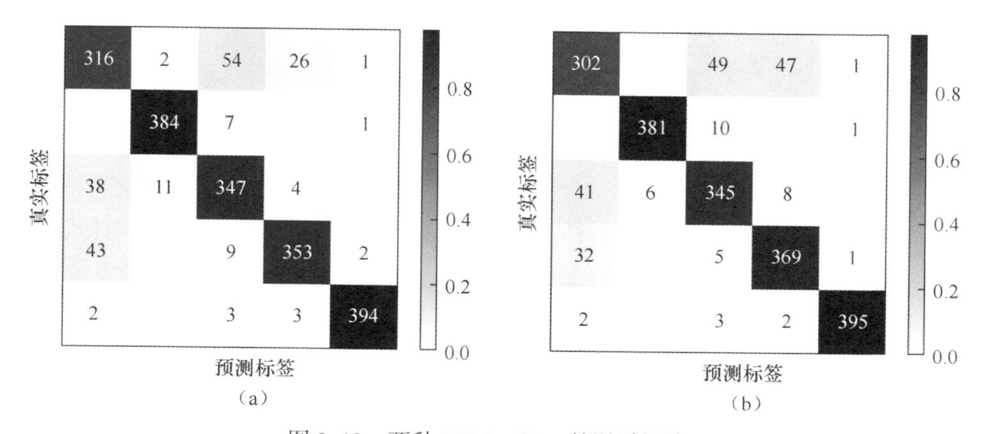

图 9.13 两种 EfficientNets 的混淆矩阵

(a) EfficientNet-V1 混淆矩阵;(b) EfficientNet-V2 混淆矩阵。

通过试验验证,Stacking 方法集成几种模型之后的性能较单个模型有所提高,并且通过改变 Stacking 方法第二层分类器的类型,使得分类结果继续提高。本节选取了两种分类器作为 Stacking 方法第二层的分类器,分别测试各自的效果。这两种分类器分别是 XGBoost 和 LightGBM。它们也属于集成学习分类器,但也可以单独作为基分类器用在 Stacking 中。所以在本节中被用作 Stacking 第二层的分类器。具体结果如表 9.5 所列。

表 9.5 不同 Stacking 分类器分类结果表

分类器	准确率/%
XGBoost	92.21
LightGBM	92.61

如表 9.5 所列,基于 Stacking 方法的模型优化算法在改善网络识别功率放大器个体特征的能力方面有着较为显著的效果,并且不同的分类器对集成模型的提升能力略有不同,应该根据实验结果选择最适合本数据集的分类器。

同时,由于循环自相关结果的对称性可以使用数据扩增、测试时扩增(TTA)和余弦退火衰减等方法进一步提升网络对功放个体的识别能力,具体提升结果如表 9.6所列。

表 9.6 其他优化方法

不同方法	准确率/%
TTA	92.86(+0.2%)
数据扩增	92.95(+0.1%)
余弦退火衰减+训练 800 周期以上	93.08(+0.1%)

预测结果显示,同时利用数据扩增等算法能够进一步提高网络的分类能力。结合表 9.6 所列,基于 Stacking 的优化算法在总体参数量小于传统网络的情况下,其分类准确率远超 ResNet 等网络,体现了 EfficientNets 网络的高效性以及与 Stacking 方法结合后网络性能获得更大提升的有效性。

在-5~15dB 的区间内模型的平均准确率达到 93.08%,抗噪能力较好。同时,基于 Stacking 方法的集成模型中可以选择参数量更多且准确率更高的网络,在牺牲硬件资源和降低预测速度的条件下能够进一步提升模型整体对功率放大器个体特征的分类能力。

9.1.3.5　对照实验

为说明本节算法的优势,将基于 VMD 的个体识别方法[11]与本节提出的 Stacking 方法进行对比。由于文献[11]中使用的数据为 ADS-B 数据,为使对比实验有可比性,实验中所使用的数据全部为本节所使用的数据,通过复现文献[11]的算法得到其准确率等数据。

如图 9.14 所示,分别是 model1 代表的 EfficientNet-V0,model4 代表的 EfficientNet-V3,变分模态分解方法以及 Stacking 集成方法在本节数据下产生的预测准确率曲线,横坐标代表-5~5dB 的信噪比,纵坐标代表准确率。可以看出,基于变分模态分解的方法性能低于本节方法且在低信噪比区间几乎没有预测能力,尤其是 2dB 左右算法性能快速下降。本节所使用的基模型能够保持比较高的准确率且在低信噪比区间仍然有 70%以上的准确率。同时,通过观察图 9.14(b)可以看出,Stacking 方法在所有信噪比条件下其准确率都不低于基模型准确率,在某些信噪比条件下其准确率较基模型有明显提高。可以推断出使用 Stacking 方法可以使网络的预测结果更加稳定,且预测性能有一定程度提升。

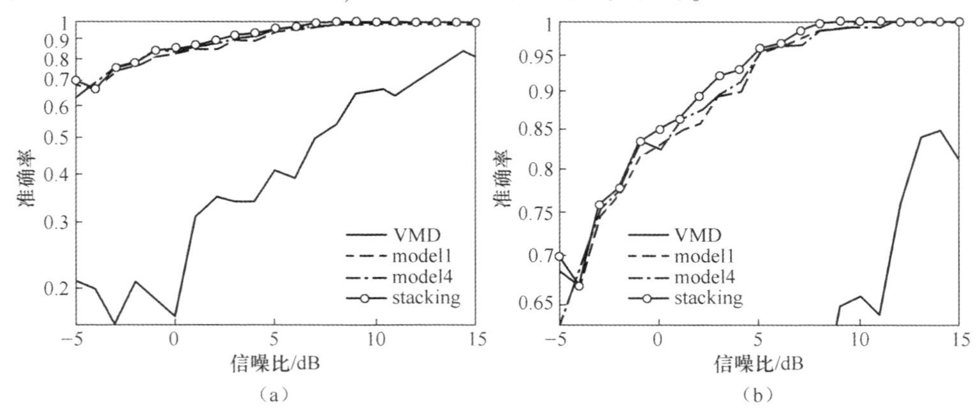

图 9.14　几种算法性能对比图

(a) 全图;(b) 局部图。

如表 9.7 所列,使用 VMD 的个体识别方法在识别速度方面有明显优势,但识别准确率却远不如 Stacking 方法。尤其是在低信噪比的条件下,VMD 的速度优势没有意义。LightGBM 和 XGBoost 两种方法的识别时间并没有很明显的差距,在准确率方面 LightGBM 略微强于 XGBoost。

表 9.7　各种预测方法所需时间

不同算法	时间/s
VMD	0.00467
Stacking(XGBoost)	0.488
Stacking(LightGBM)	0.486

9.2　直接基于 I/Q 数据辐射源个体识别

传统的个体识别算法容易丢失信号所携带射频指纹信息并且容易被不可靠的射频特征干扰。为了解决这些问题,本节提出了一种新颖的基于深度学习技术特定辐射源识别算法。算法利用了时间卷积网络 TCN 和 LSTM 提取时间序列特征的能力,直接从基带 I/Q 信号中提取信息。这种新结构充分保留了数据的完整性,提升了算法提取特征的能力,适用范围更广泛。同时,本节使用了数据增强的方法解决噪声和频率偏移等不可靠特征对识别性能的干扰,能够在一定范围内抵御这些因素的变化造成影响。这种思路是新颖且非常实用的。

9.2.1　算法原理

9.2.1.1　算法概述

接收机接收到的信号形式为一维数据。如果将一维的原始数据通过数学方法变换为二维的形式会损失更多信号携带的信息,增大存储数据的负担,也会增加计算复杂度。所以,将一维信号变换为二维数据的方式是不划算的。

由于深度学习技术的发展,各种神经网络结构均能够直接从一维数据中提取特征。因此,本节针对通信信号的特点,设计了基于一维 CNN 和一维 RNN 的联合识别网络。

如图 9.15 所示,如果将星座图还原为时间序列信号,这些在星座图上的微小变形在一段 I/Q 序列中将更加难区分。从时间序列信号中提取特征的算法必须能够联系时间序列上相邻采样点,有感知更广阔信息的能力。只有这样才能在一长段时间序列信号中放大微小射频指纹特征,而这是神经网络所擅长的。根据以上分析,本节提出了一种信息感受范围更广的网络结构,从而能够从连续的采样点中提取信号的长期特征。

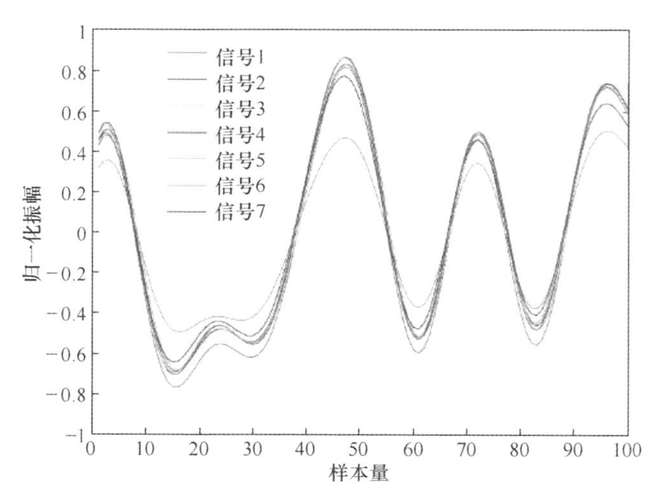

图 9.15　几种不同个体在时域上的波形区别(见彩图)

由于网络模型是用原始的 I/Q 数据训练的,因此,这种方法适用于任何射频指纹识别,不依赖于任何调制方式和协议,具有很好的通用性。但是,包括深度学习方法在内的大多数方法没有考虑信号中不可靠特征对识别结果的干扰。在使用算法提取信号特征时,有些算法将信号中的功率、频率偏移(Frequency Offset,FO)和相位偏移(Phase Offset,PO)等容易改变的特征作为重要的参考特征。然而,功率、FO 和 PO 等特征容易受到人为或环境因素的影响而发生剧烈变化,这些现象在低端设备中尤其明显。当这些特征由于环境或人为等原因发生改变时,算法的识别准确率会急剧下降。所以,提出一种不依靠容易改变的射频特征的鲁棒的算法非常重要。

根据以上分析,本节提出了一种针对正常工作状态下的无线通信设备的特征提取算法,能够根据提取的通信设备的稳态特征分辨特定辐射源。如图 9.16 所示,本节算法直接将原始基带 I/Q 信号作为算法的输入数据,通过设计的网络获取连续序列中存在的可靠特征。本节设计了基于残差网络的时间卷积网络作为整个提取网络的一部分。本节在网络中添加了压缩激励模块(Squeeze-and-Excitation,SE)和膨胀卷积(Dilation Convolution,DC),增强网络对全局信息的控制能力,降低网络参数数量。本节同时使用了 Bi-LSTM[12] 分选信号。LSTM 具有记忆上一时刻的信息并用记忆信息影响下一次分类的能力。Bi-LSTM 比普通的 LSTM 有着更强的全局感知能力,能够更有效地关联连续采样点,从而识别时间基带信号在一段时间内的变化中蕴含的特征。本章通过特征融合方法将两种不同的网络提取的特征融合。之后,本章设计了大量实验验证本章提出的方法,在不需要导频序列等先验信息时的有效性与优越性。本章算法使用了 Focal loss 作为代价函数。这最终提高了网络的预测准确率。由于 FO、PO 和信道噪声的存在会降低预测准确率,本章使用了数据增强的方法解决了这些问题。该方法仅在训练网络时扩充数据,但是在实际预测时降低了预处理过程的复杂度,提高了算法的抗干扰能力。同时,也在一定程度上解决了过拟合问题。

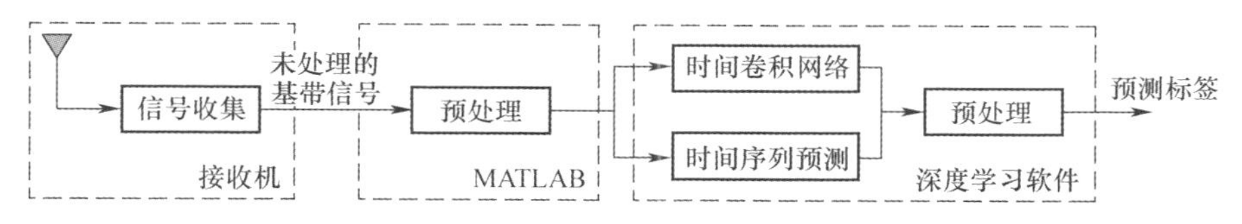

图 9.16　接收机射频指纹处理流程

实验验证了算法在各种的实测数据集中的性能。这些数据集有不同的调制方式和采集环境。证明了算法不会使用 FO、PO 和功率作为识别辐射源个体的特征并且仍然能够有很高的准确率。

9.2.1.2　时间序列网络结构设计

在对射频指纹识别的研究中,很多方法专注于信号特征的变换和提取。这种方法虽然具有一定的有效性,但需要专业的领域知识,并且提取的特征不够全面,泛化能力不高。随着深度学习的发展,网络拥有了更加广阔的感受野,对长期的特征和细节特征的感受能力增强。同时,这种改进所带来的结果是,不需要对数据做过多的预处理,只通过网络就能学习到数据中包含的特征。

为了利用这些深度学习的特点解决问题,本章提出了一种新的网络结构对序列数据信号进行端到端的特征提取。整个网络包含以下 4 个部分。

(1) 使用了包含 5 个残差块的时间卷积网络,每个卷积被修改为膨胀卷积以提高感受野。同时,在最后一个残差块增加 SE block 以增加网络对全局信息的控制能力,自适应地提高可信度高的通道在网络中的权重。

(2) 本章同时使用了 Bi-LSTM 与时间卷积网络并行存在,同时提取同一批信号中的特征。与 LSTM 相比,Bi-LSTM 能更好地利用前后数据之间的联系。

(3) 本章使用数据融合的方法在对 Bi-LSTM 和残差网络的输出进行融合,从而形成了代表射频指纹特征的高维特征向量。

(4) 为了解决网络参数不收敛和分辨相似数据的准确率较低的问题,本章使用了 Focal loss 作为网络的损失函数。

网络具体结构如图 9.17 所示。当数据被输入网络后,数据将被分成两路分别处理。一路是通过时间卷积网络提取特征,另一路是通过 Bi-LSTM 提取特征。本章使用 I/Q 数据和由 I/Q 数据求出的信号相位数据作为输入数据。由于数据为三通道数据,所以网络中的通道数量都设置为三层。其中,信号相位数据是由 I/Q 信号生成的。正交可 I/Q 两路信号中包含有信号的幅度和相位信息。这里提取相位数据是用来辅助网络学习特征,加快收敛速度的。网络的输入数据是固定长度的采样序列。

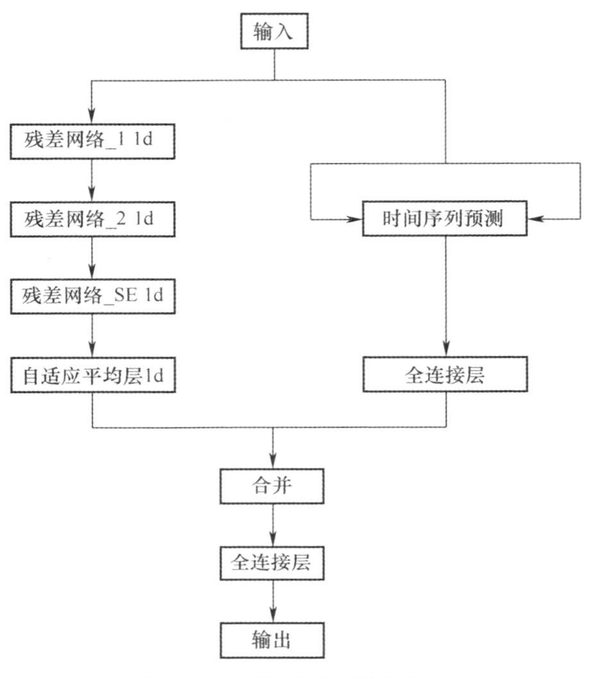

图 9.17　网络结构整体框架图

(1) 时间卷积网络。时间卷积网络是一种用于处理时间序列信号的卷积神经网路。$\boldsymbol{X}_t$ 表示其输入时间序列信号,其中 $\boldsymbol{X}_t \in R^F$ 。$\boldsymbol{X}_t$ 是由 F 个通道组成的向量,它的时间步长 t 代表向量元素的坐标, $0 < t \leqslant T$ 。T 的范围根据算法实际性能以及网络输入结构确定。

本节主要使用了时间卷积网络中的一维卷积神经网络,其表达式如下:

$$\hat{\boldsymbol{E}}_{i,t}^{(l)} = f\left(b_i^{(l)} + \sum_{k=1}^{d} \langle w_{i,k,}^{(l)} \boldsymbol{E}_{t+d-k}^{(l-1)} \rangle\right) \tag{9.14}$$

式(9.14)展示了第 l 层中的激活值 $\hat{\boldsymbol{E}}_t^{(l)} \in R^{F_l}$ 的第 i 个元素与上一层中的激活矩阵 $\hat{\boldsymbol{E}}_t^{(l-1)} \in R^{F_{l-1} \times T_{l-1}}$ 之间的关系。

本节提出的网络结构在一维卷积网络基础上还使用了 ResNet 结构。ResNet 结构与没有恒等映射的结构相比,对数据的变化更加敏感。其只需要很小的权重变化就可以引起网络较大的输出变化,从而更容易优化。如图 9.18 所示,本节使用了 3 种不同的 ResNet 结构。

Conv1D 3×64 s1+p5+d5+BN+relu 代表卷积核大小等于 3 的一维卷积操作,且其输出通道数为 64。pad = 5,stride = 1,dilation = 5。BN and relu 代表批归一化和 relu 激活函数。

图 9. 18 中结构即为图 9. 17 中 ResNet_1 的结构,其使用了残差结构。图 9. 17 中 ResNet_SE 的结构与图 9. 18 中的结构大致相同,主要区别为 ResNet_SE 中的通道数由 64 变为 128,而且 ResNet_2 是由 3 个相同的 ResNet 结构串联而成的。

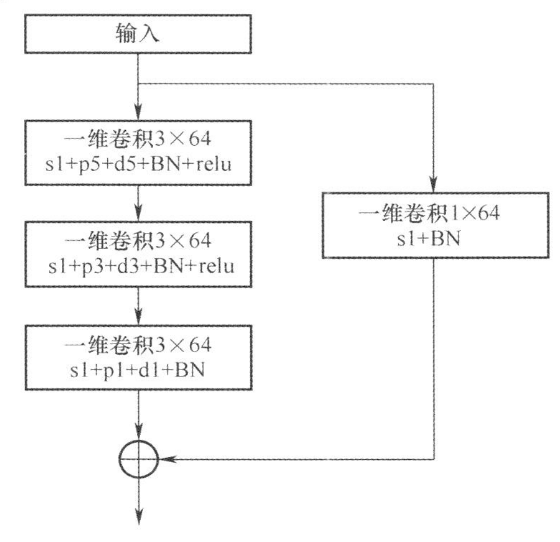

图 9. 18　ResNet_1 结构框图

图 9. 19 中的内容是图 9. 17 中 ResNet_SE 结构的详细说明。它的不同之处是使用了 SE 模块。

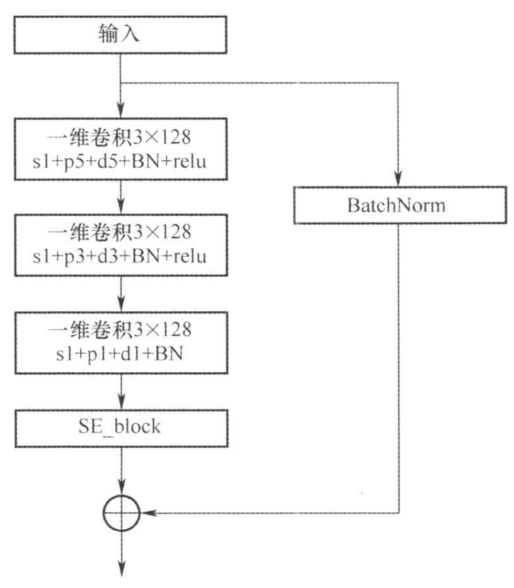

图 9. 19　ResNet_SE 结构框图

SE 模块的核心思想是利用损失函数调整每个通道的权重,给予有效的通道更高的决策权力,降低无效的通道对结果的影响。SE 模块可以根据损失函数指导每个通道权重的变化,即

$$z_c = F_{sq}(u_c) = \frac{1}{W}\sum_{i=1}^{W} u_c(i) \tag{9.15}$$

SE 模块的第一步是 Squeeze 操作,即求得每个通道的池化值,如式(9.15)所示。本节将二维池化改为了一维池化。z_c 代表 C 个通道的数值分布情况,即

$$v = F_{ex}(z, W) = \sigma(g(z, W)) = \sigma(W_2\delta(W_1 z)) \tag{9.16}$$

第二步是 Excitation 操作。由式(9.16)可知,Excitation 操作主要是使数据通过两层全连接层,从而得到每个通道的权重。其中,两层全连接层表示为 $W_1 \in R^{\frac{C}{r}\times C}$ 和 $W_2 \in R^{C\times\frac{C}{r}}$ 。r 是用于降低计算量的缩放参数。δ 代表 relu 层,σ 代表 sigmoid 层。通过全连接层和非线性层,这一步融合了各个通道的特征信息。通过损失函数不断调整特征信息,从而获得了各个通道的权重。最后,如下式所示,通过权重与对应通道相乘得到 SE 模块的最后输出,即

$$\widetilde{x}_c = F_{\text{scale}}(v_c, s_c) = v_c \cdot s_c \tag{9.17}$$

本节使用的网络结构在最后一个 ResNet 块加入 SE 模块,融合各通道信息,进一步提高了模型对全局信息的控制能力。加强网络模型对信号中长期特征的提取能力,也提高了网络预测的准确率。

(2) Bi-LSTM。为了时间序列的采样点之间的关系能够更好地被关联,本章使用双向 LSTM 作为另一种识别网络。Bi-LSTM 是 LSTM 的改进版本,由两个方向完全相反的 LSTM 组成。LSTM 网络的结构与 CNN 截然不同,是另一种处理序列信号的有效手段。LSTM 具有记忆上一次信息的能力,并在记忆信息的影响下改变下一次分类结果。其具体优化过程如下式所示:

$$\begin{aligned}
f_t &= \sigma(W_f \cdot [h_{t-1}, x_t] + b_f) \\
i_t &= \sigma(W_i \cdot [h_{t-1}, x_t] + b_i) \\
\widetilde{C}_t &= \tanh(W_c \cdot [h_{t-1}, x_t] + b_c) \\
C_t &= f_t * C_{t-1} + i_t * \widetilde{C}_t \\
o_t &= \sigma(W_o \cdot [h_{t-1}, x_t] + b_o) \\
h_t &= o_t * \tanh(C_t)
\end{aligned} \tag{9.18}$$

式中:f_t 表示 LSTM 中遗忘门的输出结果,它是由上一个 LSTM 单元的输出信息 h_{t-1} 和当前时刻的输入信息 x_t 连接后经过网络变换得到的;C_t 代表输入门的更新结果;h_t 是输出门的输出结果,也是当前 LSTM 单元的输出结果。

Bi-LSTM 由两个方向相反的 LSTM 堆叠而来,模型同时从一维数据的开始和

结尾接收数据,能够同时利用数据中的当前信息与未来信息,增加了模型可利用的信息。具体结构如图 9.20 所示。

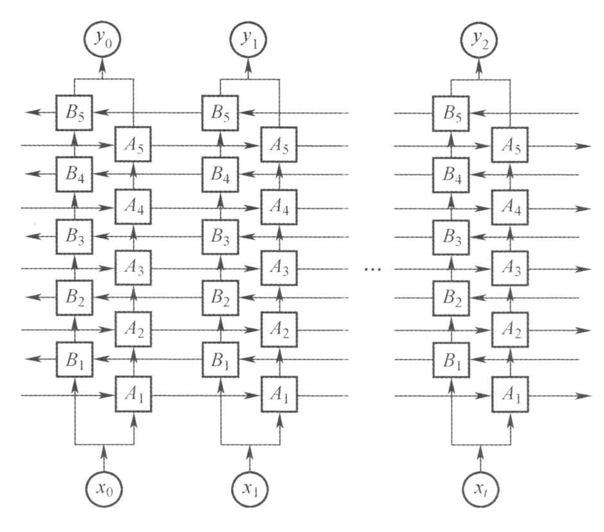

图 9.20　3 层 LSTM 细胞单元堆叠的 Bi-LSTM

如图 9.20 所示,本章使用的是具有 3 个 LSTM 单元堆叠的双向 LSTM。B_n 和 A_n 都各自代表一个 LSTM 单元,$n = 1,2,3$。每个单元隐藏层有 15 个特征维度。双向的 LSTM 改变了模型学习一位数据的顺序,提高了模型学习信号中长期特征的能力。单元中的堆叠结构增加了模型深度,从而提高了模型的特征提取能力。实验显示,该模型与 LSTM 相比在射频指纹识别能力方面有较大改进。

(3) 网络融合。TCN 和 Bi-LSTM 都会输出包含射频指纹信息的特征向量。特征向量中包含的信息是下一步识别射频指纹的依据。由于 TCN 和 Bi-LSTM 两种模型的结构不同,因此,它们输出的特征向量也是不同的。两者的特征向量的维度和含义都是根据自身模型结构的变化而改变的。虽然都包含射频指纹信息,但是包含的信息有很大不同。本章使用连接的方式将两种特征融合,以便之后的分类网络根据融合特征分类。

由于 TCN 和 Bi-LSTM 输出的特征向量维度不匹配,本章首先使用平均池化层或者全连接层将两个特征向量变换为相同维度。之后,本章使用连接的方式在通道维度上将两个特征向量连接。

TCN 和 Bi-LSTM 的输出向量的含义不是一一对应的,相同位置上的特征值包含的含义不同。所以,使用连接的方法连接两个特征向量不会造成信息丢失,且增加的计算量处于可接受范围内。

9.2.1.3 Focal loss 损失函数

由于在信号采集过程中经常会出现各类信号采集数量不平衡的问题和部分样本之间相似性高的问题，本节使用了 Focal loss[13] 作为网络的损失函数。

Focal loss 的作用是数据类别平衡和难样本识别。以二分类为例，Focal loss 的公式为

$$FL(p_t) = -\alpha_t(1-p_t)^{\gamma}\log(p_t) \tag{9.19}$$

式中：α_t 用于控制类别平衡；γ 用于减少容易分类样本的权重以便于着重分类难分类样本。在实验中可以通过调整超参数 α_t 和 γ 使辐射源个体的识别率达到最优。

式(9.19)中，p_t 表达式为

$$p_t = \begin{cases} p & ,y=1 \\ 1-p & ,\text{其他} \end{cases} \tag{9.20}$$

经过实验验证，Focal loss 解决了信号种类过多时，网络收敛困难的问题，提高了这种条件下的模型识别率。

9.2.1.4 数据预处理与数据增强

1）数据预处理

在实际采集数据时，由于发射机发射功率的不同、发射机和接收机之间距离的改变等因素会造成接收信号的功率不同。在算法提取射频指纹特征时，信号功率可能会成为算法提取的重要特征。一般来说，无法知道神经网络提取特征的具体含义。信号功率的不同和可能会成为影响算法识别性能的重要因素。所以在预处理中需要消除信号功率不同带来的影响。使用信号的均方根对信号功率归一化。具体如下式所示：

$$s^*(t) = \frac{s_0(t)}{\sigma_{\mathrm{RMS}}} \tag{9.21}$$

此外，输入信号的序列长度也影响识别准确率。根据前面的分析，信号星座图上体现的形变在短期内很难被观察到。当连续的采样点数越多时，信号隐藏在长期的特征才能够被发现。如图 9.21 所示，本节通过在实测信号上进行不同采样点数的实验验证了这一观点。

图 9.21 展示了 5 种不同片段长度的训练集训练的网络模型的测试结果。所有信号的训练集都加入了 0~25dB 信噪比的高斯白噪声。当信号采样点长度大于 120 时，网络模型的准确率接近 100%，且只有几个低信噪比条件下产生的异常点。当训练数据的长度低于 120 个采样点时，网络的预测性能开始下降。预测结果出现大量准确率较低的异常点。当训练数据长度只有 40 个采样点时，网络出现大量无法分清的信号，导致预测准确率大大降低。网络模型的预测准确率说明了序列数据的长度越长，网络对信号个体的识别性能越好。从而验证了网络的感受范围

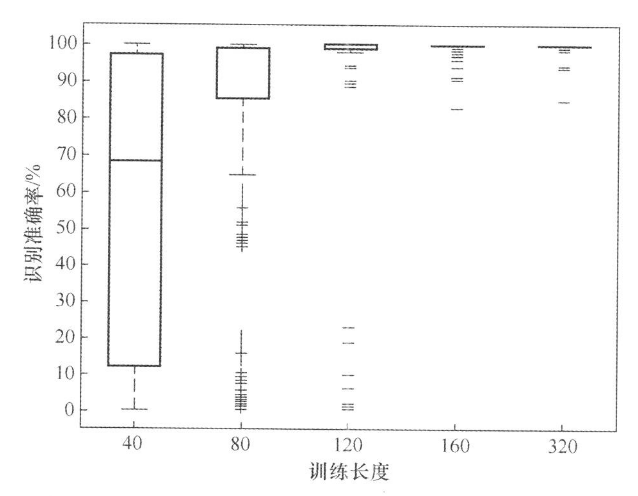

图 9.21　在 0~25dB 下不同序列长度对应的识别准确率

和特征提取能力足够在长度较长的序列上提取信号特征，并且能够在较短的序列上获得不错的识别率。

2）数据增强

在通信辐射源的射频指纹特征提取的过程中，除了信号的功率容易被认为是影响识别准确率的重要因素，接收信号中的 FO 频率偏移和 PO 相位偏移也容易被网络认为是信号的主要特征。这些特征很容易被网络识别、提取，从而使得分类器在最终判断时更容易倾向于根据这些特征的变化进行判断。同时，根据文献[5]所述，FO 在短时间内变化比较剧烈，尤其是低端设备。PO 在重置通信的发射机或接收机时也容易被改变。同时，恶意伪造射频指纹特征时很容易复制 FO 和 PO 特征。所以 FO 和 PO 不适合作为射频指纹特征，需要消除其对网络的影响。

文献[5]中提出了一种针对 FO 和 PO 的估计方法。通过两次估计得出具体的估计值。补偿 FO 和 PO 的偏差为

$$s_{\mathrm{FOPO}}(t) = s_0(t)\,\mathrm{e}^{\mathrm{j}2\pi\Delta f t+\Delta\varphi} \tag{9.22}$$

式中：Δf 为频率偏移；$\Delta\varphi$ 为相位偏移。

本节根据神经网络的特点提出了数据增强的方法解决 FO 和 PO 对算法鲁棒性的干扰。在深度学习领域，数据增强是一种常用的增强算法鲁棒性的方法。一般通过在原始信号中添加噪声等方法产生新的数据，实验验证这种方法能提升网络的泛化能力和鲁棒性。

从另一方面来说，如果在网络提取某种特征时，通过不断改变这个特征的数值，使得网络无法学习到这个特征的固定规律。在这种情况下，网络在选择特征时就不会选择形式不固定的特征。

在本节中,因为 FO 和 PO 容易变化以及被恶意模仿,需要消除 FO 和 PO 在信号中的影响,所以本节提出的方法是将 FO 和 PO 作为噪声,通过随机添加大量不同的 FO 和 PO 到不同的信号片段中去。当训练网络时,FO 和 PO 这两个特征的值不断变化。网络无法学习到固定的 FO 和 PO 特征,从而忽视 FO 和 PO 这两种特征。借鉴文献[14]测量的结果,本章使用的实测数据的 FO 处在从 0kHz 到 200kHz 的范围以内。所以在添加随机 FO 时只需要控制 FO 在此区间内即可。

此外,本节还通过向基带 I/Q 信号中增加高斯噪声的方法实现数据扩增。

3) 数据处理流程

根据本节算法设计,在训练网络模型之前需要完成数据预处理和数据扩增。这种预处理方法可以避免数据中的平均功率、FO、PO 和信噪比等特征的影响。与其他补偿算法相比,本算法在实际应用时减少了复杂的参数估计过程。本节的算法只在网络训练时增加了计算量。算法的具体处理流程如下。

(1) 获得一段长度为 M 个采样点的稳态基带 I/Q 信号,按照式(9.21)将信号的功率归一化。

(2) 将长度为 M 的信号裁剪成多个长度为 N 的信号片段, $N \leqslant M$ 。

(3) 按照式(9.22),给每个长度为 N 的信号片段添加随机的 FO、PO 和高斯噪声。其中 FO 的分布为 0~200kHz 的均匀分布,高斯噪声与信号的信噪比为 0~25dB。

(4) 根据长度为 N 的 I/Q 信号,计算每对正交数据的相位,形成长度为 N 的相位数据。

(5) 将每个长度为 N 的 I/Q 信号和其相位数据作为一组。在训练时将数据按照比例划分训练集和测试集。

9.2.2 实测数据集介绍

本节选择了文献[14]使用的开源数据集。该开源数据集使用 16 个 USRP 310 发射机发射的无线信号,通过 MATLAB WLAN 工具箱生成符合 IEEE 802.11a 标准的帧,以 2.45GHz 的射频频率经过无线空中传输到接收端。X310 USRP SDR 每个数据帧中包含了相同的地址数据以及随机生成的不相同的信息数据。信号传输的环境是室内环境,具有信道衰落与多径干扰现象,如图 9.22 所示。接收机和发射机之间的间隔距离从 2ft 增加到 62ft,间隔 6ft。数据集使用相同的 B210 无线电接收机接收信号。B210 接收机以 5MSample/s 的采样率对射频信号采样,并将射频信号变换到基带 I/Q 数据,把基带信号作为识别射频指纹的原始信号。

为了验证本节算法的鲁棒性,本章还使用了文献[5]中使用的部分 ZigBee 数据集验证了本节算法在使用其他协议的数据集上的鲁棒性和通用性。该数据集使用 5 种不同的 ZigBee 设备发射无线信号。使用 Ettus Research N210 USRP 设备接

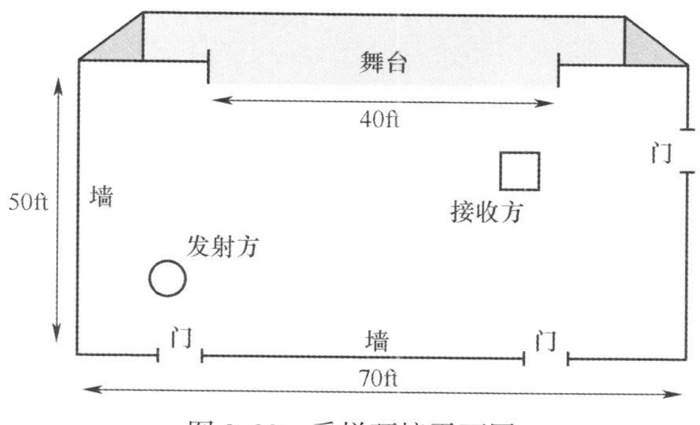

图 9.22　采样环境平面图

收信号。ZigBee 设备的 I/Q channel chip rate 是 1Mb/s。Ettus Research N210 USRP 设备的采样速率是 10MSamples/s。ZigBee 设备使用的是符合 IEEE 802.15.4 标准的数据格式，其使用的是 offset quadrature phase-shift keying (OQPSK)调制方式 。同时使用 direct-sequence spread-spectrum(DSSS)技术和 half-sine chip shaping 的波形变换。ZigBee 信号调制方式与上一种信号不同，但发射环境相似。之后信号被接收设备接收并下变频到基带。

本节使用了多种符合 IEEE 标准的实测数据集和 QPSK 仿真信号验证了算法的性能。这些数据集所使用的 IEEE 标准在生活中被广泛使用并被很多机构研究[15-21]。实验结果说明了本章算法在基带信号的射频识别方面具有普适性和通用性。本节算法不需要做任何针对某种数据的特殊处理就可以很好地识别射频指纹。

9.2.3　实验与分析

如上文所述，射频指纹特征中存在一部分显著的特征。环境和恶意攻击者容易改变或伪造这些特征，从而使一般算法失效。在去除信号中容易受到攻击的特征后，实验证明了算法在忽略部分显著特征后仍然能够提取其他射频指纹特征并达到了很高的准确率。

在图 9.16 中，接收机将接收信号降频到了基带并且转换为了数字信号，之后使用 MATLAB R2018b 预处理信号，具体流程如图 9.23 所示。实验使用 Python 3.5.2 和 Pytorch 1.1.0 建立 Bi-LSTM 和 TCN 联合模型并在预处理信号的基础上训练网络模型。所有实验均使用 Intel Xeon Silver 4110 CPU，NVIDIA Tesla V100 和 Ubuntu 16.04 LTS 所搭建的环境。

本节用实验验证了 Bi-LSTM 和 TCN 两种模型提取时间序列信号中射频指纹特征的能力。实验同时说明了这两种网络都能够有效处理在多种条件下的不同长度信号。在模型融合之后,网络关联信号上下文的能力和提取隐藏特征能力均进一步提高。

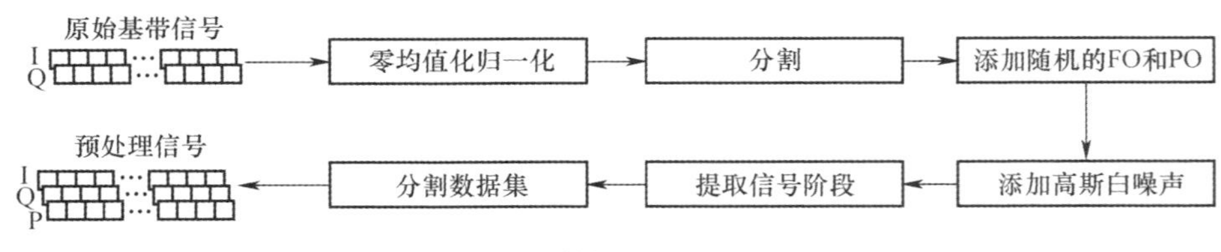

图 9.23 数据预处理流程图

9.2.3.1 准确率混淆矩阵

如图 9.24 所示,当信号长度大于 120 个采样点时,算法的识别准确率均接近 100%。为了展示算法识别每个个体的具体情况,图 9.24(a)和(b)分别绘制了在长度等于 160 和长度等于 80 时的算法识别准确率的混淆矩阵。

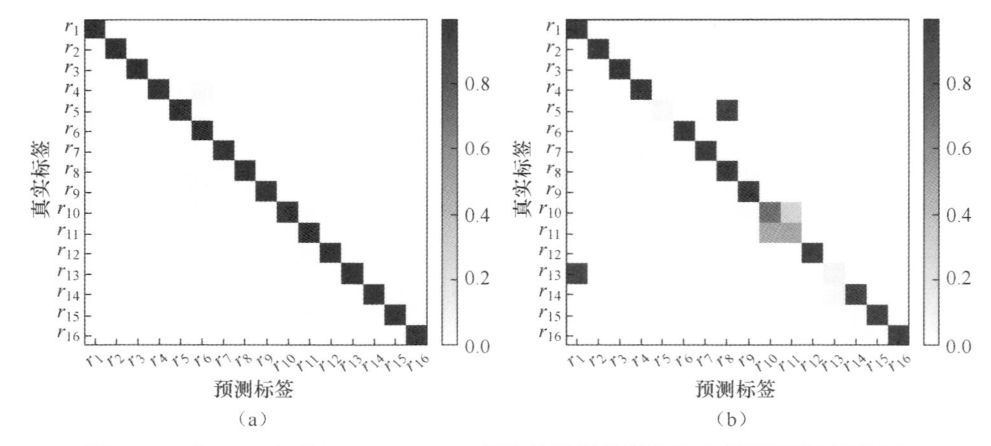

图 9.24 在 0~25dB 下 IEEE 802.11a 标准的数据分类准确率混淆矩阵(见彩图)

(a) 信号长度为 160;(b) 信号长度等于 80。

如图 9.24(a)所示,当数据足够长时,网络的识别性能接近完美,网络能够将每个个体完全分开。个体之间不会产生混淆。这说明,在去除信号功率、FO 和 PO 等显著特征后,不同个体间依然存在能够表现差异的射频指纹。这些指纹的特点是很难被恶意攻击者利用。算法识别准确率较高也同时说明了算法能够准确提取隐藏的射频指纹特征,这体现了算法的有效性和提取射频指纹特征的鲁棒性。

如图 9.24(b)所示,当数据长度变短时,网络的识别性能不断变差,网络开始出现很难区分部分个体的情况。个体之间产生混淆的现象。这种现象说明了短信号有时会非常相似。出现这种现象的原因是采样点减少导致网络模型可关联的上下文信息减少,因此,网络可以提取的长期特征减少。算法在信息量减少的情况下很难高准确率地识别，所以算法容易将某些信号混淆。但是这种情况也同时说明了本章网络模型关联信号中数据的强大能力，能够在很短的信号中提取不显著的射频指纹特征。

9.2.3.2　信噪比对准确率的影响

如图9.25所示，当信噪比大于0dB时，各信号的准确率接近100%。算法在-5~0dB间性能开始下降，这反映出算法预测的稳定性和优秀的抗噪声能力。

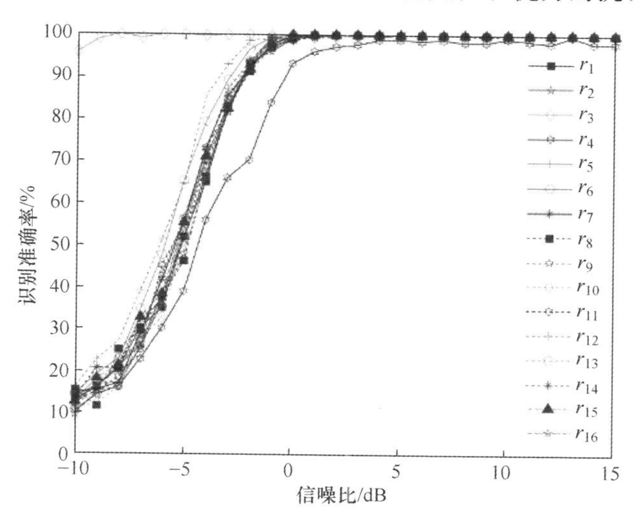

图9.25　IEEE 802.11a标准下的16种个体识别性能

9.2.3.3　算法抵抗FO PO干扰的性能验证

为了详细说明信号功率、FO和PO等特征对算法识别性能的影响，本节设计实验展示了当算法没有通过数据增强方法忽略这些特征时算法的识别性能。本节使用长度等于160的IEEE 802.11a实测信号并且设置了对照实验。一组数据使用数据增强的方法随机改变FO和PO并归一化功率，另一组数据不使用数据增强方法。两组数据分别作为网络的训练集。同时，建立使用两组数据作为测试集测试两个网络训练结果。两个网络在不同信噪比下的识别准确率对比结果如图9.26所示。

图9.26(a)展示了具有FO、PO和功率干扰的数据集测试网络的混淆矩阵。该网络模型使用了数据增强方法产生的数据集作为训练集。图9.26(a)中，每种信号都与其他信号发生了不同程度的混淆现象。在图中表现为混淆矩阵对角线上的元素数值较小。大部分非对角线元素都不等于零，且预测的偏差是呈现随机分布。由结果可见，当不使用数据增强方法时，算法遇到FO和PO等问题会造成算法预测性能急剧下降。图9.26(a)与(b)结果对比，这体现了数据增强方法在SEI

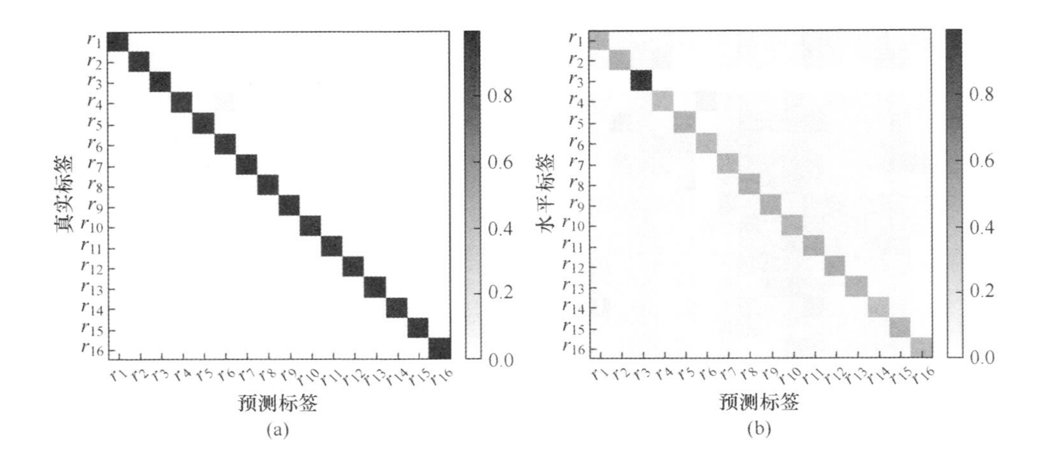

图 9.26　数据扩充方法对算法的影响图(见彩图)

(a) 有数据增强的模型在无数据增强的测试集测试;

(b) 无数据增强训练的模型在有数据增强的测试集测试。

中的重要性。

图 9.26 (b)展示了使用数据增强方法的算法的混淆矩阵。与图 9.26 (a)不一样的是,该混淆矩阵使用的无 FO 和 PO 的数据作为测试集。该结果与图 9.24(a)结果基本一致,算法的准确率保持在较高水平。这说明使用数据增强方法训练出来的网络在预测正常数据时不会产生偏差。数据增强对网络原本的预测能力无影响。

9.2.3.4　在两种数据集上的性能与其他算法比较

为了验证本节算法预测不同协议或不同调制方式的信号的准确率,本节使用之前提到的 ZigBee 数据作为新数据集来测试算法的性能。该数据集的预处理方式与之前完全相同。预处理之后得到了训练集和测试集。本节使用训练集训练本章提出的网络模型,使用测试集测试结果。得到的结果如图 9.27 所示。

如图 9.27 所示,当信噪比大于 10dB 时,算法准确率保持在较高水平且曲线波动较小。当信噪比小于 10dB 时,准确率曲线开始稳定下降。当信噪比处于 0dB 时,所有信号的预测准确率均在 70%以上。这些现象说明本章算法在 ZigBee 数据集上也能发挥很好的预测性能,证明算法具有很好的鲁棒性。本节得出的结论是当算法迁移应用到其他数据集上时,不需要改变算法处理步骤也能实现准确预测,这说明了算法具有良好的通用性。

比较结果分析:本节比较了该算法与其他算法的识别性能,并在表 9.8 中做出总结。

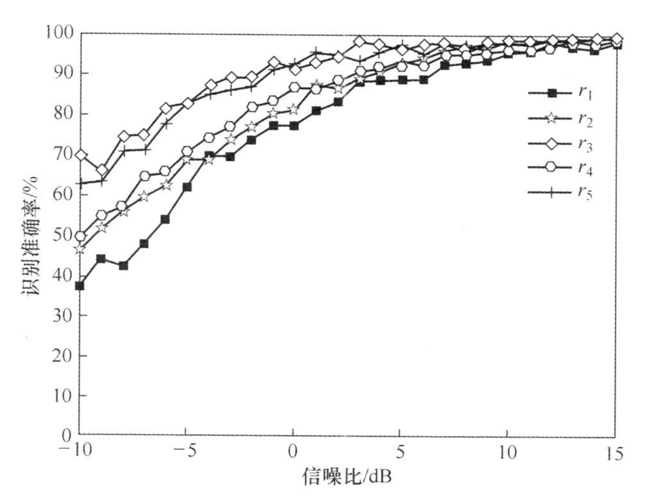

图 9.27　5 个 ZigBee 设备的识别率曲线图

表 9.8　与其他算法的性能比较

算法	数据格式	设备数量	实验环境	准确率	数据长度	特征使用
本节方法	IEEE 802.15.4	5	0.6m	99.59%	2 Symbols	不使用频偏和相偏特征
Patel 等[16]	IEEE 802.15.4	6	10dB AWGN	90%	1280 Symbols	使用频偏和相偏特征
Dubendorfer 等[17]	IEEE 802.15.4	9	10dB AWGN	90%	1000 Symbols	使用频偏和相偏特征
Knox 等[18]	IEEE 802.15.4	5	1.5m	97%	2000 Symbols	使用频偏和相偏特征
Wang 等[19]	IEEE 802.15.4	6	0.1m	100%	1000 Symbols	使用频偏和相偏特征
Peng 等[15]	IEEE 802.15.4	54	1~3m	96%	120 Symbols	使用频偏和相偏特征
J. Yu 等[5]	IEEE 802.15.4	54	1m	97%	8 Symbols	不使用频偏和相偏特征
9.1.2 节方法	IEEE 802.15.4	5	0.6m	78%	5 Symbols	使用频偏和相偏特征
9.1.3 节方法	IEEE 802.15.4	5	0.6m	87%	5 Symbols	使用频偏和相偏特征
9.2 节方法	IEEE 802.11a	16	0.6m	99.54%	160 Samples	不使用频偏和相偏特征

续表

算法	数据格式	设备数量	实验环境	准确率	数据长度	特征使用
S. Aneja 等[20]	IEEE 802. 11a	3	1m	86. 70%	NA	使用频偏和相偏特征
V. Brik 等[21]	IEEE 802. 11a	138	5~25m	99%	4 Frames	主要使用频偏和相偏特征
K. Sankhe 等[14]	IEEE 802. 11a	16	0. 6m	98. 60%	128 Samples	不使用频偏和相偏特征

其中细节的讨论如下。

(1) 使用数据长度。本节算法的输入数据长度可以改变。一般来说,采样点数量越多,网络预测得越准。在输入采样点很少的情况下,准确率可以很高。与其他算法相比,在相同准确率下,所需的采样点数量最少。在算法实际应用时,这一优点可以缩短接收机采样时间。

(2) 移除 FO 和 PO。本节算法将信号中 FO 和 PO 等不可靠特征去除。在去除这些容易成为分辨辐射源个体主要依据的特征后,算法依然能够达到较高准确率。算法能够从其他隐藏特征中提取与个体分类相关的特征。

(3) 准确率。本节算法的准确率优于大部分算法。与其他算法相比,本节使用短信号预测,且信号去除不可靠显著特征。在这种情况下,本节算法依然能够达到较高准确率。

(4) 设备数量适中。本节使用的数量较多的设备验证算法性能。不同设备之间有微小差异。使用更多数量的设备才能够准确测试算法的平均性能。同时,设备数量越多,提取的特征相似的概率越大。本节使用的设备数量符合实际应用时的需要。

(5) 只需要在训练阶段增加工作量。不需要像其他算法一样,在测试时使用复杂方法估计参数。

(6) 本节设计了大量实验验证本章提出的方法在不需要信号中的特定序列时的有效性与优越性。

同时,本节在表 9. 8 中讨论了 9. 1 节中方法使用本节的实测数据集时的性能。其中,9. 1. 2 节和 9. 1. 3 节的方法在实测数据集上的表现较仿真数据上的性能有所降低。这是由于仿真数据过于理想,并且仿真数据是针对功率放大器的指纹特点产生的,其中不包含其他器件的干扰。实测数据中是包含所有辐射源内部器件的指纹,同时实测数据还受到信道的影响。所以,这两种方法在实测数据集中的性能略微下降。同时,9. 1. 2 节和 9. 1. 3 节的方法性能比本节的方法性能低。这是由于在预处理阶段造成了信号中信息的丢失。当信号被不同预处理方法处理后,信号中的信息就会出现不同程度的丢失。尤其是当信号被转换成二维数据后,二维数据的储存过程会大量损失信号携带的信息，这造成了算法识别性能的降低。这些现象都表明了本节算法在处理复杂度和算法性能方面都比 9.1.2 节和 9.1.3 节的方法有所进步。但是，使用预处理提取功率放大器的非线性特征以抵抗信道干扰仍然是个体识别领域的一个研究方向，具有很强的现实意义。

9.2.3.5　TCN、LSTM 和联合网络性能比较

如图 9.28 所示，LSTM 和 TCN 两种网络均能在数据集上取得较高的预测准确率。尤其在-5dB 到 0dB 的低信噪比时，网络依然能够保持较高准确率。两种网络的混淆矩阵的分布比较有规律，没有出现网络完全混淆两种射频指纹的现象。这说明了 LSTM 和 TCN 都具有提取 I/Q 数据特征的强大能力。

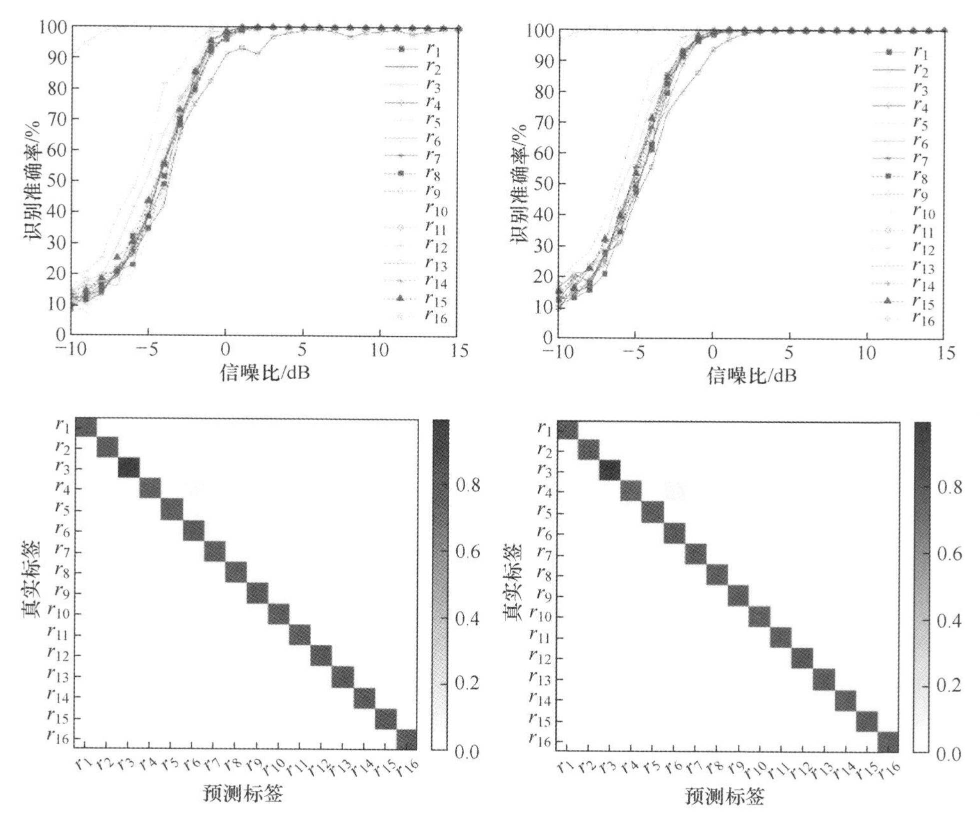

图 9.28　TCN（左）与 LSTM（右）的准确率曲线图和混淆矩阵（见彩图）

本节算法使用融合技术将 TCN 和 LSTM 提取的特征融合。之后，算法使用融合特征联合预测不同的辐射源个体。图 9.29 展示了 TCN、Bi-LSTM 和联合网络模型分别在 $\gamma=2$ 或 $\gamma=5$ 时的准确率曲线。在所有情况下，联合网络模型的准确率曲线高于 TCN 的准确率曲线，TCN 的准确率曲线高于 Bi-LSTM 的准确率曲线。

当信噪比大于 5dB 时,3 个网络的预测准确率非常接近,且保持在较高水平。当信噪比为-10~0dB 时,联合网络模型的准确率比其他两种网络的准确率高。特别是当 $\gamma=5$ 时,联合网络模型的准确率比其余网络准确率高 3%~6%。当 $\gamma=2$ 时,联合网络模型的准确率最高也能比 TCN 和 Bi-LSTM 提高 1.5%。这证明了本节算法在融合两种网络后既能够在高信噪比时保持较高准确率,也能在低信噪比时提高预测能力,说明了该算法的有效性和必要性。

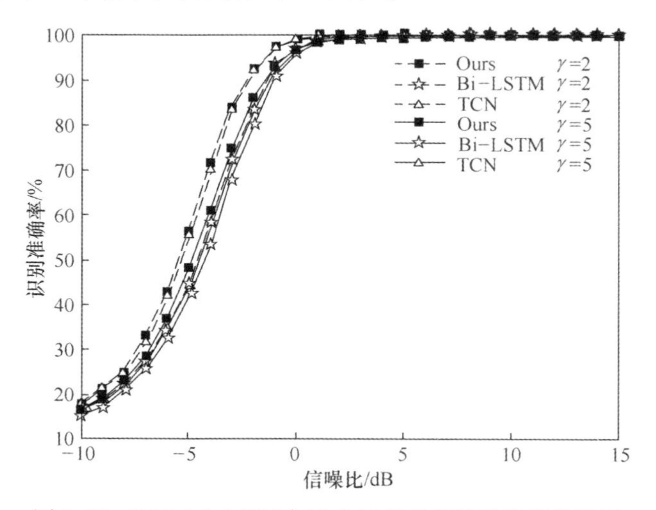

图 9.29 TCN、Bi-LSTM 与融合网络的预测准确率曲线图

图 9.30 展示了 3 个网络训练时的 loss 曲线。3 种网络的 loss 曲线都能够快速收敛,体现了本网设计的 3 种网络的良好的特征学习能力。其中,本章设计的联合

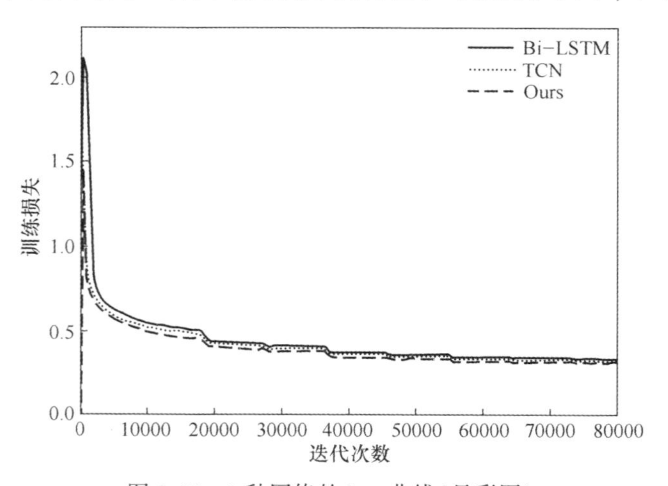

图 9.30 3 种网络的 loss 曲线(见彩图)

网络模型收敛效果最好,loss 最小。这与图 9.29 中,联合网络模型的准确率最高的结果相符。

9.3.3.6 focal loss 的超参数对性能的影响

根据 9.2.1 节,focal loss 中的 γ 参数可以影响网络识别数据集中 hard examples 的性能,从而影响最终的准确率。图 9.31 展示了 7 种不同 γ 下,网络的预测结果。其中 $\gamma=1$、$\gamma=2$ 和 $\gamma=3$ 时的准确率相似且都处于较高水平。$\gamma=2$ 时的准确率曲线在 0~10dB 时高于其他两种曲线。其他准确率曲线都远低于 $\gamma=2$ 时的曲线。当 $\gamma=0.5$ 时,网络开始出现不收敛现象。这与使用交叉熵作为 loss 曲线的现象一致。因为当 $\gamma=0$ 且 $\alpha_t=1$ 时,focal loss 就变为了交叉熵。

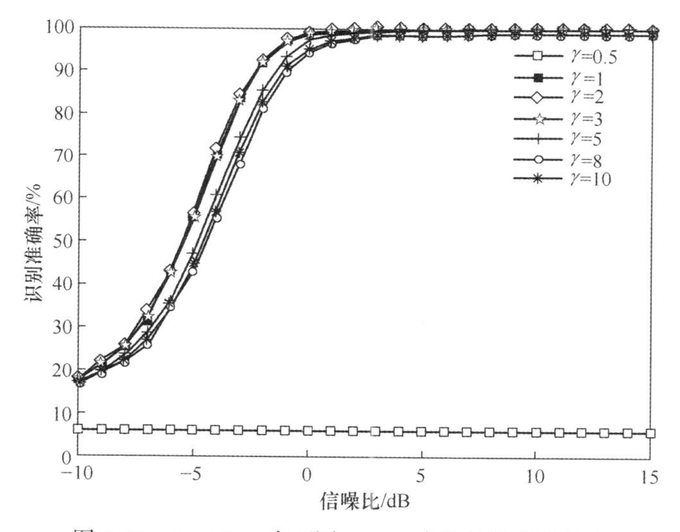

图 9.31 focal loss 中不同 gamma 参数的准确率曲线

9.3.3.7 t-SNE

本节利用 t-SNE 来观察二维图像特征的聚类结果。图 9.32(a)展示了清晰的不同信号的集群,大部分信号都能与同类型信号聚集在一起。具有相同颜色的点可以聚类,这些点属于同一设备,不同颜色的点之间有明显的界限。

由于采用降维算法,许多高维信息在低维中消失。因此,在二维图像上混合的一些点在高维中也可能具有清晰的边界,如图 9.32(a)中标记的点。为了说明本节的方法提取的特征可以用来区分不同的设备,本节只对图中标记的两类点使用 t-SNE。这两个设备之间的界限在图 9.32(b)中是清楚的。这证明了用本节的方法提取的特征可以在高维上清晰地划分出两个器件。因此,本节的方法仍然可以很好地区分这两种器件,这说明该方法提取的特征可以扩大差异,很好地区分不同的设备。

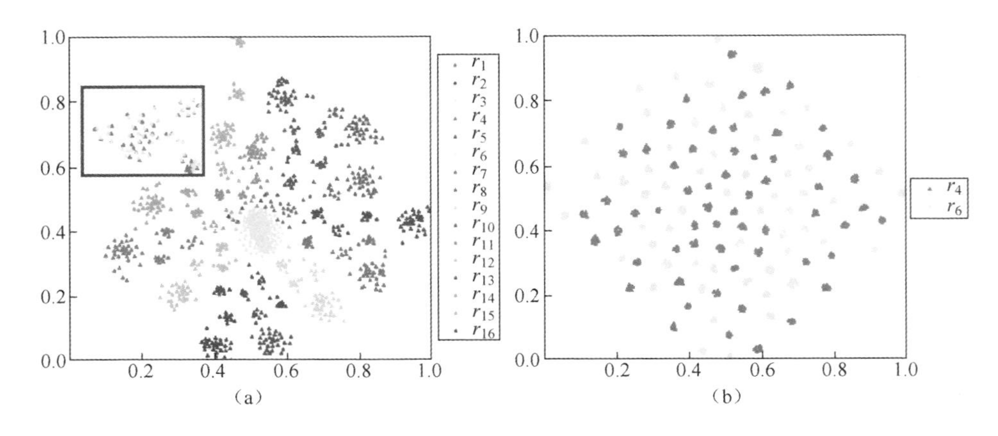

图 9.32 t-SNE 图

(a) 16 种信号的 t-SNE 图;(b) 信号 4 和 6 的 t-SNE 图。

9.3 本章小结

本章首先介绍了通信辐射源内部产生指纹特征的主要器件及其辐射源指纹特征的产生原理,主要包括 I/Q 调制器、中频滤波器、振荡器和功率放大器等。同时介绍了发射机和接收机之间的频率偏移和相位偏移对指纹特征造成的影响。最后,通过以上分析得出神经网络结构的设计思路与方向。

随后,9.1.2 节结合传统预处理方法和深度学习技术,针对功率放大器产生的非线性指纹特征对信号整体影响最强烈这一特点,研究使用卷积神经网络提取信号特征的能力。首先,使用循环自相关技术将原始信号转换为二维形式的频谱图。其次,基于残差网络设计深度卷积网络提取二维数据的特征并通过网络最后的全连接层对提取的特征进行分类。最后,通过实验验证了算法在识别不同个体设备时的识别准确率以及算法抵抗高斯白噪声干扰的能力。

9.1.3 节在 9.1.2 节基础上进一步提高算法的识别性能和抗噪能力的方法。针对单个神经网络提取特征能力有限和抗噪声能力不强的问题,研究使用参数更少的卷积神经网络模型提取特征,并且使用 Stacking 方法集成多个子网络提取的特征。通过联合多个结构不同的网络的方式使各个网络提取的特征能够互相补充,使算法能够选取更能代表信号类别的特征,降低可信度低的特征,进而提高网络的识别性能和提升网络的抗噪声干扰能力。通过实验验证,单个子网络的识别性能有所提高,且联合后的算法的整体性能远高于单个网络的性能。

最后,9.2 节通过不同的数据集验证了 3.4.1 节中的方法,并对 3.4.1 节的实验进行了扩展。针对二维数据转换过程中占用资源多的问题,提出了使用一维神经网络提取信号特征的方法。首先,基于残差网络建立一维卷积神经网络,并使用SE模块和膨胀卷积等方法提高网络感受野和全局信息控制能力,降低网络参数量。其次,改进LSTM结构,使用双向结构和深层结构提高网络的全局信息控制能力。最后,将卷积网络和LSTM的输出并联,提升总体性能。除此之外,还提出了使用数据扩充的方法提高网络抵抗频率偏移和相位偏移的能力。通过实验验证,该方法能够有效节省运算和存储资源,能够达到较高的个体识别能力,同时,也能够有效抵抗频偏和相偏对个体分类的影响。

参考文献

[1] Peng L,et al. Deep Learning Based RF Fingerprint Identification Using Differential Constellation Trace Figure[J]. IEEE Transactions on Vehicular Technology,2019,69(1):1091-1095.

[2] Pan Y,Yang S,Peng H. Specific Emitter Identification Based on Deep Residual Networks[J]. IEEE Access,2019,7:54425-54434.

[3] Angrisani L,D'Arco M,Vadursi M. Error Vector-based Measurement Method Ror Radiofrequency Digital Transmitter Troubleshooting[J]. IEEE Transactions on Instrumentation and Measurement, 2005,54(4):1381-1387.

[4] Sridharan G. Phase Noise in Multi-carrier Systems[J]. M. S. Thesis, Dept. Electron. Eng, Toronto Univ, Toronto, Canada, 2010.

[5] Yu J, Hu A, Li G, et al. A Robust RF Fingerprinting Approach Using Multi-Sampling Convolutionall Neural Network[J]. IEEE Internet of Things Journal,2019,6(4):6786-6799.

[6] 黄知涛. 循环平稳信号处理及其应用研究[M]. 长沙:国防科技大学出版社,2007.

[7] 钟天宇. 基于噪声鲁棒性的通信信号调制模式识别方法研究[D]. 哈尔滨:哈尔滨工业大学,2016.

[8] Robyns P,et al. Physical-layer Fingerprinting of LoRa Devices Using Supervised and Zero-shot Learning[C]// Proc. ACM Conf. Security Privacy Wireless Mobile Netw. (WiSec), Boston, MA, USA,2017,58-63.

[9] 唐智灵,杨小牛,李建东. 基于顺序统计的窄带通信辐射源指纹特征抽取方法[J]. 电子与信息学报,2011,33(05):1224-1228.

[10] Tan M, Le Q V. EfficientNet: Rethinking Model Scaling for Convolutional Neural Networks [Online]. https://doi. org/10. 48550/arXiv. 1905. 11946.

[11] 刘明骞,颜志文,张俊林. 空中目标辐射源的个体识别方法[J]. 系统工程与电子技术, 2019,41(11):2408-2415.

[12] Huang Z, Xu W, and Yu K. (2015). Bidirectional LSTM-CRF Models for Sequence Tagging. [Online]. Available: https://arxiv. org/abs/1508. 01991.

[13] Lin T Y, Goyal P, Girshick R. Focal Loss for Dense Object Detection[C]// Proc. ICCV, Venice,

Italy, 2017, pp. 2980–2988.

[14] Sankhe K, et al. ORACLE: Optimized Radio Classification through Convolutional Neural Networks [C]// Proc. INFOCOM 2019: Paris, France, 2019: 370–378.

[15] Peng L, et al. Design of a Hybrid RF Fingerprint Extraction and Device Classification Scheme [J]. IEEE Internet of Things Journal, 2018, 6(1): 349–360.

[16] Patel H, Temple M A, Ramsey B W. Comparison of Highend and Low-end Receivers for RF-DNA fingerprinting[C]// Proc. IEEE Military Commun. Conf. (MILCOM), Baltimore, USA, Oct., 2014: 24–29.

[17] Dubendorfer C K, Ramsey B W, Temple M A. An RFDNA Verification Process for ZigBee Networks[C]// Proc. IEEE Military Commun. Conf. (MILCOM), Orlando, FL, USA, Oct./Nov., 2012: 1–6.

[18] Knox D A, Kunz T. Wireless Fingerprints inside a Wireless Sensor Network[J]. ACM Trans. Sensor Networks, 2015, 11(2): 1–30.

[19] Wang W, Sun Z, Piao S, et al. Wireless Physicallayer Identification: Modeling and Validation [J]. IEEE Trans. Inf. Forensics Security, 2016, 11(9): 2091–2106.

[20] Aneja S, Aneja N, Islam M S. IoT Device Fingerprint Using Deep Learning [C]// Proc. IOTAIS, Bali, 2018: 174–179.

[21] Brik V, Banerjee S, Gruteser M, et al. Wireless Device Identification with Radiometric Signatures [C]// Proc. 14th ACM Int. Conf. Mobile Comput. Netw, 2008: 116–127.

第 10 章　基于生成对抗网络的小样本通信辐射源个体识别

本书第 4 章介绍了 GAN 及其在信号调制识别上的应用,充分体现了其对抗思想和生成能力在信号识别问题上的优势。不同于一般的神经网络,GAN 在调制识别领域的应用主要体现在数据量的优势上,在利用神经网络对调制信号进行分类识别的过程中,一般的神经网络更多地侧重于各个信号之间的差异性,对信号之间的共性并没有太多的研究。GAN 则是从信号之间的异同点出发,一方面可以生成虚假的信号扩充数据集,另一方面在生成数据的过程中又可以对不同类别的信号特征进行学习从而达到分类的目的。在此过程中,GAN 展现出的强大数据生成能力令人印象深刻,本章将利用 GAN 在数据生成方面的优势,研究小样本条件下的通信辐射源个体识别问题。

如 9.1 节、9.2 节所述,基于深度学习方法的辐射源个体识别算法可以取得较高的识别准确率,拥有很好的鲁棒性和泛用性。但是这一方法需要大量的样本进行训练,而在战场或极端环境下很可能无法收集到足够的信号样本,这一情况会导致网络训练难以收敛,容易过拟合,从而造成网络个体识别性能的下降。针对缺少训练样本问题,一种常见且有效的做法是对原有数据集进行数据增强,如通过翻转、旋转、裁剪等方法对原有样本进行处理,可以有效地降低网络过拟合的概率。此外,还可以使用生成式模型生成样本进行数据增强,模型学习样本数据分布,生成与训练样本分布一致的样本,高质量生成样本的加入可以有效提升模型的泛化性能。相对于其他生成式模型,GAN 的主要优势有两点:一是通过大量的实践和应用证明,GAN 生成的样本质量更好,相对于 VAE、深度玻耳兹曼机等生成模型,GAN 的生成器没有变分下界,只要生成器训练得足够好,理论上生成样本可以完美接近真实样本;二是 GAN 的生成器可以训练任何生成网络,其他生成网络大多要求生成器为特定的形式。GAN 可以在小样本条件下充分发挥其数据增强功能,取得较大的识别准确率优势。因此,本章主要研究小样本条件下基于生成式对抗网络的辐射源个体识别算法。

10.1 基于 PACGAN 与差分星座轨迹图的辐射源个体识别

10.1.1 差分星座轨迹图

如图 9.2 所示,信号的星座轨迹图可以全面衡量接收信号的特征,但是在实际应用过程中,由于接收机和发射机之间的载频存在一个频率偏差,直接使用过采样信号制作星座轨迹图会使得基带信号每一个采样点随采样位置不同产生不同的旋转因子,导致产生的星座轨迹图无法用于射频指纹的提取。具体分析过程如下。

发射机发射信号公式如下式所示:

$$S(t) = X(t)\mathrm{e}^{-\mathrm{j}2\pi f_{cTx}t} \tag{10.1}$$

式中:$X(t)$ 为发射机的基带信号;f_{cTx} 为发射机的载波频率;$S(t)$ 为发射机发送的信号。假设在理想射频电路和信道下,接收机收到信号 $R(t)=S(t)$ 。接收机将信号进行下变频得到基带信号为

$$Y(t) = R(t)\mathrm{e}^{\mathrm{j}2\pi f_{cRx}t+\varphi} \tag{10.2}$$

式中:f_{cRx} 为接收机的载波频率;φ 为接收机接收信号与发送信号之间的相位误差。实际环境中,由于 $f_{cTx} \neq f_{cRx}$,接收机下变频获得基带信号为

$$Y(t) = X(t)\mathrm{e}^{\mathrm{j}2\pi\theta t+\varphi} \tag{10.3}$$

式中 $\theta = f_{cRx} - f_{cTx}$,即接收机和发送机两端载波频率之差。

如式(10.3)所示,频率偏差 θ 的存在使得基带信号中的判决采样点中含有旋转因子 $\mathrm{e}^{\mathrm{j}2\pi\theta t}$,判决采样点位置 t 的不同将会旋转星座轨迹图,从而无法顺利提取设备的射频指纹。

传统方法采用频率偏差和相位偏差的估计来对接收到的信号进行补偿,从而获得稳定的星座图,这种做法限制较多,如需要知道信号的相应参数以进行计算。文献[1]提出的基于差分星座轨迹图的射频指纹提取方法思路如下:由于我们的目的不是解调出信号,而是提取信号的射频指纹,因此,可以考虑对接收到的信号按照一定的时间间隔进行差分处理得到稳定的星座轨迹图。差分公式如下式所示:

$$\begin{aligned} D(t) &= Y(t) \cdot Y^*(t+n) \\ &= X(t)\mathrm{e}^{\mathrm{j}2\pi\theta t+\varphi} \cdot X(t+n)\mathrm{e}^{-\mathrm{j}2\pi\theta(t+n)-\varphi} \\ &= X(t) \cdot X(t+n)\mathrm{e}^{-\mathrm{j}2\pi\theta n} \end{aligned} \tag{10.4}$$

式中:Y^* 为取共轭值;n 为差分间隔。由式(10.4)可以看到,经过差分计算后的信号 $D(t)$ 虽然仍然含有一个相位旋转因子 $\mathrm{e}^{-\mathrm{j}2\pi\theta n}$,但是该因子不会随着采样点位置而变化,是一个定值。因此,经过差分处理后的信号称为差分星座轨迹图,可以用来进行射频指纹的提取。

图 10.1(a)所示为加噪未差分星座轨迹图,无法进行特征提取。图 10.1(b)所示为经延迟和差分处理后的星座轨迹图,通过差分处理消除星座轨迹图的随时间 t 的旋转,以获得稳定星座图,可用于图像特征的提取。

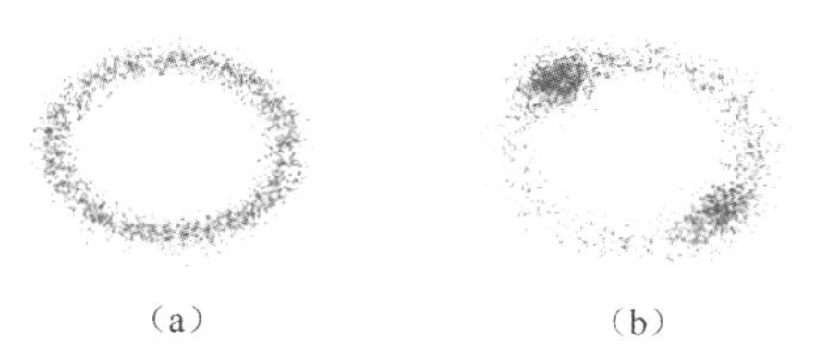

(a)　　　　(b)

图 10.1　差分星座轨迹图的处理效果(见彩图)

(a) CTF;(b) DCTF。

10.1.2　基于 PACGAN 的辐射源个体识别算法

基于 PACGAN 和差分星座轨迹图的辐射源个体识别算法流程图如图 10.2 所示。接收端接收信号后,首先对其进行高采样率采样、功率归一化等操作,而后对其进行差分处理并生成信号 DCTF 图像。生成的真实 DCTF 图像将作为基准指导 PACGAN 训练。PACGAN 网络首先使用高斯噪声经生成器生成“伪数据”,然后通过生成器和判别器交替对抗训练使得伪数据分布不断逼近真实图像分布,最终达到提高生成器生成图像质量和判别器分类准确率的目的。

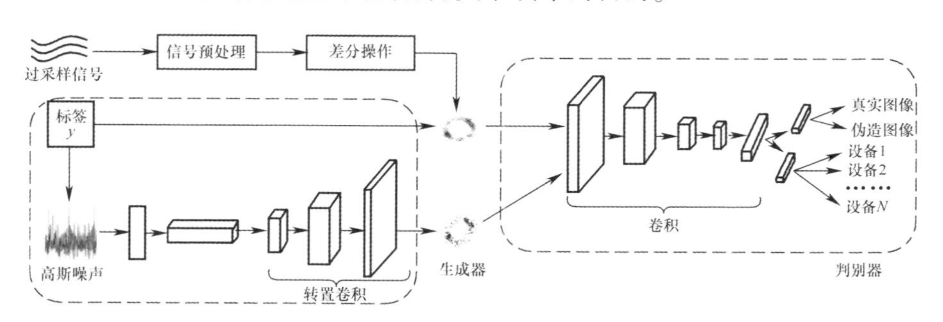

图 10.2　基于 PACGAN 和差分星座轨迹图的个体识别模型

10.1.2.1　生成器构造

模型中生成器网络结构如图 10.3 所示,包括 1 个全连接层、1 个维度变换层、2 个转置卷积层和 3 个卷积层。网络将高斯噪声和标签拼接成为噪声向量后送入全连接层进行采样,随后进行维度变换将其变为图像格式。对变换后的图像进行上采样,并采用转置卷积的方式进行插值,随后送入卷积层进行特征学习和提取。所得结果再进行一次转置卷积,数据维度和真实样本一致后再经过两次卷积操作即为生成图像。

此过程中,1、2 转置卷积层结构相同,卷积核大小为 3×3,卷积步长为 2,填充方式为边缘填充,这样能够更好地提取边缘特征;卷积层 1、2、3 结构相似,除过滤器个数外参数一致,卷积核大小为 3×3、步长为 1,填充方式同样为边缘填充。除了输入层和全连接层,其他网络层使用批量归一化,这一方法可以降低网络参数对网络参数的过度依赖并有效降低过拟合情况的发生;激活函数方面,网络层间使用 relu 函数激活以减少网络运算复杂度并提升学习速度;输出层使用 tanh 函数激活可使生成器输出数据均值为零,匹配输入端高斯噪声的数据特征。

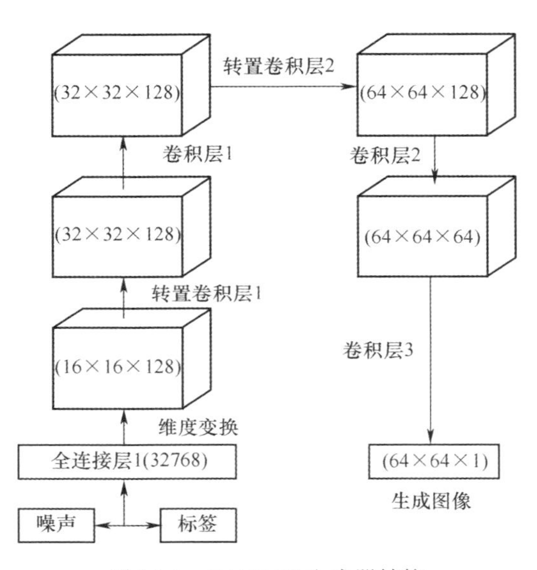

图 10.3　PACGAN 生成器结构

10.1.2.2　判别器构造

本节的应用场景是从差分星座轨迹图中提取设备的射频指纹并进行分类。ACGAN 的网络特征提取结构继承自 DCGAN,为了提高生成图像质量,在卷积层中往往采用步进卷积代替池化层。但是在分类任务中,池化层具有独到作用,其不仅可以有效提取样本特征,还可以使得生成样本更加多样。

从样本特征角度分析,如图 10.4 所示,样本图像特征十分鲜明。样本图像有两大特点:一是图像特征全分布在“圆周”上,位于图像整体的边缘;二是图像的稀疏性较大,很多区域空白,无可提取特征。对于图像的稀疏性问题,可以增大卷积核大小,提高卷积层感受野以提取全局特征;针对图像普遍边缘分布的情况,除在卷积层可以用边缘填充方式外,也可以专门设置零填充层,保存图像的边缘特征。由此设计判别器结构如图 10.5 所示。

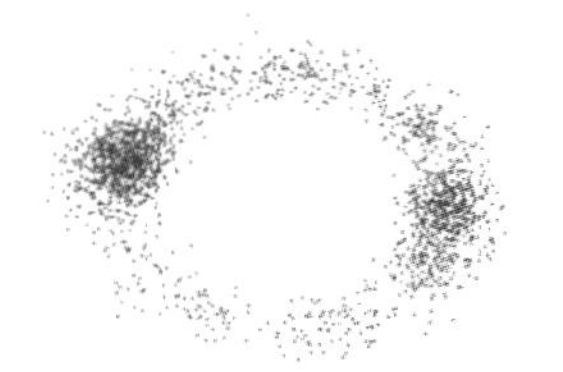

图 10.4　样本图像

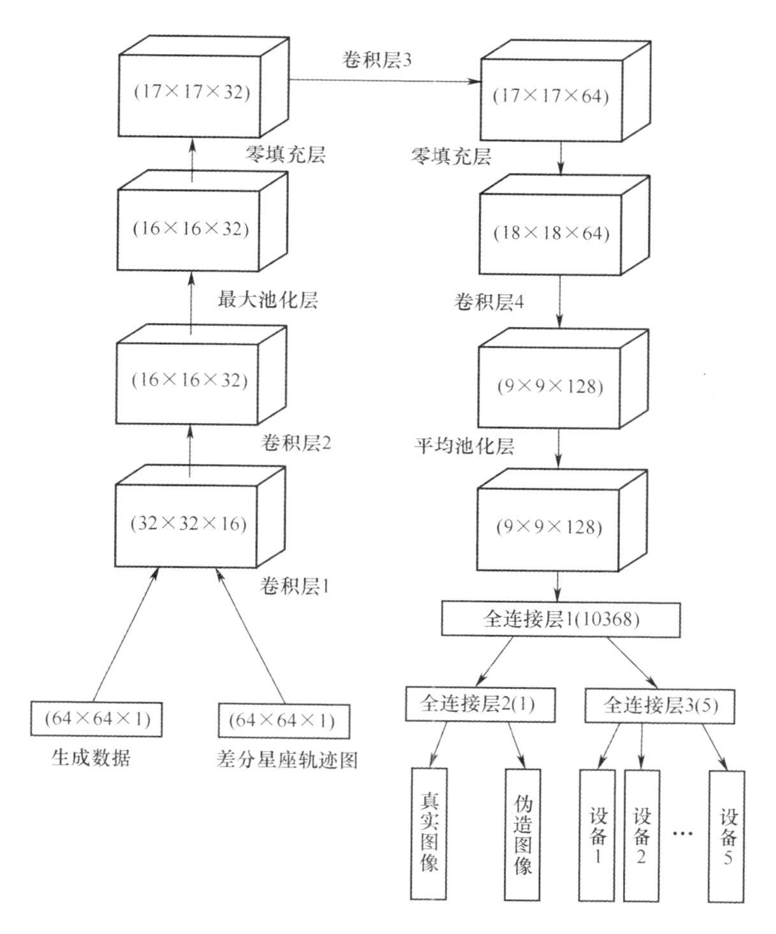

图 10.5　PACGAN 判别器结构

网络结构上，在卷积层 2 后引入最大池化层，针对性保留图像纹理信息。在卷积层 3 后增加一个零填充层，进一步加强边缘特征提取。在卷积过程结束之后，由于图像尺寸此时较小，故添加一个平均池化层用于保留图像的整体特征，有利于提升后续分类工作的准确率。

参数设置上,卷积层 1、2、3 的卷积核大小由原来的 3×3 增大为 5×5,增大了感受野;步长设置为 2,填充方式全部为边缘填充。卷积层 4 的卷积核大小仍为 3×3,步长为 1,也采用边缘填充。卷积层间都加入了批量归一化和 dropout 操作,全部采用 Leakyrelu 函数激活。最后一层,用于图像分类和图像真伪判断的全连接层分别采用 softmax 函数和 sigmoid 函数激活。

10.1.2.3 损失函数定义与优化方法

生成器和判别器均采用 Adam 优化器进行优化,这种优化器实现简单、占用内存较少且收敛速度较快,参数调整较其他优化器也更为方便。PACGAN 的损失函数由样本真伪判别损失函数与样本分类损失函数组成,即

$$L_s = E_{x \sim P_{\text{data}}}[\log D(x)] + E_{z \sim P_z}[\log(1 - D(G(z)))] \tag{10.5}$$

$$L_c = E_{c \sim P_{\text{data}}}[\log D(c)] + E_{c \sim P_z}[\log(1 - D(G(c)))] \tag{10.6}$$

式中: L_s 表示数据为真的概率; L_c 表示数据分类正确的概率; P_z、P_{data} 分别代表生成样本和真实样本的分布;z 为输入噪声;x 代表真实样本;c 代表标签类别;E 代表期望分布; $D(x)$ 与 $D(c)$ 为判别器 D 对样本的真假判断和分类结果; $G(z)$ 与 $G(c)$ 为生成器 G 生成样本及其标签。

判别器的优化目标为最大化 $L_s + L_c$,即在样本分类和真伪判别方面取得最好效果;生成器的优化目标是最大化 $L_c - L_s$,即使得生成样本尽可能骗过生成器并符合给定标签。

10.1.3 实验分析

本章实验基于 Python 下的 Tensorflow、Keras 深度学习框架实现,所使用的硬件平台为 Intel(R) Core(TM) i7-10875H CPU,GPU 为 NVDIA GeForce RTX 2060。实验所用数据同 9.3.2 节,来自于文献[1]中的部分 ZigBee 数据,其参数不再赘述。

上述数据经 MatlabR2019a 加高斯噪声并进行差分处理后制作成本节所用数据集。其中,训练集含有 5 类 ZigBee 设备共 3000 个样本,每类 600 个样本中包含 0~22dB,间隔为 2dB 信噪比下的差分星座轨迹图各 50 张;测试集包含 600 个样本,每种 ZigBee 设备 120 个样本,包含信噪比为 0~22dB,间隔为 2dB 的差分星座轨迹图各 10 张。

10.1.3.1 与原始 ACGAN 的性能对比实验

图 10.6 表明了网络迭代过程中识别率和损失的变化趋势。由于生成器和判别器训练思想是对抗训练、训练方法是分步训练,因此两个网络相关曲线总是此消彼长,并且在不断起伏震荡。随着迭代次数的增加,生成器识别率最终在 50%左右震荡,判别器分类准确率趋于 100%,两者的损失 g_loss 和 d_loss 则逐渐下降并

趋于稳定。

从图 10.6(b)中可以看出,改进后判别器分类曲线收敛速度明显更快,并且具有更高的准确率,真伪判别损失波动范围更小;图 10.6(d)中,PACGAN 中判别器网络与生成器网络的损失收敛速度更快,并且波动幅度明显减小。不难看出,进行针对性改进后的网络结构较原始 ACGAN 更稳定。

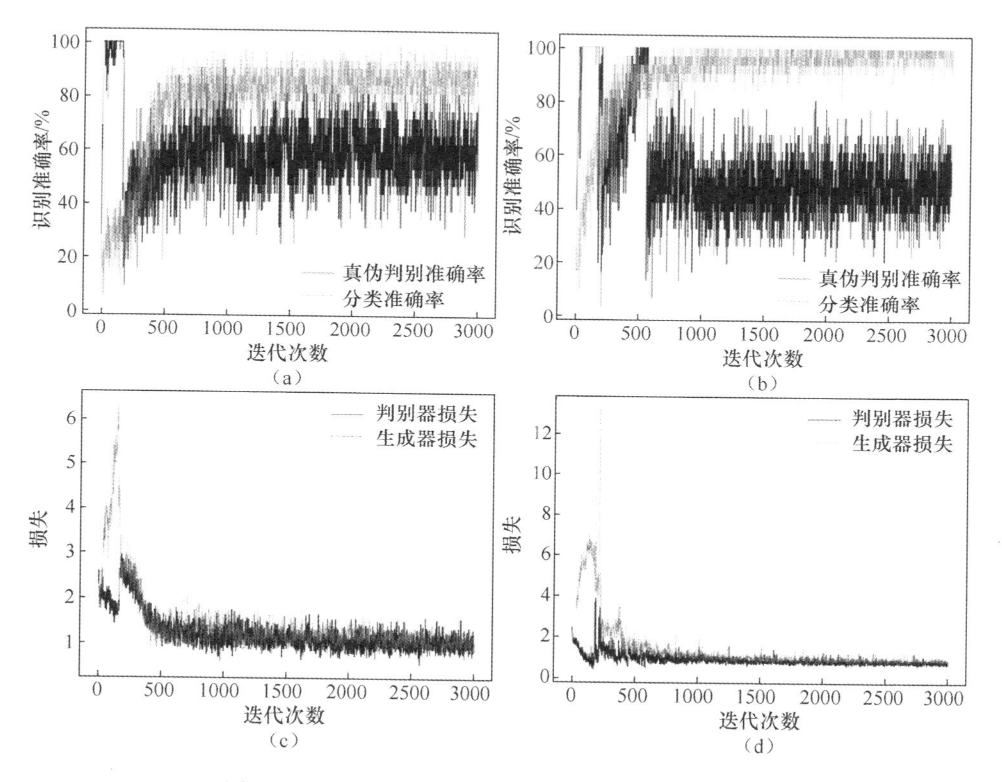

图 10.6 PACGAN 与原始 ACGAN 的训练曲线对比图

(a) ACGAN 训练准确率曲线;(b) PACGAN 准确率曲线;

(c) ACGAN 训练损失曲线;(d) PACGAN 训练损失曲线。

图 10.7 所示为 ACGAN 及 PACGAN 在测试集上性能对比曲线,可以看到,当信噪比大于 2dB 时,相较于原始 ACGAN 网络,PACGAN 网络在识别准确率上具有 5%~10% 的优势,随着信噪比进一步增大,两个网络的识别准确率都收接近于 100%。

模型在信噪比为 8~20dB、间隔为 4dB 下的四类混淆矩阵如图 10.8 所示。

由图 10.8 可以看出,当信噪比为 8dB 时,除了对设备 1 与设备 3 识别有一定混淆外,其他设备识别率均大于 97%,并且随着信噪比的不断增大,本节设计模型

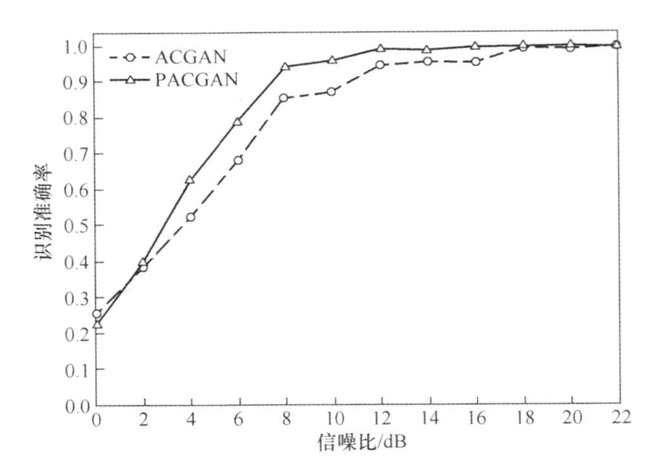

图 10.7　PACGAN 与 ACGAN 性能对比

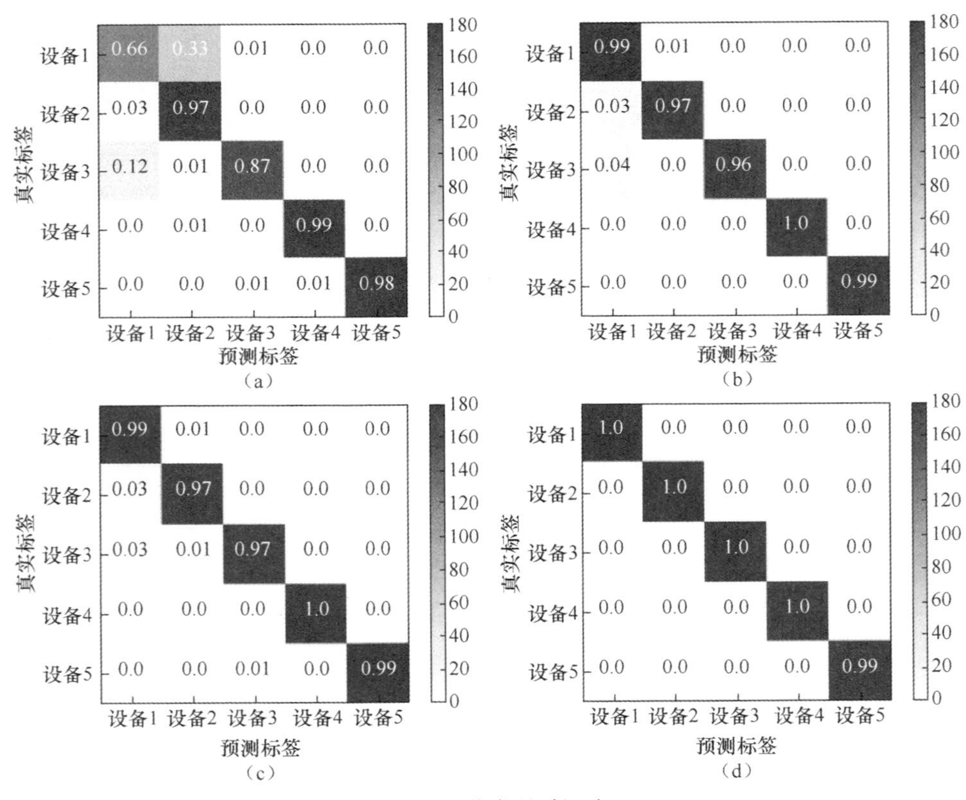

图 10.8　分类混淆矩阵

(a) 8dB;(b) 12dB;(c) 16dB;(d) 20dB。

对各设备均可做到准确识别。

此外,还可以从生成图像质量的角度来衡量网络性能的好坏,如果生成器生成图像越接近真实图像,那么判别器在与生成器对抗的过程中越能学到样本的真实特征。图 10.9 为生成器生成的样本图集与对应真实图像集的对比,两图中每列为一类 ZigBee 设备在不同信噪比下的 5 张 DCTF 图像。可以看到,生成器生成图像中包含了各类信噪比下的差分星座轨迹图,且学习到了真实图像的有效特征。

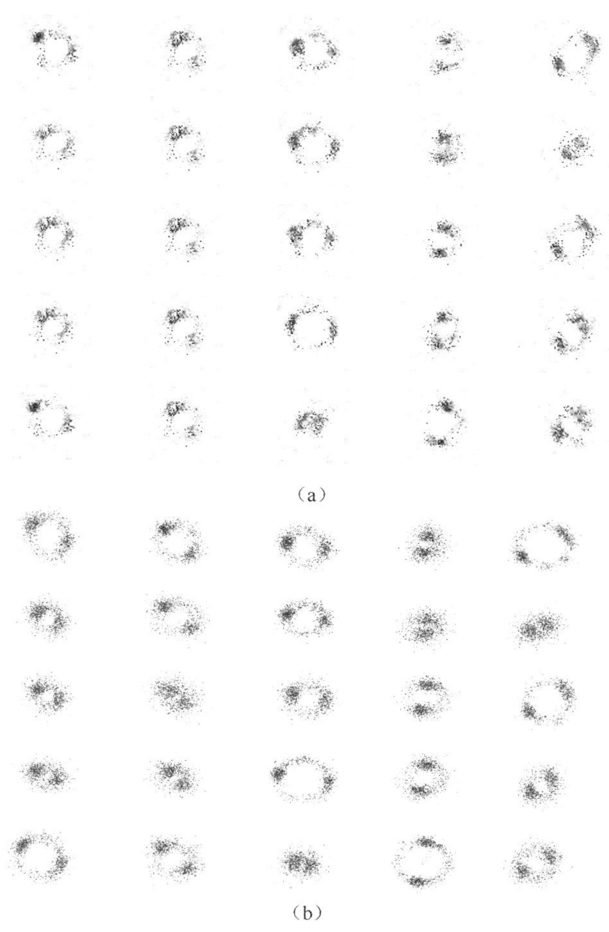

(a)

(b)

图 10.9　生成样本图像集与真实图像集对比

(a) 生成样本图像集;(b) 真实样本图像集。

10.1.3.2　与其他网络的性能对比实验

本节使用 VGG16[2]、VGG19[3]、ResNet50[4] 网络与本节设计的 PACGAN 模型进行不同信噪比下分类准确率对比实验,仿真结果如图 10.10 所示。

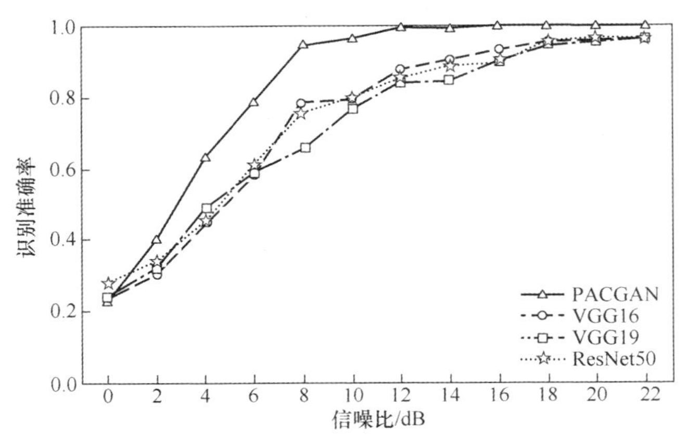

图 10.10　与其他网络对比实验图

由仿真结果可以看出，当信噪比大于 2dB 时，本节所设计的 PACGAN 识别模型在各信噪比下的识别准确率均明显高于其他对比网络。

10.1.3.3　不同样本数量下的性能对比实验

本节使用不同样本数量的训练集训练 PACGAN 网络并测试其性能。实验所使用训练样本集所含样本量分别为 300 张、600 张、1200 张、1800 张、2400 张、3000 张差分星座轨迹图，测试集与前述实验相同。仿真结果如图 10.11 所示。

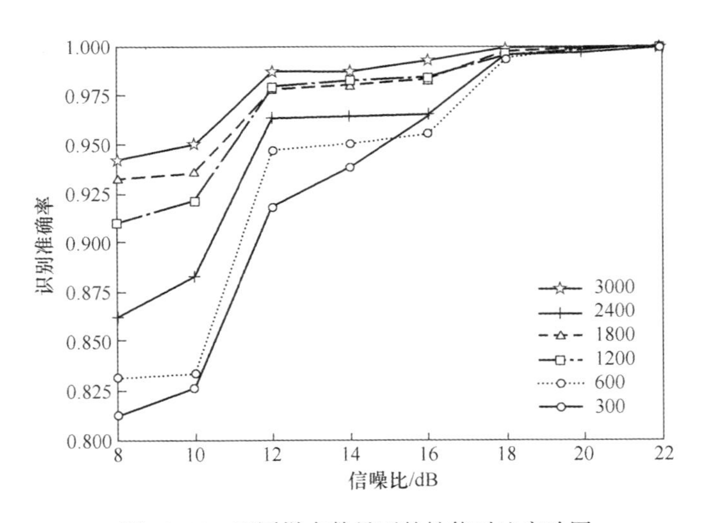

图 10.11　不同样本数量下的性能对比实验图

10.2 基于 ACWGAN-GP 的小样本辐射源个体识别算法

在实际应用中,GAN 存在难以训练、模型不易收敛等问题,这给 GAN 的进一步应用带来了挑战。本节从分析生成式对抗网络训练不稳定、易崩溃的原因出发,对 ACGAN 的损失函数进行改进,设计增强了其稳定性与识别性能。本节首先分析了 GAN 模型不稳定性的来源,随后将 WGAN-GP 中基于 Wasserstein 距离的损失函数搭配梯度惩罚项应用于 ACGAN,提出 ACWGAN-GP 模型。新的损失函数可以有效衡量网络损失,提高网络的稳定性。与此同时,在判别器和生成器中使用一维卷积网络直接处理时序信号数据,省略信号处理步骤的同时可以避免因维度变化而带来的信息损失。最后,在小样本环境下验证了算法的稳定性以及性能,结果显示算法的稳定性得到提升,抗噪能力增强,可以使用更小的样本集训练并收敛。

10.2.1 ACWGAN-GP 模型

为彻底解决 GAN 训练不稳定的问题,2017 年,M. Arjovsky 等提出了 WGAN[5]。WGAN 提出,使用两分布间的 Wasserstein 距离作为损失函数,可以从根本上解决 GAN 训练不稳定的问题,并进行了证明。Wasserstein 距离相比 KL、JS 散度的优越性在于,即使两个分布没有任何重叠,Wasserstein 距离依然能衡量两个分布的远近。Wasserstein 距离的表达式为

$$W(P_{\text{data}},P_g)=\frac{1}{K}\sup_{\|f\|\leqslant K}E_{x\sim P_{\text{data}}}[f(x)]-E_{x\sim P_g}[f(x)] \tag{10.7}$$

式中:E 为期望;sup 表示上确界;$\|f\|\leqslant K$ 表示函数 $f(x)$ 需要满足 K-Lipschit 连续,Lipschit 连续条件对连续函数的最大局部变动幅度进行了限制,即其导函数必须有上界。

为满足 Lipschit 连续条件,WGAN 使用了一种权值剪裁方法,但这一方法在之后的应用中被发现会导致网络参数分布两极化,梯度不稳定。文献[6]提出的 WGAN-GP 引入了梯度惩罚机制,可使网络满足 K-Lipschit 连续条件并提供适当梯度供网络训练。

梯度惩罚项如下式所示:

$$L_{gp}=\lambda E_{x\sim P_{\hat{x}}}[\|\nabla_{\hat{x}}D(x)\|_2-1]^2 \tag{10.8}$$

式中:λ 为梯度惩罚项占整个 loss 的权重系数;$\hat{x}=\varepsilon x_r+(1-\varepsilon)x_g$,其中 $x_r\sim P_r$,$x_g\sim P_g$,$\varepsilon\sim U[0,1]$,U 为均匀分布,$\hat{x}$ 为真实样本 x_r 与生成样本 x_g 的随机插值采样;∇为梯度;$\|\cdot\|$ 为 2 范数。

将此梯度惩罚项结合 WGAN 的 Wasserstein 距离损失函数,即可为 GAN 模型

提供稳定梯度。本节基于 ACGAN 模型结构,结合 WGAN-GP 中的 Wasserstein 距离损失函数和梯度惩罚机制设计了一种 ACWGAN-GP 模型,生成信号数据扩充数据集,用于小样本条件下的辐射源个体识别问题。ACWGAN-GP 模型结构如图 10.12 所示。

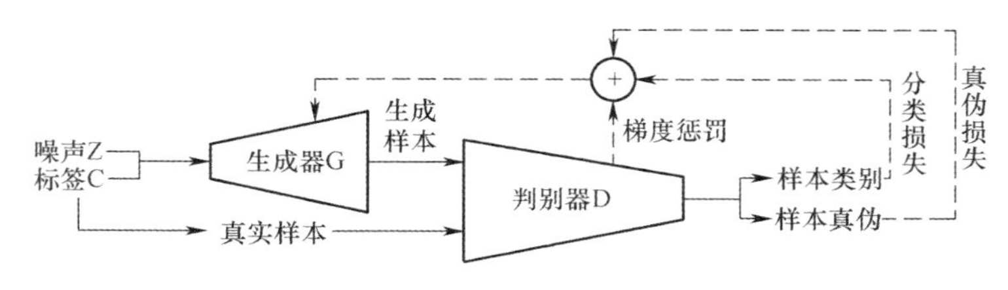

图 10.12　ACWGAN-GP 模型结构图

原始 ACGAN 网络使用交叉熵作为损失函数来衡量真实样本与生成样本之间的差别,这一做法是网络在对抗过程中易崩溃、不能获得正确梯度的根源[5]。ACWGAN-GP 模型采用 Wasserstein 距离作为损失,衡量真实样本分布和生成样本分布之间的距离,使网络获得稳定梯度并用于反向传播。使用梯度惩罚代替权值剪裁以满足 K-Lipschit 连续条件,可以避免暴力权值剪裁造成的参数分布不均、梯度消失和梯度爆炸问题,增强了网络的稳定性。

ACWGAN-GP 的损失函数如下:

$$L_s = E_{x \sim P_{\text{data}}}[\log D(x)] + E_{z \sim P_z}[\log(1 - D(G(z)))] + \lambda E_{x \sim P_{\hat{x}}}[\| \nabla_{\hat{x}} D(x) \|_2 - 1]^2 \tag{10.9}$$

$$L_c = E_{c \sim P_{\text{data}}}[\log D(c)] + E_{c \sim P_z}[\log(1 - D(G(c)))] \tag{10.10}$$

式中:L_s 为样本真伪判别损失;L_c 为样本分类损失;P_z、P_{data} 分别代表生成样本和真实样本的分布;z 为输入的噪声;x 代表真实样本;c 代表标签类别;E 代表期望分布;$D(x)$ 与 $D(c)$ 为判别器 D 对样本的真假判断和分类结果;$G(z)$ 与 $G(c)$ 为生成器 G 生成样本及其标签。

判别器希望能最大化分类和真假判别效果,故其优化目标为最大化 $L_s + L_c$;生成器的优化目标为 $L_c - L_s$,即生成符合标签并能“欺骗”判别器的样本。考虑到样本分类和真假判别存在一定交叉,故将梯度惩罚项仅设置在真假判别损失中即可取得理想效果。

10.2.1.1　网络设计

特征提取网络层的选择方面,本节用一维卷积层(Conv1D)从一维时序信号中提取设备的射频指纹并进行分类。一维卷积神经网络是 CNN 的一种特殊形式,它可以用一维卷积核捕获输入序列数据的特征和模式。堆叠的一维卷积层底层着眼于局部特征,顶层则可以在更大范围内提取数据的一般模式,可以有效提取序列数据中的特征[7]。

本节应用场景为小样本条件下的辐射源个体识别,样本较少的情况下,采用较深的网络结构会使得模型的复杂度提升,参数的量级也会随之上升,很容易导致网络过拟合[8]。为解决这一问题,ACWGAN-GP 中判别器和生成器网络均采用适中的深度以适应小样本应用环境。此外,池化方法可以增强网络的泛化能力和样本的生成多样性[9],故向判别器网络中添加最大池化和平均池化层。

生成器结构如图 10.13 所示,设置一个维度变换层和全连接层,3 个一维转置卷积层(UpSampling1D)和 4 个一维卷积层(Conv1D)。高斯噪声和标签经过 Embedding 层映射到高维空间后作为输入接入全连接层进行采样,随后经过维度变换成一维序列数据形式。对一维序列数据进行上采样插值后送入卷积层进行特征学习,随后重复上采样、卷积这一过程,最后设置双通道以对应真实信号数据中 I/Q 两路数据,生成对应形状序列信号。

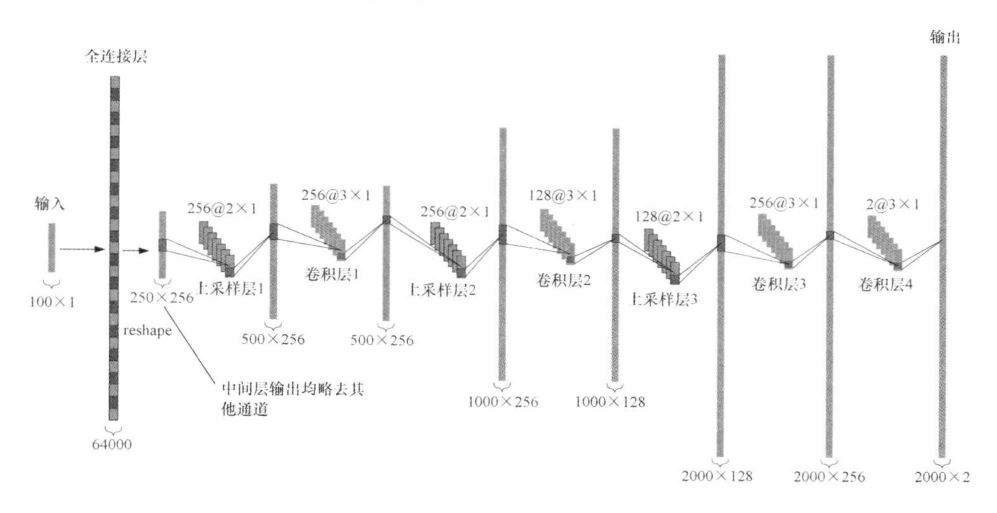

图 10.13　生成器结构图

卷积层 1、2、3、4 均采用大小为 5×1 卷积核,步长为 1,填充方式为边缘填充,可以更好地学习边缘特征。上采样层 1、2 卷积核大小为 2×1,故每经过一次上采样,样本尺寸就会翻倍。网络层间都加入了批量归一化方法,这有利于减少过拟合的发生。激活函数方面,网络层间使用 Relu 激活函数以降低运算量,输出层使用 tanh 函数激活使得输出数据均值为零,匹配输入端高斯噪声数字特征。

判别器是提取信号射频指纹特征的关键,其整体设计思想需考虑实际应用环境。一方面,小样本条件下,训练集所含样本量有限,网络十分容易陷入过拟合的情况,需要合理控制网络参数量级和网络深度;另一方面,网络需要强化其样本分类能力,提高识别准确率,为此,网络结构和参数设置如图 10.14 所示。

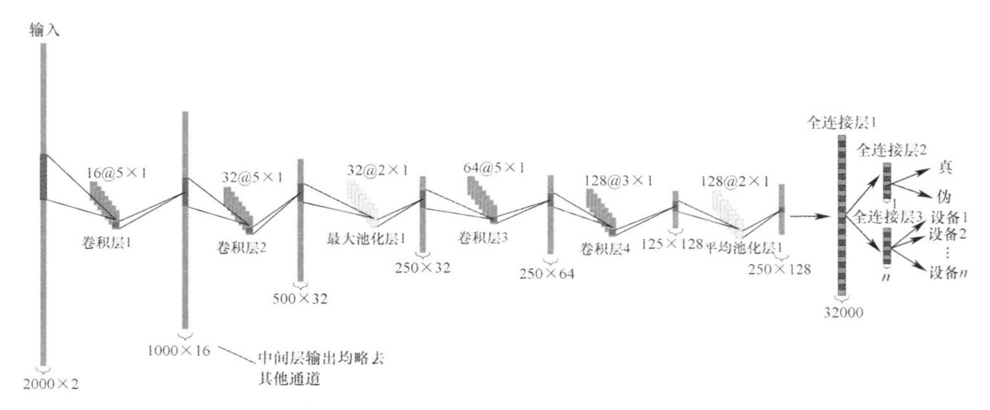

图 10.14　判别器结构图

网络结构上，重新引入全局最大池化层和平均池化层，分别设置于网络底部和顶部，增强网络的泛化能力，减少因样本数量过少导致的过拟合。

参数设置上，滤波器数量随深度增加而减少，网络底部信号尺寸较大时减少滤波器的数量，随着其尺寸的降低逐渐增加滤波器的数量，以达到特征提取能力和网络参数数量的平衡。

网络包含 4 个卷积层、3 个全连接层和 2 个池化层。其中，卷积层 1、2、3 结构相似，卷积核大小设置为 5×1，1、2 步长为 2，卷积层 3 步长为 1，填充方式全部为边缘填充。卷积层 4 大小设置为 3×1，步长为 2，也采用边缘填充。最大池化层与全局池化层池化窗口均为 2×1，步长为 1，采用边缘填充。卷积层间统一加入了批量归一化和 dropout 操作，全部采用 Leakyrelu 作为激活函数。全连接层 2 和 3 分别用于对信号进行真伪判别和分类，由于采用的是 Wasserstein 距离作为真伪判别损失函数，故全连接层 2 需采用线性方式激活，全连接层 3 则使用 softmax 函数激活。

10.2.1.2　*算法流程*

算法流程图如图 10.15 所示，主要分为数据处理、ACWGAN-GP 模型的建立和训练、测试和模型评估 3 个部分。其中，网络的每个训练回合主要包含以下两个步骤。

（1）生成正态噪声，与标签经 Embedding 层映射至高维隐层空间后输入生成器生成带标签序列样本，将生成信号与真实信号一同输入判别器进行训练。

（2）使用 Wasserstein 距离计算真伪判别损失，包含真伪样本判别损失和梯度惩罚，结合分类损失构成判别器总损失，随后使用 RMSProp 优化器优化网络参数，步长设置为 0.0002。

判别器训练后，冻结判别器参数，训练生成器。基于判别器对生成样本的判别、分类结果使用损失函数计算生成器损失，同样通过 RMSProp 优化器优化网络参数，步长设置为 0.0001。

随着网络迭代训练,生成器和判别器不断对抗,两个网络的性能都得到了提升。此时,生成器生成样本便可有效扩充数据集,判别器通过对生成样本和真实样本的学习,最终实现小样本条件下的辐射源个体识别。

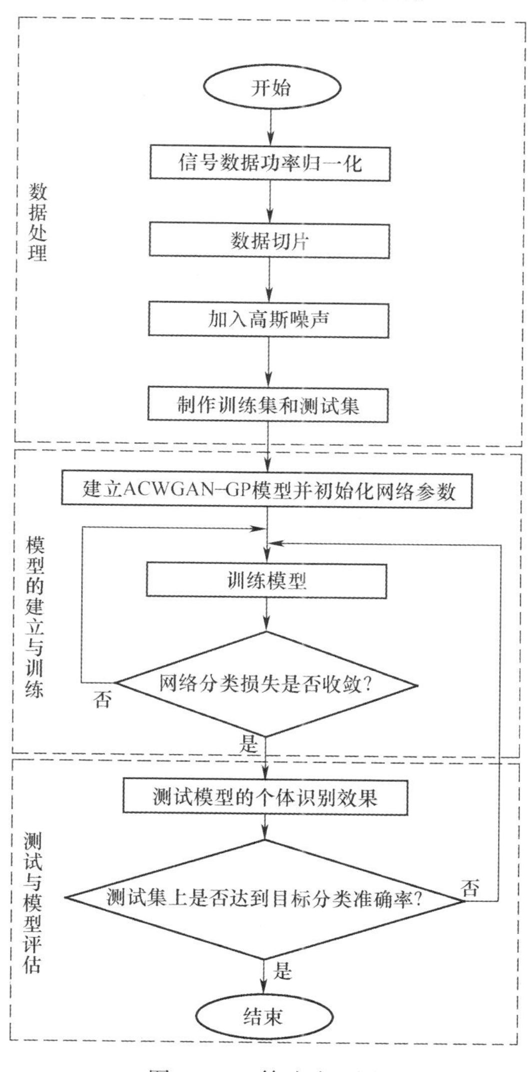

图 10.15　算法流程图

10.2.2　实验与分析

10.2.2.1　信号仿真条件

本节实验所采用的硬件平台和数据集和 10.1 节相同,信号数据经

MatlabR2019a 进行功率归一化后加高斯噪声,然后切片制作成本节所使用的数据集,信号切片波形如图 10.16 所示。其中,训练集共 5 类 ZigBee 设备共 3600 个信号样本,每类 720 个样本,平均分布在 6~22dB,间隔为 2dB 的 9 个信噪比下。

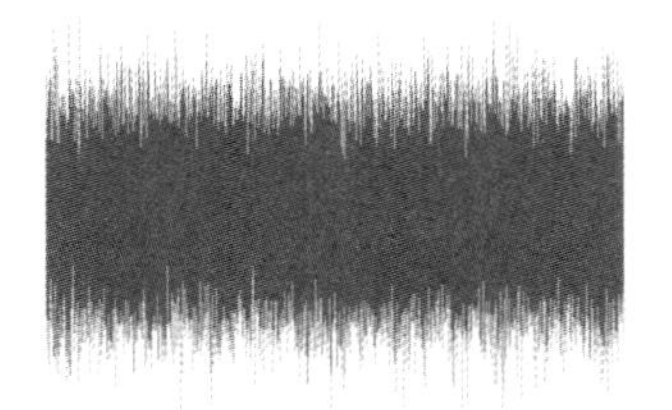

图 10.16 信号切片波形

10.2.2.2 ACWGAN-GP 性能验证实验

使用相同的数据集和硬件平台,将 ACGAN、PACGAN 以及 ACWGAN-GP 模型各自训练 50 次,迭代次数为 3000 次,对测试集上最高识别准确率达到 90%以上的情况记为收敛,否则记为发散,记录实验结果得表 10.1。

表 10.1 网络稳定性对比

网络	收敛次数	发散次数
ACGAN	30	20
PACGAN	36	14
ACWGAN-GP	42	8

不难看出,50 次的训练中,ACWGAN-GP 的网络收敛次数相比于原始 ACGAN 多出近一半,相比于第 3 章中的 PACGAN 也有一定提升,网络更容易取得较高的辐射源识别准确率。

将模型与原始 ACGAN 模型在测试集上进行测试,可得 ACWGAN-GP 模型与原始 ACGAN 模型在本数据集下进行测试的分类准确率曲线。观察图 10.17 可得,相比于 ACGAN 模型,-5~20dB 条件下,ACWGAN-GP 模型具有 20%~50%的性能优势。

图 10.18 给出了模型在 4 类信噪比下得到的混淆矩阵,信噪比为 2dB 时,4 种设备之间存在一定混淆情况,整体识别率为 87%。随着信噪比的提升,6dB 时整体识别率均提升至 98%,第 1、5 类设备已全部正确识别。当信噪比进一步增大至 10dB 以上时,整体识别率达 100%,此时所有设备均可被准确识别。

10.2.2.3 与其他网络的性能对比实验

本节使用 DCTF-CNN[1]、CNN[10]、Dbi-LSTM&Conv-OrdsNet[11] 与本节设计的 ACWGAN-GP 模型进行不同信噪比下分类准确率对比实验,实验使用训练集同

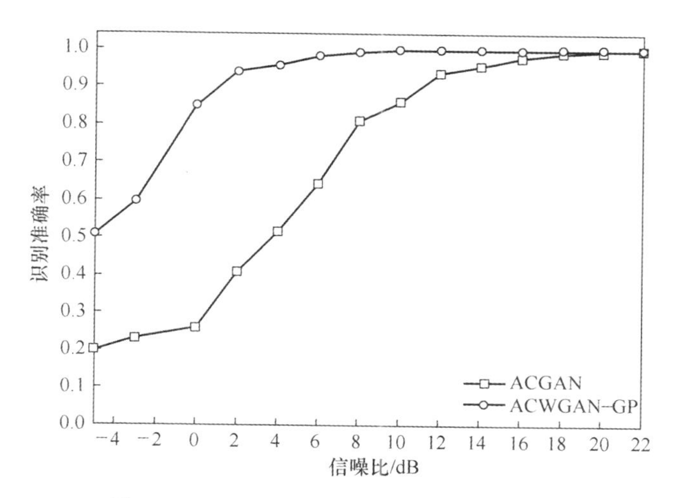

图 10.17 ACWGAN-GP 与 ACGAN 性能对比

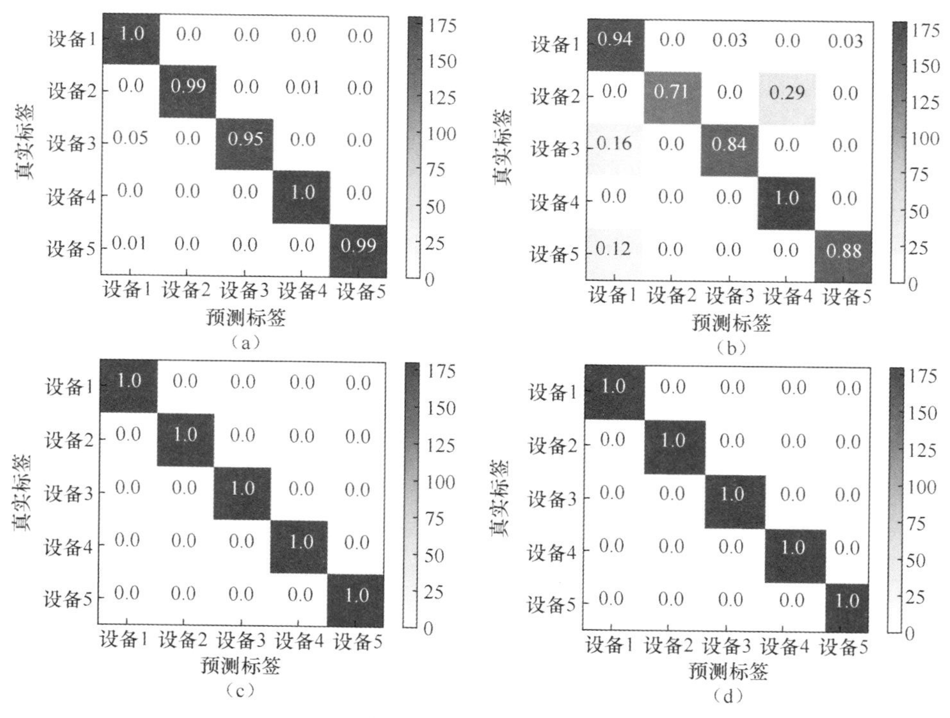

图 10.18 分类混淆矩阵

(a)2dB;(b)6dB;(c)10dB;(d)14dB。

实验 B,仿真结果如图 10.19 所示。

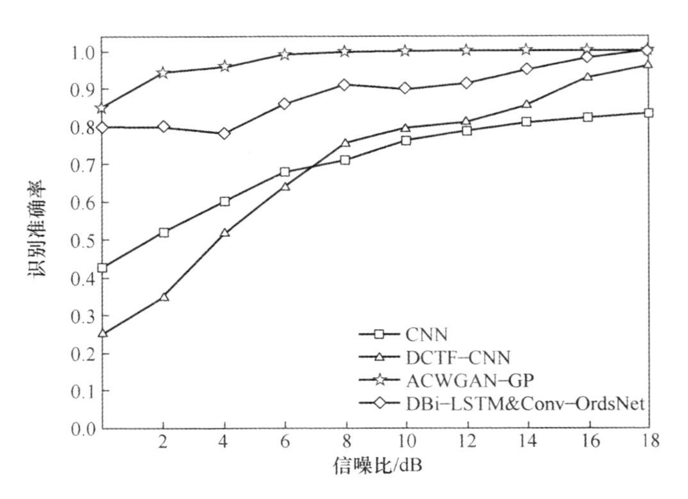

图 10.19 与其他网络对比试验图

10.2.2.4 不同样本数量下的性能对比实验

本节使用不同样本数量的训练集训练 ACWGAN-GP 网络,测试其对小样本环境的适应能力。实验所使用训练样本集所含样本量分别为 3600 个、2700 个、1800 个、900 个、450 个以及 225 个,测试环境信噪比为-5~22dB,使用测试集与 4.4.1 节相同,仿真结果如表 10.2 所列。由表 10.2 可看出,模型个体识别准确率随样本量的增加呈单调递增趋势,低信噪比下略有抖动。模型在高信噪比下均能准确识别 5 类辐射源设备;低信噪比条件下,样本数量越多,模型识别性能越好。在样本数量大幅下降的情况下,模型对辐射源的识别率基本维持稳定,这反映了模型对小样本条件良好的适应性。

当样本量进一步减少至 450 个时,模型整体识别率出现了比较明显的下降;样本量进一步减少至 225 个时,由于样本集过小,整体识别率跌至 60%,网络已无法学到足够特征用于识别样本。

表 10.2 不同样本量下的分类准确率对比

样本量	准确率													
	-5dB	-3dB	0dB	2dB	4dB	6dB	8dB	10dB	12dB	14dB	16dB	18dB	20dB	22dB
3600	0.511	0.601	0.853	0.941	0.959	0.988	0.996	1.000	1.000	1.000	1.000	1.000	1.000	1.000
2700	0.501	0.611	0.843	0.932	0.963	0.981	0.988	0.997	1.000	1.000	1.000	1.000	1.000	1.000
1800	0.486	0.656	0.820	0.896	0.933	0.973	0.988	0.995	1.000	1.000	1.000	1.000	1.000	1.000
900	0.400	0.506	0.764	0.871	0.945	0.977	0.994	0.995	1.000	1.000	1.000	1.000	1.000	1.000

续表

样本量	准确率													
	-5dB	-3dB	0dB	2dB	4dB	6dB	8dB	10dB	12dB	14dB	16dB	18dB	20dB	22dB
450	0. 371	0. 454	0. 601	0. 704	0. 783	0. 841	0. 868	0. 882	0. 890	0. 890	0. 897	0. 902	0. 906	0. 907
225	0. 261	0. 268	0. 361	0. 442	0. 512	0. 570	0. 610	0. 621	0. 621	0. 613	0. 613	0. 620	0. 631	0. 634

10.3 基于 Bi-ACGAN 和 TCBAM 注意力模块的小样本辐射源个体识别模型

GAN 模型在训练过程中会面临许多问题,其中比较突出的一个就是生成器难以学到样本的真实特征[12],生成的样本不具有“可欺骗性”。这就导致判别器可以轻易区分生成样本和真实样本,生成器损失居高不下,判别器无法获得足够的梯度优化网络参数,网络对抗失衡最终导致模型无法收敛。造成这一问题的重要原因是判别器只能判断生成器生成样本是否真实,却不能指导生成器怎样生成真实样本,故在现有的 GAN 模型中生成器的性能往往落后于判别器,对抗双方实力不均导致网络无法收敛。

为解决上述问题并针对性地提高生成器和判别器的性能,本章设计了一种 Bi-ACGAN(Bidirectional-ACGAN)模型,其结构如图 10.20 所示。模型引入编码器 encoder 与生成器构成了一种双向学习机制,引导生成器通过真实样本编码学习其输入噪声潜向量,提升其生成性能。此外,基于 CBAM[13] 模型设计了适用于一维卷积的时间步卷积注意力模块(Timesteps Convolutional Block Attention Module,TCBAM),从时序数据的时间步和卷积通道两个维度施加注意力机制,增强了判别器网络的特征提取能力。

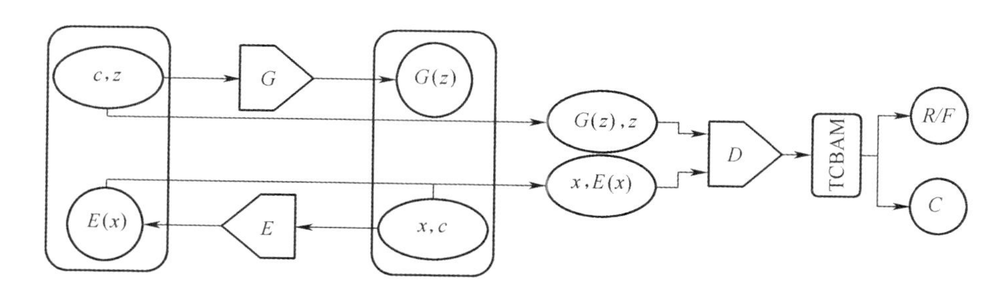

图 10.20 Bi-ACGAN&TCBAM 模型结构图

10.3.1 TCBAM 注意力模块设计

文献[13]提出了一种针对卷积网络的注意力模块 CABM,其模型的应用场景是 3 维数据下的空间和通道注意力的计算,而辐射源信号是 2 维上的时间序列数据,因此,必须设计一种新的适用于 Conv1D 的卷积注意力块 TCBAM。如图 10.21 所示,TCBAM 模型包含两个子模块 CAM 与 TSAM,分别计算模型的通道注意力和时间步上的注意力。特征序列的产生过程如下。

(1) 输入特征经 CAM 模块计算得到通道注意力权重。

(2) 输入特征与通道注意力权重相乘,得到经通道注意力加权的特征序列。

(3) 通道特征序列输入时间步注意块 TSAM 得到时间步特征序列。

(4) 时间步特征序列与通道特征序列相乘得到 TCBAM 注意力特征序列。

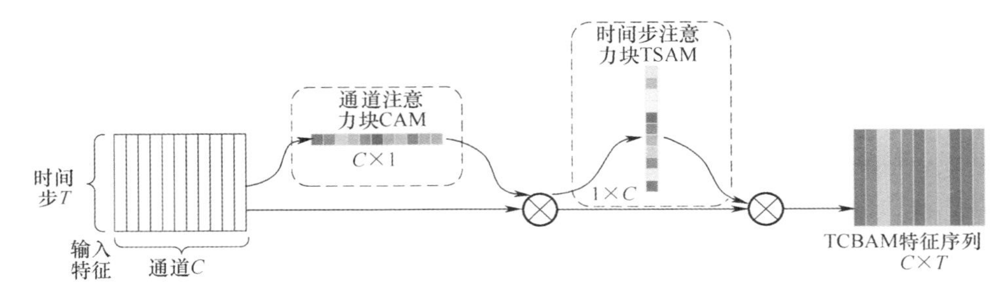

图 10.21　TCBAM 模块总体结构(见彩图)

10.3.1.1　CAM 设计

CAM 模型设计如图 10.22 所示,通道注意力的生成总共分为挤压、通道权重计算以及激活 3 个过程。

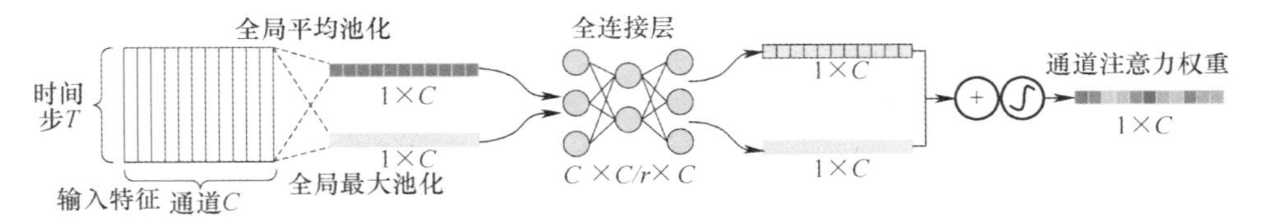

图 10.22　CAM 模块结构(见彩图)

首先,输入特征在时间步上分别进行全局平均池化和全局最大池化,每个通道上的所有时间步的信息被压缩为 1,输出维度与输入特征通道数 C 相匹配,这一步骤被称为挤压(Squeeze)。挤压的目的有两个:其一在于通道注意力的计算关注的是通道权重,故需将时间步信息使用全局池化加以屏蔽;其二在于全局池化所得的唯一时间步具有全局的感受野。此外,由于全局平均池化对序列上的每一个时间步信息都有覆盖,全局最大池化只对序列中响应最大处有反馈,同时使用两者能够兼顾序列的一般和突出特征,不易造成遗漏。

得到两个一维向量后,分别送入两个全连接神经网络中,先压缩通道数为 C/r 以降低模型计算量,r 为压缩比率,然后还原为 C。全连接层的作用在于在全部数据集上学习通道上下文的相关性,计算出通道权重;一次 mini-batch 的挤压输出可能并不能真实反映通道权重,而通过整个数据集上的训练得到的全连接层,可以真实反映通道间的相关性。

最后,将全连接层输出的两个一维向量相加,再通过 sigmoid 函数激活将权重值放缩为 0 到 1 之间,即得通道注意力权重向量。

10.3.1.2 TSAM 设计

TSAM 结构如图 10.23 所示,其输入为通道注意力权重与输入特征之积,即通道特征序列。

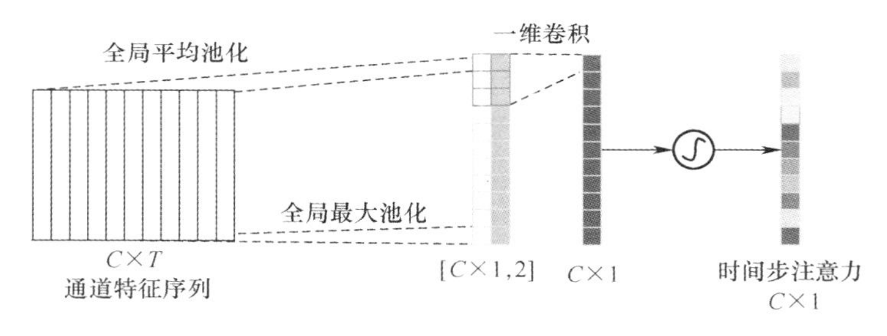

图 10.23 TSAM 模块结构(见彩图)

与 CAM 类似,TSAM 注意力的生成包含挤压、计算时间步上的权重以及激活,但步骤相对简单。对通道特征序列进行通道上的全局最大池化和全局平均池化后并联,通过一维卷积(Conv1D)计算时间步上的注意力权重并将输出通道重新归为 1。最后通过 sigmoid 函数将注意力值放缩至 0 到 1 之间就得到了时间步上的注意力。

10.3.2 Bi-ACGAN 模型

本节借鉴 Bi-GAN[14] 中的双向学习机制,将其与 ACGAN 结合,提出一种 Bi-ACGAN 模型。双向学习机制的主要思想可解释如下:将编码器引入网络,编码器通过真实样本学习潜变量分布(真实样本经编码器生成的编码,后统称为真实样本编码),生成器从潜变量(高斯噪声和样本标签的词嵌入,后统称为噪声潜变量)中学习真实样本分布。

由于编码器是对真实样本进行编码,真实样本编码是真实样本的某种映射,可以指导噪声潜变量朝着某一方向进行学习,而不是任由其在整个潜在空间中进行探索。具体来说,Bi-ACGAN 中判别器的输入为潜变量和样本的结合,一开始真实样本与其编码的组合势必取得较高分数,而生成样本和噪声潜变量分数较低,损失较大。多个迭代后,反向传播机制会使得生成样本、噪声潜变量与真实样本及其编码的距离被拉近,从而提高判别器对其打分。与此同时,编码器也在学习如何对真实样本进行编码可以取得更高分数。生成器通过编码器的参照得以学到更好的噪声潜变量,生成样本与真实样本更相似。模型的最终目标是使得

$$G(E(x)) = E(G(z)) \tag{10.11}$$

式中:G、E 分别代表生成器和编码器;x 与 z 代表真实样本编码和噪声潜变量。Bi-ACGAN模型的损失函数如下:

$$L_s = E_{x\sim P_{\text{data}}}[\log D(x,E(x))] + E_{z\sim P_z}[\log(1 - D(G(z),z))] \tag{10.12}$$

$$L_c = E_{c\sim P_{\text{data}}}[\log D(c)] + E_{c\sim P_z}[\log(1 - D(G(c)))] \tag{10.13}$$

式中:L_s 为样本真伪判别损失;L_c 为样本分类损失;P_z、P_{data} 分别代表生成样本和真实样本的分布;z 为输入的噪声;x 代表真实样本;c 代表标签类别;E 代表期望分布;$D(x)$ 与 $D(c)$ 为判别器 D 对样本的真假判断和分类结果;$G(z)$ 与 $G(c)$ 为生成器 G 生成样本及其标签;$E(x)$ 为编码器 E 生成潜变量。

判别器的优化目标为 $L_s + L_c$,即准确识别生成器生成数据对 $(z,G(z))$ 和编码器编码数据对 $(x,E(x))$ 并正确分类。生成器和编码器的优化目标为 $L_c - L_s$,即使得判别器无法分辨数据对来源的同时,生成器生成符合标签的样本,编码器学到有意义的真实样本编码。

模型的总体结构如图 10.24 所示,总体上可以分为生成器、编码器和判别器三部分。

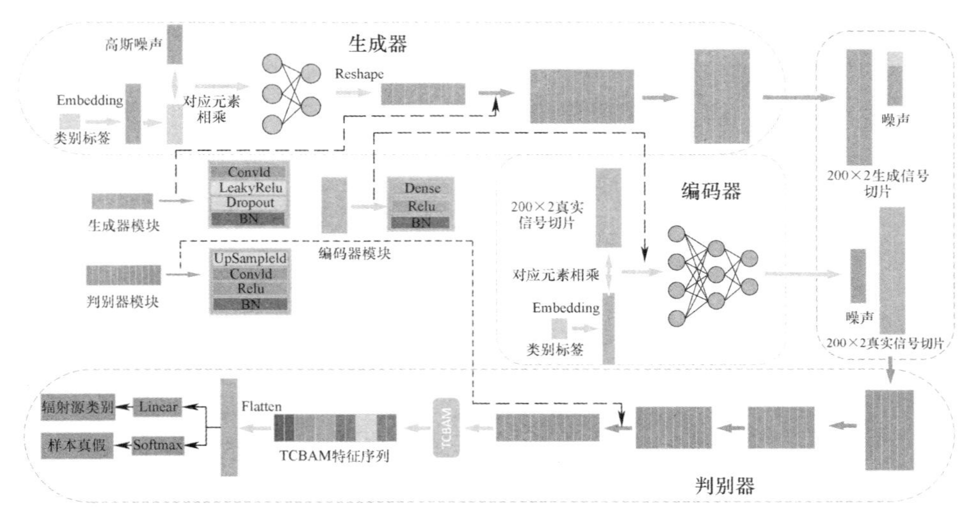

图 10.24　模型总体结构图(见彩图)

模型的处理过程可概括如下：构造含标签信息的噪声潜变量作为生成器的输入，经过两轮上采样后生成信号切片；与此同时，编码器从另一方向出发，将真实信号切片与类别标签的词嵌入相乘后输入编码器，经三层全连接网络编码后输出真实样本编码；最后，将生成信号与噪声潜变量的组合、真实信号及其编码的组合一起输入判别器进行特征提取，所得特征序列输入 TCBAM 块生成 TCBAM 特征序列，利用线性函数和 softmax 函数激活进行样本的真假以及辐射源分类。

10.3.2.1 生成器设计

模型生成器设计和参数如表 10.3 所列，设置一个全连接层和维度变换层，两个上采样层和三个一维卷积层。输入生成器前，高斯噪声需与类别标签的词嵌入相乘以标签指导样本生成，所得结果送入全连接层进行采样，随后将数据重塑为序列信号切片的形状。一维信号数据经上采样数据插值会使序列长度膨胀为原来的 2 倍，两轮上采样后序列长度即与真实信号切片一致。最后设置一个一维卷积层，设置滤波器数量与真实信号切片中的 I/Q 双通道一致，生成对应形状序列信号。

表 10.3 生成器设计与参数表

层	输入形状	输出形状
全连接层(128×50)	(100,)	(6400,)
维度变换	(6400)	(50,128)
批归一化(0.8)	(50,128)	(50,128)
1D 上采样层(size=2)	(50,128)	(100,128)
1D 卷积层(128,KS=3,1(s),padding=same)	(100,128)	(100,128)
激活函数('relu')+批归一化(0.8)	(100,128)	(100,128)
1D 上采样层(size=2)	(100,128)	(200,128)
1D 卷积层(64,KS=3,1(s),padding=same)	(200,128)	(200,64)
激活函数('relu')+批归一化(0.8)	(200,64)	(200,64)
1D 卷积层(2,KS=3,1(s),padding=same)	(200,64)	(200,2)
激活函数('tanh')	(200,2)	(200,2)

值得一提的是，此处使用上采样加上卷积的方式代替反卷积，前者可以实现相同的数据插值功能，并且可以避免反卷积因参数设置不当而导致的特征图"棋盘化"问题。

判别器是完成辐射源识别的具体执行模块，考虑样本数据的特点以及任务的应用环境作如下两方面的设计。一方面，考虑样本数据的形状特征。信号切片是一维时间序列数据不含空间信息，着重在一维时间步上信息与上下文关系。故考虑使用一维卷积层对信号数据进行特征提取，卷积操作的并行性使得网络的运行效率相比于 LSTM 与 RNN 大大提高。另一方面，模型的应用场景是小样本条件，网络容易陷入过拟合。故需控制网络的深度和参数数量，在网络深度、参数数量和识别性能两个方面做平衡。

基于以上考量,判别器网络设计如表 10.4 所列。由于一维卷积层只关注时间步上的特征,故卷积核需要适当增大,故本节中卷积核大小均设置为 5。此外,除卷积层 3 外,卷积步长均设置为 2,以获取更大的感受野,同时,在卷积的过程中不断缩小特征图的尺寸,降低计算复杂度。与此同时,在每个卷积层后都加入 dropout 操作以减少网络过拟合的概率,所有卷积层均使用 Leakyrelu 函数激活。网络最后,经过 TCBAM 特征图的序列数据经过两个并联的全连接层,实现样本的真假分类和辐射源个体识别功能。

表 10.4　判别器设计与参数表

层	输入形状	输出形状
1D 卷积层(16,KS=5,2(s),padding=same)	(200,4)	(100,16)
激活函数(Leakyrelu(0.8))+Dropout(0.25)+批归一化	(100,16)	(100,16)
1D 卷积层(32,KS=5,2(s),padding=same)	(100,16)	(50,32)
激活函数(Leakyrelu(0.8))+Dropout(0.25)+批归一化	(50,32)	(50,32)
1D 卷积层(64,KS=5,1(s),padding=same)	(50,32)	(50,64)
激活函数(Leakyrelu(0.8))+Dropout(0.25)+批归一化	(50,64)	(50,64)
1D 卷积层(128,KS=5,2(s),padding=same)	(50,64)	(25,128)
激活函数(Leakyrelu(0.8))+Dropout(0.25)	(25,128)	(25,128)
TCBAM 模块	(25,128)	(25,128)
压平	(25,128)	125×128
全连接层(1)+激活函数(Linear)	125×128	(1,)
全连接层(5)+激活函数(Softmax)	125×128	(5,)

10.3.2.2　编码器设计

编码器的主要作用是对真实信号切片进行编码,即寻找真实样本分布及其映射的关系,与生成器的生成过程刚好相反。因此,输入网络前真实信号切片同样需同标签的词嵌入向量对应元素相乘,编码出的向量才能含有标签信息。编码器的网络层结构相对简单,如表 10.5 所列,选择三层全连接层结构,由于每个神经元都和上一层中所有节点连接,故可以捕捉样本点间的直接联系,学习效果更好;同时,由于样本是序列数据,不存在输入过程中的像素空间信息的丢失。

表 10.5　编码器设计与参数表

层	输入形状	输出形状
压平	(200,2)	(400,)
全连接层(512)	(400,)	(512,)

续表

层	输入形状	输出形状
激活函数(Leakyrelu(0.8))+批归一化	(512,)	(512,)
全连接层(256)	(512,)	(256,)
激活函数(Leakyrelu(0.8))+批归一化	(256,)	(256,)
全连接层(100)	(256,)	(100,)

10.3.3 实验与分析

本节选用的主要数据集同10.1节、10.2节所使用数据集相同,数据集基于5种ZigBee设备组成,符合IEEE 802.15.4标准。接收设备Ettus Research N210的采样率为10 MSamples/s。ZigBee设备的调制方式是OQPSK,采用IEEE.802.15.4标准数据格式。

此外,为了验证本章提出模型的泛用性和鲁棒性,本章仍使用9.2节数据集,该数据集使用16个USRP 310发射机发射信号,通过MATLAB处理生成标准帧,该帧符合IEEE 802.11a标准,后通过2.45GHz的射频频率以无线传播的方式传到接收端。接收机B210的采样率为5MSample/s,将射频信号转换为基带I/Q数据,数据集以此基带信号作为进行射频指纹提取的原始信号。此数据集中辐射源设备种类和调制方式都与上一数据集不同,有利于测试本模型在不同条件下的准确率。

10.3.3.1 Bi-ACGAN训练与性能验证实验

本节拟通过实验对Bi-ACGAN的训练情况进行分析并验证模型在测试集上的性能。训练使用5类ZigBee设备数据集,迭代次数1500次,每批(Batch)16个样本。

图10.25(a)为生成器和判别器的训练损失变化曲线,图10.25(b)表示生成器与判别器的训练准确率变化曲线。图10.25反映了网络训练迭代过程中生成器与判别器的损失及判别器两项分类识别率的变化趋势,不难看出,该图中4条曲线在剧烈的“振荡”中又具有明显的变化趋势,这正是GAN的思想和训练方法导致的结果。由于生成器和判别器处于不断的对抗训练中,生成器和判别器任何一方损失的降低意味着对方损失就会上升,故GAN的损失值在有限的范围内波动变化频繁,这是曲线振荡的原因。但是,在两者的不断对抗中,判别器增强了特征提取能力和分类性能,生成器提升了生成样本的质量,所以曲线虽然剧烈“振荡”,但却有着明确的整体变化趋势。图10.25(a)中,一开始判别器和生成器的损失值都较高,随着网络迭代次数的增加,两者损失曲线整体呈下降趋势,并最终收敛。图10.25(b)中,网络收敛的过程中,判别器辐射源分类准确率稳步上升,最终达到100%左右,而真假判别识别率如前文分析的GAN的收敛条件,在分类准确率收敛

时在50%左右振荡。

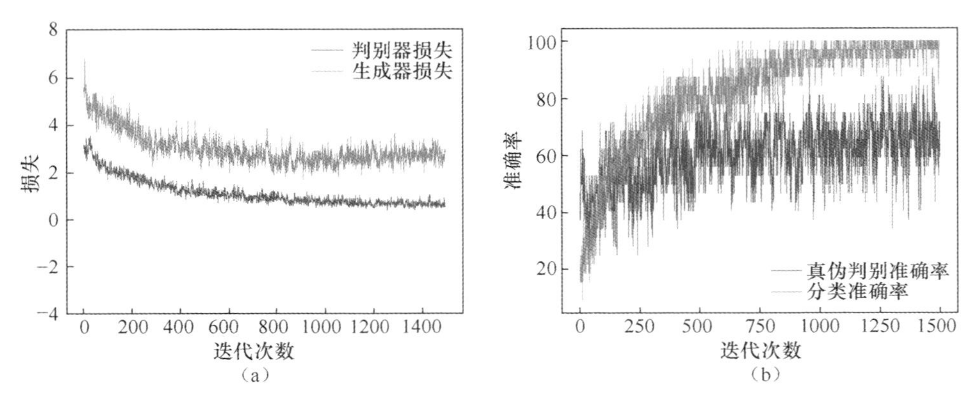

图10.25　生成器与判别器的训练损失和准确率曲线(见彩图)

(a) 训练损失曲线;(b) 训练准确率曲线。

根据前文分析,训练损失和准确率曲线显示模型已经收敛,下面在测试集上对模型的辐射源识别率进行测试,测试混淆矩阵结果如图10.26所示。

图10.26反映了模型对不同设备的识别准确率情况,可以看出,Bi-ACGAN模型对于6dB-22dB信噪比下的5类ZigBee设备可以做到准确识别,各设备识别率均在98%以上,这一结果与模型训练图像中反映的收敛趋势相符合。

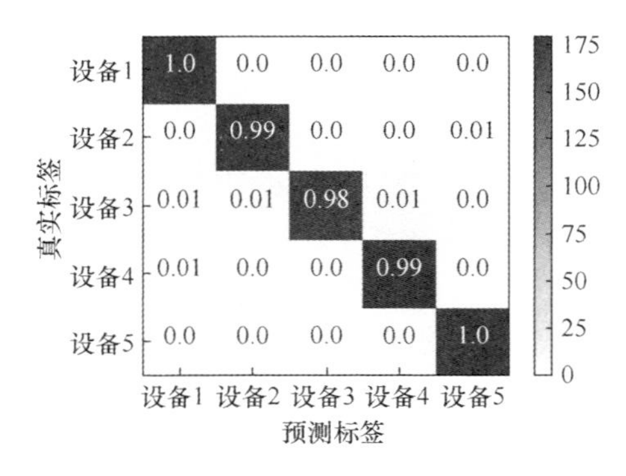

图10.26　模型测试混淆矩阵

10.3.3.2　信噪比对准确率的影响

信噪比是辐射源识别中的重要因素,本节拟通过实验验证模型在不同信噪比条件下的识别性能,制作了12组信噪比(-4~18dB,间隔为2dB)下的测试集,每组测试集包含单一信噪比下信号切片900个,每类ZigBee设备设置180个信号切片,与测试集保持一致。实验结果如图10.27所示,当信噪比大于2dB时,

Bi-ACGAN模型对各辐射源信号识别率均超过 90%,随着信噪比的增大,模型对各设备的识别率进一步上升,6dB 时模型对各设备的识别率均为 99%以上。这一结果反映了模型的识别稳定性以及良好的抗噪性能。

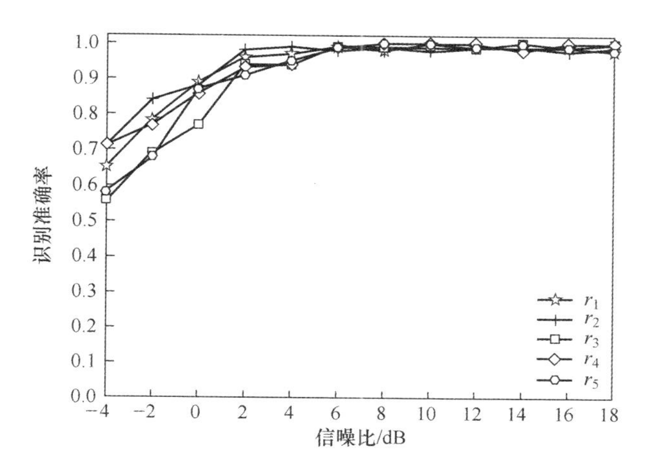

图 10.27　不同信噪比下的识别准确率

10.3.3.3　在两种数据集上的性能对比

为了验证本章设计模型的泛用性,本节使用 16 种 USRP 310 设备数据集测试模型对不同协议和调制方式信号的识别准确率,训练集和测试集的规格如前文所述,在验证集上的混淆矩阵如图 10.28 所示。

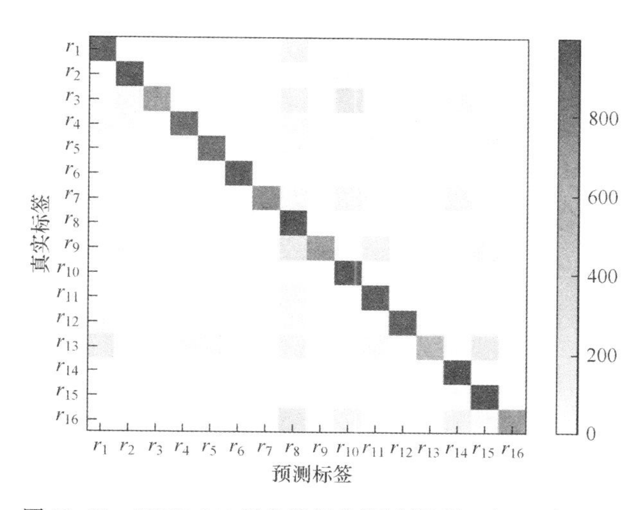

图 10.28　USRP 310 设备数据集测试混淆矩阵(见彩图)

观察图 10.28 可得，本模型可以在 16 种设备中的 9 种（1、2、6、8、10、11、12、14、15）设备上达到 90%以上的识别准确率，在 2 种（4、11）设备上达到 86.1%以上的识别准确率，16 种设备的整体识别率为 81.2%。这些数据表明，小样本环境下本章提出模型具有良好的泛用性，不需改变模型结构即可将模型应用于其他数据集上也能取得良好的效果。

下面就 Bi-ACGAN 模型与同类算法[1,15,19]进行性能对比，其结果如表 10.6 所列。

表 10.6　与其他算法的对比

算法	数据格式	设备数量	接发设备距离及信噪比	准确率	训练集样本量	特征使用
本节方法	IEEE 802.15.4	5	0.6m，-5~22dB	99.9%（8dB）	3600	不使用频偏和相偏特征
Peng 等[1]	IEEE 802.15.4	54	0.6m，0~30dB	92%（30dB）	8262	使用频偏和相偏特征
Dulbendorfer 等[15]	IEEE 802.15.4	7	NA，0~16dB	90%（16dB）	7000	使用频偏和相偏特征
J. Yu 等[16]	IEEE 802.15.4	54	1m，0~30dB	96%（30dB）	37716	不使用频偏和相偏特征
Y. Wang 等[17]	IEEE 802.15.4	7	NA，0~30dB	99%（40dB）	260000	不使用频偏和相偏特征
10.1 节方法	IEEE 802.15.4	5	0.6m，0~22dB	99.7%（12dB）	3600	使用频偏和相偏特征
10.2 节方法	IEEE 802.15.4	5	0.6m，-4~22dB	99.9%（8dB）	3600	不使用频偏和相偏特征
本节方法	IEEE 802.11a	16	0.6m，0~18dB	84.27%（22dB）	64000	不使用频偏和相偏特征
K. Sankhe 等[18]	IEEE 802.11a	16	0.6m，-5~22dB	98.6%（NA）	3200000	不使用频偏和相偏特征
K. Merchant 等[19]	IEEE 802.15.4	7	NA，10~40dB	91.1%（40dB）	7000	不使用频偏和相偏特征

现对其中细节讨论如下。

使用样本数量：一般来说，神经网络需要足够的样本训练才能收敛，样本越丰富，模型的泛化性能就越强。本章提出算法适用于小样本环境下的辐射源识别问题，可以看到，在 5 类 ZigBee 设备识别实验中，相比表中其他算法，本章每类设备使用的样本数量仅多于文献[1]。对于 16 类 USRP 310 设备，如前文所说，相比于文献[18]，本节每类使用 4000 个样本，仅为其训练样本量的 1/50，但是达到了其

80%左右的性能。这一优点可以使模型具有更广泛的应用场景。

设备数量适中:本章使用设备数量适中数据集验证模型性能。识别设备数量是辐射源识别模型的重要指标,设备数量越多,提取出特征相似的概率就越大,即识别的难度就越大。本章选择的两类数据集所含有的设备数量符合实际应用中的一般需求。

识别准确率:Bi-ACGAN 模型对 5 种 ZigBee 设备下识别率在信噪比为 8dB 时已接近 100%。在 16 种 USRP 310 设备数据集上,模型在 22dB 下的测试集上的识别率为 84.27%,识别率未能达到 95%以上的重要原因是训练样本过少。Bi-ACGAN 模型虽设计用于解决小样本下的辐射源识别问题,但与 10.2.2 节中给出的数据集缩小范围极限类似,样本集所含样本数量过少将导致模型可以学得大部分信号的不变特征,但只能学得有限的信号变化特征,影响模型的泛化性能,进而在测试集上的识别准确率下降。

特征使用:本章模型的另一大优势是不需使用频偏和相偏特征,利用一维卷积网络直接从原始数据中提取射频指纹,不需设计特征后再进行特征提取。这一优势简化了辐射源识别的流程,提高了识别模型的效率,并且可以减少信号转化为高维数据后造成的信息损失。

10.3.3.4 TCBAM 性能验证实验

为验证 TCBAM 注意力模块在 Bi-ACGAN 模型中的性能表现,本节测试了模型在添加 TCBAM 模块前后的性能表现,取实验结果制成表 10.7。其中原有模型参数标记为 1,添加 TCBAM 块后的模型参数标记为 2。设置迭代次数为 5000 次,两模型各训练 10 次,测试指标为运行用时、最高识别准确率以及达到最高识别准确率所用迭代次数。

表 10.7 TCBAM 性能验证表

实验	运行时间 1(M)	运行时间 2(M)	迭代次数 1	迭代次数 2	准确率 1	准确率 2
1	4:24	5:01	4590	340	0.987	0.991
2	4:26	4:52	3560	4820	0.948	0.994
3	4:24	4:47	4501	2920	0.931	0.991
4	4:41	5:06	2640	4720	0.993	0.982
5	4:37	4:53	180	4850	0.894	0.986
6	4:38	4:57	3180	4910	0.905	0.992
7	4:41	4:51	240	1190	0.992	0.970
8	4:37	4:45	350	4220	0.980	0.987
9	4:45	4:43	4820	2420	0.991	0.993
10	4:41	4:46	170	3660	0.939	0.992
平均	4:35	4:52	2423	3405	0.956	0.988

观察表10.7,在3个评价因素中,未添加TCBAM模块时,模型在运行时间和取得最高识别率所需迭代次数上占优。相比于添加注意力机制后的模型,原有模型在平均运行时间上少花费17s,取得最高准确率所需迭代次数同样少了近1000次。这些表现与模型的实际情况一致,原有模型的结构更简单,参数数量更少,训练所需要的计算量和时间更少,所以可以更快完成训练,达到最高识别准确率。相比较在添加TCBAM模块后,网络以运行时间和计算复杂度为代价,换取了识别准确率的提升,模型10次训练的平均最高识别率由95.6%提升到了98.8%,上升了3.2个百分点。这一数据证明了本节设计的TCBAM注意力模块在提升判别器的特征提取能力上确有成效,这一模块可以在95%以上区间进一步提升模型的分类性能。另一方面,实验数据也表明了注意力机制带来的额外计算复杂度对模型整体运行效率的影响,在实际应用中应针对不同任务对性能和效率的需求进行选择。

10.4 本章小结

本章首先针对辐射源识别的信号样本不足问题,结合生成式对抗网和差分星座轨迹图,提出一种辐射源个体识别算法。算法使用生成式对抗网络的对抗训练机制扩充数据集,再利用判别器中的分类器进行分类。接收端接收信号后,首先对其进行高采样率采样、功率归一化等操作,然后对其进行差分处理并生成信号的DCTF图像,生成的真实DCTF图像将作为基准指导PACGAN训练。PACGAN网络首先使用高斯噪声经生成器生成"伪数据",然后通过生成器和判别器交替对抗训练使得伪数据分布不断逼近真实图像分布,最终达到提高生成器生成图像质量和判别器分类准确率的目的。实验结果表明,相比于ACGAN和VGG16等经典特征提取网络,PACGAN网络在小样本条件下的具有更高辐射源分类准确率。

随后,针对GAN模型难以训练的问题,在第3章方法的基础上提出了一种提升算法稳定性和性能的方法。针对GAN网络训练不稳定、易崩溃的问题,提出一种基于ACWGAN-GP的辐射源识别算法。使用Wasserstein距离损失函数代替ACGAN中原有交叉熵函数,结合梯度惩罚项应用于ACGAN构建ACWGAN-GP网络。通过一维卷积神经网络直接对信号I/Q路数据进行射频指纹提取,减少因图像转换带来的信息损失,并根据序列信息特点重新设计了网络参数。通过实验验证,小样本条件下,算法的稳定性及低信噪比下的性能有了较大提升,且对样本进一步减少的情况具有一定的适应能力。

最后,针对生成器性能不足导致的模型对抗失衡问题,提出一种基于Bi-ACGAN与TCBAM注意力模块的小样本辐射源识别模型。一方面,向ACGAN网络加入编码器,从真实样本中学习潜变量的分布,将潜变量与样本的组合输入判别器,在反向传播机制下生成器会逐渐学习到有意义的中间表示,提升生成样本的质量。另一方面,设计适用于一维卷积网络的注意力模块 TCBAM,从一维滤波器的通道和时序信号的时间步两个方向施加注意力机制,全方位地对判别器的中间输出施加注意力机制,提升其特征提取能力。通过 5 类 ZigBee 设备与 16 种 USRP 310 设备上的实验验证可得出,模型具有较强的辐射源识别性能和抗噪性能,并且具有很好的泛用性。

参 考 文 献

[1] Peng L,et al. Deep Learning Based RF Fingerprint Identification Using Differential Constellation Trace Figure[J]. IEEE Transactions on Vehicular Technology,2019,69(1): 1091-1095.

[2] Simonyan K,Zisserman A. Very Deep Convolutional Networks for Large-scale Image Recognition [J]. ArXiv Preprint ArXiv:1409-1556,2014.

[3] Swati Z N K,Zhao Qinghua,Kabir M,et al. Brain Tumor Classification for MR Images Using Transfer Learning and Fine tuning[J]. Computerized Medical Imaging and Graphics,2019,75: 34-46.

[4] Theckedath D,Sedamkar R R. Detecting Affect States Using VGG16,ResNet50 and SE. ResNet50 Networks[J]. SN Computer Science,2020,1(2): 1-7.

[5] Arjovsky M, Chintala S, Bottou L. Wasserstein Generative Adversarial Networks [C]// International Conference on Machine Learning. PMLR,2017: 214-223.

[6] Gulrajani I, Ahmed F, Arjovsky M, et al. Improved Training of Wasserstein Gans[J]. arXiv preprint arXiv: 1704. 00028,2017.

[7] Zhong L, Hu L, Zhou H. Deep Iearning Based Multi-temporal Crop Classification[J]. Remote Sensing of Environment,2019,221: 430-443.

[8] Cao X A. Practical Theory for Designing very Deep Convolutional Neural Networks [J]. Unpublished Technical Report,2015.

[9] Goodfellow I,Bengio Y,Courville A,et al. Deep Learning[M]. Cambridge: MIT Press,2016: 207-210.

[10] Ding L,Wang S,Wang F,et al. Specific Emitter Identification via Convolutional Neural Networks [J]. IEEE Communications Letters,2018,22(12): 2591-2594.

[11] Liu Y,Xu H,Qi Z,et al. Specific Emitter Identification Against Unreliable Features Interference Based on Time. Series Classification Network Structure[J]. IEEE Access,2020,8: 200194-200208.

[12] Creswell A,White T,Dumoulin V,et al. Generative Adversarial Networks:An Overview[J].IEEE Signal Processing Magazine,2018,35(1): 53-65.

[13] Woo S,Park J,Lee J Y,et al. CBAM: Convolutional Block Attention Module[C]//Proceedings of the European conference on computer vision (ECC-V),2018: 3-19.

[14] Donahue J,Krähenbühl P,Darrell T. Adversarial Feature Learning[J]. arXiv Preprint arXiv:

1605. 09782,2016.

[15] Dubendorfer C K,Ramsey B W,Temple M A. An RFDNA Verifycation Process for ZigBee Networks[C]// Proc. IEEE Military Commun. C-onf. (MILCOM), Orlando, FL, USA, Oct./Nov., 2012:1-6.

[16] Yu J, et al. A Robust RF Fingerprinting Approach Using Multi. Sampling Convolutional Neural Network[J]. IEEE Internet of Things Journal,2019,6(4):6786-6799.

[17] Wang Y,Gui G,Gacanin H,et al. An Efficient Specific Emitter Identification Method Based on Complex. Valued Neural Networks and Network Compression[J]. IEEE Journal on Selected Areas in Communications,2021.

[18] Sankhe K,et al. No Radio Left Behind: Radio Fingerprinting Through Deep Learning of Physical. Layer Hardware Impairments[J]. IEEE Transactions on Cognitive Communications and Networking,2019,6(1):165-178.

[19] Merchant K, Revay S, Stantchev G, et al. Deep Learning for RF Device Fingerprinting in Cognitive Comunication Networks. IEEE J. Sel. Topics Signal Process,2018,12(1):160-167.

(a)　　　　(b)

(c)　　　　(d)

图 2.16　极化域累积星座图
(a) 4PSK;(b) 8PSK;(c) 16QAM;(d) 64QAM。

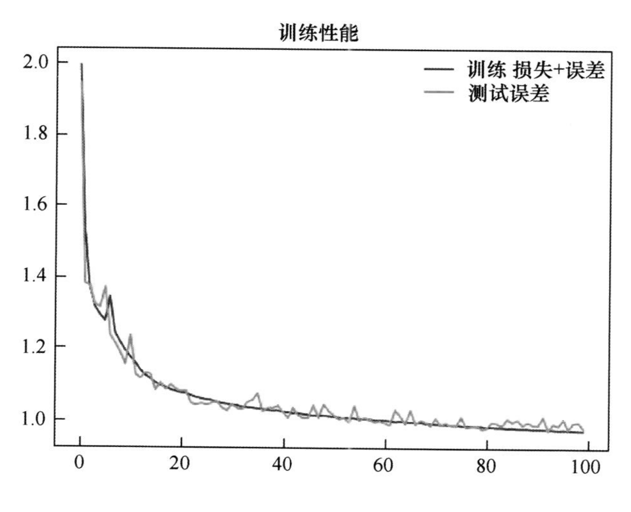

图 2.32　训练过程损失曲线

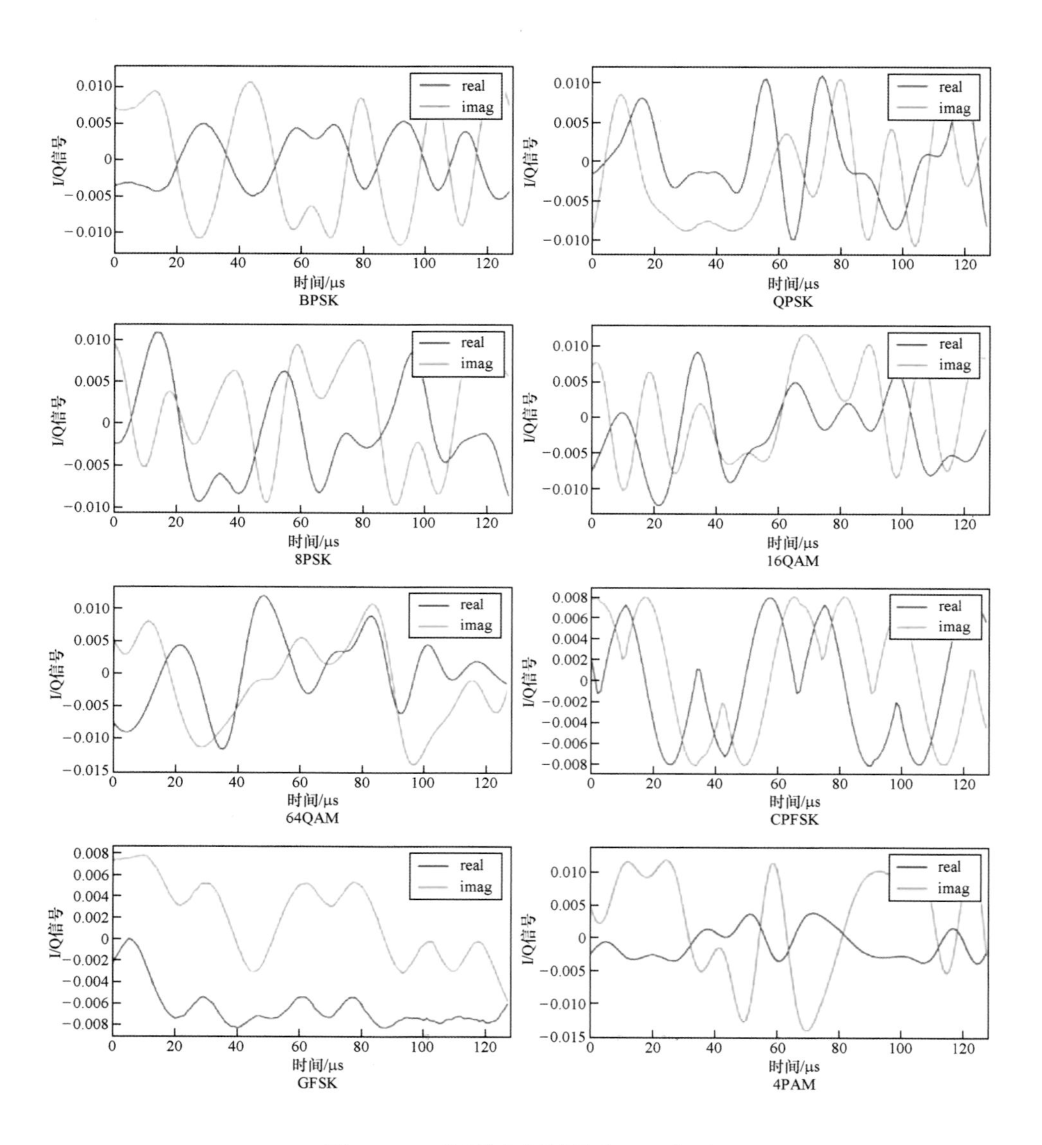

图 2.33　不同数字调制样式 I/Q 序列

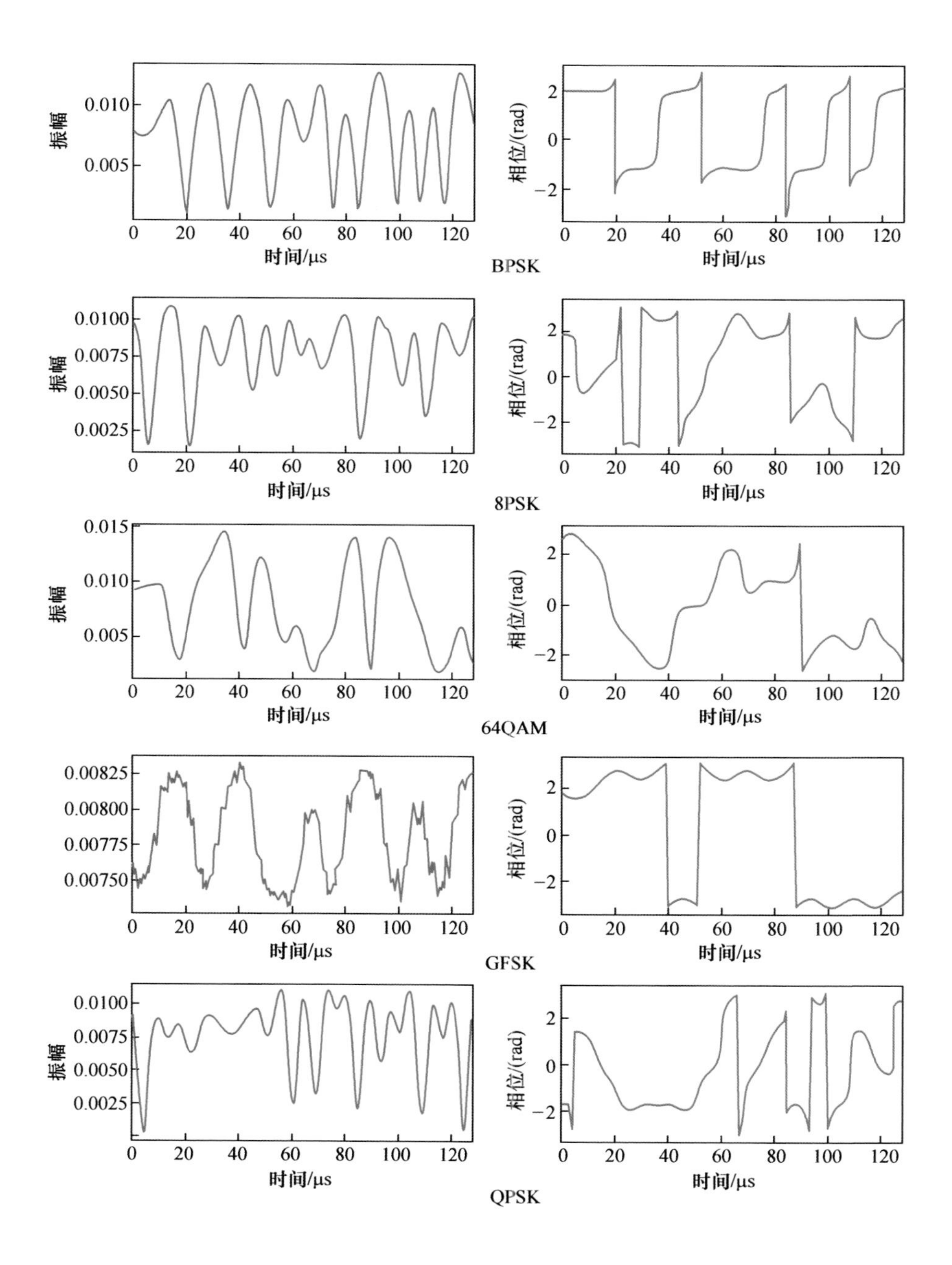
振幅
0.010
0.005
0
20
40
60
80
100
120
时间/μs
相位/(rad)
2
0
−2
BPSK
0.0100
0.0075
0.0050
0.0025
8PSK
0.015
64QAM
0.00825
0.00800
0.00775
0.00750
GFSK
QPSK

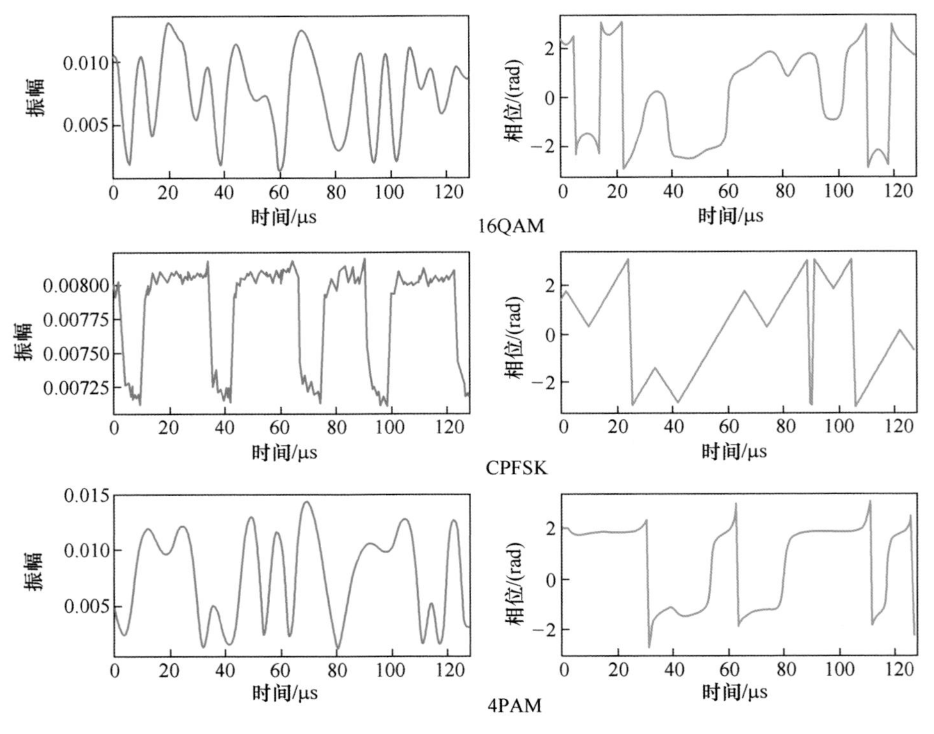

图 2.34　不同数字调制样式 A/ϕ 序列

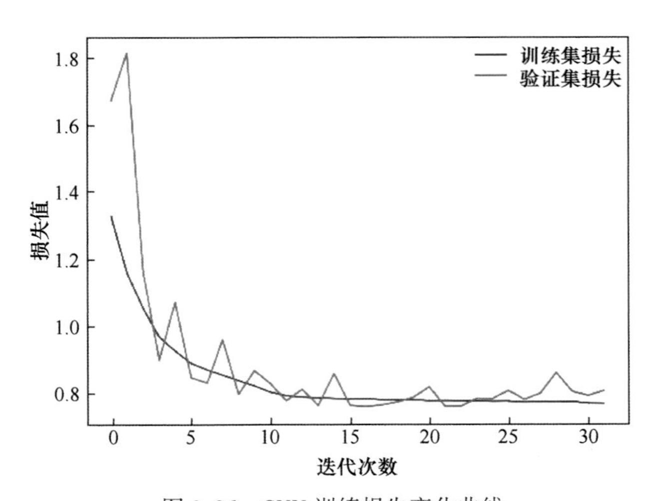

图 2.36　CNN 训练损失变化曲线

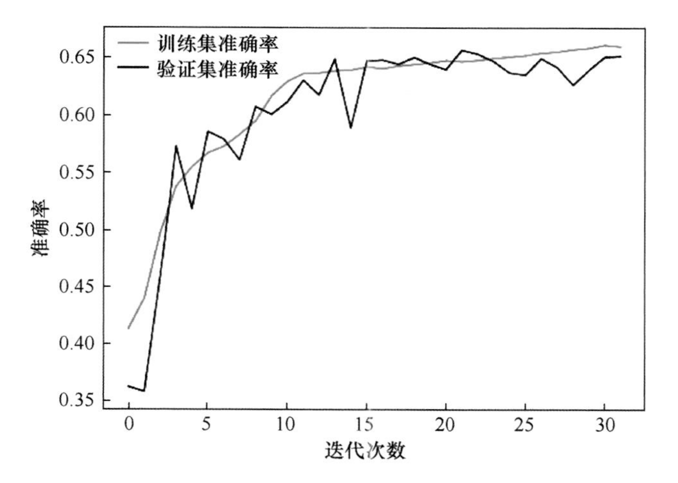

图 2.37　CNN 训练准确率变化曲线

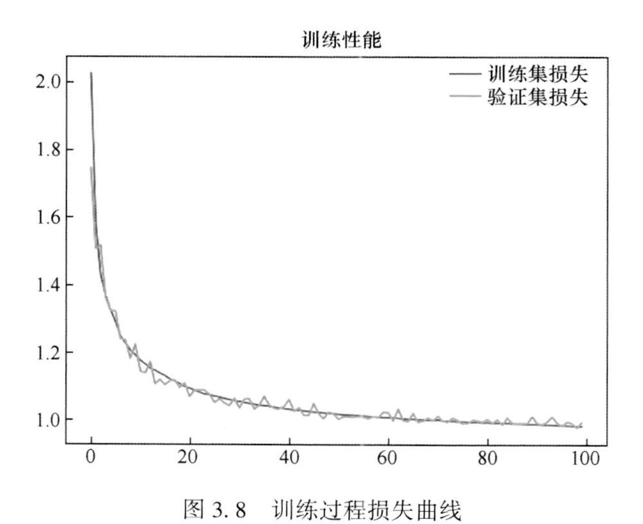

图 3.8　训练过程损失曲线

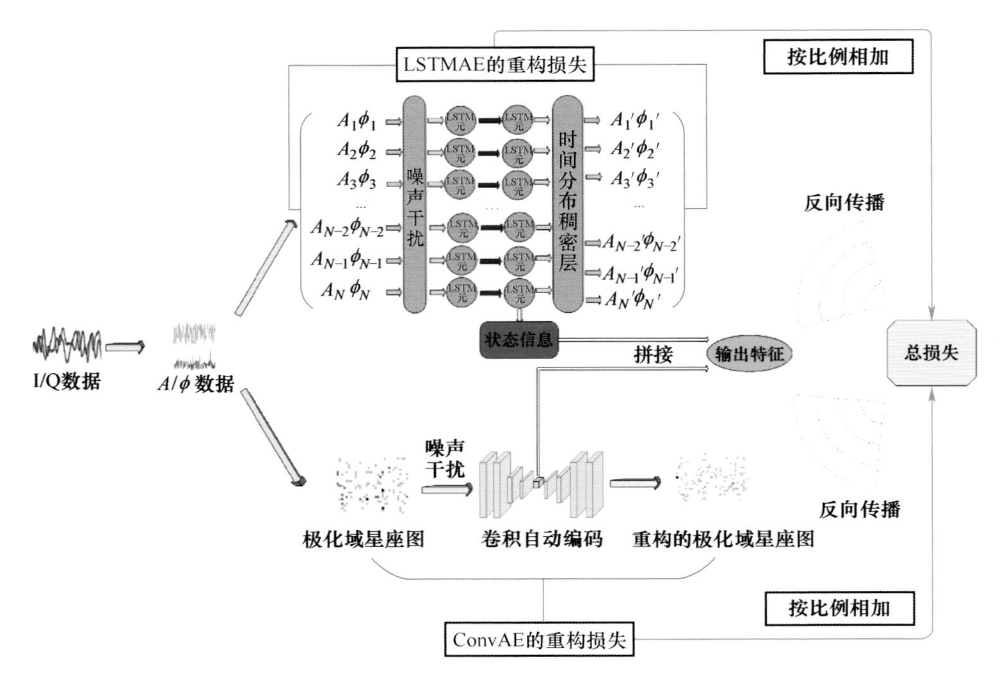

图 3.20　并行时空自编码器结构图

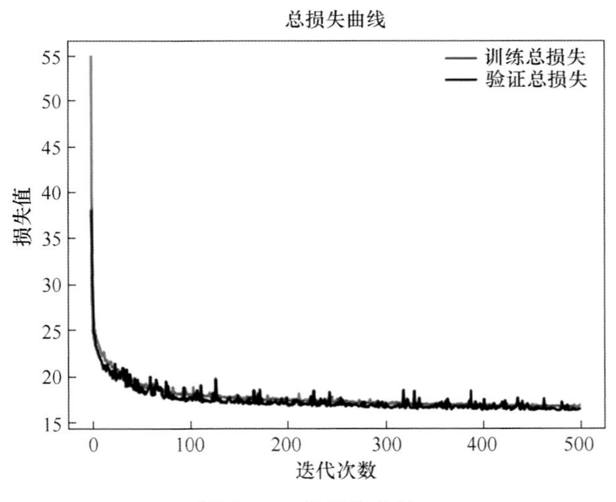

图 3.21　总损失曲线

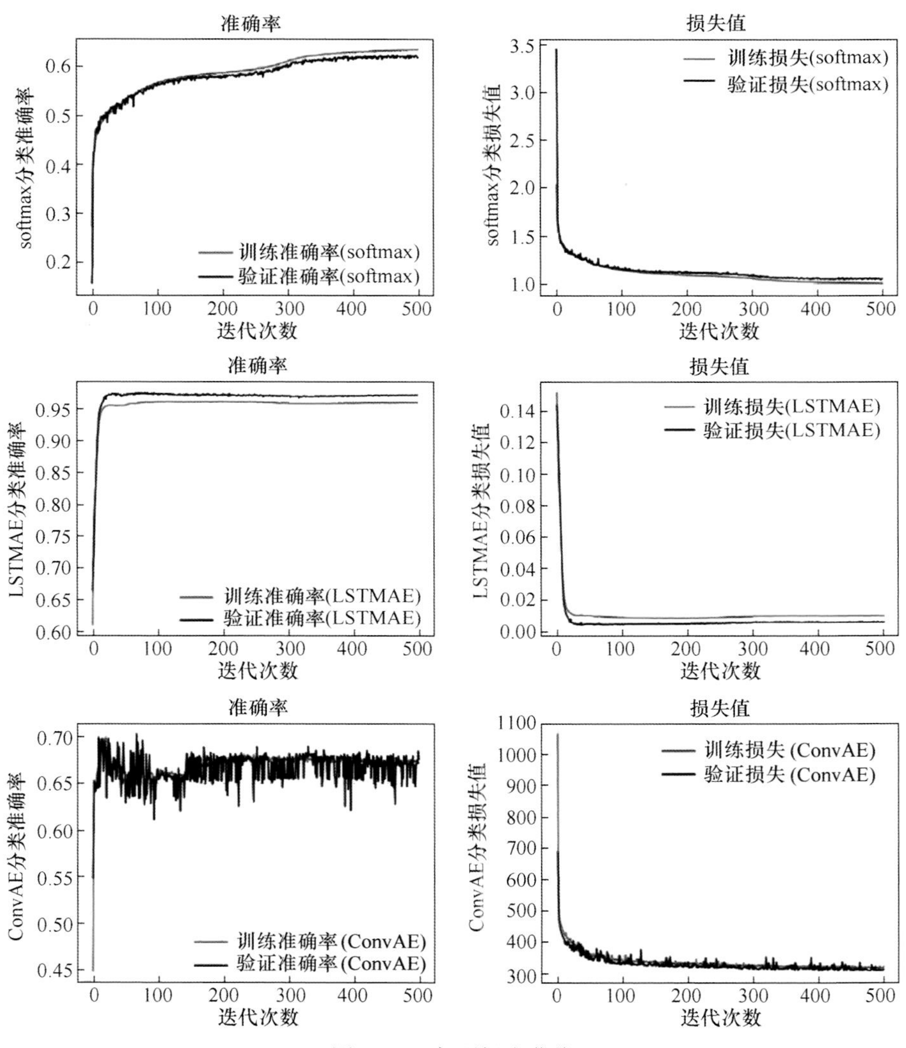
准确率
softmax分类准确率
训练准确率(softmax)
验证准确率(softmax)
迭代次数
损失值
softmax分类损失值
训练损失(softmax)
验证损失(softmax)
迭代次数
准确率
LSTMAE分类准确率
训练准确率(LSTMAE)
验证准确率(LSTMAE)
迭代次数
损失值
LSTMAE分类损失值
训练损失(LSTMAE)
验证损失(LSTMAE)
迭代次数
准确率
ConvAE分类准确率
训练准确率(ConvAE)
验证准确率(ConvAE)
迭代次数
损失值
ConvAE分类损失值
训练损失 (ConvAE)
验证损失 (ConvAE)
迭代次数

图 3. 22　各项损失曲线

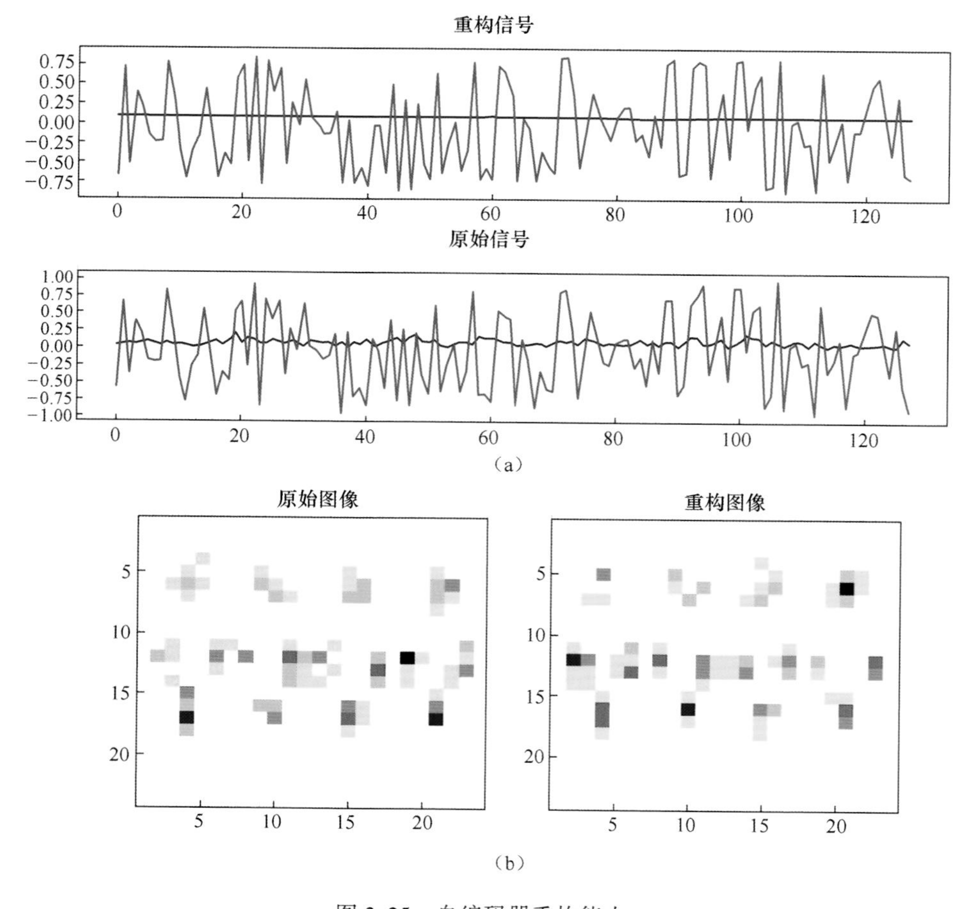

图 3.25 自编码器重构能力

(a) 重构 A/ϕ 序列;(b) 重构星座图。

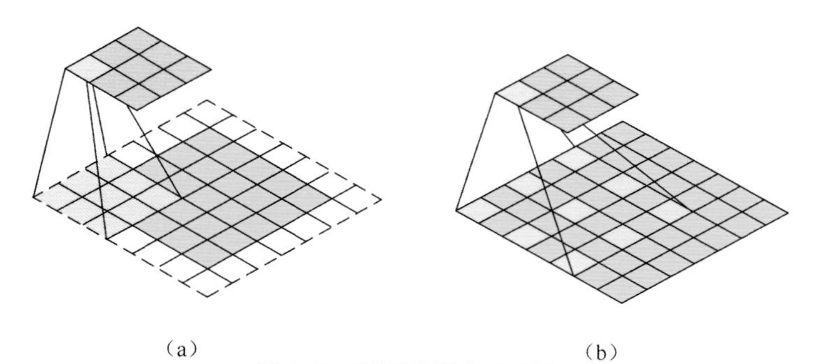

图 4.7 不同卷积方式对比

(a) 普通卷积;(b) 膨胀卷积。

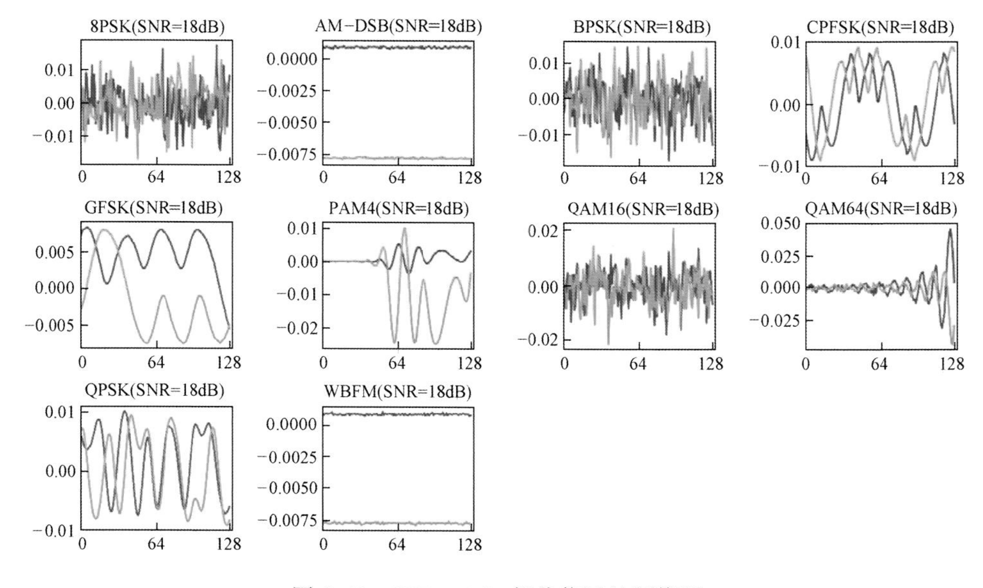

图 4.10　SNR = 18dB 部分信号的幅值图

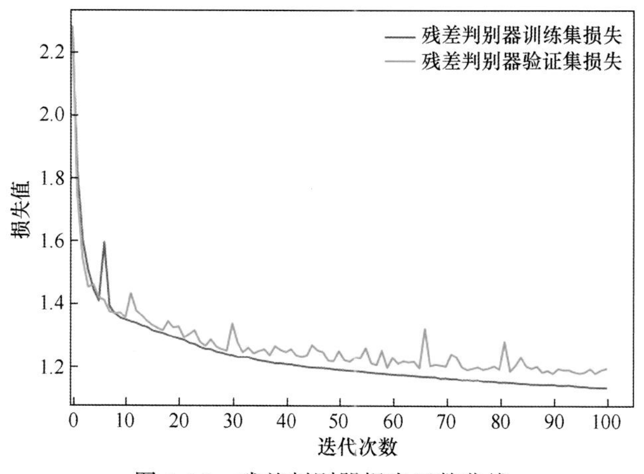

图 4.15　残差判别器损失函数曲线

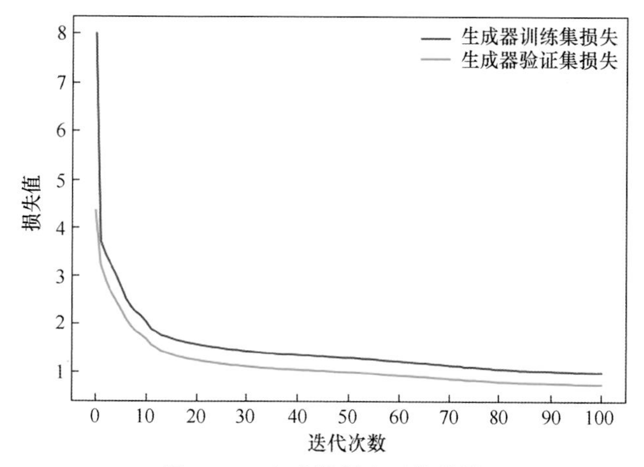

图 4.16　生成器损失函数曲线

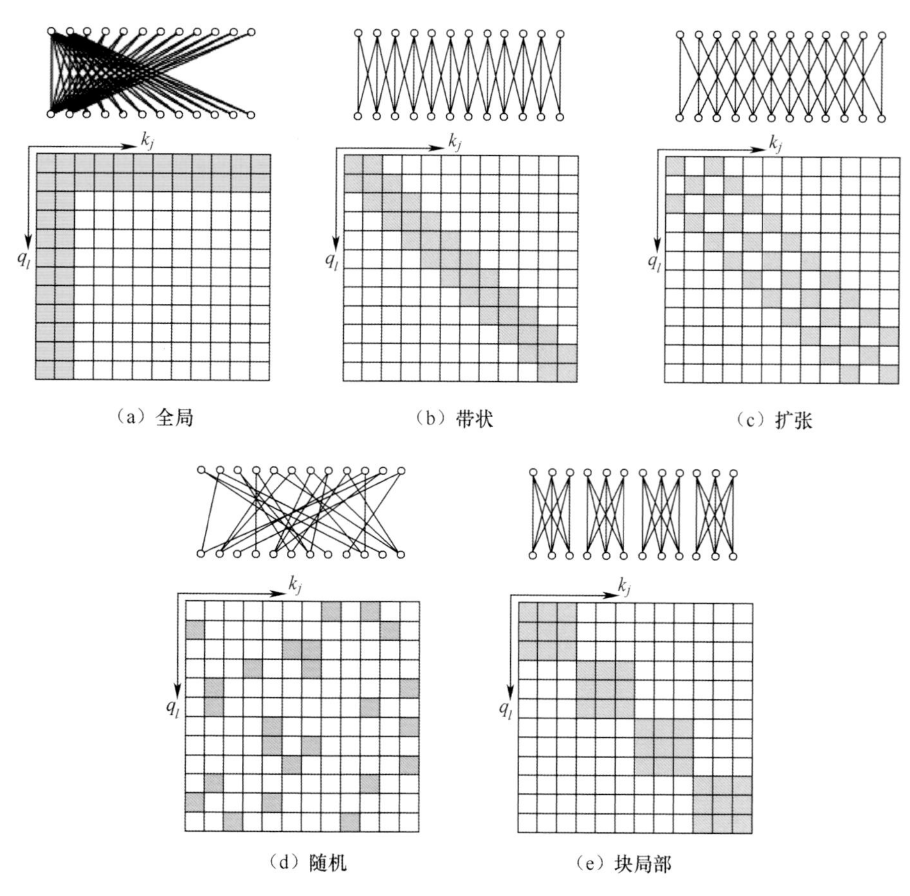

图 5.24　常用稀疏注意力基础模式

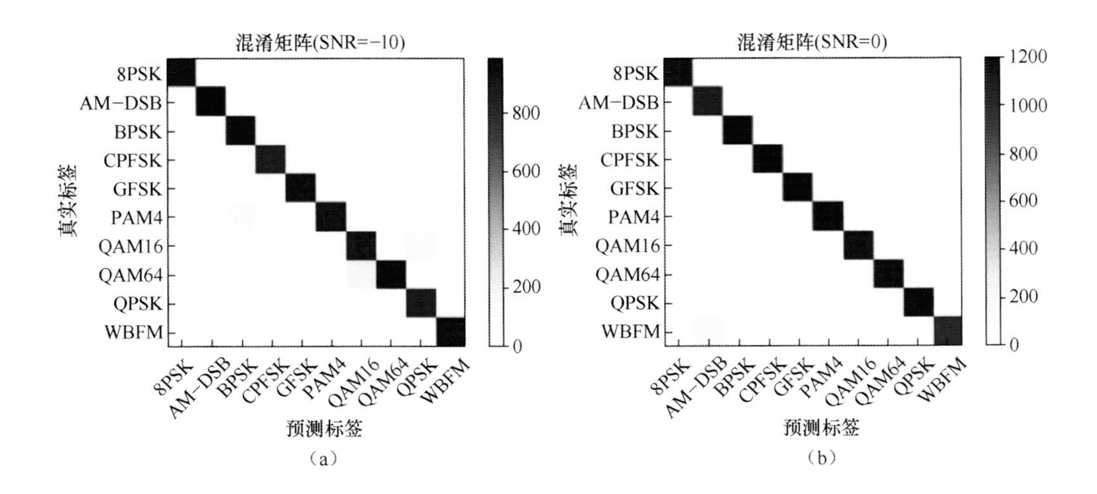

(a)　　　　　　　　　　　　　　　　　　(b)

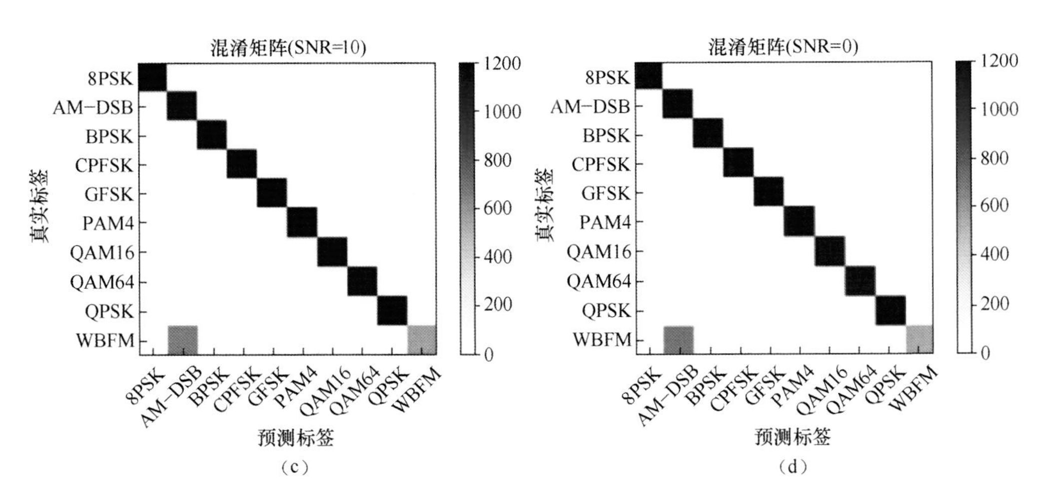

(c)　　　　　　　　　　　　　　　　　　(d)

图 5.28　CTDNN 网络在不同信噪比下的混淆矩阵

(a) -10dB;(b) 0dB;(c) 10dB;(d) 18dB。

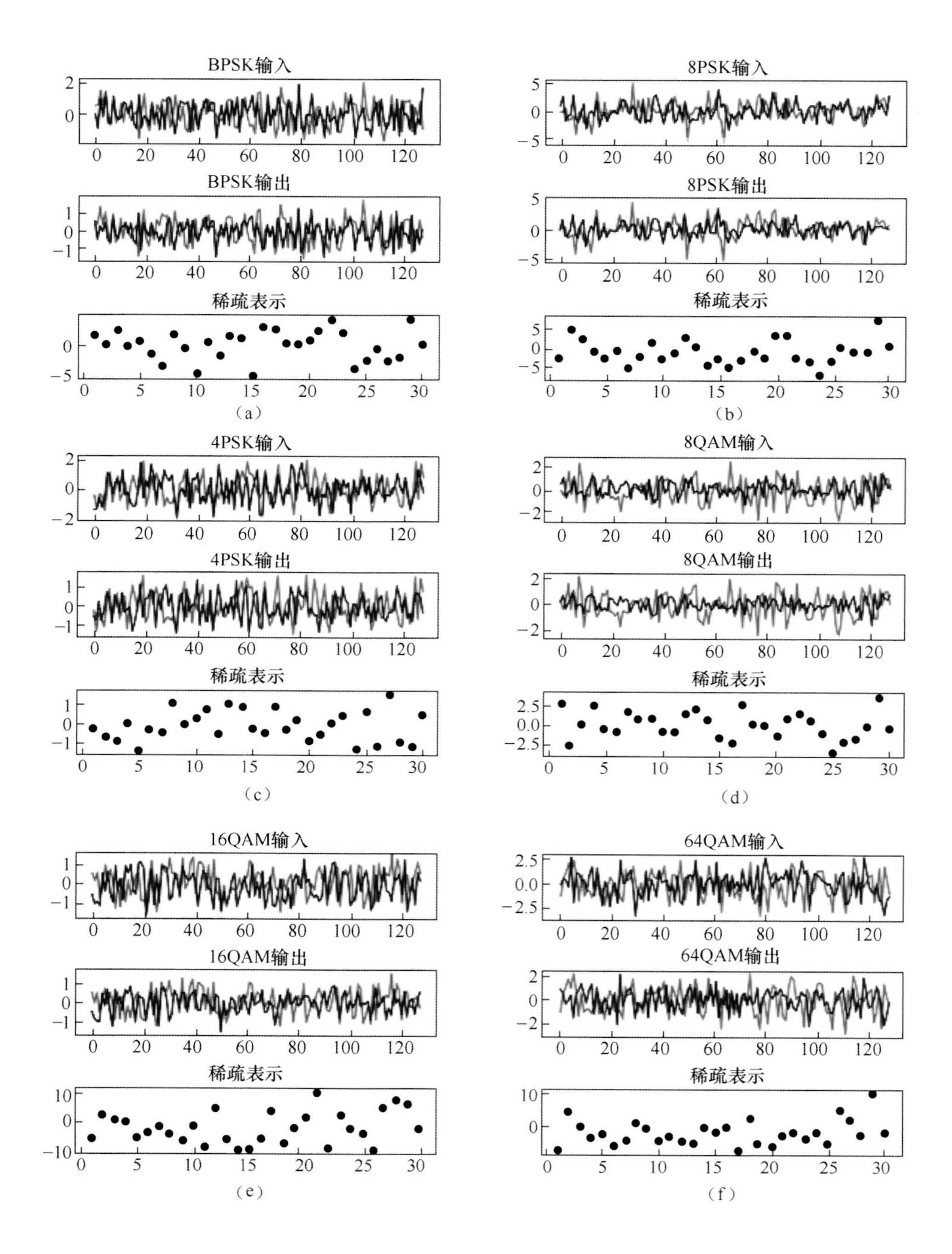
BPSK输入
BPSK输出
稀疏表示
(a)
8PSK输入
8PSK输出
稀疏表示
(b)
4PSK输入
4PSK输出
稀疏表示
(c)
8QAM输入
8QAM输出
稀疏表示
(d)
16QAM输入
16QAM输出
稀疏表示
(e)
64QAM输入
64QAM输出
稀疏表示
(f)

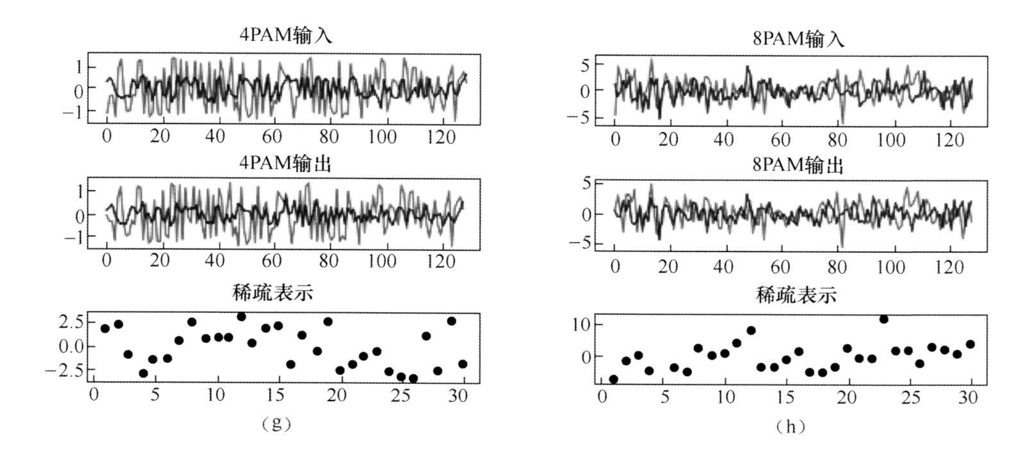

图 6.4 自编码器输入输出

(a) BPSK 特征提取;(b) 8PSK 特征提取;(c) 4PSK 特征提取;(d) 8QAM 特征提取;
(e)16QAM 特征提取;(f) 64QAM 特征提取;(g) 4PAM 特征提取;(h) 8PAM 特征提取。

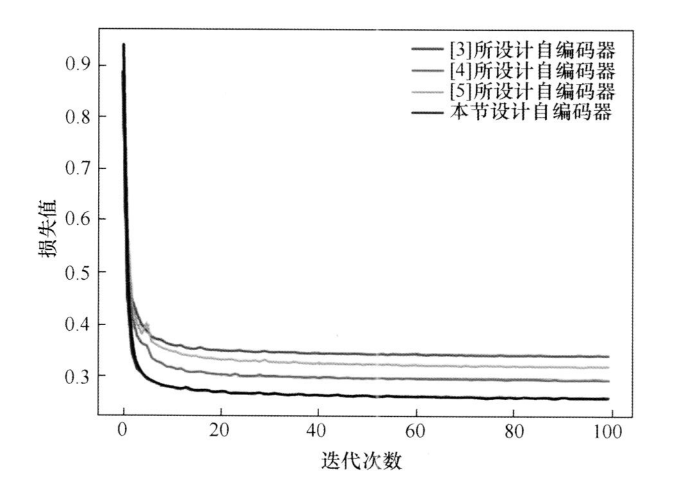

图 6.6 不同自编码器性能对比

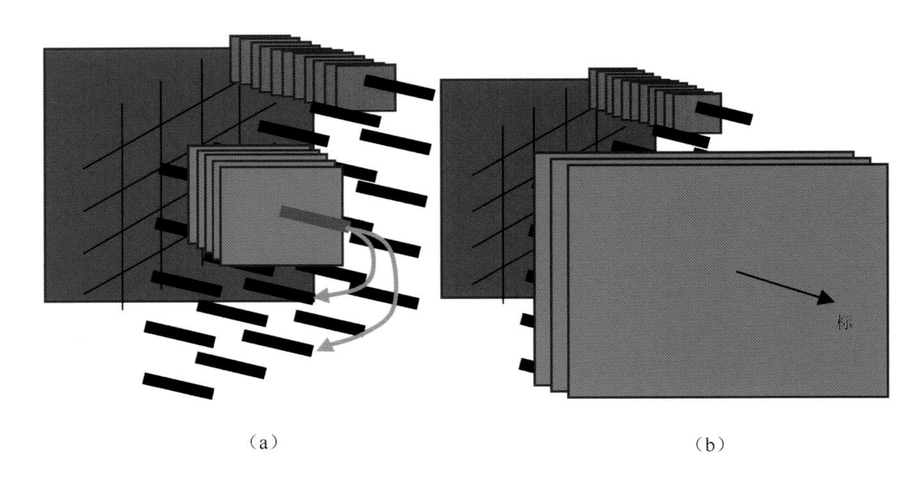

图 6.8　对比预测编码网络的训练方法
(a) 无监督预训练；(b) 有监督训练。

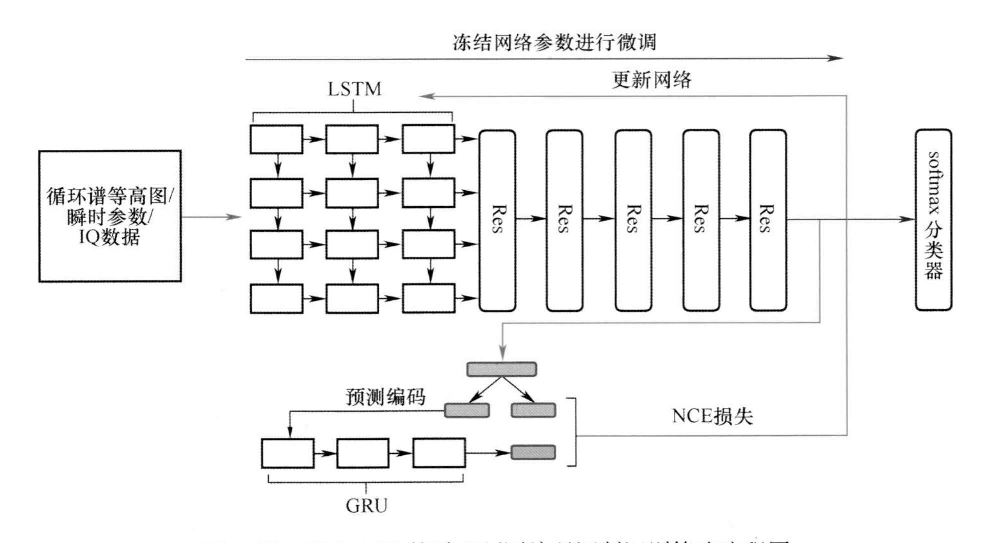

图 6.11　基于 NCE 的对比预测编码调制识别算法流程图

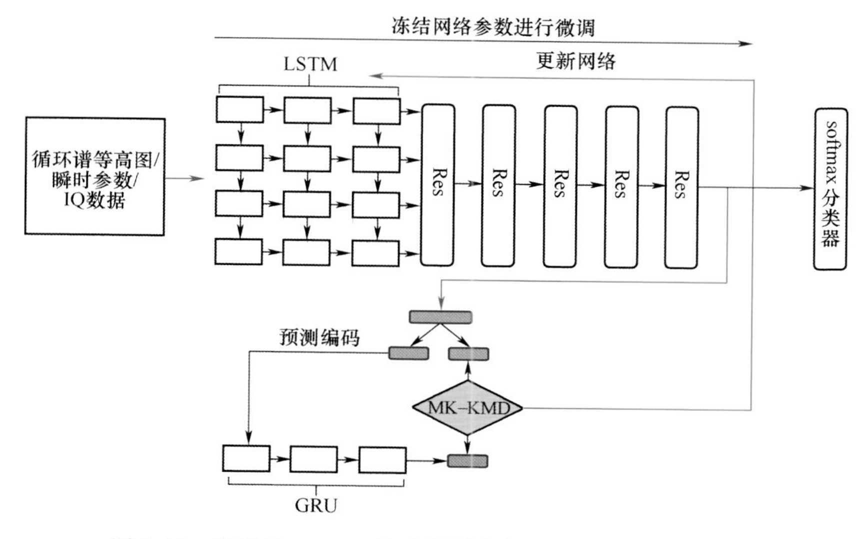

图 6.12　基于 MK-MMD 的对比预测编码调制识别算法流程图

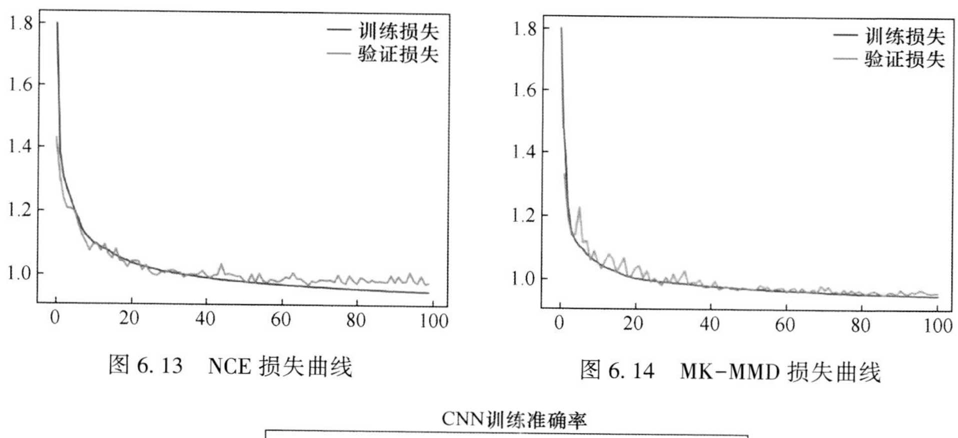

图 6.13　NCE 损失曲线

图 6.14　MK-MMD 损失曲线

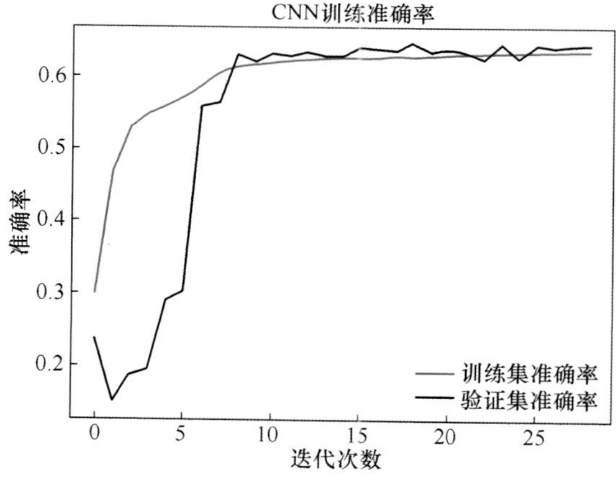

图 6.34　CNN 识别准确率随迭代次数变化情况

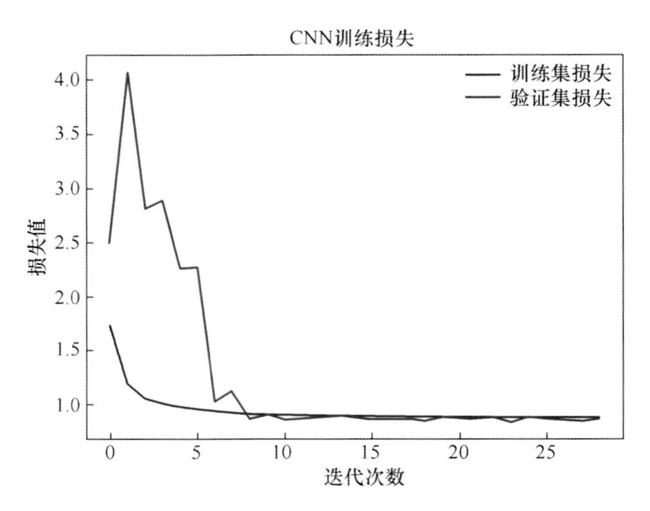

图 6.35　CNN 损失值随迭代次数变化情况

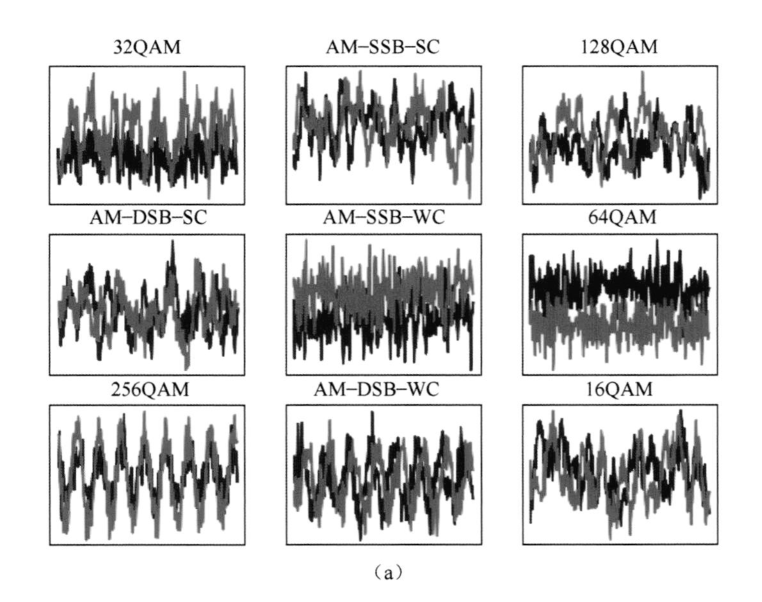

（a）

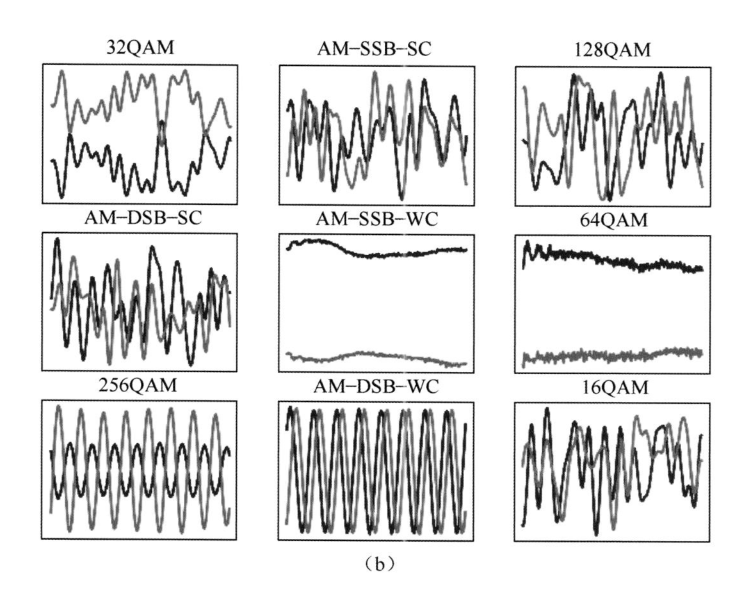

(b)

图 7.7　目标域 0dB 调制信号波形图(a)和源域 20dB 调制信号波形图(b)

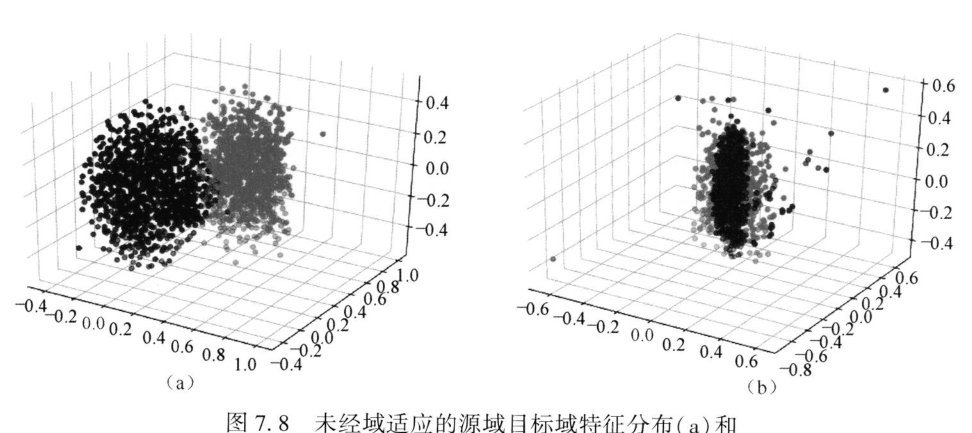

(a)　　(b)

图 7.8　未经域适应的源域目标域特征分布(a)和域适应后的源域目标域特征分布(b)

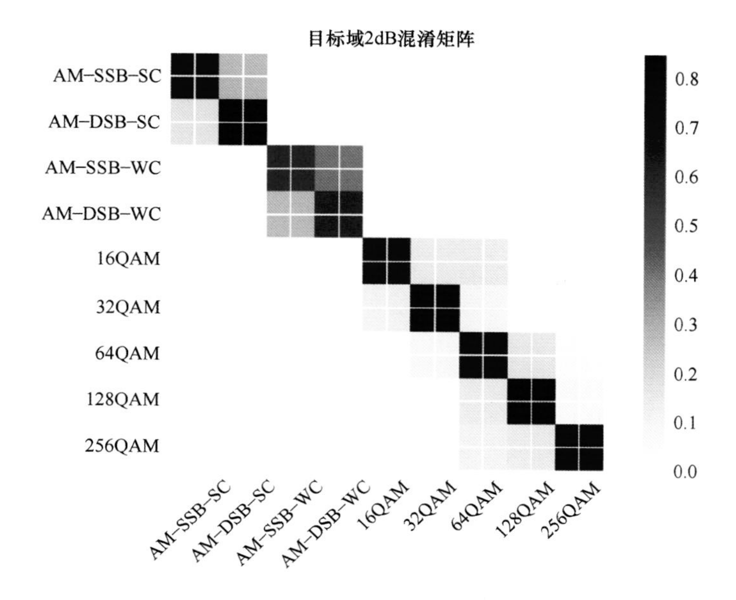

图 7.9　目标域 2dB 的类间混淆矩阵

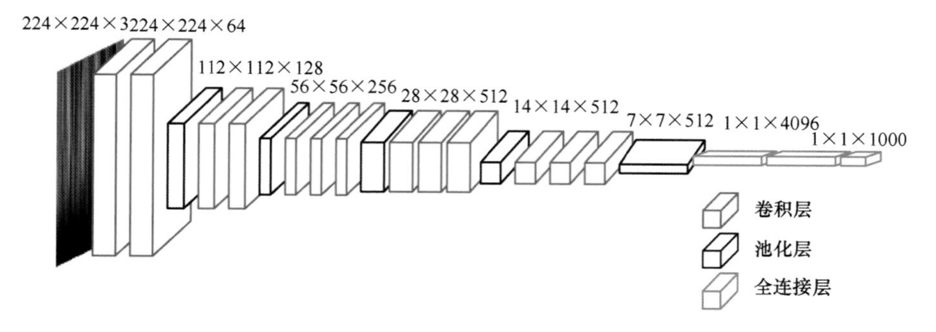

图 7.11　VGG16 网络模型示意图

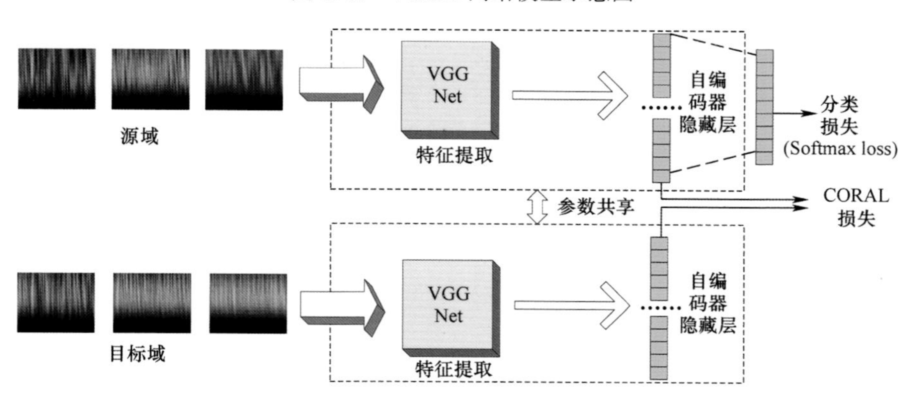

图 7.13　网络结构示意图

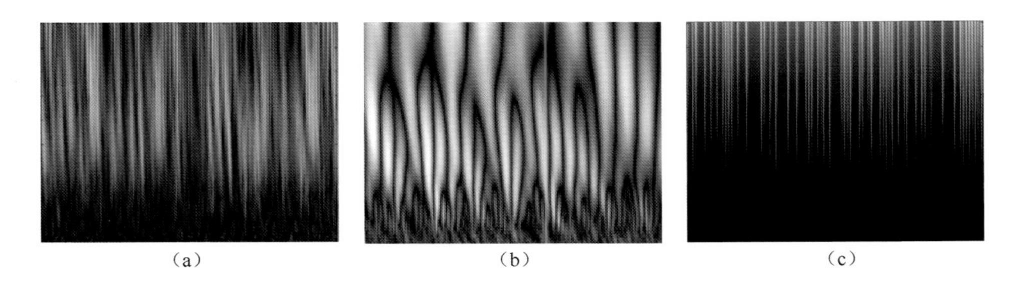

图 7.14　信号小波系数图

(a) 8QAM 小波系数图;(b) 2PSK 小波系数图;(c) 2FSK 小波系数图。

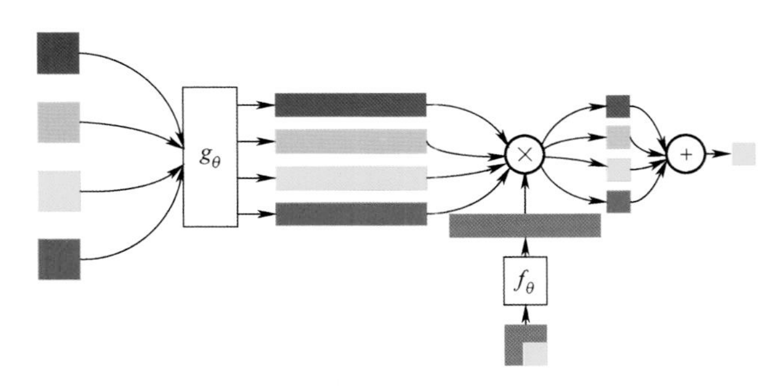

图 8.2　匹配网络结构图

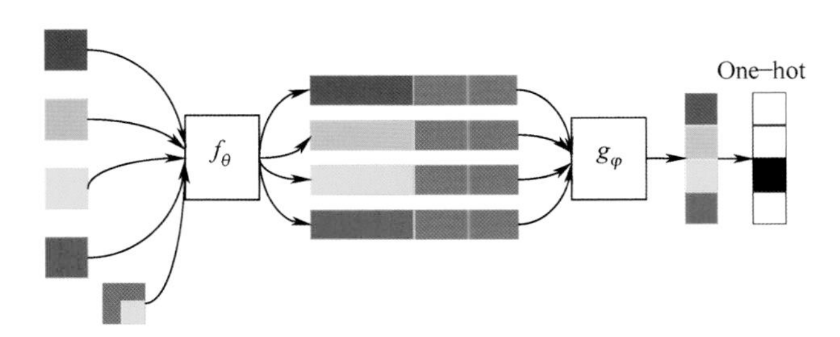

图 8.3　关系网络结构图

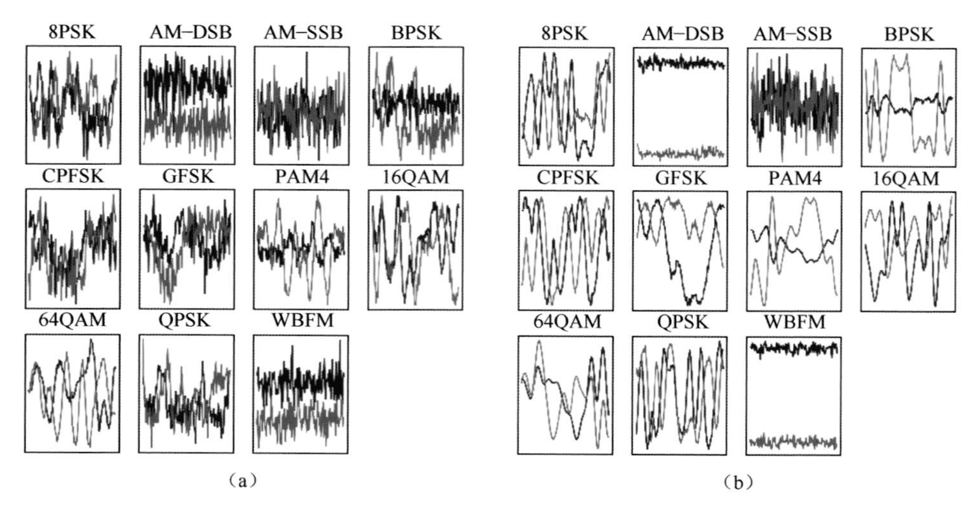

图 8.7　11 种调制样式在不同信噪比条件下的时序图

(a) 0dB 11 种调制样式样本数据;(b) 10dB 11 种调制样式样本数据。

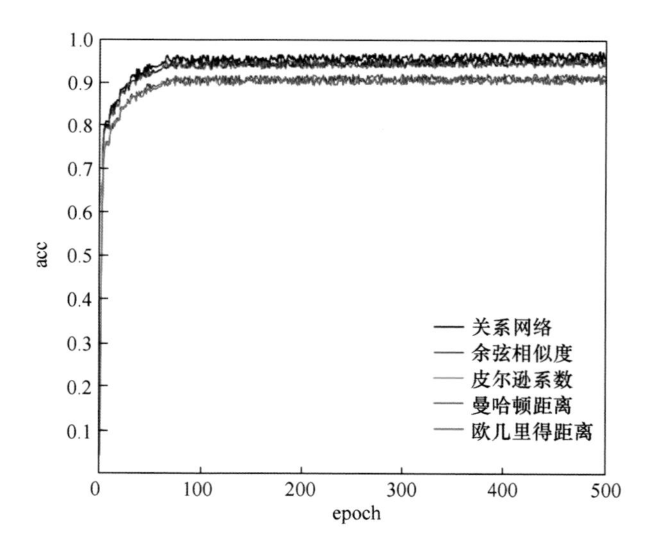

图 8.10　5 种度量方式的训练准确率变化

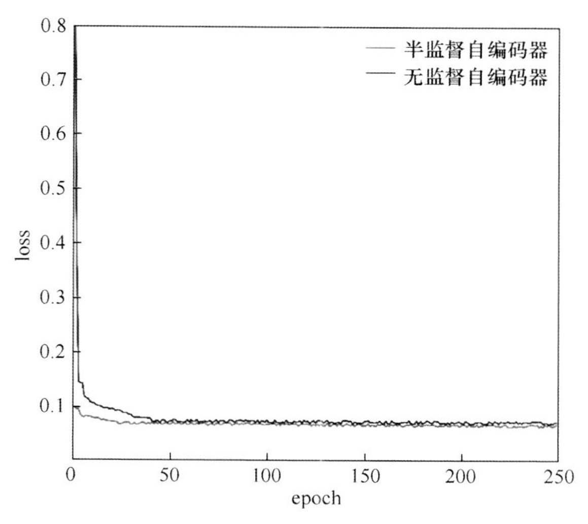

图 8.19　无监督半监督自编码器训练损失曲线

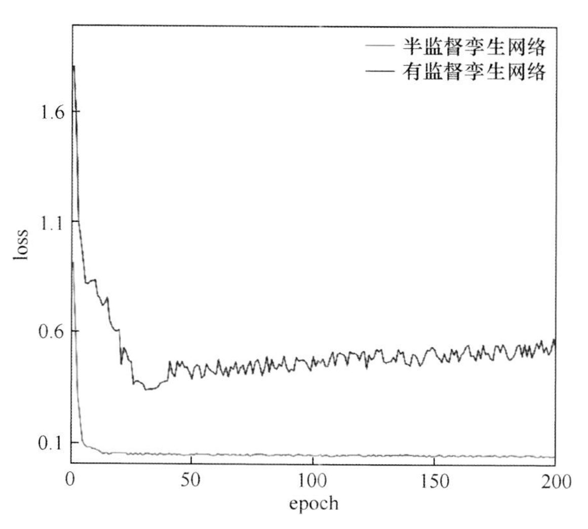

图 8.20　有监督半监督孪生网络训练损失曲线

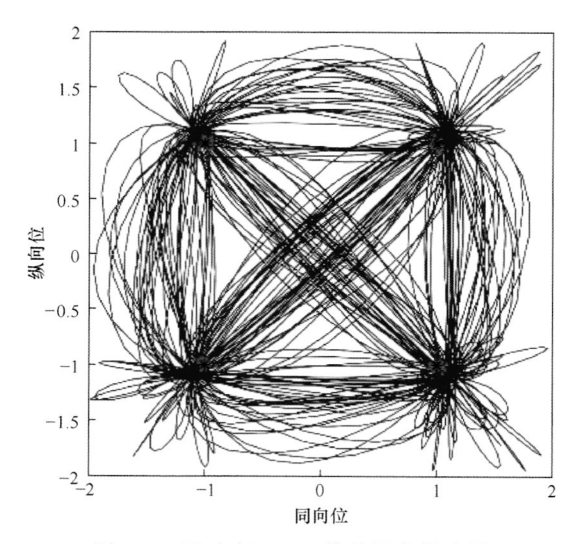

图 9.2　无畸变 QPSK 信号星座轨迹图

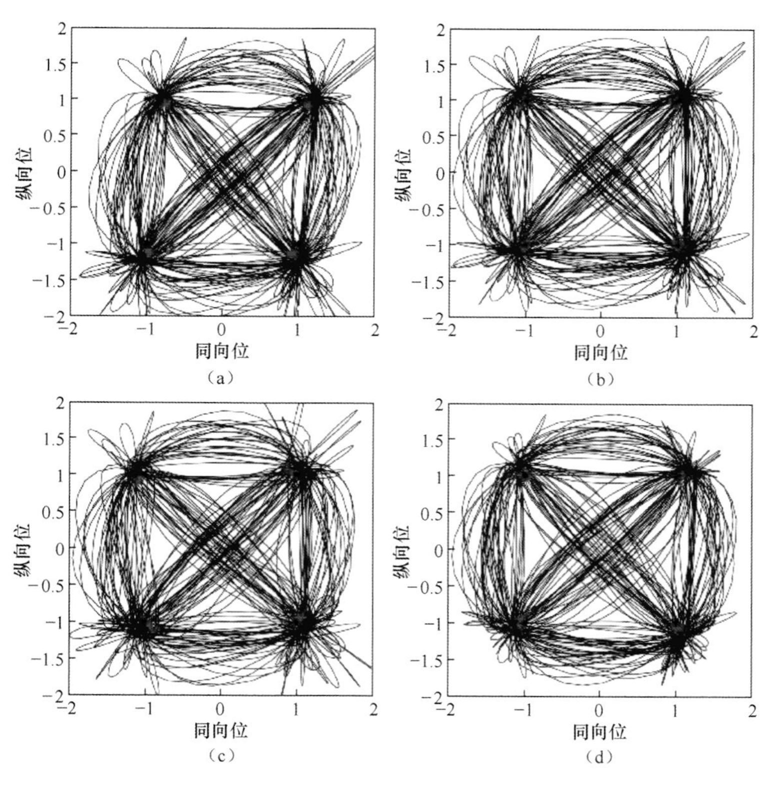

图 9.3　不同器件产生的指纹特征(SNR = 25dB)

(a) I/Q 调制器导致的星座图变形;(b) 中频滤波器导致的星座图变形;
(c) 振荡器导致的星座图变形;(d) 功率放大器导致的星座图变形。

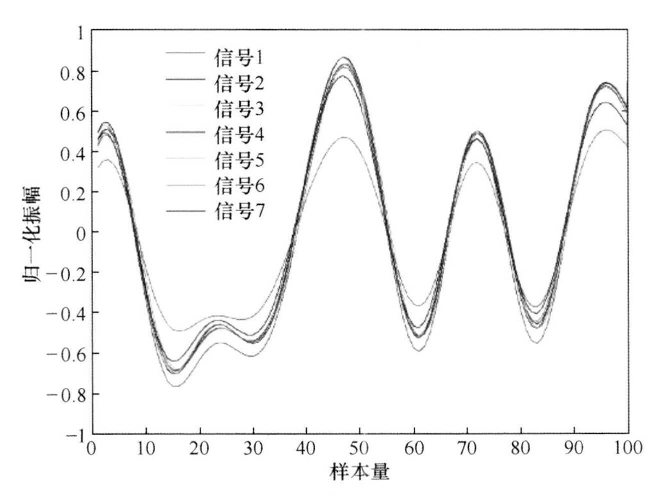

图 9.15　几种不同个体在时域上的波形区别

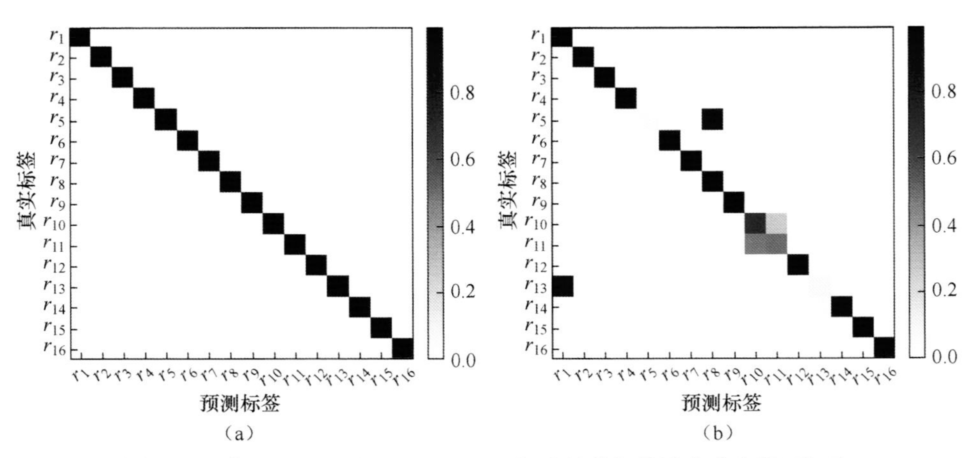

图 9.24　在 0~25dB 下 IEEE 802.11a 标准的数据分类准确率混淆矩阵

(a) 信号长度为 160;(b) 信号长度等于 80。

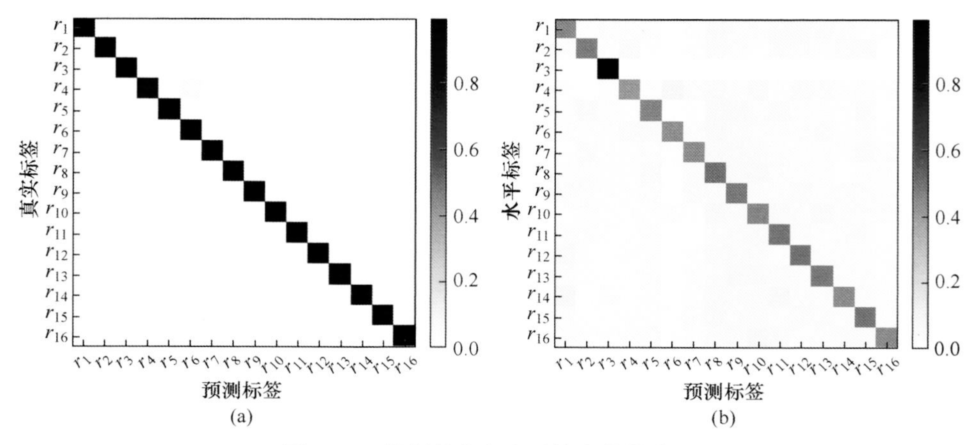

图 9.26 数据扩充方法对算法的影响图

（a）有数据增强的模型在无数据增强的测试集测试；

（b）无数据增强训练的模型在有数据增强的测试集测试。

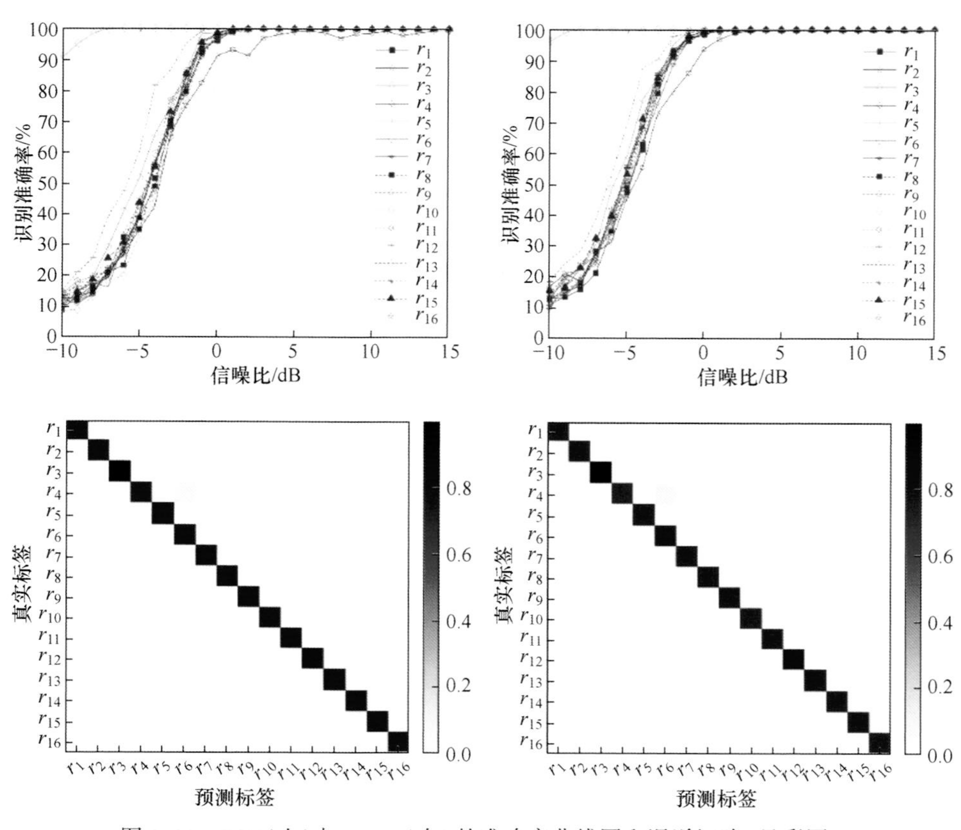

图 9.28 TCN（左）与 LSTM（右）的准确率曲线图和混淆矩阵（见彩图）

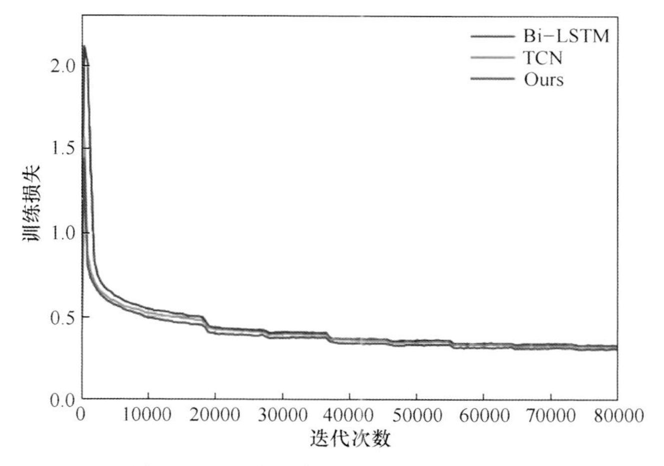

图 9.30　3 种网络的 loss 曲线(见彩图)

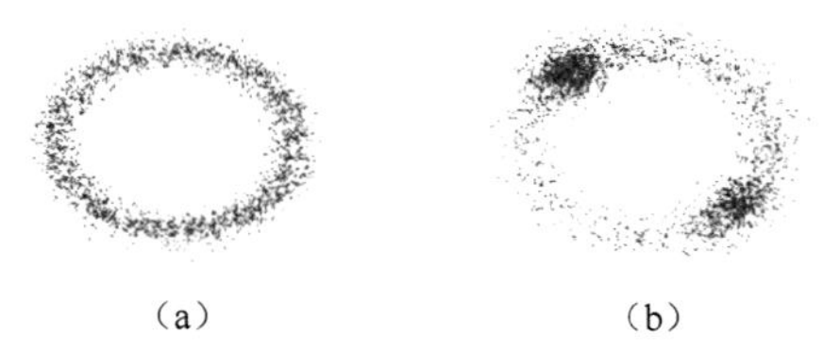

图 10.1　差分星座轨迹图的处理效果

(a) CTF;(b) DCTF。

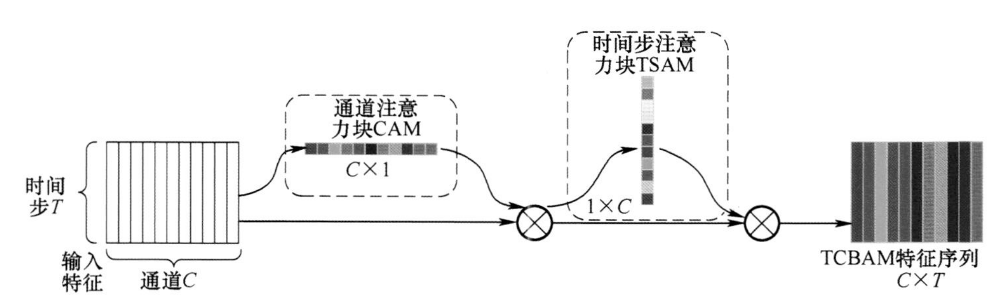

图 10.21　TCBAM 模块总体结构

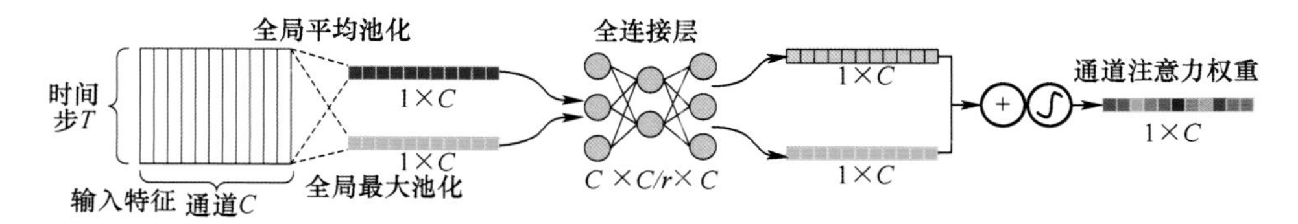

图 10.22　CAM 模块结构

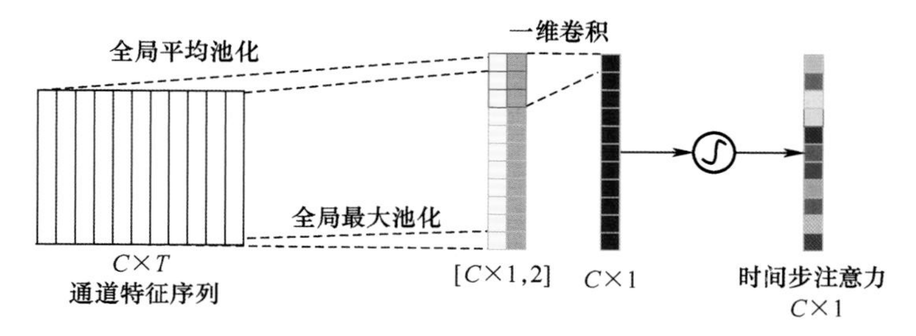

图 10.23　TSAM 模块结构

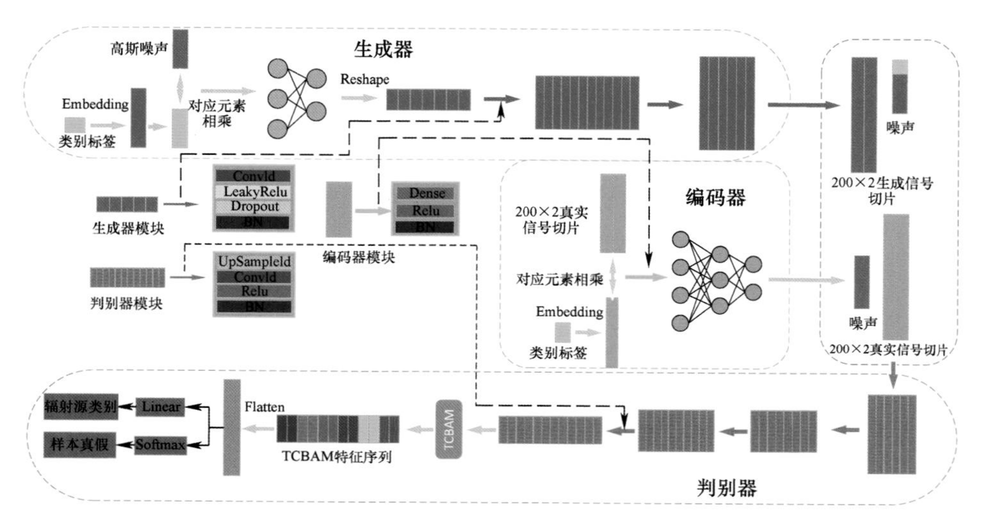

图 10.24　模型总体结构图

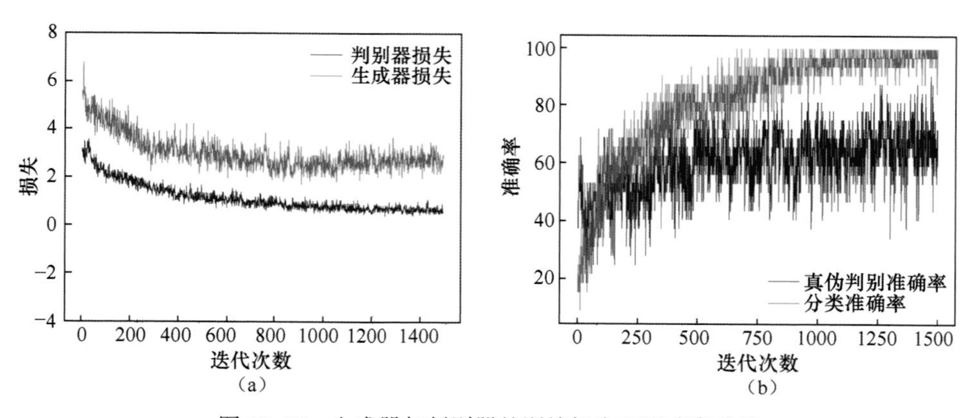

图 10.25　生成器与判别器的训练损失和准确率曲线

(a) 训练损失曲线;(b) 训练准确率曲线。

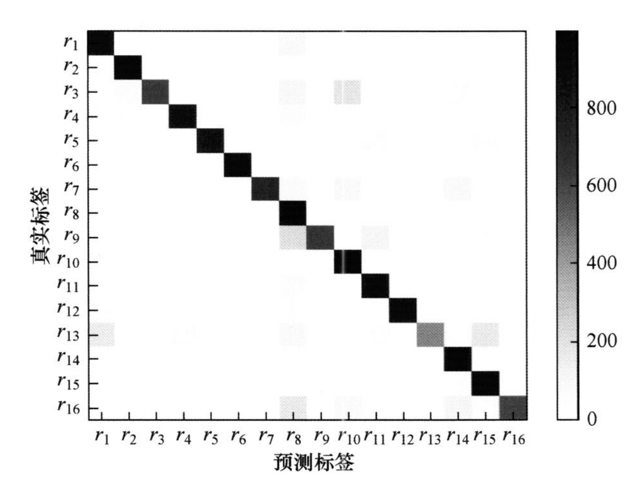

图 10.28 USRP 310 设备数据集测试混淆矩阵